U0240687

高等院校精品课程系列教材

"十二五"江苏省高等学校重点教材（编号：2014-1-067）

单片机与嵌入式系统
原理及应用

赵德安　主　编

孙运全　盛占石　副主编

机械工业出版社

本书全面系统地讲述了 MCS-51 系列单片机的基本结构和工作原理、基本系统、指令系统、汇编语言程序设计、并行和串行扩展方法、人机接口、SPI 和 I²C 等串行数据总线接口，以及 C 语言程序开发、Proteus 下单片机仿真等单片机应用方面的内容。针对嵌入式系统的发展趋势，介绍了 ARM 嵌入式处理器，通过 μC/OS-Ⅱ 介绍了嵌入式操作系统及软件开发，以 STM32F103xx 系列微控制器为例，说明了基于 ARM 内核的嵌入式微控制器的应用。每章都附有习题，以供课后练习。附录中还列出了单片机应用资料的网上查询方法等内容。

全书内容自成体系，语言通俗流畅，结构合理紧凑，既可作为高等院校单片机与嵌入式系统课程的教材，也可作为相关电子技术人员的参考书。

图书在版编目（CIP）数据

单片机与嵌入式系统原理及应用/赵德安主编. —北京：机械工业出版社，2016. 6（2024. 8 重印）
高等院校精品课程系列教材
ISBN 978-7-111-53791-5

Ⅰ.①单… Ⅱ.①赵… Ⅲ.①单片微型计算机-系统设计-高等学校-教材 Ⅳ.①TP368. 1

中国版本图书馆 CIP 数据核字（2016）第 103790 号

机械工业出版社（北京市百万庄大街 22 号　邮政编码 100037）
策划编辑：时　静　责任编辑：时　静
责任印制：常天培　责任校对：李锦莉　刘秀丽
北京中科印刷有限公司印刷
2024 年 8 月第 1 版·第 7 次印刷
184mm×260mm · 22. 75 印张·552 千字
标准书号：ISBN 978-7-111-53791-5
定价：55. 00 元

凡购本书，如有缺页、倒页、脱页，由本社发行部调换
电话服务　　　　　　　　网络服务
服务咨询热线：010-88379833　机 工 官 网：www.cmpbook.com
读者购书热线：010-88379649　机 工 官 博：weibo.com/cmp1952
　　　　　　　　　　　　　　教育服务网：www.cmpedu.com
封面无防伪标均为盗版　　金 书 网：www.golden-book.com

前　言

　　单片微型计算机简称单片机，是典型的嵌入式微控制器。单片机具有集成度高，功能强，结构简单，易于掌握，应用灵活，可靠性高，价格低廉等优点，在工业控制、机电一体化、通信终端、智能仪表和家用电器等诸多领域中得到了广泛应用，已成为传统机电设备进化为智能化机电设备的重要手段。ARM 和开源嵌入式软件使得开发周期更短、开发资金更低、开发效率更高，为单片机和嵌入式系统的发展起到了重要作用。众多的厂家在加快推出基于 ARM 核的单片机，并逐渐形成了 ARM7—ARM9—ARM10—ARM11—Cortex 的产品格局。因此高等理工科院校师生和工程技术人员了解和掌握单片机与 ARM 嵌入式系统的原理和应用技术是十分必要的。

　　按照循序渐进的原则，本书先以单片机经典体系结构的 MSC-51 系列为背景机，较系统地介绍了单片机的发展概况和基本结构、工作原理、基本系统、指令系统、汇编语言程序设计、并行扩展和串行扩展方法、人机接口以及单片机的开发应用等方面的内容，同时结合单片机网络化、多功能化的发展趋势，补充了 SPI 和 I^2C 等串行数据总线接口、单片机的 C 语言程序开发、Proteus 下单片机仿真等内容。随后介绍了 ARM 嵌入式处理器，通过 μC/OS-Ⅱ介绍了嵌入式操作系统及软件开发，以 STM32F103xx 系列微控制器为例，说明了基于 ARM 内核的嵌入式微控制器的应用。

　　为便于自学，本书配套了电子课件，每章都附有习题，以供课后练习。附录中还列出了单片机应用资料的网上查询方法等内容。

　　本书由赵德安担任主编，孙运全、盛占石担任副主编。其中，第 1、2、7章由盛占石编写，第 3、6 章由赵德安编写，第 5 章由周重益编写，第 8 章由张建生编写，第 10、11、12 章由孙运全编写，第 4 章由周重益、赵文祥共同编写，第 9 章由赵德安、潘天红、孙月平、王伟共同编写。李金伴教授认真审阅了部分书稿，并提出了指导性的建议和中肯的意见。

　　在编写过程中，我们参考了有关书刊，资料，在此对有关作者一并表示感谢。

　　由于水平有限，书中不妥之处在所难免，恳请读者批评指正。

编　者

目　录

前言

第1章　绪论 …………………………………… 1
1.1　单片机与嵌入式系统发展概况 ………… 1
　1.1.1　单片机的发展历史 ………………… 1
　1.1.2　嵌入式系统的产生和发展 ………… 1
　1.1.3　嵌入式系统的特点 ………………… 2
　1.1.4　典型的嵌入式单片机产品 ………… 4
1.2　单片机的嵌入式应用领域和应用
　　　方式 ……………………………………… 7
1.3　习题 ……………………………………… 8

第2章　单片机的基本结构与工作
　　　　原理 ………………………………… 9
2.1　MCS-51 系列单片机总体结构 ………… 9
　2.1.1　MCS-51 单片机的引脚描述 ……… 9
　2.1.2　MCS-51 单片机的硬件资源 ……… 11
　2.1.3　MCS-51 单片机的片外总线
　　　　　结构 ………………………………… 12
2.2　MCS-51 单片机的时钟电路及 CPU
　　　的工作时序 …………………………… 13
　2.2.1　时钟电路 ……………………………… 13
　2.2.2　CPU 的工作时序 …………………… 14
2.3　MCS-51 单片机存储器分类及
　　　配置 …………………………………… 16
　2.3.1　程序存储器 …………………………… 17
　2.3.2　数据存储器 …………………………… 17
2.4　CHMOS 型单片机的低功耗工作
　　　方式 …………………………………… 21
　2.4.1　空闲方式 ……………………………… 22
　2.4.2　掉电方式 ……………………………… 22
　2.4.3　节电方式的应用 …………………… 22
2.5　习题 ……………………………………… 24

第3章　单片机的指令系统 …………… 25
3.1　指令格式 ………………………………… 25
　3.1.1　汇编指令 ……………………………… 25

3.1.2　常用的缩写符号 …………………… 27
3.1.3　伪指令 ………………………………… 28
3.2　寻址方式 ………………………………… 30
　3.2.1　寄存器寻址 …………………………… 30
　3.2.2　立即寻址 ……………………………… 31
　3.2.3　直接寻址 ……………………………… 31
　3.2.4　寄存器间接寻址 …………………… 31
　3.2.5　基寄存器加变址寄存器
　　　　　间接寻址 …………………………… 32
　3.2.6　相对寻址 ……………………………… 32
　3.2.7　位寻址 ………………………………… 33
3.3　指令的类型、字节和周期 …………… 34
　3.3.1　指令系统的结构及分类 ………… 34
　3.3.2　指令的字节和周期 ………………… 34
3.4　数据传送指令 ………………………… 35
　3.4.1　一般传送指令 ……………………… 35
　3.4.2　累加器专用数据交换指令 ……… 40
3.5　算术运算指令 ………………………… 41
　3.5.1　加减指令 ……………………………… 41
　3.5.2　乘法和除法指令 …………………… 45
3.6　逻辑运算指令 ………………………… 46
　3.6.1　累加器 A 的逻辑运算指令 ……… 46
　3.6.2　两个操作数的逻辑运算指令 …… 47
　3.6.3　单位变量逻辑运算指令 ………… 48
　3.6.4　双位变量逻辑运算指令 ………… 48
3.7　控制转移指令 ………………………… 49
　3.7.1　无条件转移指令 …………………… 49
　3.7.2　条件转移指令 ……………………… 50
　3.7.3　子程序调用和返回指令 ………… 52
3.8　习题 ……………………………………… 54

第4章　单片机的其他片内功能
　　　　部件 ………………………………… 56
4.1　并行 I/O 口 ……………………………… 56
　4.1.1　P1 口 …………………………………… 56
　4.1.2　P2 口 …………………………………… 57
　4.1.3　P0 口 …………………………………… 59

4.1.4 P3 口 ⋯⋯⋯⋯⋯⋯⋯⋯⋯ 60
4.2 定时器/计数器 ⋯⋯⋯⋯⋯⋯⋯⋯ 61
4.2.1 定时器的一般结构和工作
原理 ⋯⋯⋯⋯⋯⋯⋯⋯⋯⋯ 61
4.2.2 定时器/计数器 T0 和 T1 ⋯ 62
4.2.3 定时器/计数器的初始化 ⋯ 66
4.2.4 8052 等单片机的定时器/计
数器 T2 ⋯⋯⋯⋯⋯⋯⋯⋯ 67
4.3 串行通信接口 ⋯⋯⋯⋯⋯⋯⋯⋯ 70
4.3.1 串行通信及基础知识 ⋯⋯ 70
4.3.2 串行接口的组成和特性 ⋯ 71
4.3.3 串行接口的工作方式 ⋯⋯ 72
4.3.4 波特率设计 ⋯⋯⋯⋯⋯⋯ 75
4.3.5 单片机双机通信和多机通信 ⋯⋯ 78
4.4 中断系统 ⋯⋯⋯⋯⋯⋯⋯⋯⋯⋯ 81
4.4.1 中断系统概述 ⋯⋯⋯⋯⋯ 81
4.4.2 中断处理过程 ⋯⋯⋯⋯⋯ 86
4.4.3 中断系统的应用 ⋯⋯⋯⋯ 88
4.5 习题 ⋯⋯⋯⋯⋯⋯⋯⋯⋯⋯⋯⋯ 94

第 5 章 汇编语言程序设计 ⋯⋯⋯⋯⋯ 95
5.1 汇编语言概述 ⋯⋯⋯⋯⋯⋯⋯⋯ 95
5.1.1 汇编语言的优点 ⋯⋯⋯⋯ 95
5.1.2 汇编语言程序设计的步骤 ⋯ 95
5.1.3 评价程序质量的标准 ⋯⋯ 95
5.2 简单程序设计 ⋯⋯⋯⋯⋯⋯⋯⋯ 96
5.3 分支程序 ⋯⋯⋯⋯⋯⋯⋯⋯⋯⋯ 99
5.3.1 简单分支程序 ⋯⋯⋯⋯⋯ 99
5.3.2 多重分支程序 ⋯⋯⋯⋯⋯ 100
5.3.3 N 路分支程序 ⋯⋯⋯⋯⋯ 102
5.4 循环程序 ⋯⋯⋯⋯⋯⋯⋯⋯⋯⋯ 105
5.4.1 循环程序的导出 ⋯⋯⋯⋯ 105
5.4.2 多重循环 ⋯⋯⋯⋯⋯⋯⋯ 108
5.5 查表程序 ⋯⋯⋯⋯⋯⋯⋯⋯⋯⋯ 112
5.6 子程序的设计及调用 ⋯⋯⋯⋯⋯ 116
5.6.1 子程序的概念 ⋯⋯⋯⋯⋯ 116
5.6.2 调用子程序的要点 ⋯⋯⋯ 116
5.6.3 子程序的调用及嵌套 ⋯⋯ 120
5.7 习题 ⋯⋯⋯⋯⋯⋯⋯⋯⋯⋯⋯⋯ 123

第 6 章 单片机系统的并行扩展 ⋯⋯⋯ 125
6.1 MCS-51 系统的并行扩展原理 ⋯⋯⋯ 125
6.1.1 MCS-51 并行扩展总线 ⋯⋯⋯⋯ 125

6.1.2 地址译码方法 ⋯⋯⋯⋯⋯ 127
6.2 程序存储器扩展 ⋯⋯⋯⋯⋯⋯⋯ 130
6.2.1 常用 EPROM 存储器电路 ⋯ 130
6.2.2 程序存储器扩展方法 ⋯⋯ 131
6.3 数据存储器扩展 ⋯⋯⋯⋯⋯⋯⋯ 132
6.3.1 常用的数据存储器 ⋯⋯⋯ 132
6.3.2 数据存储器扩展方法 ⋯⋯ 133
6.4 并行接口的扩展 ⋯⋯⋯⋯⋯⋯⋯ 134
6.4.1 用 74 系列器件扩展并行
I/O 口 ⋯⋯⋯⋯⋯⋯⋯⋯ 135
6.4.2 可编程并行 I/O 扩展接口
8255A ⋯⋯⋯⋯⋯⋯⋯⋯ 136
6.4.3 带 RAM 和计数器的可编程并行
I/O 扩展接口 8155 ⋯⋯⋯ 143
6.5 D-A 接口的扩展 ⋯⋯⋯⋯⋯⋯⋯ 147
6.5.1 梯形电阻式 D-A 转换
原理 ⋯⋯⋯⋯⋯⋯⋯⋯⋯ 147
6.5.2 DAC0832 ⋯⋯⋯⋯⋯⋯⋯ 148
6.6 A-D 接口的扩展 ⋯⋯⋯⋯⋯⋯⋯ 151
6.6.1 MC14433 ⋯⋯⋯⋯⋯⋯⋯ 151
6.6.2 ADC0809 ⋯⋯⋯⋯⋯⋯⋯ 154
6.7 习题 ⋯⋯⋯⋯⋯⋯⋯⋯⋯⋯⋯⋯ 158

第 7 章 单片机系统的串行扩展 ⋯⋯⋯ 160
7.1 MCS-51 系统的串行扩展原理 ⋯⋯⋯ 160
7.1.1 SPI 三线总线 ⋯⋯⋯⋯⋯ 160
7.1.2 I^2C 公用双总线 ⋯⋯⋯⋯ 161
7.2 单片机的外部串行扩展 ⋯⋯⋯⋯ 161
7.2.1 串行扩展 E^2PROM ⋯⋯⋯ 161
7.2.2 串行扩展 I/O 接口 ⋯⋯⋯ 164
7.2.3 串行扩展 A-D 转换器 ⋯⋯ 165
7.3 习题 ⋯⋯⋯⋯⋯⋯⋯⋯⋯⋯⋯⋯ 170

第 8 章 单片机的人机接口 ⋯⋯⋯⋯⋯ 172
8.1 键盘接口 ⋯⋯⋯⋯⋯⋯⋯⋯⋯⋯ 172
8.1.1 键盘的工作原理和扫描
方式 ⋯⋯⋯⋯⋯⋯⋯⋯⋯ 172
8.1.2 键盘的接口电路 ⋯⋯⋯⋯ 173
8.1.3 键盘输入程序设计方法 ⋯ 175
8.2 LED 显示器接口 ⋯⋯⋯⋯⋯⋯⋯ 176
8.2.1 LED 显示器的工作原理 ⋯ 176
8.2.2 LED 显示器的工作方式和显示
程序设计 ⋯⋯⋯⋯⋯⋯⋯ 178

8.3 LCD 显示器接口 ······ 179
　8.3.1 LCD 显示器的工作原理 ······ 179
　8.3.2 LCD 显示器的接口电路和显示
　　　　程序设计 ······ 180
8.4 8279 专用键盘显示器 ······ 185
　8.4.1 8279 的内部原理 ······ 185
　8.4.2 8279 的引脚分析 ······ 186
　8.4.3 8279 的键盘显示器电路 ······ 187
　8.4.4 8279 的设置 ······ 188
　8.4.5 8279 的应用程序介绍 ······ 190
8.5 习题 ······ 191

第 9 章　MCS-51 单片机系统的开发
　　　　与应用 ······ 193
9.1 单片机应用系统的研制过程 ······ 193
　9.1.1 总体设计 ······ 194
　9.1.2 硬件设计 ······ 194
　9.1.3 可靠性设计 ······ 196
　9.1.4 软件设计 ······ 196
　9.1.5 系统调试 ······ 198
9.2 磁电机性能智能测试台的研制 ······ 200
　9.2.1 系统概述 ······ 200
　9.2.2 测试系统硬件设计 ······ 200
　9.2.3 测控算法 ······ 202
　9.2.4 程序设计 ······ 205
　9.2.5 实验结果 ······ 206
9.3 水产养殖水体多参数测控仪 ······ 207
　9.3.1 系统概述 ······ 207
　9.3.2 水体多参数测控仪的基本组成
　　　　及工作原理 ······ 207
　9.3.3 硬件设计 ······ 208
　9.3.4 软件设计 ······ 213
　9.3.5 可靠性措施 ······ 214
　9.3.6 运行效果 ······ 214
9.4 课程设计：单片机温度控制实验
　　装置的研制 ······ 215
　9.4.1 系统的组成及控制原理 ······ 215
　9.4.2 控制系统软件编制 ······ 216
　9.4.3 课程设计的安排 ······ 216
　9.4.4 教学效果 ······ 217
9.5 单片机的 C 语言程序开发 ······ 217
　9.5.1 Keil IDE μVision2 集成开发
　　　　环境 ······ 218

9.5.2 WAVE6000 IDE 集成开发
　　　　环境 ······ 229
　9.5.3 常用的 C 语言程序模块和主程序
　　　　结构 ······ 236
9.6 Proteus ISIS 软件简介 ······ 244
　9.6.1 Proteus ISIS 软件的工作界面 ······ 244
　9.6.2 Proteus ISIS 环境下的电路图
　　　　设计 ······ 248
　9.6.3 Proteus 下单片机仿真 ······ 253
9.7 习题 ······ 261

第 10 章　嵌入式系统及 ARM
　　　　　处理器 ······ 262
10.1 嵌入式系统的概念 ······ 262
10.2 嵌入式系统的组成 ······ 263
　10.2.1 嵌入式处理器 ······ 263
　10.2.2 外围设备 ······ 263
　10.2.3 嵌入式操作系统 ······ 264
　10.2.4 应用软件 ······ 264
10.3 嵌入式系统的分类 ······ 265
10.4 嵌入式处理器的分类 ······ 267
　10.4.1 嵌入式微处理器 ······ 267
　10.4.2 嵌入式微控制器 ······ 268
　10.4.3 嵌入式 DSP 处理器 ······ 268
　10.4.4 嵌入式片上系统 ······ 268
10.5 嵌入式处理器的技术指标 ······ 269
10.6 如何选择嵌入式处理器 ······ 271
　10.6.1 选择处理器的总原则 ······ 271
　10.6.2 选择嵌入式处理器的具体
　　　　　方法 ······ 272
10.7 ARM 处理器基础 ······ 273
　10.7.1 ARM 处理器系列 ······ 274
　10.7.2 ARM 处理器体系结构 ······ 277
　10.7.3 ARM 处理器应用选型 ······ 283
10.8 ARM 处理器的工作状态和工作
　　 模式 ······ 283
　10.8.1 ARM 处理器的工作状态 ······ 283
　10.8.2 ARM 处理器的工作模式 ······ 284
10.9 ARM 处理器的寄存器组织 ······ 285
　10.9.1 ARM 状态下的寄存器组织 ······ 285
　10.9.2 Thumb 状态下的寄存器组织 ······ 287
　10.9.3 程序状态寄存器 ······ 288
10.10 ARM 处理器的存储器组织 ······ 290

10.11 ARM 体系结构所支持的异常 ……… 291

10.12 习题 ……………………… 295

第 11 章　嵌入式操作系统及软件开发 …………………… 296

11.1 嵌入式操作系统的概述 …………… 296

11.1.1 嵌入式操作系统的特点 ………… 296

11.1.2 嵌入式操作系统的分类 ………… 298

11.1.3 使用嵌入式操作系统的必要性 ……………………… 300

11.1.4 常见的嵌入式操作系统 ………… 301

11.2 嵌入式操作系统内核基础 ………… 305

11.2.1 多进程和多线程 ……………… 306

11.2.2 任务 ………………………… 306

11.2.3 任务切换 …………………… 306

11.2.4 内核 ………………………… 307

11.2.5 任务调度 …………………… 308

11.2.6 任务间的通信与同步 ………… 309

11.3 嵌入式操作系统 μC/OS-Ⅱ简介 …… 311

11.3.1 嵌入式操作系统 μC/OS-Ⅱ概述 ……………………… 311

11.3.2 嵌入式操作系统 μC/OS-Ⅱ的软件体系结构 ……………… 312

11.4 嵌入式操作系统 μC/OS-Ⅱ在 ARM 上的移植 ……………………… 313

11.4.1 移植条件 …………………… 313

11.4.2 移植步骤 …………………… 314

11.4.3 测试移植代码 ………………… 318

11.5 嵌入式系统软件开发 ……………… 318

11.5.1 嵌入式软件结构和组成 ………… 319

11.5.2 嵌入式操作系统运行的必要条件 ……………………… 321

11.5.3 嵌入式系统软件运行

11.5.4 无操作系统的嵌入式系统软件设计 ……………………… 322

11.5.5 有操作系统的嵌入式系统软件设计 ……………………… 326

11.6 习题 ………………………… 327

第 12 章　基于 ARM 内核的 STM32 系列嵌入式微控制器及应用 …………………… 328

12.1 Cortex-M3 简介 …………………… 328

12.2 STM32 的发展 …………………… 329

12.3 STM32F103xx 系列微控制器简介 ……………………… 332

12.3.1 STM32F103xx 系列微控制器的主要特性 ……………… 332

12.3.2 STM32F103xx 系列微控制器的内部结构 ……………… 333

12.4 STM32 的 A-D 转换器及应用 ……… 334

12.4.1 ADC 硬件结构及功能 ………… 334

12.4.2 ADC 工作模式 ……………… 336

12.4.3 ADC 数据对齐和中断 ………… 339

12.4.4 ADC 控制寄存器 …………… 340

12.5 ADC 程序设计 …………………… 344

12.6 习题 ………………………… 347

附录 …………………………………… 348

附录 A　单片机应用资料的网上查询 ……… 348

附录 B　MCS-51 单片机的指令表 ……… 348

参考文献 ……………………………… 353

第1章 绪 论

1.1 单片机与嵌入式系统发展概况

1946 年第一台电子计算机的诞生，引发了一场数字化的技术革命。如果说当初计算机的出现纯粹是为了解决日益复杂的计算问题，那么现在计算机已无处不在。随着大规模集成电路技术的不断进步，一方面微处理器由 8 位向 16 位、32 位甚至 64 位发展，再配以存储器和外围设备后构成微型计算机（也称个人计算机，Personal Computer），在办公自动化方面得到广泛应用；另一方面将微处理器、存储器和外围设备集成到一块芯片形成单片机（Single_chip Microcomputer），在控制领域大显身手；这种单片机嵌入到各种智能化产品之中，所以又称为嵌入式微控制器（Embedded Microcontroller）。

1.1.1 单片机的发展历史

单片机的发展可以分为三个阶段：

20 世纪 70 年代为单片机发展的初级阶段。以 Intel 公司的 MCS-48 系列单片机为典型代表，在一块芯片内含有 CPU、并行口、定时器、RAM 和 ROM 存储器，这是一款真正的单片机。这个阶段的单片机因受集成电路技术的限制，单片机的 CPU 指令系统功能相对较弱、存储器容量小、I/O 部件种类和数量少，只能用在比较简单的场合，而且价格相对较高，单片机的应用未引起足够的重视。

20 世纪 80 年代为高性能单片机的发展阶段。以 Intel 公司的 MCS-51、MCS-96 系列单片机为典型代表。出现了不少 8 位或 16 位的单片机，这些单片机的 CPU 和指令系统功能加强了，存储器容量显著增加，外围 I/O 部件品种多、数量大，有的包含了 A-D 之类的特殊功能部件。单片机应用得到了推广，典型单片机开始应用到各个领域。

20 世纪 90 年代至今为单片机的高速发展阶段。世界上著名的半导体厂商都重视新型单片机的研制、生产和推广。单片机性能不断完善，性能价格比显著提高，种类和型号快速增加。从性能和用途上看，单片机正朝着面向多层次用户的多品种多规格方向发展，哪一个应用领域前景广阔，就有这个领域的特殊单片机出现，既有特别高档的单片机，用于高级家用电器、掌上电脑、复杂的实时控制系统等领域，又有特别廉价、超小型、低功耗的单片机，应用于智能玩具等消费类应用领域。对单片机应用的技术人员来说，选择单片机有了更大的自由度。

1.1.2 嵌入式系统的产生和发展

嵌入式系统起源于微型计算机时代。20 世纪 70 年代，微处理器的出现使得计算机发生了历史性的变化，以微处理器为核心的微型计算机走出机房，深入千家万户。这一时期人们称之为 PC 时代。

随着微型机不断强大的计算能力所表现出来的智能化水平，人们首先想到的就是将其用于自动控制领域中，例如将微机配置相应的外围接口电路后实现对电厂发电机的状态监测与工况控制。然而更多的场合要求将计算机嵌入到对象体系中，实现对象体系的智能化控制，例如飞机、舰船的自动驾驶，洗衣过程的自动化，汽车的自动点火、自动刹车等。在如此众多的应用背景下，这类计算机便逐渐失去了原来的形态和通用的计算功能，从而成为一种嵌入到对象体系中，实现对象体系智能化控制的计算机，我们称之为嵌入式计算机系统，简称嵌入式系统。

从嵌入式计算机系统的产生背景分析，可以发现它与通用计算机系统有着完全不同的技术要求和技术发展方向。通用计算机系统要求的是高速、海量的数值运算，在技术发展方向上追求总线速度不断提升、存储容量不断扩大。而嵌入式计算机系统要求的是对象体系的智能化控制能力，在技术发展方向上追求针对特定对象系统的嵌入性、专用性和智能化。这种技术发展的分歧导致 20 世纪末计算机进入了通用计算机系统和嵌入式计算机系统两大分支并行发展的时期，人们称之为后 PC 时代。

嵌入式系统的发展方向主要是根据应用的需求，一方面提升 CPU 的性能，如提高微处理器的运行速度、降低芯片的功耗等，另一方面扩充各种功能，把各种不同的外围设备集成在芯片内部，衍生出面向不同应用的各种型号单片机。

20 世纪 80 年代后，嵌入式系统的另一个发展来源得益于软件技术的进步，一方面体现在编程语言上，另一方面体现在实时操作系统的使用上。在微处理器出现的初期，为了保障嵌入式软件的空间和时间效率，只能使用汇编语言进行编程。随着微电子技术的进步，系统对软件时空效率的要求不再十分苛刻，从而使得嵌入式软件可以使用 PL/M、C 等高级语言。高级编程语言的使用提高了软件的生产效率，保障了软件的可重用性，缩短了软件的开发周期。另外，嵌入式系统大多是实时系统，对于复杂的嵌入式系统而言，除了需要高级语言开发工具外，还需要嵌入式实时操作系统的支持。一些软件公司先后推出了嵌入式实时操作系统，比如 μC/OS – II、eCOS、μClinux、Vxwork、VRTX、RTXC、Nucleus、QNX 和 WinCE 等。嵌入式软件工程师开始使用操作系统来开发自己的软件。嵌入式操作系统的出现和推广带来的最大好处就是可以使嵌入式产业走向协同开发和规模化发展的道路，从而促使嵌入式应用拓展到更加广阔的领域。

嵌入式系统在软、硬件技术方面的迅速发展，首先是面向不同应用领域、功能更加强大、集成度更高、种类繁多、价格低廉、低功耗的 32 位微处理器逐渐占领统治地位，DSP器件向高速、高精度、低功耗发展，而且可以和其他的嵌入式微处理器相集成；其次，随着微处理器性能的提高，嵌入式软件的规模也呈指数型增长，所体现出的嵌入式应用具备了更加复杂和高度智能的功能，软件在系统中体现出来的重要程度越来越大，嵌入式操作系统在嵌入式软件中的使用越来越多，同时，嵌入式操作系统的功能不断丰富；最后，嵌入式开发工具更加丰富，已经覆盖了嵌入式系统开发过程的各个阶段，现在主要向着集成开发环境和友好人机界面等方向发展。

1.1.3 嵌入式系统的特点

嵌入式系统与通用计算机系统相比具有以下几个特点：

1）嵌入式系统通常是面向特定应用的，因此嵌入式 CPU 与通用 CPU 的最大不同就是嵌入式 CPU 大多工作在为特定用户群设计的系统中，如 ARM 系列多用于手机中，Motorola 的龙珠系列用于中档 PDA 中，PowerPC 用于网络设备中。一般地，决定嵌入式处理器应用环境的因素主要是集成外部接口的功能和处理速度。它通常都具有功耗低、体积小、集成度高等特点，能够把通用 CPU 中许多由板卡完成的任务集成在芯片内部，从而有利于嵌入式系统设计趋于小型化，提高可靠性，移动能力大大增强，与网络的耦合也越来越紧密。

2）嵌入式系统是将先进的计算机技术、半导体技术和电子技术与各个行业的具体应用相结合的产物。这一点就决定了它必然是一个技术密集、资金密集、高度分散、不断创新的知识集成系统。因此，嵌入式系统的开发和应用不容易在市场上形成垄断。

3）嵌入式系统的硬件和软件都必须高效率地设计，量体裁衣、去除冗余，力争在同样的硅片面积上实现更高的性能，这样才能在处理器的具体应用中更具有竞争力。

4）嵌入式处理器的应用软件是实现嵌入式系统功能的关键，对嵌入式处理器系统软件和应用软件的要求也和通用计算机有以下不同点：

①软件要求固件化，大多数嵌入式系统的软件固化在只读存储器中。

②要求高质量、高可靠性的软件代码。

③许多应用中要求系统软件具有实时处理能力。

5）嵌入式系统和具体应用有机地结合在一起，它的升级换代也是和具体产品同步进行的，因此嵌入式系统产品一旦进入市场，就具有较长的生命周期。

6）嵌入式系统本身不具备自开发能力，即使设计完成以后用户通常也不能对其中的程序功能进行修改，必须有一套开发工具和环境才能进行开发。

由于嵌入式系统的核心是嵌入式微处理器，因此有必要了解嵌入式微处理器的特点。嵌入式微处理器一般具备以下几个特点：

1）对实时多任务有很强的支持能力，能完成多任务，并且有较短的中断响应时间，从而使内部代码和实时内核的执行时间减少到最低限度。

2）具有功能很强的存储区保护功能。这是由于嵌入式系统的软件结构已模块化，而为了避免在软件模块之间出现错误的交叉作用，需要设计强大的存储区保护功能，同时也有利于软件诊断。

3）可扩展的处理器结构，能迅速地扩展出满足应用的最高性能的嵌入式微处理器，例如 ARM7 的 TDMI 内核的处理器通过扩充外部接口，形成网络控制器、多媒体应用、移动电话应用等。

4）嵌入式微处理器功耗很低，尤其用于便携式无线及移动的计算和通信设备中靠电池供电的嵌入式系统更是如此，如功耗只有毫瓦甚至微瓦级。

一般地，嵌入式系统的软件需要嵌入式操作系统（Embedded Operating System，EOS）开发平台。一般对于小规模的嵌入式系统，应用程序可以没有操作系统直接在芯片上运行；而对于大系统来说，为了合理地调度多任务，管理和利用系统资源、系统函数，以及利用库函数接口，用户必须自行选配 EOS 开发平台，这样才能保证程序执行的实时性、可靠性，并减少开发时间，保障软件质量。

一个优秀的 EOS 是嵌入式系统成功的关键。EOS 是相对于一般操作系统而言的，它具备了一般操作系统最基本的功能，如任务调度、同步机制、中断处理、文件功能等。但嵌入式操作系统仅具有这些功能是不够的。为了适应不断发展的嵌入式产品的要求，EOS 还需要具有以下特点：

1）更好的硬件适应性，也就是良好的移植性，支持尽量多的硬件平台。

2）占有更少的硬件资源，例如占用存储器几千到几万字节。

3）高可靠性。

4）提供强大的网络功能，支持 TCP/IP 协议及其他协议，协议栈可裁剪。

5）友好高效的 GUI（图形用户接口）。

6）实时性能（有些应用要求）。

7）可裁剪性，例如设计成微内核结构和模块化结构。

嵌入式系统的多样性和不同的复杂程度可能使人困惑，但是，嵌入式系统也具有很多共性。为了充分地考虑嵌入式软件开发的各种可能方法，需要掌握这些共性以便可以着手开发工作，而不必担心欠缺某个特殊领域的知识。一些重要的共性如下所列：

1）虽然嵌入式处理器的种类已达几百种，指令系统、集成的部件不同，但是具有处理器的共同点，如总线结构、中断能力等。

2）嵌入式处理器由通用处理器内核加上外部设备组成，同一类外部设备完成的功能相似，虽然它们的组成细节不同。不同种类的嵌入式处理器由通用处理器内核加上不同种类的外部设备构成。

3）嵌入式软件开发人员需要关心硬件的细节，例如在完成像串行通信这样的接口软件时，需要掌握到位一级的细节。桌面应用软件开发人员不必考虑位的操作，因为桌面操作系统已经为用户完成了设备驱动程序。

4）掌握 TCP/IP 协议栈的实现细节具有额外的优势，因为在未来，嵌入式系统的网络功能将成为一种共性。

5）软件开发的内核层编程，需要了解操作系统的调用细节。虽然目前嵌入式操作系统种类繁多，但是它们均是类似的，掌握一种操作系统的用法就可以触类旁通，能很快地使用其他的操作系统。

6）嵌入式系统的开发人员，特别是系统设计师，必须掌握硬件和软件的综合知识，进行硬件系统和软件系统的综合设计。

7）嵌入式系统的软件开发人员需要掌握多种嵌入式操作系统的用法，不像桌面系统的开发，只掌握一种系统如 Windows 就可以了。

8）操作系统、编程语言和开发工具的多样性是一个有利条件，开发人员可以为具体应用选择合适的平台，这种有利条件为开发人员掌握有关每种平台特性和附带工具的实际应用知识提供了机会。

9）对于嵌入式系统的设计师来说，根据应用选平台是至关重要的。这里的平台包括硬件平台（嵌入式处理器）和软件平台（嵌入式操作系统、开发工具等）。

10）嵌入式系统的开发往往需要行业人员和计算机专业人员协作完成，例如开发数字医疗设备，需要医学人才、生物医学工程领域的人才和计算机方面的人才的协作。

1.1.4 典型的嵌入式单片机产品

本节将介绍世界上一些著名的半导体厂商典型的单片机产品，以使读者对目前的单片机产品有个大概的了解，在开发单片机应用系统时，为读者选择单片机提供参考。

1. Intel 公司的单片机

Intel 公司是最早推出单片机的大公司之一，其产品有 MCS-48、MCS-51 和 MCS-96 三大系列几十个型号的单片机。目前 Intel 公司已不再推出新品种的单片机，但 Intel 公司 MCS-51 系列单片机的结构为其他一些大公司所采纳，它们推出了许多适用于不同场合的新型 51 系列单片机，使这个系列的单片机仍被广泛应用。

2. ATMEL 公司的单片机

ATMEL 公司生产的具有 8051 结构的 Flash 型和 E^2PROM 型单片机（尤其是 89C51 和 89C52），由于和 Intel 的 MCS-51 系列单片机中典型产品完全兼容、开发和使用简便，在我国得到了广泛的应用。1997 年，ATMEL 公司推出了全新配置的精简指令集（RISC）的 AVR 单片机，由于 AVR 单片机优良的性能，在越来越多的领域得到应用。

3. Freescale 公司的单片机

Freescale（飞思卡尔）是全球十大半导体厂商之一，也是最大的汽车和通信产业嵌入芯片制造商。2004 年，飞思卡尔从摩托罗拉公司剥离了出来。飞思卡尔的 8 位单片机系列主要包括 RS08、HC08 和 HCS08 系列。飞思卡尔的 16 位单片机系列主要包括 S12、S12C、S12HZ、S12R、S12X、S12XB、S12XD、S12XE、S12XF、S12XH、S12XS、S12Q 和 56F8000 系列。飞思卡尔的 32 位处理器主要包括 Power Architecture、68K/ColdFire、ARM® 和 MCORE 处理器。

4. NXP 公司的单片机

NXP（恩智浦）是全球十大半导体公司之一，创立于 2006 年，先前由飞利浦于 1960 年创立。NXP 公司的 8 位单片机 51LPC 是基于 80C51 内核的单片机，嵌入了掉电检测、模拟以及片内 RC 振荡器等功能。NXP 公司的 32 位 LPC 系列单片机是基于 ARM 内核的单片机。恩智浦单片机在汽车、医疗、工业、个人消费电子等领域被广泛应用。

5. Microchip 公司的单片机

Microchip 公司有 12 位程序存储器的低档单片机、14 位程序存储器的中档单片机、16 位程序存储器的高档单片机和新推出的 PIC32MX 系列高性能 32 位单片机。Microchip 公司的 PIC 单片机品种丰富，在各类电子产品中被广泛应用。

6. TOSHIBA 公司的单片机

TOSHIBA 公司有 TLCS-470 系列 4 位单片机，TLCS870、TLCS870/X、TLCS870/C、TLCS-90 系列 8 位单片机和 TLCS-900 系列 16/32 位单片机。这些单片机不但 CPU 和指令系统的功能强，而且片内外围部件丰富，提供汇编语言和 C-Like 语言的软件开发手段。随着 TOSHIBA 单片机开发工具的国产化和开发成本的降低，TOSHIBA 单片机在我国有很大的应用前景。目前已提供 TLCS-870 系列国产的单片机开发工具——STF870A，可开发该系列的多种型号的产品。TOSHIBA 公司的单片机可广泛应用于工业控制、家用电路、仪器仪表等领域。

7. Renesas 公司的单片机

Renesas（瑞萨）电子由 NEC 电子、日立制作所、三菱电机的半导体部门合并而成，瑞萨的 4 位单片机系列主要包括 H4、720 系列。瑞萨的 8 位单片机系列主要包括 H8、78K0、740 系列。瑞萨的 16 位单片机系列主要包括 H8S、RL78、R8C、M16C 系列。瑞萨的 32 位单片机系列主要包括 H8SX、SH2、M32、RX21A 系列。瑞萨是 MCU 市场占有率位居全球第一的企业，业务范围更是涵盖了"移动通信""数码家电"和"汽车电子"三大领域。

8. Infineon 公司的单片机

Infineon（英飞凌）公司于 1999 年 4 月 1 日在德国慕尼黑正式成立，是全球领先的半导体公司之一。其前身是西门子集团的半导体部门，2002 年后更名为英飞凌科技。英飞凌单片机从 8 位 XC800 系列、16 位 XC166 系列，到 32 位 TriCoreTM 系列都集成了专为不同类型电机控制设计的高性能硬件单元，可以很好地解决从低端到高端的需要。

9. NS 公司的单片机

NS（美国国家半导体公司）有 COP4 系列 4 位单片机、COP8 系列 8 位单片机和 HPC 系列 16 位单片机，其中 COP8 系列是 NS 公司的主要产品。COP8 是面向控制的 8 位单片机，该系列品种齐全，应用范围广，根据应用对象的不同可以分为特色型、基本型和新型三大种类。

10. 三星电子的单片机

三星电子成立于 1938 年 3 月，三星单片机有 KS51 和 KS57 系列 4 位单片机、KS86 和 KS88 系列 8 位单片机、KS17 系列 16 位单片机和 KS32 系列 32 位单片机。三星电子在 4 位机上采用 NEC 的技术，8 位机上引进 Zilog 公司 Z8 的技术，在 32 位机上购买了 ARM7 内核，还有 DEC、东芝技术等。其单片机裸片的价格相当有竞争力。

11. TI 公司的单片机

德州仪器（Texas Instruments，TI），是全球领先的半导体公司，TI 公司有 TMS370 的 8 位单片机；MSP430 系列的 16 位单片机，以及 2000、5000、6000 系列的 DSP（数字信号处理器）；最近 TI 公司采用 ARM 内核，推出了 OMAP 等系列处理器，不同系列的微控制器有不同的适用场合。

12. Fujitsu 公司的单片机

Fujitsu（富士通）成立于 1935 年，富士通 8 位单片机有 8L 和 8FX 两个系列，主要应用于空调、洗衣机、冰箱、电表、小家电及汽车电子等领域；16 位主流单片机有 MB90F387、MB90F462、MB90F548、MB90F428 等，适用于电梯、汽车电子车身控制及工业控制等领域；32 位单片机采用 RISC 结构，主要产品有 MB91101A、MB91F362GA 和 MB91F364GA，适用于 POS 机、银行税控打印机、电力及工业控制等场合。

13. ARM 系列单片机

ARM（Advanced RISC Machines）是微处理器行业的一家知名企业，设计了大量高性能、廉价、耗能低的 RISC（精简指令集计算机）处理器、相关技术及软件。ARM 架构是面向低预算市场设计的第一款 RISC 微处理器，基本是 32 位单片机的行业标准。ARM 公司本身不直接从事芯片生产，作为知识产权供应商，靠转让设计许可，由合作公司生产各具特色的芯片。目前，全世界有几十家大的半导体公司从 ARM 公司购买其设计的 ARM 微处理器核，根据各自不同的应用领域，加入适当的外围电路，从而生产出具有自己特色的 ARM 单片机。

ARM 系列单片机与普通单片机的主要区别体现在以下几个方面：

（1）ARM 单片机速度快

ARM 单片机主频一般较高，执行一条指令所用时间较短；ARM 具有指令流水线，可以多条指令并行执行；ARM 的 32 位运算单元，做与普通单片机相同的运算，所用的指令数目少。以上的几个因素都使得 ARM 单片机比普通单片机快得多。

（2）ARM 单片机存储器容量大

ARM 单片机采用 32 位总线，最多可配置 4G 容量的存储器。ARM 单片机的大容量存储器可以存放大量的数据和程序，特别适合具有复杂功能的嵌入式系统。

（3）ARM 单片机外部通信接口丰富

ARM 单片机的通信接口要比普通单片机丰富得多，有 UART、USB、Ethernet、CAN、SPI 和 I²C 等通信接口，可以满足嵌入式系统通信多样化的要求。

（4）ARM 单片机有许多第三方的软件支持

随着 ARM 单片机在越来越多的嵌入式系统中得到应用，许多软件公司纷纷推出基于 ARM 单片机的操作系统，如 Windows CE、Linux、VxWorks、μCOS－Ⅱ 等都有了基于 ARM 的版本。操作系统的使用，大大减少了 ARM 嵌入式系统的软件开发成本，加快了产品的开发周期，降低了产品成本，提高了产品性能，使产品更具有竞争力。

目前比较流行的 ARM 核有 ARM7 TDMI、StrongARM、ARM720T、ARM9 TDMI、ARM922T、ARM940T、RM946T、ARM966T、ARM10 TDMI 等。在中国，PHILIPS、ATMEL、Samsung 等公司做了大量的 ARM 单片机的技术推广工作，有较强的技术支持机构，因而这几家公司的 ARM 单片机产品也得到了比较多的应用。

14. DSP 系列单片机

DSP（Digital Signal Processor）是数字信号处理器的简称。DSP 的起源是在 20 世纪 60～70 年代，DSP 微处理器当时主要应用于雷达、原油探勘、太空探索和医学影像等领域。现在来看 DSP 微处理器也是一种单片机，是一种运行速度高，擅长于数字信号处理的单片机。随着微电子技术的发展，DSP 微处理器的外设功能不断增加；DSP 处理器在电机控制、通信等越来越多的领域发挥作用。

DSP 系列单片机与普通单片机的主要区别体现在以下几个方面：

（1）DSP 单片机速度快

DSP 单片机主频一般较高，执行一条指令所用时间较短；DSP 具有指令流水线，可以多条指令并行执行；许多 DSP 单片机采用 32 位运算单元，做与普通单片机相同的运算，所用的指令数目少。以上的几个因素都使得 DSP 单片机比普通单片机快得多。

（2）DSP 单片机具有适合数字信号处理的特殊指令

数字信号处理时，DSP 单片机需要做大量的乘法和累加运算；DSP 单片机专门的乘累加指令，使乘法和累加运算可以在一条指令中完成，大大提高了数字信号处理的效率。

（3）DSP 单片机具有独特的寻址方式

数字信号处理中，需要对采集来的数据进行重新排序，DSP 单片机的"反比特"寻址方式使排序很容易实现，从而有很高的排序效率。

15. 其他公司的单片机

除以上介绍的单片机外，尚有许多单片机未能列入，有兴趣读者可查阅有关资料。

1.2 单片机的嵌入式应用领域和应用方式

由于单片机具有体积小、重量轻、价格便宜、功耗低、控制功能强及运算速度快等特点，在国民经济建设、军事及家用电器等各个领域均得到了广泛的应用，对各个行业的技术改造和产品的更新换代起着重要的推动作用。

1. 单片机在智能仪表中的应用

单片机广泛地应用于实验室、交通运输工具、计量等各种仪器仪表中，使仪器仪表智能化，提高它们的测量精度，加强其功能，简化仪器仪表的结构，使其便于使用、维护和改进。例如，电度表校验仪，电阻、电容、电感测量仪，船舶航行状态记录仪，烟叶水分测试器，智能超声波测厚仪等。

2. 单片机在机电一体化中的应用

机电一体化是机械工业发展的方向。机电一体化产品是指集机械技术、微电子技术、自动化技术和计算机技术于一体，具有智能化特征的机电产品。例如，微机控制的铣床、车床、钻床、磨床等。单片微型机的出现促进了机电一体化，它作为机电产品中的控制器，能充分发挥它的体积小、可靠性高、功能强、安装方便等优点，大大强化了机器的功能，提高了机器的自动化、智能化程度。

3. 单片机在实时控制中的应用

单片机也广泛地用于各种实时控制系统中，如对工业上各种窑炉的温度、酸度、化学成分的测量和控制。将测量技术、自动控制技术和单片机技术相结合，充分发挥数据处理和实时控制功能，使系统工作于最佳状态，提高系统的生产效率和产品的质量。在航空航天、通信、遥控、遥测等各种实时控制系统中都可以用单片机作为控制器。

4. 单片机在分布式多机系统中应用

分布式多机系统具有功能强、可靠性高的特点。在比较复杂的系统中，都采用分布式多机系统。系统中有若干台功能各异的计算机，各自完成特定的任务，它们又通过通信相互联系、协调工作。单片机在这种多机系统中，往往作为一个终端机，安装在系统的某些节点上，对现场信息进行实时的测量和控制。高档的单片机多机通信（并行或串行）功能很强，它们在分布式多机系统中将发挥很大作用。

5. 单片机在家用电器等消费类领域中的应用

家用电器等消费类领域的产品特点是量多面广，市场前景看好。单片机应用到消费类产品中，能大大提高它们的性能价格比，因而受到用户的青睐，提高产品在市场上的竞争力。目前家用电器几乎都是单片机控制的电脑产品，例如，空调、冰箱、洗衣机、微波炉、彩电、音响、家庭报警器、电子宠物、移动电话等。

1.3 习题

1. 单片机内部至少应包含哪些部件？
2. 研制微机应用系统时，如何选择单片机的型号？
3. 嵌入式系统有哪些特点？

第 2 章　单片机的基本结构与工作原理

2.1　MCS-51 系列单片机总体结构

20 世纪 80 年代初 Intel 公司推出 MCS-51 系列单片机以后，世界上许多著名的半导体厂商相继生产和这个系列兼容的单片机，使产品型号不断增加、品种不断丰富、功能不断增强。从系统结构上看，所有的 51 系列单片机都是以 Intel 公司最早的典型产品 8051 为核心，增加了一定的功能部件后构成的。下面以 8051 为主，阐述 MCS-51 系列单片机的系统结构、工作原理和应用中的一些技术性问题，使读者对 MCS-51 单片机有一个大概的了解。

2.1.1　MCS-51 单片机的引脚描述

HMOS 制造工艺的 8051 是 MCS-51 系列单片机的典型产品，其采用 40 引脚的双列直插封装（DIP 方式），图 2-1 是它的引脚图。按引脚功能，这些引脚可分为四类：

1. 电源引脚 V_{CC} 和 V_{SS}（共 2 根）

V_{CC}（40 脚）：接 +5V 电压。

V_{SS}（20 脚）：接地。

2. 外接晶振引脚 XTAL1 和 XTAL2（共 2 根）

XTAL1（19 脚）和 XTAL2（18 脚）引脚接外部振荡器的信号，即把外部振荡器的信号直接连到内部时钟发生器的输入端。

3. 控制和复位引脚 ALE、$\overline{PSEN}$、$\overline{EA}$ 和 RST（共 4 根）

ALE（30 脚）：当访问外部存储器时，ALE（允许地址锁存）的输出用于锁存地址的低位字节。即使不访问外部存储器，ALE 端仍以不变的频率周期性地出现正脉冲信号，此频率为振荡器频率的 1/6。它可用作对外输出的时钟，或用于定时。需要注意的是，每当访问外部数据存储器时，将跳过一个 ALE 脉冲。ALE 端可以驱动（吸收或输出电流）8 个 TTL 门电路。

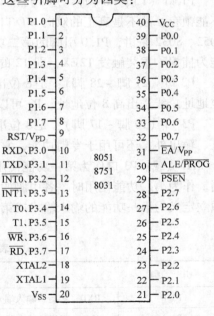

图 2-1　MCS-51 单片机引脚图

$\overline{PSEN}$（29 脚）：此引脚的输出是外部程序存储器的读选通信号。在从外部程序存储器取指令（或常数）期间，每个机器周期两次 $\overline{PSEN}$ 有效。但在此期间，每当访问外部数据存储器时，这两次有效的 $\overline{PSEN}$ 信号将不出现。$\overline{PSEN}$ 同样可以驱动 8 个 TTL 门电路。

$\overline{EA}$（31 脚）：当 $\overline{EA}$ 端保持高电平时，访问内部程序存储器，但在 PC（程序计数器）值超过片内程序存储器容量（8051 为 4KB）时，将自动转向执行外部程序存储器。当 $\overline{EA}$ 保持低电平时，则只访问外部程序存储器，不管是否有内部程序存储器。对于常用的 8031 来说，无内部程序存储器，所以$\overline{EA}$脚必须常接地，这样才能选择外部程序存储器。单片机只在复位期间采样$\overline{EA}$脚的电平，复位结束以后$\overline{EA}$脚的电平对程序存储器的访问没有影响。

RST（9 脚）：当振荡器运行时，在此引脚上出现两个机器周期的高电平将使单片机复位。建议在此引脚与 V_{SS} 引脚之间连接一个约 $8.2k\Omega$ 的下拉电阻，与 V_{CC} 引脚之间连接一个约 $10\mu F$ 的电容，以保证可靠复位。图 2-2a 为无手动复位功能的 MCS-51 单片机复位电路原理图，图 2-2b 为具有手动复位功能的 MCS-51 单片机复位电路原理图。

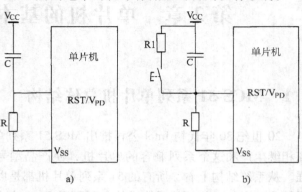

图 2-2　MCS-51 单片机复位电路原理图
a）无手动复位功能　b）有手动复位功能

4. 输入/输出（I/O）引脚 P0、P1、P2、P3（共 32 根）

P0 口（32 脚～39 脚）：是双向 8 位三态 I/O 口，在外接存储器时，与地址总线的低 8 位及数据总线复用，能以吸收电流的方式驱动 8 个 TTL 负载。

P1 口（1 脚～8 脚）：是 8 位准双向 I/O 口。由于这种接口输出没有高阻状态，输入也不能锁存，故不是真正的双向 I/O 口。P1 口能驱动（吸收或输出电流）4 个 TTL 负载。对 8052、8032 来讲，P1.0 引脚的第二功能为定时/计数器 T2 的外部输入，P1.1 引脚的第二功能为捕捉、重装触发 T2EX，即 T2 的外部控制端。

P2 口（21 脚～28 脚）：是 8 位准双向 I/O 口。在访问外部存储器时，它可以作为高 8 位地址总线送出高 8 位地址。P2 可以驱动（吸收或输出电流）4 个 TTL 负载。

P3 口（10 脚～17 脚）：是 8 位准双向 I/O 口，在 MCS-51 中，这 8 个引脚除用于普通输入、输出外，还可用于专门功能，它是一个复用双功能口。P3 能驱动（吸收或输出电流）4 个 TTL 负载。P3 口作为第一功能使用时，即作为普通 I/O 用，功能和操作方法与 P1 口相同。作为第二功能使用时，各引脚的定义见表 2-1。值得强调的是，P3 口的每一条引脚均可独立定义为第一功能的输入输出或第二功能。

表 2-1　P3 口第二功能表

引　脚	第二功能
P3.0	RXD（串行口输入端）
P3.1	TXD（串行口输出端）
P3.2	$\overline{INT0}$（外部中断 0 请求输入端，低电平有效）
P3.3	$\overline{INT1}$（外部中断 1 请求输入端，低电平有效）
P3.4	T0（定时器/计数器 0 计数脉冲输入端）
P3.5	T1（定时器/计数器 1 计数脉冲输入端）
P3.6	$\overline{WR}$（外部数据存储器写选通信号输出端，低电平有效）
P3.7	$\overline{RD}$（外部数据存储器读选通信号输出端，低电平有效）

2.1.2 MCS-51 单片机的硬件资源

MCS-51 单片机的内部硬件资源如图 2-3 所示。

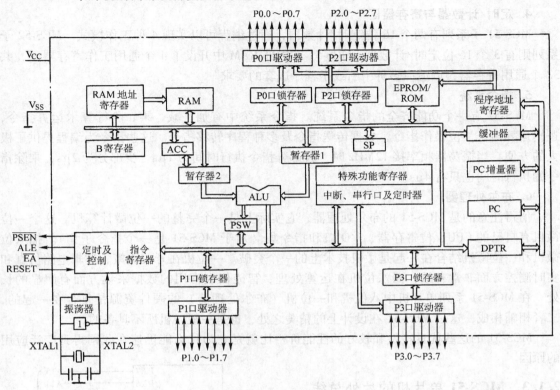

图 2-3 MCS-51 单片机内部硬件资源

1. MCS-51 的内部程序存储器（ROM）和内部数据存储器（RAM）

MCS-51 系列中的 8051 单片机内部有 4KB 的程序存储器，地址范围为 0000H ~ 0FFFH。当单片机的 EA 引脚为高电平时，程序存储器空间的 0000H ~ 0FFFH 在单片机的内部，1000H ~ FFFFH 在单片机的外部。8051 单片机的内部有 128B 的数据存储器，地址范围为 00H ~ 7FH（8052 内部有 256B，地址范围为 00H ~ FFH，其中 80H ~ FFH 单元只能用寄存器间接寻址访问）。

2. MCS-51 的特殊功能寄存器

MCS-51 单片机内部地址范围从 80H ~ FFH 为特殊功能寄存器区。单片机的输入/输出端口、计数器/定时器、串行通信口、累加器以及一些控制寄存器等都位于这个地址空间。特殊功能寄存器实际只占用了 80H ~ FFH 地址中的一部分，其余部分地址保留未用。MCS-51 单片机各种型号间的差别就在于特殊功能寄存器数量的多少。

3. 中断与堆栈

MCS-51 有 5 个中断源（对 8032/8052 为 6 个），分别为外部中断 0、外部中断 1、时钟中断 0、时钟中断 1 和串行通信中断（对 8032/8052 还有时钟中断 2），这些中断分为两个优先级，每个中断源的优先级都是可编程的。MCS-51 的堆栈位于单片机的内部数据存储器中，MCS-51 的堆栈是一个向上增长的后进先出的存储空间，主要用于保存中断返回地址和子程序调用返回地址（由硬件自动保存），也可用指令进行堆栈数据的存取操作。

4. 定时/计数器与寄存器区

MCS-51 子系列有两个 16 位定时/计数器，通过编程可以实现 4 种工作模式。MCS-52 子系列则有 3 个 16 位定时/计数器。MCS-51 在内部 RAM 中开设了 4 个通用工作寄存器区，共32 个通用寄存器，以适应多种中断或子程序嵌套的要求。

5. 指令系统

MCS-51 有一个功能齐全的指令系统。指令系统中有加、减、乘、除等算术运算指令，逻辑运算指令，位操作指令，数据传送指令及多种程序转移指令。这些指令为编程提供了极大的方便。当振荡器频率接 12MHz 时，大部分指令执行时间为 $1\mu s$，少部分为 $2\mu s$，乘除指令的执行时间也只有 $4\mu s$。

6. 布尔处理器

值得注意的是 MCS-51 的布尔处理器，它实际上是一个完整的一位微计算机。这个一位微机有自己的 CPU、位寄存器、I/O 口和指令集（对于 MCS-51 是一个指令子集）。把八位微机和一位微机结合在一起是微机技术上的一个突破。一位机在开关决策、逻辑电路仿真和实时测控方面非常有效，而八位机在运算处理、智能仪表常用的数据采集方面有明显的长处。在 MCS-51 系列单片机中八位机和一位机（布尔处理器）的硬件资源是复合在一起的，二者相辅相成，这是 MCS-51 在设计上的精美之处，也是一般微机所不具备的。

MCS-51 的这些优良特性和较好的性能价格比就是它为什么能迅速在我国得到广泛应用的原因。

2.1.3 MCS-51 单片机的片外总线结构

当 MCS-51 单片机系统需要外扩程序存储器、数据存储器或输入输出端口时，外部芯片需要单片机为其提供地址总线、数据总线和控制总线。这些总线和单片机内的 I/O 口线一起构成了单片机的片外总线。图 2-4 为单片机的片外总线，由图可知，MCS-51 单片机的许多 I/O 口线用于外部扩展的地址总线、数据总线和控制总线，不能都当作用户 I/O 口线。只有 8051/8751 等内部有程序存储器的单片机，在外部不扩展芯片的情况下，P0、P1、P2、P3 口才可都作为用户的 I/O 口线使用。否则只有 P1 口，以及部分作为第一功能使用的 P3 口可作为用户的 I/O 口线使用。

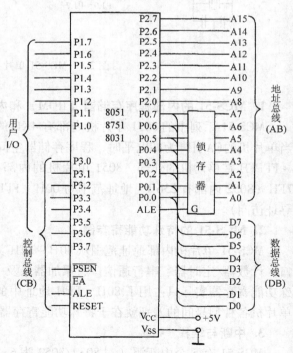

图 2-4 MCS-51 单片机的片外总线结构

我们也可以看到，单片机的引脚除了电源、复位、时钟和用户 I/O 口外，其余引脚都是为实现系统扩展而设置的。这些引脚构成了 MCS-51 单片机片外三总线结构，即：

1）地址总线（AB）。地址总线宽度为 16 位，可访问 64KB 的外部程序存储器和 64KB 的外部数据存储器。低 8 位地址总线（A0 ~ A7）由 P0 口经地址锁存器提供，高 8 位地址总线（A8 ~ A15）直接由 P2 口提供。

2）数据总线（DB）。数据总线宽度为 8 位，由 P0 口提供。

3）控制总线（CB）。由 P3 口的第二功能状态和 4 根独立控制线 RESET、$\overline{EA}$、ALE 和 $\overline{PSEN}$组成。

2.2 MCS-51 单片机的时钟电路及 CPU 的工作时序

2.2.1 时钟电路

1. NMOS 型单片机时钟电路

时钟电路是单片机的心脏，它控制着单片机的工作节奏。MCS-51 单片机允许的时钟频率是因型号而异的，典型值为 12MHz。图 2-5a 是 NMOS 型单片机的时钟电路内部结构图，由图可见，时钟电路是一个反相放大器，XTAL1、XTAL2 分别为反相放大器输入和输出端，外接晶振（或陶瓷谐振器）和电容组成振荡器。振荡器产生的时钟频率主要由晶振的频率决定，电容 C1 和 C2 的作用有两个：其一是使振荡器起振，其二是对振荡器的频率 f 起微调作用（C1、C2 变大，f 变小），其典型值为 30pF。振荡器在加电以后约 10ms 开始起振，XTAL2 输出 3V 左右的正弦波。振荡器产生的时钟脉冲送至单片机内部的各个部件。NMOS 型单片机也可以不使用内部时钟电路，直接从外部输入时钟脉冲，图 2-5b 是从外部直接输入时钟的电路图。

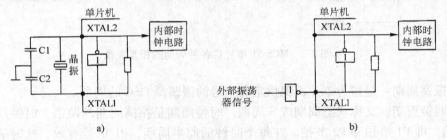

图 2-5　NMOS 型单片机的时钟电路原理图
a）时钟电路内部结构图　b）从外部直接输入时钟脉冲的电路图

2. CMOS 型单片机时钟电路

CMOS 型单片机（如 80C51BH）内部有一个可控的反相放大器，外接晶振（或陶瓷谐振器）和电容组成振荡器，图 2-6a 为 CMOS 型单片机时钟电路图。振荡器工作受 $\overline{PD}$ 端控制，由软件置 "1" PD（即特殊功能寄存器 PCON.1），使 $\overline{PD}$ =0，振荡器停止工作，整个单片机也就停止工作，以达到节电目的。清零 PD，使振荡器工作产生时钟脉冲信号，单片机便正常运作。图中晶振、C1、C2 的作用和取值与 NMOS 型单片机时钟电路相同。CMOS 型单片机也可以直接从外部输入时钟脉冲信号，图 2-6b 为直接从外部输入时钟脉冲或信号的电路图。

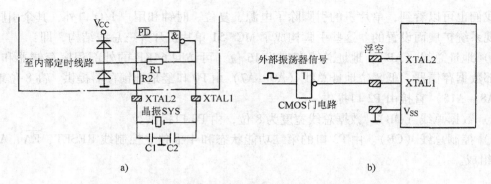

图 2-6 CMOS 型单片机的时钟电路原理图

a）CMOS 型单片机时钟原理图　b）直接从外部输入时钟脉冲或信号的电路图

2.2.2 CPU 的工作时序

一条指令可以分解为若干基本的微操作，而这些微操作所对应的脉冲信号，在时间上有严格的先后次序，这些次序就是单片机的时序。时序是非常重要的概念，它指明单片机内部以及内部与外部互相联系所遵守的规律。因此，首先简要介绍有关的几个常用概念，以便后面正确地理解指令系统。图 2-7 表明了各种周期的相互关系。

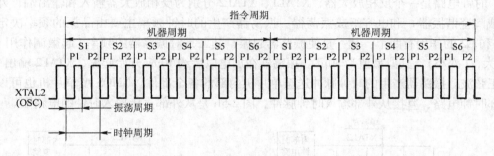

图 2-7　MCS-51 单片机各种周期的相互关系

1）振荡周期：是指为单片机提供定时信号的振荡源 OSC 的周期。

2）时钟周期：又称状态周期或 S 周期。时钟周期是振荡周期的两倍，时钟周期被分成两个节拍，即 P1 节拍和 P2 节拍。在每个时钟的前半周期，P1 信号有效，这时通常完成算术逻辑操作；在每个时钟的后半周期，P2 信号有效，内部寄存器与寄存器间的传输一般在此状态发生。

3）机器周期：一个机器周期由 6 个状态（S1、S2、…、S6）组成，即 6 个时钟周期，12 个振荡周期。可依次表示为 S1P1、S1P2、S2P1、S2P2、…、S6P1、S6P2 共 12 个节拍，每个节拍持续一个振荡周期，每个状态持续两个振荡周期。可以用机器周期把一条指令划分成若干个阶段，每个机器周期完成某些规定操作。

4）指令周期：是指执行一条指令所占用的全部时间，一个指令周期通常含有 1~4 个机器周期（依指令类型而定）。

若外接晶振为 12MHz 时，MCS-51 单片机的 4 个周期的具体值为：

振荡周期 = 1/12μs；

时钟周期 = 1/6μs；

机器周期 = 1μs；

指令周期 = 1~4μs。

在 MCS-51 的指令系统中，指令长度为 1~3B，除 MUL（乘法）和 DIV（除法）指令外，单字节和双字节指令都可能是单周期和双周期的，3B 指令都是双周期的，乘法指令为 4 周期指令。所以，若用 12MHz 的晶振，则指令执行时间分别为 1μs、2μs、3μs 和 4μs。

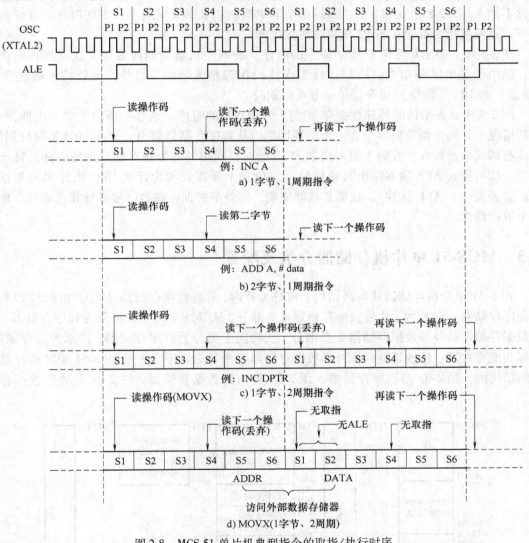

图 2-8 MCS-51 单片机典型指令的取指/执行时序

图 2-8 列举了几种典型指令的 CPU 取指令和执行指令的时序。由于 CPU 取出指令和执行指令的时序信号不能从外部观察到，所以图中列出了 XTAL2（18 脚）端出现的振荡器信号和芯片 ALE（30 脚）端的信号作参考。ALE 信号为 MCS-51 单片机扩展系统的外部存储器地址低 8 位的锁存信号，在访问程序存储器的机器周期内 ALE 信号两次有效，第一次发生在 S1P2 和 S2P1 期间，第二次在 S4P2 和 S5P1 期间，如图 2-8 所示。在访问外部数据存储器的机器周期内，ALE 信号一次有效，即执行 MOVX 指令时，在第 2 周期的 S1P2 至 S2P1

期间不产生 ALE 信号，因此 ALE 的频率是不稳定的。所以，当把 ALE 引脚作为时钟输出时，在 CPU 执行 MOVX 指令时，会丢失一个脉冲，这一点应特别注意。图 2-8 中的 ALE 信号只是一般的情况，仅作参考。

对于单周期指令，从 S1P2 开始执行指令，这时操作码被锁存到指令寄存器内。如果是双字节指令，则在同一机器周期的 S4P2 读入第二个字节。如果是单字节指令，在 S4P2 仍旧有读操作，但被读进来的字节（应是下一个指令的操作码）是不予考虑的，并且程序计数器不加 1。图 2-8 中 a 和 b 分别表示单字节单周期和双字节单周期指令的时序。在任何情况下，这两类指令都会在 S6P2 结束时完成操作。

图 2-8 中 c 表示单字节双周期指令的时序，在两个机器周期内发生 4 次读操作码的操作，但由于是单字节指令，所以，后 3 次读操作都是无效的。另外，比较特殊的是 MUL（乘法）和 DIV（除法）指令是单字节 4 周期的。

图 2-8 中 d 表示访问外部数据存储器指令 MOVX 的时序，这是一条单字节双周期指令。一般情况下，两个指令码字节在一个机器周期内从程序存储器取出，而在 MOVX 执行期间，少执行两次取指操作。在第 1 机器周期 S5 开始时，送出外部数据存储器地址，随后读或写数据。读写期间 ALE 端不输出有效信号（这就是上面提到的为什么 CPU 执行 MOVX 指令时，会丢失一个 ALE 脉冲），在第 2 机器周期，即外部数据存储器已被寻址和选通后，也不产生取指操作。

2.3 MCS-51 单片机存储器分类及配置

MCS-51 单片机存储器从物理结构上可分为片内、片外程序存储器（8031 和 8032 没有片内程序存储器）与片内、片外数据存储器 4 个部分；从寻址空间分布可分为程序存储器、内部数据存储器和外部数据存储器 3 个部分；从功能上可分为程序存储器、内部数据存储器、特殊功能寄存器、位地址空间和外部数据存储器 5 个部分。图 2-9 是 MCS-51 单片机存储器空间结构图。图 2-9a 是程序存储器，图 2-9b 是内部数据存储器，图 2-9c 是外部数据存储器。

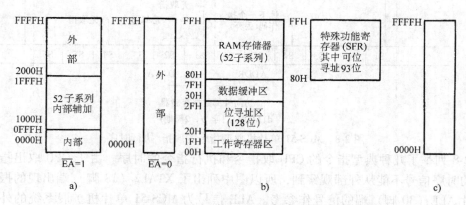

图 2-9　MCS-51 单片机存储器空间结构图
a）程序存储器　b）内部数据存储器　c）外部数据存储器

MCS-51 系列单片机有 5 个独立的存储空间：

1）64KB 程序存储器空间（0～0FFFFH）。

2）256B 内部 RAM 空间（0～0FFH）。

3）128B 内部特殊功能寄存器空间（80～0FFH）。

4）位寻址空间（0～0FFH）。

5）64KB 外部数据存储器（RAM/IO）空间（0～0FFFFH）。

2.3.1 程序存储器

MCS-51 的程序存储器空间为 64KB，其地址指针为 16 位的程序计数器 PC。0 开始的部分程序存储器（4KB，8KB，16KB，…）可以在单片机的内部也可以在单片机的外部，这取决于单片机的类型，并由单片机的输入引脚$\overline{EA}$的电平所控制。若单片机内部有程序存储器（如定制 8051 或 8751），则单片机的 EA 引脚必须接 V_{CC}（+5V），程序计数器 PC 的值在 0～0FFFH 之间时，CPU 取指令时访问内部的程序存储器；PC 值大于 0FFFH 时，则访问外部的程序存储器。如果$\overline{EA}$接 V_{SS}（地），则内部的程序存储器被忽略，CPU 总是从外部的程序存储器中取指令。单片机外部扩展的程序存储器一般为 EPROM 电路（紫外线可擦除电可编程的只读存储器）。MCS-51 的引脚$\overline{PSEN}$输出外部程序存储器的读选通信号，仅当 CPU 访问外部程序存储器时，$\overline{PSEN}$才有效（输出负脉冲）。对于内部没有程序存储器的单片机（如 8031、8032）必须外接程序存储器，引脚$\overline{EA}$必须接地。

MCS-51 复位以后，程序计数器 PC 为 0，CPU 从地址 0 开始执行程序，即复位入口地址为 0。另外，MCS-51 的中断入口也是固定的，程序存储器地址 0003H、000BH、0013H、001BH 和 0023H 单元为中断入口，MCS-51 的中断源数目是因型号而异的，中断入口也有多有少，但总是从地址 3 开始，每隔 8B 安排一个中断入口，如图 2-10 所示。

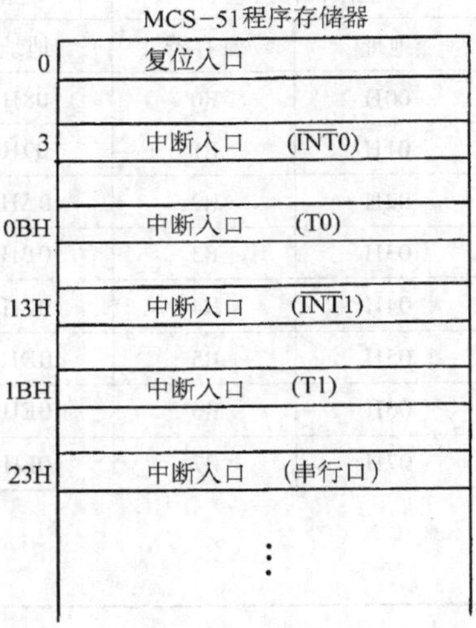

2.3.2 数据存储器

MCS-51 内部数据存储器空间为 256B，但实际提供给用户使用的 RAM 容量也是随型号而变化的，一般为 128B（如 8051、8751、8031）或 256B（如 8052、8032、8752）。内部 RAM 中不同的区域从功能和用途方面来划分，可以分成如图 2-11 所示的 3 个区域：工作寄存器区、位寻址区、堆栈或数据缓冲器区。

图 2-10　MCS-51 单片机的
复位入口和中断入口

1. 工作寄存器区

内部 RAM 的 00H～1FH 区域为四组寄存器区，每个区有 8 个工作寄存器 R0～R7，寄存器和 RAM 单元地址的对应关系见表 2-2。

CPU 当前使用的工作寄存器区是由程序状态字 PSW 的第三和第四位指示的，PSW 中这两位状态和所使用的寄存器对应关系见表 2-3。CPU 通过修改 PSW 中的 RS1、RS0 两位的状态，就能任选一个工作寄存器区。这个特点提高了 MCS-51 现场保护和现场恢复的速度。这对于提高 CPU 的工作效率和响应中断的速度是很有利的。若在一个实际的应用系统中，不需要四组工作寄存器，那么这个区域中多余单元可以作为一般的数据缓冲器使用。对于这部分 RAM，CPU 对它们的操作可视为工作寄存器（寄存器寻址），也可视为一般 RAM（直接寻址或寄存器间接寻址）。

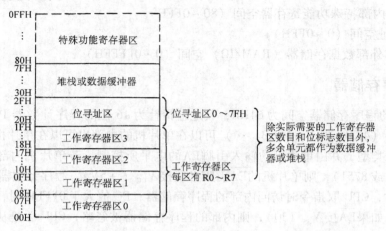

图 2-11 MCS-51 内部 RAM 功能划分

表 2-2 寄存器和 RAM 地址映照表

工作寄存器区 0		工作寄存器区 1		工作寄存器区 2		工作寄存器区 3	
地址	寄存器	地址	寄存器	地址	寄存器	地址	寄存器
00H	R0	08H	R0	10H	R0	18H	R0
01H	R1	09H	R1	11H	R1	19H	R1
02H	R2	0AH	R2	12H	R2	1AH	R2
03H	R3	0BH	R3	13H	R3	1BH	R3
04H	R4	0CH	R4	14H	R4	1CH	R4
05H	R5	0DH	R5	15H	R5	1DH	R5
06H	R6	0EH	R6	16H	R6	1EH	R6
07H	R7	0FH	R7	17H	R7	1FH	R7

表 2-3 工作寄存器选择表

PSW.4（RS1）	PSW.3（RS0）	当前使用的工作寄存器区 R0~R7	PSW.4（RS1）	PSW.3（RS0）	当前使用的工作寄存器区 R0~R7
0	0	0 组（00H~07H）	1	0	2 组（10H~17H）
0	1	1 组（08H~0FH）	1	1	3 组（18H~1FH）

2. 位寻址区

MCS-51 的内部 RAM 中 20H~2FH 单元以及特殊功能寄存器中地址为 8 的倍数的特殊功能寄存器可以位寻址，它们构成了 MCS-51 的位存储器空间。这些 RAM 单元和特殊功能寄存器既有一个字节地址（8 位作为一个整体的地址），每一位又有 1 个位地址。表 2-4 列出了内部 RAM 中位寻址区的位地址编址，表 2-5 列出了基本的特殊功能寄存器中具有位寻址功能的位地址编址。内部 RAM 的 20H～2FH 位寻址区域，这 16 个单元的每一位都有一个位地址，它们占据位地址空间的 00H～7FH。这 16 个单元的每一位都可以视作一个软件触发器，用于存放各种程序标志、位控制变量。同样，位寻址区的 RAM 单元也可以作为一般的数据缓冲器使用。CPU 对这部分 RAM 既可以字节操作也可以位操作。MCS-51 内的布尔处理器，能对位地址空间中的位存储器直接寻址，对它们执行置"1"、清零、取反、测试等操作。布尔处理器的这种功能提供了把逻辑式（组合逻辑）直接变为软件的简单明了的方法。不需要过多的数据传送、字节屏蔽和测试分支树，就能实现复杂的组合逻辑功能。

表 2-4　内部 RAM 中位地址表

RAM 地址	D7	D6	D5	D4	D3	D2	D1	D0
20H	07	06	05	04	03	02	01	00
21H	0F	0E	0D	0C	0B	0A	09	08
22H	17	16	15	14	13	12	11	10
23H	1F	1E	1D	1C	1B	1A	19	18
24H	27	26	25	24	23	22	21	20
25H	2F	2E	2D	2C	2B	2A	29	28
26H	37	36	35	34	33	32	31	30
27H	3F	3E	3D	3C	3B	3A	39	38
28H	47	46	45	44	43	42	41	40
29H	4F	4E	4D	4C	4B	4A	49	48
2AH	57	56	55	54	53	52	51	50
2BH	5F	5E	5D	5C	5B	5A	59	58
2CH	67	66	65	64	63	62	61	60
2DH	6F	6E	6D	6C	6B	6A	69	68
2EH	77	76	75	74	73	72	71	70
2FH	7F	7E	7D	7C	7B	7A	79	78

表 2-5　部分特殊功能寄存器地址映象

专用寄存器名称	符号	地址	位地址与位名称（功能）							
			D7	D6	D5	D4	D3	D2	D1	D0
P0 口	P0	80H	87	86	85	84	83	82	81	80
堆栈指针	SP	81H								
数据指针低字节	DPL	82H								
数据指针高字节	DPH	83H								
定时器/计数器控制	TCON	88H	TF1 8F	TR1 8E	TF0 8D	TR0 8C	IE1 8B	IT1 8A	IE0 89	IT0 88
定时器/计数器方式控制	TMOD	89H	GATE	$C/\overline{T}$	M1	M0	GATE	$C/\overline{T}$	M1	M0
定时器/计数器 0 低字节	TL0	8AH								
定时器/计数器 1 低字节	TL1	8BH								
定时器/计数器 0 高字节	TH0	8CH								
定时器/计数器 1 高字节	TH1	8DH								
P1 口	P1	90H	97	96	95	94	93	92	91	90
电源控制	PCON	97H	SMOD	—	—	—	GF1	GF0	PD	IDL

（续）

专用寄存器名称	符号	地址	位地址与位名称（功能）							
			D7	D6	D5	D4	D3	D2	D1	D0
串行口控制	SCON	98H	SM0 9F	SM1 9E	SM2 9D	REN 9C	TB8 9B	RB8 9A	TI 99	RI 98
串口数据	SBUF	99H								
P2 口	P2	A0H								
中断允许	IE	A8H	EA AF	— AE	— AD	ES AC	ET1 AB	EX1 AA	ET0 A9	EX0 A8
P3 口	P3	B0H								
中断优先级	IP	B8H	 BF	 BE	 BD	PS BC	PT1 BB	PX1 BA	PT0 B9	PX0 B8
程序状态字寄存器	PSW	D0H	CY D7	AC D6	F0 D5	RS1 D4	RS0 D3	OV D2	— D1	P D0
累加器	ACC	E0H	E7H	E6H	E5H	E4H	E3H	E2H	E1H	E0H
暂存器	B	F0H	F7H	F6H	F5H	F4H	F3H	F2H	F1H	F0H

3. 堆栈或数据缓冲器

在实际应用中，往往需要一个后进先出的 RAM 缓冲器用于保护 CPU 的现场，这种后进先出的缓冲器称为堆栈（堆栈的用途详见指令系统和中断的章节）。MCS-51 的堆栈原则上可以设在内部 RAM（00H ~ 7FH 或 00H ~ 0FFH）的任意区域，但由于 00H ~ 1FH 和 20H ~ 2FH 区域具有上面所述的特殊功能，堆栈一般设在 30H ~ 7FH（或 30H ~ 0FFH）的范围内。栈顶位置由堆栈指针 SP 所指出。进栈时，MCS-51 的堆栈指针（SP）先加"1"，然后数据进栈（写入 SP 指出的栈区）；而退栈时，先数据退栈（读出 SP 指出的单元内容），然后(SP)减"1"。复位以后（SP）为 07H。这意味着初始堆栈区设在 08H 开始的 RAM 区域，而 08H ~ 1FH 是工作寄存器区。一般应对 SP 初始化来具体设置堆栈区，如 6FH→SP，则堆栈设在 70H 开始区域。内部 RAM 中除了作为工作寄存器、位标志和堆栈区以外的单元都可以作为数据缓冲器使用，存放输入的数据或运算的结果。

4. 特殊功能寄存器（SFR）

MCS-51 内部的 I/O 口锁存器以及定时器、串行口、中断等各种控制寄存器和状态寄存器都作为特殊功能寄存器（SFR），它们离散地分布在 80 ~ 0FFH 的特殊功能寄存器地址空间（见表2-5）。不同型号的单片机内部 I/O 功能不同，实际存在的特殊功能寄存器数量差别较大。MCS-51 最基本的特殊功能寄存器（8051、8751、8031 所具有的 SFR）有 21 个。

ACC 是累加器。它是运算器中最重要的工作寄存器，用于存放参加运算的操作数和运算的结果。在指令系统中常用助记符 A 表示累加器。

B 寄存器也是运算器中的一个工作寄存器，在乘法和除法运算中存放操作数和运算的结果，在其他运算中，可以作为一个中间结果寄存器使用。

SP 是 8 位的堆栈指针，数据进入堆栈前 SP 加 1，数据退出堆栈后 SP 减 1，复位后 SP 为 07H。若不对 SP 设置初值，则堆栈在 08H 开始的区域。

DPTR 为 16 位的数据指针，它由 DPH 和 DPL 所组成，一般作为访问外部数据存储器的地址指针使用，保存一个 16 位的地址，CPU 对 DPTR 操作也可以对高位字节 DPH 和低位字节 DPL 单独进行。

其他的特殊功能寄存器将在第 4 章（讲解 I/O 口、定时器、串行口和中断等内容）中作详细的讨论。特殊功能寄存器空间中有些单元是空着的，这些单元是为 MCS-51 系列的新型单片机保留的，一些已经出现的新型单片机因内部功能部件的增加而增加了不少特殊功能寄存器。为了使软件与新型单片机兼容，用户程序不要对空着的单元进行读写操作。

5. 外部 RAM 和 I/O 口

MCS-51 最多可以扩展 64KB 的外部 RAM 和 I/O 口，即 CPU 可以寻址 64KB 的外部存储空间。外部扩展 RAM 和 I/O 口是统一编址的，也就是说，一个 I/O 口相当于 RAM 的一个存储单元，CPU 都是通过 MOVX 指令对它们进行读写操作的。

2.4 CHMOS 型单片机的低功耗工作方式

MCS-51 系列的 CHMOS 型单片机运行时耗电小，而且还提供两种节电工作方式——空闲方式（等待方式）和掉电方式（停机方式），以进一步降低功耗，它们特别适用于电源功耗要求很低的应用场合，这类应用系统往往是直流供电或停电时依靠备用电源供电，以维持系统的持续工作。CHMOS 型单片机的工作电源和后备电源加在同一个引脚 V_{CC}，正常工作时电流为 11 ~ 20mA，空闲状态时为 1.7 ~ 5mA，掉电状态时为 5 ~ 50μA。空闲方式和掉电方式的内部控制电路如图 2-12 所示。在空闲方式中，振荡器保持工作，时钟脉冲继续输出到中断、串行口、定时器等功能部件，使它们继续工作，但时钟脉冲不再送到 CPU，因而 CPU 停止工作。在掉电方式中，振荡器工作停止，单片机内部所有的功能部件停止工作。

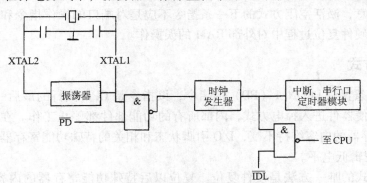

图 2-12　空闲方式和掉电方式控制电路图

CHMOS 型单片机的节电工作方式是由特殊功能寄存器 PCON 控制的，PCON 的格式如下：

	D7	D6	D5	D4	D3	D2	D1	D0
PCON	SMOD	—	—	—	GF1	GF0	PD	IDL

其中：
- SMOD：串行口波特率倍率控制位。
- GF1：通用标志位。
- GF0：通用标志位。
- PD：掉电方式控制位，置"1"后，使器件进入掉电方式。

- IDL：空闲方式控制位，置"1"后，使器件进入空闲方式。
- PCON.4～PCON.6为保留位，对于HMOS型单片机仅SMOD位有效。对于CHMOS型单片机，当IDL和PD同时置"1"时，也使器件进入掉电方式。

2.4.1 空闲方式

CPU执行一条置"1"PCON.0（IDL）的指令，就使它进入空闲方式状态，该指令是CPU执行的最后一条指令，这条指令执行完以后CPU停止工作。进入空闲方式以后，中断、串行口和定时器继续工作。CPU现场（堆栈指针SP、程序计数器PC、程序状态字PSW、累加器ACC）、内部RAM和其他特殊功能寄存器内容维持不变，引脚保持进入空闲方式时的状态，ALE和PSEN保持逻辑高电平。

进入空闲方式以后，有两种方法使器件退出空闲方式：

一是被允许的中断源请求中断时，由内部的硬件电路清零PCON.0（IDL），于是中止空闲方式，CPU响应中断，执行中断服务程序，中断处理完以后，从激活空闲方式指令的下一条指令开始继续执行程序。

PCON中的GF0或GF1可以用来指示中断发生在正常工作状态或空闲方式状态。例如，CPU在置"1"IDL激活空闲方式时，可以先置"1"GF0（或GFl），由于产生了中断而退出空闲方式，CPU在执行该中断服务程序中查询GF0的状态时，可以判别出在发生中断时CPU是否处于空闲方式。

另一种是硬件复位，因为空闲方式中振荡器在工作，所以仅需两个机器周期便可完成复位。应用时需注意，激活空闲方式的下一条指令不应是对端口的操作指令和对外部RAM的写指令，以防止硬件复位过程中对外部RAM的误操作。

2.4.2 掉电方式

CPU执行一条置位PCON.1（PD）的指令，该指令是CPU执行的最后一条指令，执行完该指令后，便使器件进入掉电方式，内部所有的功能部件都停止工作。在掉电方式期间，内部RAM和寄存器的内容维持不变，I/O引脚状态和相关的特殊功能寄存器的内容相对应。ALE和PSEN为逻辑低电平。

退出掉电方式的唯一方法是硬件复位。复位以后特殊功能寄存器的内容被初始化，但RAM单元的内容仍保持不变。在掉电方式期间，V_{CC}电源可以降至2V，但应注意只有当V_{CC}恢复正常值（5V）并经过一段时间后才可以使器件退出掉电方式。

2.4.3 节电方式的应用

当CPU空闲时激活空闲方式，当接收到一个中断时退出空闲方式，若处理完以后又没有事做时，再激活空闲方式，这样CPU断断续续地工作以达到节电的目的。实际上这是以空闲工作方式代替一般的CPU空转（循环等待某个事件的发生）。

在以交流供电为主而直流电池作为备用电源的系统中，只是在停电时才激活空闲方式或掉电方式。在器件处于空闲方式时，若产生了中断，CPU退出空闲方式，执行该中断的服务程序，处理完以后查询交流供电是否恢复，若没有恢复再次激活空闲方式。当器件处于掉电方式状态下，交流供电恢复时，由硬件电路产生一个复位信号，使CPU退出掉电方式继续工作。

1. 空闲方式的应用

假设有一个 80C31 数据采集系统在交流供电正常时完成所规定的全部功能，停电时只有 80C31 和外部 RAM 依靠备用电池供电，要求系统的实时时钟继续工作，外部 RAM 中的数据维持不变。该系统的供电线路如图 2-13 所示。

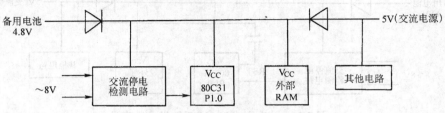

图 2-13　空闲方式 80C31 系统供电线路图

该系统的实时时钟由软件计时，T0 产生 1ms 的定时中断，T0 中断服务程序完成实时时钟计数及其他的定时操作，同时检测 P1.0 上的输入状态，若 P1.0 为低电平，则交流供电正常；若 P1.0 为高电平，则交流电将要停电或已经停电，这时置位 GF0 后返回。通常主程序是一个无限循环的程序，当查询到 GF0 为"1"时激活空闲方式，该指令下面的程序为循环查询 GF0 的状态，以确定是否需要再次激活空闲方式。T0 中断程序和主程序的操作框图如图 2-14 所示。

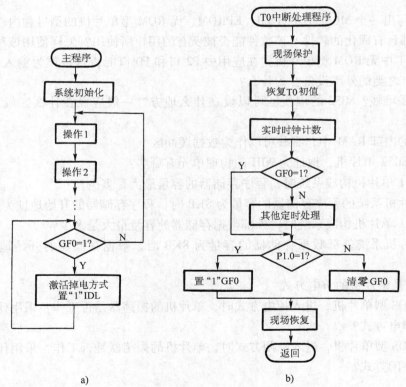

图 2-14　空闲方式程序框图

a）系统主程序框图　b）T0 中断系统框图

2. 掉电方式的应用

若有一个 80C31 应用系统，停电时只需保持外部 RAM 中的数据不变。硬件电路图在图 2-13 的基础上增加一个交流上电的复位电路（见图 2-15）。在交流电恢复供电时产生一个复位信号，使器件退出掉电方式。

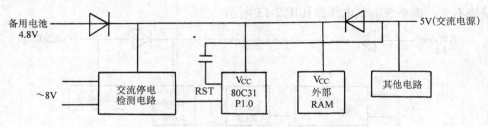

图 2-15 掉电方式 80C31 系统供电线路图

系统软件定时查询 P1.0 的状态，当查询到停电时，置"1"PCON.1（PD），使器件进入掉电工作方式，直至交流电恢复供电时，才由硬件复位信号使 80C31 退出掉电工作方式，恢复系统的正常工作。

2.5 习题

1. 分别写出一个 MCS-51 中 ROM、EPROM、无 ROM 型单片机的型号和内部资源。其中哪个产品内部具有固化的软件？该软件能否被所有的用户所使用？怎样使用该种产品？

2. MCS-51 中无 ROM 型单片机，在应用中 P2 口和 P0 口能否直接作为输入/输出口连接开关、指示灯之类的外围设备？为什么？

3. 什么是堆栈？8032 的堆栈区可以设在什么地方？一般应设在什么区域？如何实现？试举例说明。

4. 8031 的内部 RAM 中，哪些可以作为数据缓冲区？

5. 对于 8052 单片机，地址为 90H 的物理单元有哪些？

6. MCS-51 单片机构成系统时，程序存储器的容量最大是多少？

7. 当单片机系统的程序存储器的容量为 8KB 时，程序存储器的开始地址为多少？

8. MCS-51 单片机构成系统时，外部数据存储器的容量最大是多少？

9. 当单片机系统外部数据存储器的容量为 8KB 时，数据存储器的开始地址一定要是 0000H 吗？

10. 什么是单片机的节电方式？

11. CHMOS 型单片机，进入掉电方式时，单片机的振荡器是否工作？采用什么办法能使单片机退出掉电方式？

12. CHMOS 型单片机，进入空闲方式时，单片机的振荡器是否工作？采用什么办法能使单片机退出空闲方式？

第3章 单片机的指令系统

MCS-51 系列单片机的指令系统具有两种形式：机器语言和汇编语言形式。机器语言指令是单片机能直接识别、分析和执行的二进制码，用机器语言写的程序即为目标程序。而汇编语言是由一系列描述计算机功能及寻址方式的助记符构成的，便于人们理解、记忆和使用，用汇编语言编写的程序必须经汇编后才能生成目标码，被单片机识别，它和用高级语言写的程序一样均称为源程序。

MCS-51 单片机共有 111 条指令，其中单字节指令 49 条，双字节指令 45 条，只有 17 条三字节指令。在一个机器周期（12 个系统时钟振荡周期）执行完的指令就有 64 条，两个机器周期的有 45 条，只有乘法和除法两条指令占 4 个机器周期。以系统时钟 12MHz 为例，机器周期为 1μs，那么，大多数常用指令执行时间是 1μs，平均不到 2μs。MCS-51 单片机指令系统具有占用存储空间少，且执行速度快的双重优点，有很强的实时处理能力，特别适合于现场控制的场合。

3.1 指令格式

3.1.1 汇编指令

MCS-51 单片机汇编语言语句格式规定如下：

[标号:] 操作码 [操作数1] [，操作数2] [，操作数3] [；注释]

其中，[ ] 中的内容都不是必需的。

标号：是语句地址的标志符号，必须以字母开始，后跟 1～8 个字母、数字或下横线符号 "_"，并以冒号 ":" 结尾，用户定义的标号不能和汇编保留符号（包括指令操作码助记符以及寄存器名等）重复。标号的值是它后面的操作码的存储地址，具有唯一性，因此标号不能多处重复定义。程序中定义过的标号名可在指令中作为操作数使用。标号的使用方便了子程序的调用、转移指令的转入，及调试时的查找和修改。

【例 3-1】 A1、abc、A1 _ C、A2B3C4D5 等均可以作标号，但 1A、JB、DB、a + b 等均不能作标号。

操作码：是由 2～5 个英文字母所组成的功能助记符，用来反映指令的功能，它是每条汇编指令中必需的部分。助记符和对应操作的英文全称对照表见表 3-1。

操作数：以一个或几个空格和操作码隔开，根据指令功能的不同，操作数可以有 1、2、3 个，也可以没有。操作数之间以逗号 "," 分开。操作数可以是多种进制的立即数和直接地址：二进制加后缀 B、十进制加后缀 D 或不加、十六进制加后缀 H（以字母开头需加前导 0），工作寄存器、已定义的标号地址、带加减算符的表达式等。

【例 3-2】 10010010B、34、45D、45H、0C8H、A、R3、@ R0、DPTR、@ A + PC 等都可以作为操作数。

表 3-1　助记符和英文全称对照表

助　记　符	英　文　全　称	备　注
MOV	MOVe	传送
MOVC	MOVe Code	代码传送
MOVX	MOVe eXternal	外部传送
PUSH	PUSH	压栈
POP	POP	退栈
XCH	eXCHange	交换
XCHD	eXCHange Decimal	十进制交换
ADD	ADD	加
ADDC	ADD with Carry	带进位加
SUBB	SUBtract with Borrow	带减位减
INC	INCrement	增量
DEC	DECrement	减量
MUL	MULtiply	乘
DIV	DIVide	除
DA	Decimal Adjust	十进制调整
ANL	Logical ANd	逻辑与
ORL	Logical OR	逻辑或
XRL	Logical eXclusive-oR	逻辑异或
CPL	ComPLement	求补
CLR	CLeaR	清除
SETB	SET Bit	置位
RL	Rotate Left	循环左移
RR	Rotate Right	循环右移
RLC	Rotate Left through the Carry flag	带进位循环左移
RRC	Rotate Right through the Carry flag	带进位循环右移
SWAP	SWAP	（半字节）互换
AJMP	Absolute JuMP	短跳转（转移）
LJMP	Long JuMP	长跳转
SJMP	Short JuMP	相对转移
JMP	JuMP	跳转
JZ	Jump if acc is Zero	累加器为零转移
JNZ	Jump if acc is Not Zero	累加器不为零转移
JC	Jump if Carry（if Cy = 1）	进位位为1转移
JNC	Jump if Not Carry（if Cy = 0）	进位位为零转移
JB	Jump if Bit is set（if Bit = 1）	指定位为1转移
JNB	Jump if Not Bit（if Bit = 0）	指定位为零转移
JBC	Jump if Bit is set and Clear bit	指定位等于1转移并清该位
CJNE	Compare and Jump if Not Equal	比较不相等转移
DJNZ	Decrement and Jump if Not Zero	减1不为零转移
ACALL	Absolute CALL	短调用
LCALL	Long CALL	长调用
RET	RETurn	子程序返回
RETI	RETurn from Interrupt	中断返回
NOP	No OPeration	空操作

须注意，汇编语言指令中的操作数与机器语言中的操作数不一定是一一对应的，一般汇编语言指令中的寄存器操作数在机器语言指令中均隐含在操作码中。

注释：只是对程序的说明，通常对程序的作用、主要内容、进入和退出子程序的条件等关键进行注释，以提高程序的可读性。注释和源程序一起存储、打印，但汇编时不被翻译，因而在机器代码的目标程序中并不出现，不会影响程序的执行。

注释必须以分号"；"开始，当注释较长占用多行时，每一行都必须以"；"开始。

3.1.2　常用的缩写符号

MCS-51 指令系统中常用符号的含义见表 3-2。

表 3-2　常用符号的含义

符　　号	含　　义
A	累加器 A
AB	累加器 A 及寄存器 B，在进行乘除法时使用的寄存器对
addr	程序存储器地址，常在它后面跟有数字，以表示地址的二进制位数。例如，addr11 表示 11 位地址
B	寄存器 B，乘除运算时用
bit	可直接位寻址的位地址
$\overline{bit}$	可直接位寻址的位地址，并取该位的反值
C	进位标志（寄存器 C，PSW.7）
D	半字节（4 位数据）
#data	立即数
direct	直接寻址时数据单元地址
DPTR	数据指针，16 位地址
PC	程序计数器（的值），16 位
PSW	程序状态字
re1	相对地址（补码）
Ri	能间接寻址的寄存器（i = 0、1）。在机器码中用一位二进制位 i 来表示 R0 或 R1
Rn	工作寄存器（n = 0 ~ 7），在机器码中用三个二进制位 r 来表示 R0 ~ R7 中任一个
SP	堆栈指针，8 位地址
#	立即数前缀
@	寄存器间接寻址前缀
$	程序计数器当前值
（x）	x 单元的内容
（（x））	以 x 单元的内容为地址的单元的内容
（$\overline{X}$）	x 单元的内容取反
+	加
-	减
*	乘
/	除
∧	与
∨	或
⊕	异或
=	等于
<	小于
>	大于
< >	不等于
→	传送
⇔	交换

3.1.3 伪指令

伪指令仅仅在机器汇编时供汇编程序识别和执行，用来对汇编过程进行控制和操作。汇编时伪指令并不产生供机器直接执行的机器码，也不会直接影响存储器中代码和数据的分布。

不同的 MCS-51 汇编程序对伪指令的规定有所不同，但基本的用法是相似的，下面介绍一些常用的伪指令及其基本用法。

1. 定位伪指令

格式：ORG　m

m 一般为十进制或十六进制数表示的 16 位地址。m 指出在该伪指令后的指令的汇编地址，即生成的机器指令起始存储器的地址。在一个汇编语言源程序中允许使用多条定位伪指令，但其值应和前面生成的机器指令存放地址不重叠。

【例 3-3】

```
          ORG      0000H
START： SJMP     MAIN
          ⋮
          ORG      0030H
MAIN：  MOV      SP，#30H
          ⋮
```

以 START 开始的程序汇编为机器码后从 0000H 存储单元开始连续存放，不能超过 0030H 存储单元，以 MAIN 开始的程序机器码则从 0030H 存储单元开始连续存放。

2. 汇编结束伪指令

格式：END

结束汇编伪指令 END 必须放在汇编语言源程序的末尾。机器汇编时遇到 END 就认为源程序已经结束，对 END 后面的指令都不再汇编。因此一个源程序只能有一个 END 指令。

3. 定义字节伪指令

格式：DB　x_1，x_2，…，x_n

定义字节伪指令 DB（Define Byte）将其右边的数据依次存放到以左边标号为起始地址的存储单元中，x_i 为 8 位二进制数，可以采用二进制、十进制、十六进制和 ASCII 码等多种表示形式。DB 通常用于定义一个常数表。

【例 3-4】

```
          ORG     7F00H
    TAB：  DB 01110010B，16H，45，'8'，'A'
```

汇编后存储单元内容为

（7F00H）=72H　　　　　（7F01H）=16H　　　　　（7F02H）=2DH

（7F03H）=38H　　　　　（7F04H）=40H

4. 定义字伪指令

格式：DW　y_1，y_2，…，y_n

定义字伪指令 DW（Define Word）功能与 DB 相似，但 DW 定义的是一个字（2 个字节），主要用于定义 16 位地址表（高 8 位在前，低 8 位在后）。

【例 3-5】

```
        ORG 6000H
  TAB：  DW 1254H, 32H, 161
```

汇编后存储单元内容为

（6000H）=12H	（6001H）=54H	（6002H）=00H
（6003H）=32H	（6004H）=00H	（6005H）=0A1H

5. 定义空间伪指令

格式：DS　表达式

定义空间伪指令 DS 从指定的地址开始，保留若干字节内存空间作备用。汇编后，将根据表达式的值来决定从指定地址开始留出多少个字节空间，表达式也可以是一个指定的数值。

【例 3-6】

```
  ORG   0F00H
  DS    10H
  DB    20H, 40H
```

汇编后，从 0F00H 开始，保留 16 个字节的内存单元，然后从 0F10H 开始，按照下一条 DB 伪指令给内存单元赋值，得（0F10H）=20H，（0F11H）=40H。保留的空间将由程序的其他部分决定其用处。

DB、DW、DS 伪指令都只对程序存储器起作用，不能用来对数据存储器的内容进行赋值或其他初始化的工作。

6. 等值伪指令

格式：字符名称　　EQU　　数据或汇编符

等值伪指令 EQU（Equate）将其右边的数据或汇编符赋给左边的字符名称。字符名称必须先赋值后使用，通常将等值语句放在源程序的开头。

"字符名称"被赋值后，在程序中就可以作为一个 8 位或 16 位的数据或地址来使用。

【例 3-7】

```
          ORG    8500H
  AA      EQU    R1
  A10     EQU    10H
  DELAY   EQU    87E6H
          MOV    R0, A10        ; R0←(10H)
          MOV    A, AA          ; A←(R1)
          LCALL  DELAY          ; 调用起始地址为 87E6H 的子程序
          END
```

EQU 赋值后，AA 为寄存器 R1，A10 为 8 位直接地址 10H，DELAY 为 16 位地址 87E6H。

7. 数据地址赋值伪指令

格式：字符名称　　DATA　　表达式

数据地址赋值伪指令 DATA 将其右边"表达式"的值赋给左边的"字符名称"。表达式可以是一个 8 位或 16 位的数据或地址，也可以是包含所定义"字符名称"在内的表达式，但不可以是一个汇编符号（如 R0～R7）。

DATA 伪指令定义的"字符名称"没有先定义后使用的限制,可以用在源程序的开头或末尾。

8. 位地址赋值伪指令

格式:字符名称　　BIT　　位地址

位地址赋值伪指令将其右边位地址赋给左边的字符名称。

【例 3-8】

  A1　　　　　BIT　　　ACC. 1

  USER　　　 BIT　　　PSW. 5

这样就把位地址 ACC. 1 赋给了变量 A1,把位地址 PSW. 5 赋给了变量 USER,在编程中 A1 和 USER 就可以作为位地址使用了。

3.2　寻址方式

指令给出参与运算的操作数的方式称为寻址方式。要正确应用指令,首先必须透彻地理解寻址方式。

MCS-51 指令中操作数的寻址主要有以下几种方式:寄存器寻址、立即寻址、直接寻址、寄存器间接寻址、基寄存器加变址寄存器间接寻址、相对寻址和位寻址。

3.2.1　寄存器寻址

寄存器寻址方式由指令指出某一个寄存器的内容作为操作数。寄存器寻址对所选的工作寄存器区中 R0 ~ R7 进行操作,指令操作码字节的低 3 位指明所用的寄存器。如指令

  INC R1 ; R1←(R1) + 1

其功能是使寄存器 R1 的内容加 1。若当前工作寄存器区为 1 区,即 PSW 寄存器中 RS1 RS0 = 01,则执行过程如图 3-1 所示。

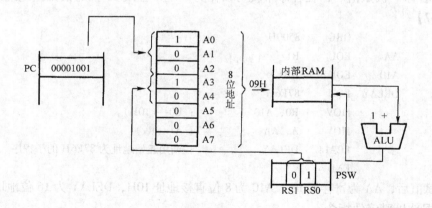

图 3-1　INC R1 指令执行过程示意图

累加器 ACC、B、AB(ACC 和 B 同时)、PC、DPTR 和进位 C(布尔处理机的累加器 C)也可用寄存器寻址方式访问,只是对它们寻址时具体寄存器名隐含在操作码中。

3.2.2 立即寻址

立即寻址方式中操作数包含在指令字节中，即操作数以指令字节的形式存放在程序存储器中。如指令

ADD A，#70H；A←（A）+70H

其功能是把常数70H和累加器A的内容相加，结果送累加器A。操作数1（"A"）隐含在操作码中，操作数2采用立即寻址。该指令执行过程如图3-2所示。

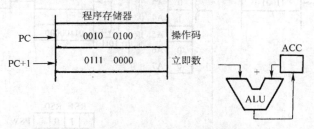

图 3-2　ADD A，#70H 指令执行过程示意图

3.2.3 直接寻址

直接寻址方式由指令指出参与运算或传送的操作数所在的字节单元或位的地址。该方式访问以下三种存储空间：

1）特殊功能寄存器（只能用直接寻址方式访问）。

2）内部 RAM 的低 128 字节（对于8032/8052 等单片机，其内部高 128 字节RAM（80H～0FFH）不能用直接寻址方式访问，而只能用寄存器间接寻址方式访问）。

3）位地址空间。

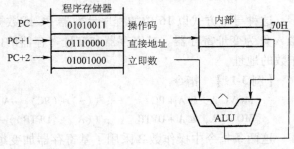

图 3-3　ANL 70H，#48H 指令执行过程示意图

【例 3-9】　指令

ANL 70H，#48H；70H←（70H）∧48H

其功能是把内部 RAM 中70H 单元的内容和常数48H 逻辑与后，结果写入70H 单元。指令中操作数1采用直接寻址方式，70H 为操作数1 的地址。执行过程如图3-3 所示。

3.2.4 寄存器间接寻址

寄存器间接寻址方式由指令指出某一个寄存器的内容作为操作数的地址（特别应注意寄存器的内容不是操作数，而是操作数所在的存储器地址）。

寄存器间接寻址使用当前工作寄存器区中 R0 或 R1 作地址指针（堆栈操作指令用栈指针 SP）来寻址内部 RAM（00H～0FFH）。寄存器间接寻址也适用于访问外部扩展的数据存储器，用 R0、R1 或 DPTR 作为地址指针。寄存器间接寻址用符号@表示。

【例 3-10】　指令

MOV A，@R0；A←（（R0））

其功能为当前工作寄存器区中 R0 所指出的内部 RAM 单元内容送累加器 A。设当前工作寄存器区为 2 区，即 PSW 寄存器中 RS1 RS0 = 10，则上述指令执行过程如图 3-4 所示。图中设 (10H) = 60H。

操作数 2 采用寄存器间接寻址方式，以 R0 作为地址指针。

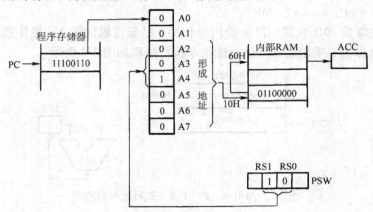

图 3-4　MOV A，@ R0 指令执行过程示意图

3.2.5　基寄存器加变址寄存器间接寻址

这种寻址方式以 16 位的程序计数器 PC 或数据指针 DPTR 作为基寄存器，以 8 位的累加器 A 作为变址寄存器。基寄存器和变址寄存器的内容相加形成 16 位的地址，该地址即为操作数的地址。

【例 3-11】　指令

MOVC A，@ A + PC　　　; ((A) + (PC))→A

MOVC A，@ A + DPTR　　; ((A) + (DPTR))→A

这两条指令中操作数 2 采用了基寄存器加变址寄存器的间接寻址方式。

3.2.6　相对寻址

相对寻址方式以 PC 的内容作为基地址，加上指令中给定的偏移量，所得结果送 PC 寄存器作为转移地址。应注意偏移量是有符号数，在 – 128 ~ + 127 之间。

【例 3-12】　指令

SJMP 80H ; 短跳转

若这条双字节的转移指令存放在 1005H，取出操作码后 PC 指向 1006H；取出偏移量后 PC 指向 1007H，故在计算偏移量相加时，PC 已为 1007H 单元，即指向该条指令的下条指令的第 1 个字节。由于偏移量是用补码表示的有符号数，80H 即为 – 128。补码运算后，形成跳转地址为 0F87H。其示意图如图 3-5 所示。

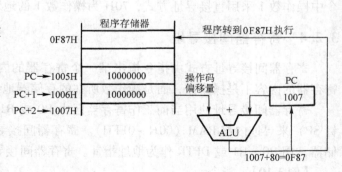

图 3-5　STMP 80H 指令执行过程示意图

相对寻址方式是否为一种独立的寻址方式？国内各教材对此看法不一。多数教材中将其单独列出，但 Intel 公司只给出了前 5 种寻址方式。事实上也可将相对寻址方式看作是操作数 1 为 PC（寄存器寻址），操作数 2 为偏移量（立即寻址），执行的运算为有符号加法。通过与 ADD A，#70H 指令执行过程的比较，不难看到二者的共同点。

3.2.7 位寻址

从本质上看，位寻址不是一种新的寻址方式，而是直接寻址方式的一种形式。它的寻址对象是可寻址位空间中的一个位，而不是一个字节。由于在使用上存在一些特殊性，故将其单独列出。

为了使程序方便可读，MCS-51 提供了 5 种位地址的表示方法：

1）直接使用位寻址空间中的位地址。

【例 3-13】

　　MOV C，00H ；Cy←(00H)

2）采用第几字节单元第几位的表示法。

【例 3-14】　上述位地址 00H 可以表示为 20H. 0。相应指令为

　　MOV C，20H. 0 ；Cy←20H. 0

3）可以位寻址的特殊功能寄存器允许采用寄存器名加位数的命名法。

【例 3-15】　程序状态字寄存器 PSW 的第 5 位可以表示为 PSW. 5，把 PSW. 5 位状态送到进位标志位 Cy 的指令是

　　MOV C，PSW. 5 ；Cy←PSW. 5

4）特殊功能寄存器中的某些可寻址位具有位名称。

【例 3-16】　上述位地址 PSW. 5 也可以用位名称 F0 表示。相应指令为

　　MOV C，F0 ；Cy←F0

5）经伪指令定义过的字符名称，详见本章伪指令一节。

【例 3-17】

　　USER　　BIT　PSW. 5
　　MOV　　C，　USER

也可实现将 PSW. 5 位状态送入进位标志位 Cy 的功能。

MCS-51 具有五个寄存器空间，且多数从零地址开始编址：

程序寄存器空间	0000 ~ 0FFFFH
内部 RAM 空间	00 ~ 0FFH
特殊功能寄存器空间	80H ~ 0FFH
位地址空间	00 ~ 0FFH
外部 RAM/IO 空间	0000 ~ 0FFFFH

指令对哪一个存储器空间进行操作是由指令的操作码和寻址方式确定的。对程序存储器只能采用立即寻址和基寄存器加变址寄存器间接寻址方式，特殊功能寄存器只能采用直接寻址方式，不能采用寄存器间接寻址，8052/8032 等单片机内部 RAM 的高 128B（80H ~ 0FFH）只能采用寄存器间接寻址，不能使用直接寻址方式，位寻址区中的可寻址位只能采用直接寻址。外部扩展的数据寄存器只能用寄存器间接寻址，而内部 RAM 的低 128B（00 ~

7FH）既能用直接寻址，也能用寄存器间接寻址，操作指令最丰富。表 3-3 概括了每一种寻址方式可以存取的存储器空间。

表 3-3　寻址方式及相关的存储器空间

寻址方式	寻址范围
寄存器寻址	R0 ~ R7
	A、B、C（CY）、AB（双字节）、DPTR（双字节）、PC（双字节）
直接寻址	内部 RAM 低 128 字节
	特殊功能寄存器
	内部 RAM 位寻址区的 128 个位
	特殊功能寄存器中可寻址的位
寄存器间接寻址	内部数据存储器 RAM［@R0，@R1，@SP（仅 PUSH，POP）］
	内部数据存储器单元的低 4 位（@R0，@R1）
	外部 RAM 或 I/O 口（@R0，@R1，@DPTR）
立即寻址	程序存储器（常数）
基寄存器加变址 寄存器间接寻址	程序存储器（@A + PC，@A + DPTR）

3.3　指令的类型、字节和周期

3.3.1　指令系统的结构及分类

MCS-51 指令系统中共有 111 条指令，按功能可分为以下 4 大类：

1）数据传送类。

2）算术操作类。

3）逻辑操作类。

4）控制转移类。

每一大类中又分成若干小类，图 3-6 给出了 MCS-51 指令系统结构。

3.3.2　指令的字节和周期

MCS-51 指令的形式为

［标号：］操作码［操作数 1］［，操作数 2］［，操作数 3］［；注释］

从寻址方式一节可知，当操作数为寄存器时，由于寄存器名可隐含或包含在操作码中，故在相应的机器码指令中相应操作数无须单独占用 1 个字节。而当操作数为直接地址或立即数时，直接地址和立即数本身就是 8 位或 16 位的，不可能与操作码合并，因此在相应的机器码指令中，相应操作数必须单独占用 1 个字节。根据这一规律可以很容易地确定汇编指令的机器码字节数。例如，可以简单地判别 MOV A，R1 是一条单字节的指令。因为 R1 的地址可以和操作码合用一个字节，累加器 A 可以隐含在操作码中。再如，也可以简单地确定 MOV　30H，#40H 是一条 3 字节的指令。因为直接地址 30H 和立即数#40H 都是 8 位的，都必须占用一个字节，再加操作码一个字节，总共为 3B。

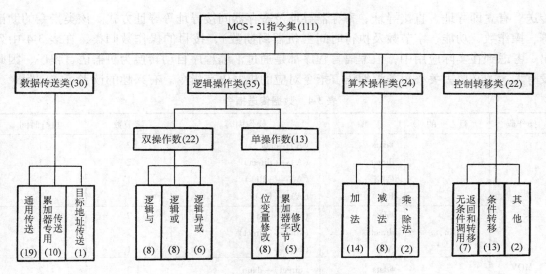

图 3-6   MCS-51 指令系统结构

执行每条指令所需的机器周期数，既决定于每条指令所含的字节数，也决定于指令在执行过程中的微操作。很明显，由于单片机 CPU 在每个机器周期最多只能进行两次读操作，每次一个字节。所以，单字节、双字节指令均可能在一个机器周期内完成，但三字节指令却不可能在一个机器周期内完成。另外，单字节指令可能但并不一定在一个机器周期内完成，也可能在两个机器周期内完成，甚至需 4 个机器周期才能完成（如乘、除法指令）。如 MOVX A, @R0 是一条单字节指令，但它必须在第一机器周期内读操作码及 R0 的值。在第二机器周期才能读 R0 所指单元的值，然后送入累加器 A。而 MOV A, R0 却只需 1 个机器周期就能完成，因为它在第一个机器周期就能读得操作码及 R0 的值，即可把 R0 的值送入累加器 A。前者需两个机器周期，后者只需一个机器周期。

3.4   数据传送指令

数据传送是单片机工作中最基本的操作。数据传送的使用直接影响程序执行速度，甚至程序执行的正确性。数据传送类指令除用 POP 或 MOV 指令将数据传送到 PSW 外，一般均不影响除奇偶标志位 P 以外的标志位。

MCS-51 的数据传送操作可以在累加器 A、工作寄存器 R0 ~ R7、内部 RAM、特殊功能寄存器、外部数据存储器及程序存储器之间进行。

3.4.1   一般传送指令

一般传送指令的汇编指令格式为：

    MOV〈目的字节〉,〈源字节〉

MOV 是传送指令的操作助记符。其功能是将源字节内容传送到目的字节，源字节内容不变。

1. 内部 8 位数据传送指令

内部 8 位数据传送指令共有 15 条，用于单片机内部的数据存储器和寄存器之间的数据传送。有立即寻址、直接寻址、寄存器寻址及寄存器间接寻址等寻址方式。该类指令的助记符、操作数、功能、字节数及执行时间（机器周期数），按目的操作数归类，在表 3-4 中列出。考虑到在实际应用中，汇编语言程序都是通过汇编程序自动转换为机器语言程序，因此没有太大的必要去关心每条汇编语言指令对应的机器语言指令。有兴趣的读者可查阅附录。

表 3-4 数据传送指令

操作码	目 的	源	操作内容	字节数	执行时间
MOV	A，	#data	(A)←data	2	1
		direct	(A)←(direct)	2	1
		@Ri	(A)←((Ri))	1	1
		Rn	(A)←(Rn)	1	1
	Rn，	#data	(Rn)←data	2	1
		direct	(Rn)←(direct)	2	2
		A	(Rn)←(A)	1	1
	direct，	#data	(direct)←data	3	2
		A	(direct)←(A)	2	1
		direct	(direct)←(direct)	3	2
		@Ri	(direct)←((Ri))	2	2
		Rn	(direct)←(Rn)	2	2
	@Ri，	#data	((Ri))←data	2	1
		direct	((Ri))←(direct)	2	2
		A	((Ri))←(A)	1	1

【例 3-18】

　　MOV A，　30H ；A←(30H)

　　MOV A，#30H ；A←30H

应注意到#30H 和 30H 的区别，以上第 2 条指令如漏写"#"，汇编时不会出错，但变成第 1 条指令，将实现完全不同的功能。

【例 3-19】

　　MOV A，　R1 ；A←(R1)

　　MOV A，@R1 ；A←((R1))

应特别注意@R1 和 R1 的区别，以上第 1 条指令的功能是将寄存器 R1 的内容送累加器 A，而第 2 条指令的功能是将以寄存器 R1 的内容作为地址的单元内容送累加器 A。具体而言，设程序状态字 PSW 的 RS1 = 0，RS0 = 1，则当前寄存器区的 R1 就是内部 RAM 09H，再设（09H）= 40H 则上述二条指令的功能分别为：

　　MOV A，R1 　　；A←40H

　　MOV A，@R1 ；A←(40H)

【例 3-20】

　　MOV　90H，#40H 　；P1←40H

　　MOV　P1，#40H 　　；P1←40H

　　MOV　R0，#90H 　　；R0←90H

　　MOV　@R0，#40H 　；90H←40H

以上第 1、第 2 条指令的功能均是将立即数 40H 送特殊功能寄存器 P1，指令中可直接使用特殊功能寄存器名，也可使用其地址；第 3 条指令的功能是将立即数 90H 送寄存器 R0，第 4 条指令的功能是将立即数 40H 送以 R0 的内容作为地址的单元。第 3、4 条指令的组合实现将立即数 40H 送内部 RAM 90H 字节的功能。MCS-51 单片机的特殊功能寄存器只能采用直接寻址，而内部 RAM 高 128 字节只能采用寄存器间接寻址。

以下几点也需要注意：

1）目的操作数不能采用立即寻址。

2）@Ri 中的 i 范围为 0 和 1。

3）Rn 中的 n 的范围为 0～7。

4）每条指令中最多只能有 1 个 Rn 或@Ri。

【例 3-21】 以下指令都是错误的。

```
MOV    #30H,    40H
MOV    A,       @R2
MOV    R1,      R3
MOV    R1,      @R0
MOV    @R1,     R2
MOV    @R0,     @R1
```

【例 3-22】

```
MOV    A, 60H      ;    A←(60H)，目的操作数为寄存器寻址
MOV    0E0H, 60H   ;    A←(60H)，目的操作数为直接寻址
MOV    09H, #40H   ;    09H←40H，目的操作数为直接寻址
MOV    R1, #40H    ;    R1←40H，目的操作数为寄存器寻址
```

以上第 1、2 条指令均实现将内部 RAM 60H 字节的内容送累加器 A 的相同功能，但由于第 1 条指令采用寄存器寻址方式，字节数为 2，执行时间为 1 个机器周期，而第 2 条指令采用直接寻址方式，字节数为 3，执行时间为两个机器周期。当程序状态字 PSW 的 RS1 = 0，RS0 = 1 时，第 4 条指令和第 3 条指令均实现将立即数 40H 送内部 RAM 09H 字节的相同功能，但由于第 3 条指令中目的操作数为直接寻址，指令字节数为 3，执行时间为 2 个机器周期，而第 4 条指令中目的操作数为寄存器寻址，指令字节数为 2，执行时间为 1 个机器周期。由此可见，实现相同功能，采用寄存器寻址方式可达到提高存储效率和执行速度的双重效果。

【例 3-23】 分析程序的执行结果。

设内部 RAM 中 30H 单元的内容为 80H，试分析执行下面程序后各有关单元的内容。

```
MOV   60H, #30H  ;   60H←30H
MOV   R0, #60H   ;   R0←60H
MOV   A, @R0     ;   A←30H
MOV   R1, A      ;   R1←30H
MOV   40H, @R1   ;   40H←80H
```

程序执行结果为

(A) = 30H，(R0) = 60H，(R1) = 30H，(60H) = 30H，(40H) = 80H，(30H) = 80H

2. 位变量传送指令

```
MOV   C, bit     ;   C←(bit)
```

```
    MOV   bit, C        ;    bit←(C)
```

这组指令的功能是把由源操作数指出的位变量送到目的操作数的位单元中去。其中一个操作数必须为位累加器 C（即程序状态字 PSW 中的进位位 Cy），另一个可以是任何可直接寻址位，位变量的传送必须经过 C 进行。

【例 3-24】 00H 位的内容送 P1.0 输出的程序。

```
    MOV C , 00H        ; 00H 位内容，即 20H.0 先送 Cy
    MOV P1.0 , C       ; Cy 内容再送 P1.0 输出
```

结果为

P1.0←20H.0

应注意位变量传送指令与字节数据传送指令的区别。

【例 3-25】

```
    MOV A, 30H         ; 字节数据传送指令，功能是将 30H 字节的内容送累加器 A
    MOV C, 30H         ; 位变量传送指令，功能是将 30H 位的内容送位累加器 C
```

3. 16 位数据传送指令

```
    MOV DPTR, #data16  ; DPTR←data16
```

MCS-51 单片机指令系统中仅此一条 16 位数据传送指令，功能是将 16 位数据传送到数据指针 DPTR 中，其中高 8 位送 DPH，低 8 位送 DPL。

4. 累加器 A 与外部 RAM 的传送指令

```
    MOVX A, @Ri        ; A←((Ri))
    MOVX @Ri, A        ; (Ri)←(A)
    MOVX A, @DPTR      ; A←((DPTR))
    MOVX @DPTR, A      ; (DPTR)←(A)
```

这些指令的功能是在累加器 A 与外部 RAM 之间传送一个字节的数据，采用间接寻址方式寻址外部 RAM。

采用 Ri 进行间接寻址，可寻址 0~255 个字节单元的地址空间，此时 8 位地址和数据均由 P0 口总线分时输入/输出。若需访问大于 256 个字节的外部 RAM 时，可选用任何其他输出口（一般选用 P2 口）线先行输出高 8 位地址，然后用 Ri 间接寻址传送指令。

选用 16 位数据指针 DPTR 进行间接寻址，可寻址 64KB 的外部 RAM。其低 8 位地址（DPL 的内容）由 P0 口经锁存器输出，高 8 位地址（DPH 的内容）由 P2 口输出。

【例 3-26】 将内部 RAM 80H 单元的内容送入外部 RAM 70H 单元。

程序如下：

```
    MOV   R0, #80H
    MOV   A, @R0
    MOV   R0, #70H
    MOVX  @R0, A
```

此例中访问内部 RAM 和访问外部 RAM 均通过 R0 间接寻址，不同的是访问内部 RAM 使用操作码 MOV，访问外部 RAM 使用操作码 MOVX，二者不能混淆。

【例 3-27】 将外部 RAM 1000H 单元的内容传送到内部 RAM 60H 单元。

程序如下：

```
    MOV   DPTR, #1000H
```

```
MOVX    A, @ DPTR
MOV     60H, A
```

5. 查表指令

MCS-51 单片机的程序存储器除了存放程序外，还可以存放一些常数，通常以表格的形式集中存放。MCS-51 单片机指令系统提供了两条访问存储器的指令，称为查表指令。

```
MOVC A, @ A + PC        ; PC←(PC) + 1
                        ; A←((A) + (PC))
MOVC A, @ A + DPTR      ; A←((A) + (DPTR))
```

第 1 条指令以 PC 作为基址寄存器，A 的内容作为无符号数，与 PC 内容（下一条指令的起始地址）相加后得到一个 16 位地址，由该地址指示的程序存储器单元内容送累加器 A。显然，该指令的查表范围为查表指令后的 256B 地址空间。

第 2 条指令 MOVC A，A + DPTR 以 DPTR 为基址寄存器，因此其寻址范围为整个程序存储器的 64KB 空间，表格可以放在程序存储器的任何位置。

【例 3-28】 执行程序：

```
地址       指令
0F00H      MOV     A, #30H
0F02H      MOVC    A, @ A + PC
           ⋮
0F33H      3FH
           ⋮
```

实现将程序存储器 0F33H 单元内容 3FH 送入 A 的功能。

【例 3-29】 执行程序：

```
MOV     DPTR, #2000H
MOV     A, #30H
MOVC    A, @ A + DPTR
```

实现将程序存储器中 2030H 单元的内容送入累加器 A 的功能。

6. 堆栈操作指令

入栈指令：

```
PUSH direct ; SP←(SP) + 1
            ; (SP)←(direct)
```

入栈指令的功能是先将推栈指针 SP 的内容加 1，指向堆栈顶的一个空单元，然后将指令指定的直接寻址单元内容传送至这个空单元中。

【例 3-30】 设（SP）= 70H，（ACC）= 50H，（B）= 60H，执行下述指令：

```
PUSH ACC ; SP←(SP) + 1, 71H←(ACC)
PUSH B   ; SP←(SP) + 1, 72H←(B)
```

结果为

（71H）= 50H，（72H）= 60H，（SP）= 72H

此例中 ACC 和 B 都是用直接寻址方式寻址的，不能用寄存器寻址方式。入栈指令常用于保护 CPU 现场等场合。

出栈指令：

POP direct ; direct←((SP))

　　　　　　　 ; SP←(SP) - 1

出栈指令的功能是将当前堆栈指针 SP 所指示的单元的内容传送到该指令指定的直接寻址单元中，然后 SP 中的内容减 1。

【例 3-31】 设（SP）=72H，（72H）=60H，（71H）=50H，执行下述指令：

POP DPL 　　; DPL←((SP))，SP←(SP) - 1

POP DPH 　　; DPH←((SP))，SP←(SP) - 1

结果为

　　（DPTR）=5060H，（SP）=70H

出栈指令常用于恢复 CPU 现场等场合。

以上数据传送指令通道可由图 3-7 概括地表示。

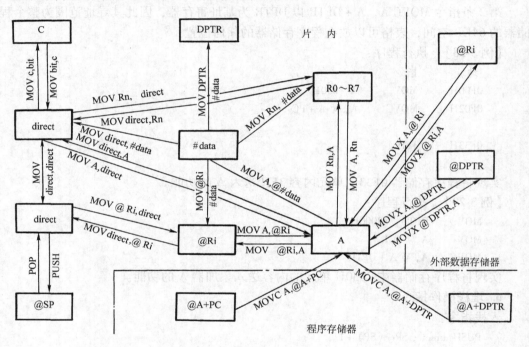

图 3-7　数据传送指令通道

3.4.2　累加器专用数据交换指令

1. 字节交换指令

XCH A, Rn 　　; (A) ⇔ (Rn)

XCH A, direct 　; (A) ⇔ (direct)

XCH A, @ Ri 　; (A) ⇔((Ri))

这组指令的功能是将累加器 A 的内容和源操作数内容互换。

【例 3-32】 设（A）=34H,（R3）=56H,执行指令:

XCH A,R3

则结果为

　　（A）=56H,（R3）=34H

2. 半字节交换指令

XCHD A, @Ri ; $(A)_{3\sim0} \Leftrightarrow ((Ri))_{3\sim0}$

这条指令将累加器 A 的低 4 位和 Ri (R0 或 R1) 指出的 RAM 单元低 4 位互换，各自的高 4 位不变。

【例 3-33】 设 (A) = 34H, (R0) = 30H, (30H) = 56H, 执行指令:

XCHD A, @R0

则结果为

(A) = 36H, (30H) = 54H

累加器专用数据交换指令通道由图 3-8 概括地表示。

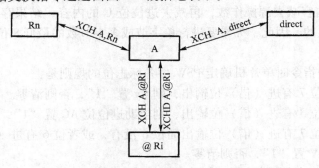

图 3-8　累加器专用数据交换指令通道

3.5　算术运算指令

MCS-51 单片机的算术运算指令包括加、减、乘、除、加 1、减 1 等指令。其中加、减指令的执行结果将影响程序状态字 PSW 的进位标志位 C、溢出标志位 OV、辅助进位标志位 AC 和奇偶标志位 P；乘除指令的执行结果将影响 PSW 的进位标志位 C、溢出标志位 OV 和奇偶标志位 P；加 1、减 1 指令的执行结果只影响 PSW 的奇偶标志位 P。

3.5.1　加减指令

1. 加法指令

ADD A, Rn 　　; $A \leftarrow (A) + (Rn)$

ADD A, direct 　; $A \leftarrow (A) + (direct)$

ADD A, @Ri 　; $A \leftarrow (A) + ((Ri))$

ADD A, #data 　; $A \leftarrow (A) + data$

加法指令的功能是将源操作数与累加器 A 中的内容相加，结果存入累加器 A 中。加法指令中源操作数的寻址方式种类与以累加器 A 为目的操作数的一般数据传送指令中源操作数的寻址方式种类相同。

2. 带进位的加法指令

ADDC A, Rn 　　; $A \leftarrow (A) + (Rn) + (C)$

ADDC A, direct 　; $A \leftarrow (A) + (direct) + (C)$

ADDC A, @Ri 　; $A \leftarrow (A) + ((Ri)) + (C)$

ADDC A, #data 　; $A \leftarrow (A) + data + (C)$

这4条指令与加法指令一一对应。这些指令是将源操作数与累加器 A 中的内容相加，再加上进位位 C 的内容，结果放入累加器 A 中。此类指令主要用于多字节数的加法运算。

3. 带借位的减法指令

```
SUBB  A, Rn      ; A←(A) - (Rn) - (C)
SUBB  A, direct  ; A←(A) - (direct) - (C)
SUBB  A, @ Ri    ; A←(A) - ((Ri)) - (C)
SUBB  A, #data   ; A←(A) - data - (C)
```

带借位的减法指令中的操作数也是和加法指令中的操作数一一对应的。这些指令的功能是将累加器 A 中的内容减去源操作数，再减去进位位 C 的内容，结果存入累加器 A 中。由于减法指令是带借位的，因此，如果要进行单字节或多字节数的最低 8 位数的减法运算，应先清除进位位 C。

执行上述加减法指令时单片机确定 PSW 中各标志位的规则是：

1）运算后如果位 7 有进（借）位输出，则 Cy 置 "1"，否则清零。

2）运算后如果位 3 有进（借）位输出，则辅助进位位 AC 置 "1"，否则清零。

3）运算后如果位 7 有进（借）位输出而位 6 没有，或者位 6 有进（借）位输出而位 7 没有，则溢出标志 OV 置 "1"，否则清零。

4）A 的结果里 1 的个数为奇数，则奇偶标志 P 置 "1"，否则清零。

加减运算可用于无符号数（0～255）运算，也可用于补码形式（-128～+127）的带符号数运算，但此时只有当溢出标志 OV = 0 时才能保证结果是正确的。

【例 3-34】 设（A）= 85H,（R0）= 0AFH,执行指令：

```
ADD A, R0
```

运算过程为

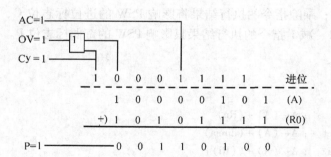

结果为

（A）= 34H

标志位为

Cy = 1, OV = 1, AC = 1, P = 1

【例 3-35】 设（A）= 56H, Cy = 1, 执行指令：

```
ADDC A, #89H
```

运算过程为

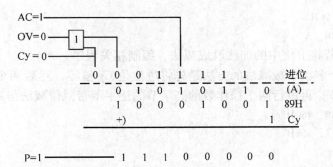

结果为

    （A）=0E0H

标志位为

    Cy=0，OV=0，AC=1，P=1

【例3-36】 设（A）=0C9H，（R0）=60H，（60H）=54H，Cy=1，执行指令：

    SUBB A，@R0

运算过程为

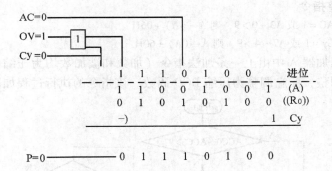

结果为

    （A）=74H

标志位为

    Cy=0，OV=1，AC=0，P=0

【例3-37】 已知：内部RAM 60H、61H和62H、63H中分别存放着两个16位无符号数X1和X2（低8位在前，高8位在后）。编制将X1与X2相加，并把结果存入60H、61H单元（低8位在60H单元、高8位在61H单元）的程序。

解：处理两个多字节数加法的方法是，两个操作数的低字节相加得到和的低字节，相加过程中形成的进位位（在Cy）与两个操作数的高字节一起相加得到和的高字节。

```
MOV    R0，#60H
MOV    R1，#62H
MOV    A，@R0
ADD    A，@R1
MOV    @R0，A
INC    R0
INC    R1
```

```
        MOV    A，@R0
        ADDC   A，@R1
        MOV    @R0，A
```

【例 3-38】 若将上例中的加法改成减法，编制相关程序。

解：处理两个多字节数减法的方法是先将进位位 Cy 清零，然后两个操作数的低字节相减得到差的低字节，再进行两个操作数的高字节的逐字节带减位减法得到差的高字节。

```
        MOV    R0，#60H
        MOV    R1，#62H
        CLR    C
        MOV    A，@R0
        SUBB   A，@R1
        MOV    @R0，A
        INC    R0
        INC    R1
        MOV    A，@R0
        SUBB   A，@R1
        MOV    @R0，A
```

4. 十进制调整指令

```
        DA A   ；若 AC = 1 或 A3 ~ 0 > 9，则 A←(A) + 06H
               ；若 Cy = 1 或 A7 ~ 4 > 9，则 A←(A) + 60H
```

这条指令对累加器 A 中由上一条加法指令（加数和被加数均为压缩的 BCD 码）所获得的 8 位结果进行调整，使它调整为压缩 BCD 码数。该指令的执行过程如图 3-9 所示。

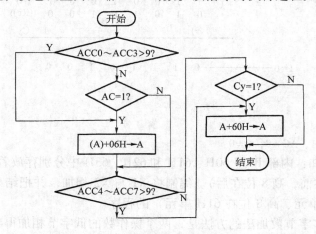

图 3-9　DA A 指令执行示意图

【例 3-39】 编制 85 + 59 的 BCD 加法程序，并对其工作过程进行分析。

解：相应 BCD 加法程序为

```
        MOV A，#85H    ；A←85
        ADD A，#59H    ；A←85 + 59 = 0DEH
        DA A           ；A←44，Cy = 1
```

二进制加法和进制调整过程为

$$
\begin{array}{r}
85 \qquad 10000101 \quad (A) \\
+) \quad 59 \qquad 01011001 \quad data \\
\hline
144 \quad (0) \quad 11011110 \\
110 \qquad \text{; 低 4 位>9，加 6 调整} \\
\hline
11100100 \\
110 \qquad \text{; 高 4 位>9，加 60H 调整} \\
\hline
(1) \quad 01000100
\end{array}
$$

运算结果为

(A) = 44H，Cy = 1

即十进制的 144。

5. 加 1 指令

INC	A	; A←(A) + 1
INC	Rn	; Rn←(Rn) + 1
INC	direct	; direct←(direct) + 1
INC	@Ri	; (Ri)←((Ri)) + 1
INC	DPTR	; DPTR←(DPTR) + 1

加 1 指令的功能是将指定的操作数加 1，若原来为 0FFH，加 1 后将溢出为 00H，除对 A 操作可能影响 P 外，不影响其他标志位。

6. 减 1 指令

DEC	A	; A←(A) − 1
DEC	Rn	; Rn←(Rn) − 1
DEC	direct	; direct←(direct) − 1
DEC	@Ri	; (Ri)←((Ri)) − 1

减 1 指令的功能是将指定的操作数减 1。若原来为 00H，减 1 后将下溢为 0FFH，除对 A 操作可能影响 P 外，不影响其他标志位。

3.5.2 乘法和除法指令

乘法指令和除法指令是 MCS-51 单片机指令系统中仅有的两条 4 机器周期指令。

1. 乘法指令

MUL AB ; A←A×B 低字节，B←A×B 高字节

乘法指令的功能是将累加器 A 和寄存器 B 中的 8 位无符号整数进行相乘，16 位积的低 8 位存于 A 中，高 8 位存于 B 中。如果积大于 255（即 B≠0），则溢出标志位 OV 置 "1"，否则清零。进位标志位 Cy 总是清零，奇偶标志位 P 由 A 的内容确定。

【例 3-40】 设 (A) = 80H，(B) = 21H，执行指令：

MUL AB

结果为

(A) = 80H，(B) = 10H，OV = 1，Cy = 0，P = 1

2. 除法指令

DIV AB ; A←A/B（商），B←A/B（余数）

除法指令的功能是累加器 A 中 8 位无符号整数除以 B 寄存器中 8 位无符号整数，所得

到的商的整数部分存于 A 中，余数部分存于 B 中。标志位 Cy 清零，奇偶标志位 P 由 A 的内容确定。当除数为 0 时，OV 置 "1"，否则清零。

【例 3-41】 设（A）= 0B6H，（B）= 0FH，执行指令：

    DIV   AB

结果为

    （A）= 0CH，（B）= 02H，OV = 0，Cy = 0，P = 0

3.6 逻辑运算指令

3.6.1 累加器 A 的逻辑运算指令

1. 累加器 A 清零指令

    CLR A ；A←0

这条指令的功能是将累加器 A 清零，不影响 Cy、AC、OV 等标志。

2. 累加器 A 取反指令

    CPL A ；A←($\overline{A}$)

这条指令的功能是将累加器 A 的每一位逻辑取反，原来为 1 的位变 0，原来为 0 的位变 1。不影响任何标志。

【例 3-42】 50H 单元中有一个带符号数 X，试编制对它求补的程序。

解： 一个 8 位带符号二进制数的补码可以通过其反码加 "1" 获得。

    MOV   A，50H   ；A←X
    CPL   A   ；A←$\overline{X}$
    INC   A   ；$[X]_{补} = [X]_{反} + 1$
    MOV   50H，A   ；50H←$[X]_{反}$

3. 累加器 A 移位指令

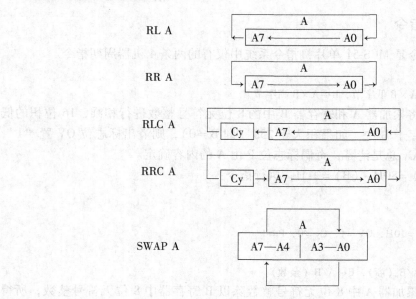

第 1、2 两条为不带 Cy 标志位的左、右环移指令，累加器 A 中最高位 A7 和最低位 A0 相接向左或向右移位；第 3、4 两条为带 Cy 标志位的左移或右移；第 5 条半字节交换指令，用于累加器 A 中的高 4 位和低 4 位相互交换。

【例 3-43】 编制程序将 M1、M1 + 1 单元中存放的 16 位二进制数扩大到二倍。（设该数低 8 位在 M1 单元中，扩大后小于 65536）

解：二进制数左移一次即扩大到二倍，可以用二进制 8 位的移位指令实现 16 位数的移位程序。

```
CLR    C            ; Cy←0
MOV    R0，#M1       ; 操作数低 8 位地址送 R0
MOV    A，@R0        ; A←操作数低 8 位
RLC    A            ; 低 8 位操作数左移，低位补 0，最高位在 Cy 中
MOV    @R0，A        ; 送回 M1 单元
INC    R0           ; R0 指向 M1 + 1 单元
MOV    A，@R0        ; A←操作数高 8 位
RLC    A            ; 高 8 位操作数左移，M1 最高位通过 Cy 移入最低位
MOV    @R0，A        ; 送回 M1 + 1 单元
```

3.6.2 两个操作数的逻辑运算指令

两个操作数的逻辑运算指令有与、或、异或运算。这些指令中的操作数都是 8 位，它们在执行时，不影响 P 以外的标志位。

1. 逻辑与指令

```
ANL    A，Rn          ; A←(A)∧(Rn)
ANL    A，direct      ; A←(A)∧(direct)
ANL    A，@Ri         ; A←(A)∧((Ri))
ANL    A，#data       ; A←(A)∧data
ANL    direct，A      ; direct←(direct)∧(A)
ANL    direct，#data  ; direct←(direct)∧data
```

逻辑与指令常用于清零字节中的某些位。欲清零的位用"0"去"与"，欲保留的位用"1"去"与"。

【例 3-44】 将累加器 A 中的压缩 BCD 码拆成两个字节的非压缩 BCD 码，低位放入 30H，高位放入 31H 单元中。

程序如下：

```
PUSH   ACC          ; 保存 A 中的内容
ANL    A，#0FH       ; 清除高 4 位，保留低 4 位
MOV    30H，A        ; 低位存入 30H
POP    ACC          ; 恢复 A 中原数据
SWAP   A            ; 高、低 4 位互换
ANL    A，#0FH       ; 清除高 4 位，保留低 4 位
MOV    31H，A        ; 高位存入 31H
```

2. 逻辑或指令

```
ORL    A，Rn          ; A←(A)∨(Rn)
```

```
ORL    A, direct      ; A←(A)∨(direct)
ORL    A, @ Ri        ; A←(A)∨((Ri))
ORL    A, #data       ; A←(A)∨data
ORL    direct, A      ; direct←direct∨(A)
ORL    direct, #data  ; direct←direct∨data
```

逻辑或指令常用于置1字节中的某些位，欲保留的位用"0"去"或"，欲置1的位用"1"去"或"。

【例3-45】 编制程序把累加器 A 中低4位送入 P1 口低4位，P1 口高4位不变。

解：

```
ANL    A, #0FH        ; 取出 A 中低4位，高4位为0
ANL    P1, #0F0H      ; 使 P1 口低4位为0，高4位不变
ORL    P1, A          ; 字节装配
```

3. 逻辑异或指令

```
XRL    A, Rn          ; A←(A)⊕(Rn)
XRL    A, direct      ; A←(A)⊕(direct)
XRL    A, @ Ri        ; A←(A)⊕((Ri))
XRL    A, #data       ; A←(A)⊕data
XRL    direct, A      ; direct←(direct)⊕(A)
XRL    direct, #data  ; direct←(direct)⊕data
```

逻辑异或指令用来对某些位取反，欲取反的位用"1"去"异或"，欲保留的位用"0"去"异或"。

【例3-46】 设（A）=0FH，（R1）=55H，执行指令：

```
XRL A, R1
```

运算过程为

$$
\begin{array}{r}
0\,0\,0\,0\,1\,1\,1\,1 \\
\oplus)\quad 0\,1\,0\,1\,0\,1\,0\,1 \\
\hline
0\,1\,0\,1\,1\,0\,1\,0
\end{array}
$$

结果为

（A）=5AH

3.6.3 单位变量逻辑运算指令

```
CLR    C      ; C←0
CLR    bit    ; bit←0
CPL    C      ; C←(C̄)
CPL    bit    ; bit←(bit‾)
SETB   C      ; C←1
SETB   bit    ; bit←1
```

这组指令将操作数指出的位清零、取反、置1，不影响其他标志。

3.6.4 双位变量逻辑运算指令

```
ANL    C, bit    ; C←(C)∧(bit)
```

```
ANL   C, /bit    ; C←（C）∧（bit）
ORL   C, bit     ; C←（C）∨（bit）
ORL   C, /bit    ; C←（C）∨（bit）
```

位变量逻辑操作是在位累加器 C 与另一可直接寻址位内容之间进行，结果都送位累加器 C。

【例 3-47】　用 P1.0 ~ P1.3 作为输入，P1.4 作为输出，编写程序实现图 3-10 所示的逻辑运算功能。

解：图 3-10 中逻辑运算功能的逻辑表达式为 $Q = \overline{W + X} \cdot (Y + \overline{Z})$

```
W     BIT   P1.0    ; 用伪指令定义符号地址
X     BIT   P1.1
Y     BIT   P1.2
Z     BIT   P1.3
Q     BIT   P1.4
MOV   C, W          ; C←（W）
ORL   C, X          ; C←（W）∨（X）
MOV   F0, C         ; F0←（W）∨（X）
MOV   C, Y          ; C←（Y）
ORL   C, /Z         ; C←（Y）∨（Z̄）
ANL   C, /F0        ; C←[(W)∨(X)]∧[(Y)∨(Z̄)]
MOV   Q, C          ; Q←[(W)∨(X)]∧[(Y)∨(Z̄)]
```

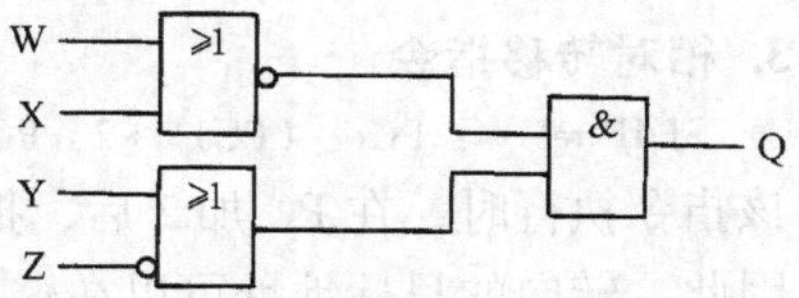

图 3-10　逻辑电路

3.7　控制转移指令

控制转移指令通过改变程序计数器 PC 中的内容，改变程序执行的流向，可分为无条件转移、条件转移、调用和返回等。

3.7.1　无条件转移指令

1. 16 位地址的无条件转移指令

```
LJMP addr16 ; PC←addr 15 ~ 0
```

这条指令中的地址是 16 位的，因此该指令可实现在 64KB 全地址空间范围内的无条件转移，因而又称为长转移指令。高 8 位地址和低 8 位地址分别在指令的第 2、第 3 字节中。在使用时地址往往用标号表示，由汇编程序汇编成机器码。

2. 11 位地址的无条件转移指令

```
AJMP addr11 ; PC←（PC）+2, PC₁₀~₀←addr11
```

这是 2KB 范围内的无条件转跳指令。该指令在运行时先将 PC + 2，然后通过把 PC 的高 5 位和指令第一字节高 3 位以及指令第二字节 8 位相连（PC15PC14PC13PC12PC11a₁₀ a₉a₈a₇a₆a₅a₄a₃a₂a₁a₀）而得到转跳目的地址送入 PC。因此，目标地址必须与它下一条指令的存放地址在同一个 2KB 区域内。

【例 3-48】　以下是一程序片断，左边为存储器地址，其后一条 AJMP 指令在汇编时出错。

50

```
07FEH   AJMP   K11    ；转移到 K11 处，在 0800H～0FFFH 页内
0800H          …
               …
0E00H   K11：  …
               …
0F80H   K12：  …
               …
0FFEH   AJMP   K12
1000H          …
```

此段程序在汇编到"0FFEH AJMP K12"时会报错，因为地址标号"K12"的实际地址 0F80H 不在 1000H～17FFH 页内，因此产生错误。

3. 相对转移指令

```
SJMP rel   ；PC←（PC）+2，PC←（PC）+rel
```

该指令执行时，在 PC 加 2 后，把指令的有符号偏移量 rel 加到 PC 上，并计算出目标地址。因此，转向的目标地址可以在这条指令的前 126B 到后 129B 之间。

【例 3-49】 程序中等待功能常由以下指令实现：

```
HERE：SJMP HERE
```

或：

```
        SJMP $
```

指令中偏移量 rel 在汇编时自动算出为 0FEH，即 -2 的补码，执行后目标地址就是本指令的起始地址。

4. 散转指令

```
JMP @A+DPTR   ；PC←（A）+（DPTR）
```

这条指令的功能是把累加器 A 中 8 位无符号数与数据指针 DPTR 中的 16 位数相加（模 2^{16}），结果作为下条指令地址送入 PC，不改变累加器和数据指针内容，也不影响标志。利用这条指令能实现程序的散转。

【例 3-50】 设累加器 A 中存放待处理命令的编号（0～n；n≤85），程序存储器中存放着标号为 PGTB 的转移表，则执行以下程序，将根据 A 内命令编号转向相应的命令处理程序。

```
PG：     MOV   B，#3          ；A←（A）*3
         MUL   AB
         MOV   DPTR，#PGTB     ；DPTR←转移表首址
         JMP   @A+DPTR
PGTB：   LJMP  PG0            ；转向命令 0 处理入口
         LJMP  PG1            ；转向命令 1 处理入口
         ⋮
         LJMP  PGn            ；转向命令 n 处理入口
```

3.7.2 条件转移指令

条件转移指令在执行过程中判断某种条件是否满足，若满足则转移，否则顺序执行下面的指令。目的地址在以下一条指令的起始地址为中心的 256B 范围中（-128B～+127B）。当条件满足时，把 PC 加到指向下一条指令的第一个字节地址，再把有符号的相对偏移量加到 PC 上，计算出转向地址。指令中的相对偏移量均可用标号代入。

条件转移指令可分为测试条件符合转移、比较不相等转移、减 1 不为 0 转移三类。

1. 测试条件符合转移指令

JZ rel	; 若（A）=0，则 PC←（PC）+2+rel	
	; 若（A）≠0，则 PC←（PC）+2	
JNZ rel	; 若（A）≠0，则 PC←（PC）+2+rel	
	; 若（A）=0，则 PC←（PC）+2	
JC rel	; 若 Cy=1，则 PC←（PC）+2+rel	
	; 若 Cy=0，则 PC←（PC）+2	
JNC rel	; 若 Cy=0，则 PC←（PC）+2+rel	
	; 若 Cy=1，则 PC←（PC）+2	
JB bit，rel	; 若（bit）=1，则 PC←（PC）+3+rel	
	; 若（bit）=0，则 PC←（PC）+3	
JNB bit，rel	; 若（bit）=0，则 PC←（PC）+3+rel	
	; 若（bit）=1，则 PC←（PC）+3	
JBC bit，rel	; 若（bit）=1，则 PC←（PC）+3+rel，且 bit←0	
	; 若（bit）=0，则 PC←（PC）+3	

2. 比较不相等转移指令

CJNE A，#data，rel	; 若（A）≠data，	则 PC←（PC）+3+rel，Cy 按规则形成
	; 若（A）=data，	则 PC←（PC）+3，Cy=0
CJNE A，direct，rel	; 若（A）≠（direct），	则 PC←（PC）+3+rel，Cy 按规则形成
	; 若（A）=（direct），	则 PC←（PC）+3，Cy=0
CJNE Rn，#data，rel	; 若（Rn）≠data，	则 PC←（PC）+3+rel，Cy 按规则形成
	; 若（Rn）=data，	则 PC←（PC）+3，Cy=0
CJNE @Ri，#data，rel	; 若((Ri))≠data，	则 PC←（PC）+3+rel，Cy 按规则形成
	; 若((Ri))=data，	则 PC←（PC）+3，Cy=0

比较不相等转移指令的功能是，当第 1 操作数和第 2 操作数不相等时，程序发生转移，否则顺序执行。Cy 形成的规则为：第 1 操作数小于第 2 操作数时，Cy=1，否则 Cy=0。此类指令不改变任何操作数。

【例 3-51】 以下程序中，执行第 1 条比较不相等转移指令后，将根据 R4 的内容大于 35H、等于 35H、小于 35H 三种情况作不同的处理：

```
        CJNE    R4，#35H，NEQ ；（R4）≠35H 转移
    EQ：···                      ；（R4）=35H 处理程序
        ⋮
    NEQ：JC      LESS            ；（R4）<35H 转移
    LAG：···                     ；（R4）>35H 处理程序
        ⋮
    LESS：···                    ；（R4）<35H 处理程序
```

3. 减 1 不为 0 转移指令

DJNZ Rn，rel	; Rn←（Rn）−1	
	; 若（Rn）≠0，则 PC←（PC）+2+rel	
	; 若（Rn）=0，则 PC←（PC）+2	
DJNZ direct，rel	; direct←（direct）−1	

$$; 若 (direct) \neq 0, 则 PC \leftarrow (PC) +3+rel$$
$$; 若 (direct) = 0, 则 PC \leftarrow (PC) +3$$

这二条指令的功能是, 首先将第 1 操作数减 1, 判断结果是否为 0, 若为 0, 则程序顺序执行; 若不为 0, 则程序按偏移地址转移。这二条指令常用于构成循环程序, 第 1 操作数就是循环次数。

【例 3-52】 编制程序, 将内部 RAM 70H 字节起始的 16 个数送外部 RAM 1000H 字节起始的 16 个单元。

```
        MOV    R7, #16          ; 数据长度送 R7
        MOV    R0, #70H         ; 数据块起始地址送 R0
        MOV    DPTR, #1000H     ; 存放区起始地址送 DPTR
LOOP:   MOV    A, @R0           ; 从内 RAM 取数据
        MOVX   @DPTR, A         ; 数据送外 RAM
        1NC    R0               ; 修改数据地址
        1NC    DPTR             ; 修改存放地址
        DJNZ   R7, LOOP         ; 数据未送完, 则继续送, 否则结束
```

3.7.3 子程序调用和返回指令

编写程序时, 为了减少编写和调试工作量, 减少程序占有的存储空间, 常常把具有某种完整功能的公用程序段定义为子程序, 以供调用。

在需要时主程序通过调用指令自动转入子程序。子程序执行完后, 通过放在子程序末尾的返回指令自动返回断点地址, 执行调用指令下面的下一条指令, 实现主程序对子程序的一次完整调用。主程序可在多处对同一个子程序进行多次调用。图 3-11 给出了主程序二次调用子程序的情况。

调用和返回指令是成对使用的, 调用指令具有把程序计数器 PC 中断点地址保护到堆栈、把子程序入口地址自动送入程序计数器 PC 的功能, 返回指令具有把堆栈中的断点地址自动恢复到程序计数器 PC 的功能。

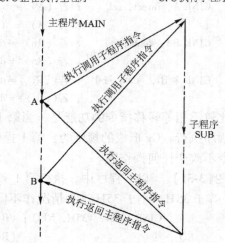

图 3-11 主程序二次调用子程序示意图

1. 长调用指令

LCALL addr16 ; $PC \leftarrow (PC) +3$
$\qquad\qquad$; $SP \leftarrow (SP) +1$, $(SP) \leftarrow PC_{7 \sim 0}$
$\qquad\qquad$; $SP \leftarrow (SP) +1$, $(SP) \leftarrow PC_{15 \sim 8}$
$\qquad\qquad$; $PC \leftarrow addr16$

指令中 addr16 是被调用子程序的 16 位首地址, 编程时可用标号表示。主程序和被调用子程序可以位于 64KB 范围内任何地方。

【例 3-53】 设 (SP) =30H, 标号 M1 的值为 0500H, 标号 SUB1 的值为 9000H, 则执行

指令：

    M1：LCALL SUB1

结果为

    (SP) = 32H，(31H) = 03H，(32H) = 05H，(PC) = 9000H

2. 短调用指令

ACALL addr11   ; PC← (PC) + 2

                ; SP← (SP) + 1，(SP) ←$PC_{7\sim0}$

                ; SP← (SP) + 1，(SP) ←$PC_{11\sim8}$

                ; $PC_{10\sim0}$←addr11

指令中 addr11 是被调用子程序首地址的低 11 位，编程时可用标号表示，所调用的子程序的起始地址必须在与 ACALL 下面指令的第一个字节在同一个 2KB 区域内。

【例 3-54】　设（SP）= 30H，标号 M1 的值为 8500H，标号 SUB1 的值为 8600H，则执行指令：

    M1：ACALL SUB1

结果为

    (SP) = 32H，(31H) = 02H，(32H) = 85H，(PC) = 8600H

3. 返回指令

子程序返回指令：

    RET   ; $PC_{15\sim8}$← ((SP))，SP← (SP) − 1

           ; $PC_{7\sim0}$← ((SP))，SP← (SP) − 1

中断返回指令：

    RETI   ; $PC_{15\sim8}$← ((SP))，SP← (SP) − 1

           ; $PC_{7\sim0}$← ((SP))，SP← (SP) − 1

           ; 清相应中断优先级状态位

返回指令把堆栈保存的主程序断点地址恢复到程序计数器 PC 中，使程序回到断点处继续执行。

子程序返回指令必须用在子程序末尾，中断返回指令必须用在中断服务程序末尾。RET 指令和 RETI 指令的功能差别为，执行 RETI 指令后，除程序返回原断点处继续执行外，还将清除相应中断优先级状态位，以允许单片机响应该优先级的中断请求。

【例 3-55】　编制程序将 30H，31H，32H、33H，34H、35H 单元中存放的双字节数（均小于 32768）扩大一倍。（设低位在低字节）

```
                MOV    R0 , # 30H
                ACALL  LSHIFT
                MOV    R0 , # 32H
                ACALL  LSHIFT
                MOV    R0 , # 34H
                ACALL  LSH1FT
                …
        LSHIFT: MOV    A , @ R0
                CLR    C
                RLC    A
```

```
        MOV   @ R0 , A
        INC   R0
        RLC   A
        MOV   @ R0 , A
        RET
```

4. 空操作指令

```
   NOP   ; PC← (PC) +1
```

该指令使 PC 内容加 1，仅产生一个机器周期的延时，不进行任何操作。

3.8 习题

1. 指出下列指令中划线操作数的寻址方式和指令的操作功能：

```
   MOV   A，#78H
   MOV   A，78H
   MOV   A，R6
   INC   @ R0
   PUSH  ACC
   RL    A
   CPL   30H
   SJMP  $
   MOVC  A，@ A + PC
```

2. 指出下列指令中哪些是非法的？

```
   INC   @ R1
   DEC   DPTR
   MOV   A，@ R2
   MOV   R1，@ R0
   MOV   P1.1，30H
   MOV   #30H，A
   MOV   20H，21H
   MOV   OV，30H
   MOV   A，@ A + DPTR
   RRC   30H
   RL    B
   ANL   20H，#30H
   XRL   C，30H
```

3. 如何将 1 个立即数 30H 送入内部 RAM 90H 单元？如何将该立即数送特殊功能寄存器 P1？

4. 执行下列一般程序后，试分析有关单元内容。

```
   MOV   PSW，#0
   MOV   R0，#30H
   MOV   30H，#40H
   MOV   40H，#50
```

```
MOV    A，@R0
ADDC   A，#0CEH
INC    R0
```

5. 试编写一段程序，将内部 RAM 40H、41H 单元内容传送到外部 RAM 2000H、2001H 单元中去。

6. 试编写一段程序，根据累加器 A 的内容，到程序存储器 1000H 起始的表格中取一双字节数，送内部 RAM 50H、51H 单元。

7. 试编写一段程序，进行两个 16 位数的相减运算：6483H-56E2H。结果高 8 位存内部 RAM 40H，低 8 位存 41H。

8. 试编写一段程序，将 30H、31H 单元中存放的两个 BCD 数，压缩成一个字节（原 30H 单元内容为高位），并放入 30H 单元。

9. 试编写一段程序，将 30H~32H 单元中的压缩 BCD 拆成 6 个单字节 BCD 数，并放入 33H~38H 单元。

10. 设晶振频率为 6MHz，试编写一个延时 1ms 的子程序，并利用该子程序，编写一段主程序，在 P1.0 引脚上输出高电平宽 2ms、低电平宽 1ms 的方波信号。

第4章 单片机的其他片内功能部件

MCS-51 的其他内部功能部件包括并行口、定时器和串行口。MCS-51 系列所有的产品一般都具有这些部件。除此以外，一些新型的 51 系列单片机还在片内集成了 A-D 转换器、PWM 输出口、实时时钟、I^2C BUS 串行口和 Watchdog 等部件。

4.1 并行 I/O 口

8051 单片机内部有四个 8 位并行 I/O 端口，记作 P0、P1、P2 和 P3，每个端口都是 8 位准双向口，包含一个锁存器、一个输出驱动器和一个输入缓冲器。

P0 ~ P3 这四个并行 I/O 口都可以作准双向通用 I/O 口，既可以作输入口，又可以作输出口，还可以作双向口。输出有锁存功能，输入有三态缓冲但无锁存功能。它们既可以按字节寻址，也可以按位独立输入/输出。一般称这种功能为第一功能。

P0、P2 和 P3 口还有复用的第二功能。

P0 ~ P3 口在结构和特性上有相同之处，但又各具特色。它们的电路设计非常巧妙。熟悉它们的逻辑电路，不但有利于正确合理使用这四个并行 I/O 口，而且会对设计单片机外围逻辑电路有所启发。下面分别进行介绍。

4.1.1 P1 口

1. P1 口的内部结构

图 4-1 为 P1 口的位结构原理图，P1 口是准双向口，它的每一位可以分别定义为输入线或输出线，用户可以把 P1 口的某些位作为输出线使用，另外的一些位作为输入线使用。

输出时，将 "1" 写入 P1 口的某一位口锁存器，则 $\overline{Q}$ 端上的输出场效应管 T 截止，该位的输出引脚由内部的拉高电路拉成高电平输出 "1"；将 "0" 写入口锁存器，输出场效应管 T 导通，引脚输出低电平，即输出 "0"。

输入时，该位的口锁存器必须置 "1"，使输出场效应管 T 截止，这时该位引脚由内部拉高电路拉成高电平，也可以由外部

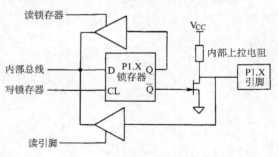

图 4-1 P1 口的位结构

的电路拉成低电平，CPU 读 P1 引脚状态时实际上就是读取外部电路的输入信息。P1 口作为输入时，可以被任何 TTL 电路和 MOS 电路所驱动，由于内部具有提升电路，也可直接被集电极开路或漏极开路的电路所驱动。

2. P1 口作通用 I/O 口

对 P1 口的操作，可以采用字节操作，也可以采用位操作。复位以后，口锁存器为

"1"，对于作为输入的口线，相应位的口锁存器不能写入 "0"，在图 4-2 中 P1.0 ~ P1.3 作为输出线，接指示灯 L0 ~ L3，P1.4 ~ P1.7 作为输入线，接四个开关 S0 ~ S3。例 4-1 的子程序采用字节操作指令将开关状态送指示灯显示，Si 闭合，Li 亮。例 4-2 用位操作指令实现同样的功能。

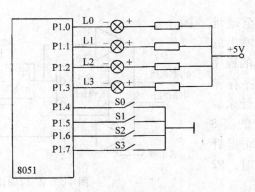

图 4-2　P1 口的输入/输出

【例 4-1】

```
MOV    A, P1
SWAP   A
ORL    A, #0F0H        ; 保持 P1.4 ~ P1.7 口锁存器为 1
MOV    P1, A
RET
```

【例 4-2】

```
MOV    C, P1.4         ; 位传送不影响 P1.4 ~ P1.7 口锁存器
MOV    P1.0, C
MOV    C, P1.5
MOV    P1.1, C
MOV    C, P1.6
MOV    P1.2, C
MOV    C, P1.7
MOV    P1.3, C
RET
```

CPU 对端口的操作有两种：一种是"读—修改—写"指令（例如，ORL P1，#0F0H），先将 P1 口的数据读入 CPU，在 ALU 中进行运算，运算结果再送回 P1 口；另一种是读指令（例如，MOV A，P1），CPU 读取口引脚上的外部输入信息，这时引脚状态通过下方的三态缓冲器送到内部总线。

4.1.2　P2 口

1. P2 口的内部结构

图 4-3 为 P2 口的位结构原理图。P2 口有两种功能，对于内部有程序存储器的单片机，P2 口既可以作为输入/输出口使用，也可以作为系统扩展的地址总线口，输出高 8 位地址

A8～A15。对于内部没有程序存储器的单片机,必须外接程序存储器,一般情况下 P2 口只能作为系统扩展的高 8 位地址总线口,而不能作为外部设备的输入/输出口。

P2 口的输出驱动器上有一个多路电子开关,当输出驱动器转接至 P2 口锁存器的 Q 端时,P2 口作为第一功能输入/输出线,这时 P2 口的结构和 P1 口相似,其功能和使用方法也和 P1 口相同。

当输出驱动器转接至地址时,P2 口引脚状态由所输出的地址确定。CPU 访问外部的程序存储器时,P2 口输出程序存储器的地址 A8～A15,该地址来源于内部的程序计数器 PC 的高 8 位。当 CPU 以 16 位地址指针 DPTR 访问外部 RAM/IO 时,P2 口输出的地址来源于 DPH。

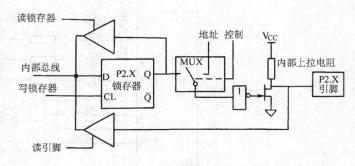

图 4-3　P2 口的位结构

2. P2 口作通用 I/O 口

对于内部有程序存储器的单片机所构成的基本系统(如 8751 或定制的 8051),既不扩展程序存储器,也不扩展 RAM/IO 口,这时 P2 口作为 I/O 口使用,和 P1 口一样,是一个准双向口,对 P2 口操作可以采用字节操作,也可以采用位操作。

【例 4-3】
```
XRL   P2, #01H   ; P2.0 取反
CPL   P2.0       ; P2.0 取反
```

3. P2 口作地址总线

在系统中如果外接有程序存储器,由于访问片外程序存储器的连续不断的取指操作,P2 口需要不断送出高位地址,这时 P2 口的全部口线均不宜再作 I/O 口使用。

在无外接程序存储器而有片外数据存储器的系统中,P2 口使用可分为两种情况:

1)若片外数据存储器的容量小于等于 256B,可使用"MOVX A,@ DPTR",或者"MOVX @ Ri,A"类指令访问片外数据存储器,这时 P2 口不输出地址,P2 口仍可作为 I/O口使用。

【例 4-4】　将 56H 写入外部 RAM 的 38H 单元,CPU 执行下面的程序段不影响 P2 口状态:
```
MOV    R0, #38H
MOV    A, #56H
MOVX   @R0, A
```

2)若片外数据存储器的容量大于等于 256B,这时使用"MOVX A,@ DPTR"与"MOVX @ DPTR,A"指令访问片外数据存储器,P2 口需输出高 8 位地址。在片外数据存储器读、写选通期间,P2 口引脚上锁存高 8 位地址信息,但是在选通结束后,P2 口内原来锁存的内容又重新出现在引脚上。此时可以根据片外数据存储器读、写选通的频繁程度,有限制地将 P2 口作 I/O 口使用。此时可从软件上设置,只利用 P1、P3 甚至 P2 口中的某几根口线送高位地址,从而保留 P2 口的全部或部分口线作 I/O 口用。注意,这时使用的是"MOVX A,@ Ri"及"MOVX @ Ri、A"类访问指令,高位地址不再是自动送出的,而要

通过程序设定。

【例 4-5】 某一单片机系统片外数据存储器地址范围为 0 ~ 0FFFH，将 56H 写入外部 RAM 的 0438H 单元，CPU 执行下面的程序段不会影响 P2 口高 4 位的状态：

```
ANL   P2, #0F0H
ORL   P2, #04H
MOV   R0, #38H
MOV   A, #56H
MOVX  @R0, A
```

4.1.3 P0 口

P0 口的位结构如图 4-4 所示。它由一个输出锁存器、两个三态输入缓冲器和输出驱动电路及控制电路组成。其工作状态受控制电路"与门"4、"反相器"3 和"多路转换开关"MUX 控制。

当 CPU 使控制信号 C = 0 时，转换开关 MUX 拨向锁存器的 $\overline{Q}$ 输出端。P0 口为通用 I/O 口；当 C = 1 时，开关 MUX 拨向反相器 3 的输出端，P0 口分时作为地址/数据总线使用。因此，P0 口有两种功能：地址/数据分时复用总线和通用 I/O 接口。

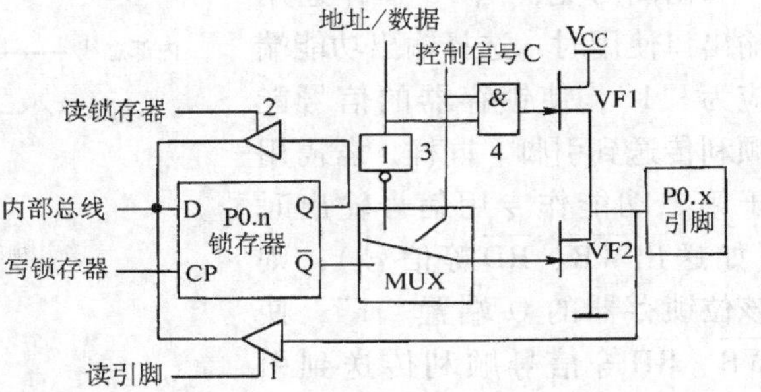

在访问外部存储器时，P0 口是一个

图 4-4 P0 口的位结构

真正的双向口，当 P0 口输出地址/数据信息时，控制信号为"1"，使模拟开关 MUX 把地址/数据信息经反相器和 VF2 接通，同时打开与门，输出的地址/数据信息即通过与门去驱动 VF1，又通过反相器去驱动 VF2，使两个 FET 构成推拉输出电路。若地址/数据信息为"0"，则该信号使 VF1 截止，使 VF2 导通，从而引脚上输出相应的"0"信号。若地址/数据信息为"1"，则 VF1 导通，VF2 截止，引脚上输出"1"信号。若由 P0 口输入数据，则输入信号从引脚通过输入缓冲器进入内部总线。

当 P0 口作为通用 I/O 口使用时，CPU 内部发控制信号"0"封锁与门，使 VF1 截止，同时使模拟开关 MUX 把锁存器的 $\overline{Q}$ 端与 VF2 的栅极接通。在 P0 作输出时，由于 $\overline{Q}$ 端和 VF2 的反相作用，内部总线上的信号与到达 P0 口上的信息是同相位的，只要写脉冲加到锁存器的 CP 端，内部总线上的信息就送到了 P0 的引脚上，此时 VF2 为漏极开路输出，故需外接上拉电阻。

当 P0 口作输入时，由于该信号既加到 VF2 又加到下面一个三态缓冲器上，假若此前该口曾输出锁存过数据"0"，则 VF2 是导通的，这样，引脚上的电位就被 VF2 钳在"0"电平上，使输入的"1"无法读入，故作为通用 I/O 口使用时，P0 口是一个准双向口，即输入数据前，应先向口写"1"，使 VF2 截止。但在访问外部存储器期间，CPU 会自动向 P0 的锁存器写入"1"，所以对用户而言，P0 口作为地址/数据总线时，则是一个真正的双向口。

综上所述，P0 口既可作通用 I/O 口（用 8051/8751 时）使用，又可作地址/数据分时复用总线使用。作通用 I/O 输出时，输出级属开漏电路，必须外接上拉电阻，才有高电平输出；作通用 I/O 输入时，必须先向对应的锁存器写入"1"，使 VF1 截止，不影响输入电平，这就是"准双向"的含义。当 P0 口被地址/数据总线占用时，在从 P0 口输入数据前，CPU 会自动地把对应的锁存器写入"1"，从而被称为"真双向"数据总线。另外，因为采用了复用技术，要使地址和数据分离，必须在片外增加一个地址锁存器，用于锁存 P0 口输出的地址信号。这时，P0 口不能再作通用 I/O 口使用了。

4.1.4　P3 口

1. P3 口的内部结构

图 4-5 为 P3 口的位结构原理图。P3 口除了作为准双向通用 I/O 接口使用外，每一根线还具有第二种功能，其定义见表 4-1。

由图可见，当 P3 口作通用输出口使用时，选择输出功能端应为"1"，使锁存器的信号能顺利传送到引脚。同样，若需用于第二功能作专用信号输出时（如送出 $\overline{WR}$、$\overline{RD}$ 等信号），则该位锁存器的 Q 端置"1"，使 $\overline{WR}$、$\overline{RD}$ 等信号顺利传送到引脚。而对输入而言，无论该位是作通用输入口或作第二功能输入口，相应的锁存器和选择输出功能端都应置"1"，这个工作在开机复位时自动完成。

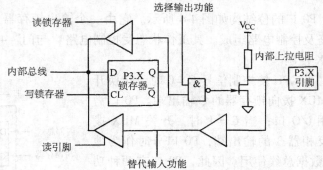

图 4-5　P3 口的位结构

表 4-1　P3 口的第二功能定义

引脚	第 二 功 能
P3.0	RXD（串行输入口）
P3.1	TXD（串行输出口）
P3.2	$\overline{INT0}$（外部中断 0 请求输入端）
P3.3	$\overline{INT1}$（外部中断 1 请求输入端）
P3.4	T0（定时器/计数器 0 计数脉冲输入端）
P3.5	T1（定时器/计数器 1 计数脉冲输入端）
P3.6	$\overline{WR}$（片外数据存储器写选通信号输出端）
P3.7	$\overline{RD}$（片外数据存储器读选通信号输出端）

2. P3 口作通用 I/O 口

一般情况下，P3 口部分口线作为第一功能输入/输出线，另一部分口线作为第二功能输入/输出线，对于第一功能输入或第二功能输入/输出的口线，相应的口锁存器不能写入"0"。例如，若将"0"写入 P3.6、P3.7，则 CPU 不能对外部 RAM/IO 进行读/写，若将 0 写入 P3.0、P3.1 则串行口不能正常工作。与 P1 口相同，对 P3 口的操作可以采用字节操作指令，也可采用位操作指令。

【例 4-6】

```
ANL    P3, #0DFH    ; 0→P3.5
CLR    P3.5         ; 0→P3.5
ORL    P3, #20H     ; 1→P3.5
SETB   P3.5         ; 1→P3.5
XRL    P3, #20H     ; P3.5 取反
```

```
    CPL        P3. 5                 ; P3. 5 取反
```

从例 4-6 中可以看出，将某一位置"1"或清零时，用位操作指令直观，不容易混淆，而采用逻辑操作指令时，应仔细考虑屏蔽字节常数的值。

4.2 定时器/计数器

在单片机实时应用系统中，往往需要实时时钟或对外部参数计数的功能。一般常用软件、专门的硬件电路或可编程定时器/计数器来实现。采用软件只能定时，且占用 CPU 的时间，降低了 CPU 的使用效率。若用专门的硬件电路，参数调节不便。最好的方法是利用可编程定时器/计数器。MCS-51 单片机内部提供了两个 16 位的可编程定时器/计数器，通过编程可方便灵活地修改定时或计数的参数或方式，并能与 CPU 并行工作，大大提高 CPU 的工作效率。

4.2.1 定时器的一般结构和工作原理

定时器/计数器作为 MCS-51 单片机的重要功能模块之一，在检测、控制及智能仪器等应用中发挥重要作用。常用定时器作实时时钟，实现定时检测、定时控制。计数器主要用于外部事件的计数。

定时器由一个 N 位计数器、计数时钟源控制电路、状态和控制寄存器等组成，计数器的计数方式有加"1"和减"1"两种，计数时钟可以是内部时钟也可以是外部输入时钟（以外部输入脉冲作为时钟），其一般结构如图 4-6 所示。它具有以下特点：

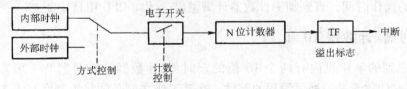

图 4-6 定时器的一般结构

1）MCS-51 内部定时器/计数器可以分为定时器模式和计数器模式两种。在这两种模式下，又可单独设定为方式 0、方式 1、方式 2 和方式 3 工作。

2）定时模式下的定时时间或计数器模式下的计数值均可由 CPU 通过程序设定，但都不能超过各自的最大值。最大定时时间或最大计数值和定时器/计数器位数的设定有关，而位数设定又取决于工作方式的设定。例如，若定时器/计数器在定时器模式的方式 0 下工作，则它按二进制 13 位计数。因此，最大定时时间为

$$T_{max} = 2^{13} \times T_{计数}$$

式中，$T_{计数}$ 为定时器/计数器的计数脉冲周期时间，由单片机主脉冲经 12 分频得到。

3）定时器/计数器是一个二进制的加"1"计数器，当计数器计满回零时能自动产生溢出中断请求，表示定时时间已到或计数已经终止。

1. 定时方式

当定时器/计数器工作在定时方式时，每一个机器周期计数器加"1"，直至计满溢出产

生中断请求。对于一个 N 位的加 1 计数器，若计数时钟的频率 f 是已知的，则从初值 a 开始加 1 计数至溢出所占用的时间为

$$T = \frac{1}{f} \times (2^N - a)$$

当 N = 8、a = 0、t = $\frac{1}{f}$ 时，最大的定时时间为

$$T = 256t$$

这种情况下就工作于定时器方式，其计数目的就是为了定时。

2. 计数方式

当定时器/计数器工作在计数方式时，外部输入信号是加到 T0（P3.4）或 T1（P3.5）端。外部输入信号的下降沿将触发计数，计数器在每个机器周期的 S5P2 期间采样外部输入信号，若一个周期的采样值为"1"，下一个周期的采样值为"0"，则计数器加"1"，故识别一个从"1"到"0"的跳变需 2 个机器周期，所以，对外部输入信号最高的计数速率是晶振频率的 1/24。同时，外部输入信号的高电平与低电平保持时间均需大于一个机器周期。这种方式通常称为计数方式。

例如，在电动机控制中，通过计取测速传感器（如旋转编码器）的脉冲个数，就可以达到对电动机转速进行测量的目的。在转速较高的数字转速测量中，常采用 M 法，即在规定检测周期内，计取测速传感器（如旋转编码器）的脉冲个数；在转速较低的测量中，常采用 T 法，即在测速传感器一个脉冲周期内，计取高频时钟脉冲的个数。

一旦定时器/计数器被设置成某种工作方式后，它就会按设定的工作方式独立运行，不再占用 CPU 的操作时间，直到加 1 计数器计满溢出，才向 CPU 申请中断。

4.2.2 定时器/计数器 T0 和 T1

MCS-51 系列的单片机内有两个 16 位的定时器/计数器：定时器 0（T0）和定时器 1（T1）。定时器/计数器是一种可编程的部件，在其工作之前必须将控制字写入工作方式和控制寄存器，用以确定工作方式，这个过程称为定时器/计数器的初始化。直接与 16 位定时器/计数器 T0、T1 有关的特殊功能寄存器有以下几个：TH0、TL0、TH1、TL1、TMOD、TCON，另外还有中断控制寄存器 IE、IP。TH0、TL0 为 T0 的 16 位计数器的高 8 位和低 8 位，TH1、TL1 为 T1 的 16 位计数器的高 8 位和低 8 位，TCON 为 T0、T1 的状态和控制寄存器，存放 T0、T1 的运行控制位和溢出中断标志。

通过对 TH0、TL0 和 TH1、TL1 的初始化编程来设置 T0、T1 计数器初值，通过对 TCON 和 TMOD 的编程来选择 T0、T1 的工作方式和控制 T0、T1 的运行。

1. 方式寄存器 TMOD

特殊功能寄存器 TMOD 为 T0、T1 的工作方式寄存器，其格式如下：

D7	D6	D5	D4	D3	D2	D1	D0
GATE	C/$\overline{\text{T}}$	M1	M0	GATE	C/$\overline{\text{T}}$	M1	M0

T1 方式字段   T0 方式字段

TMOD 的所有位复位后清零。TMOD 不能位寻址，只能用字节方式设置。

各位的功能如下：

（1）M1、M0：工作方式控制位

可构成如表4-2所示的4种工作方式。

表4-2　定时器的方式选择

M1	M0	工作方式	功能说明
0	0	0	为13位的定时器/计数器
0	1	1	为16位的定时器/计数器
1	0	2	为常数自动重新装入的8位定时器/计数器
1	1	3	仅适用于T0，分为两个8位计数器，T1停止计数

（2）$C/\overline{T}$：定时器/外部事件计数方式选择位

如前所述，定时器方式和外部事件计数方式的差别是计数脉冲源和用途的不同，$C/\overline{T}$实际上是选择计数脉冲源。

$C/\overline{T}=0$ 为定时方式。在定时方式中，以振荡器输出时钟脉冲的12分频信号作为信号，也就是每一个机器周期定时器加"1"。若晶振为12MHz，则定时器计数频率为1MHz，计数的脉冲周期为1μs。定时器从初值开始加"1"计数，直至定时器溢出所需的时间是固定的，所以称为定时方式。

$C/\overline{T}=1$ 为外部事件计数方式，这种方式采用外部引脚（T0为P3.4，T1为P3.5）上的输入脉冲作为计数脉冲。对外部输入脉冲计数的目的通常是为了测试脉冲的周期、频率或对输入的脉冲数进行累加。

（3）GATE：门控位

GATE为"1"时，定时器的计数受外部引脚输入电平的控制（$\overline{INT0}$控制T0的运行，$\overline{INT1}$控制T1的运行）。只有$\overline{INT0}$（或$\overline{INT1}$）引脚为"1"，且用软件对TR0（或TR1）置"1"，才能启动定时器。

GATE为"0"时，定时器计数不受外部引脚输入电平的控制。只要用软件对TR0（或TR1）置数就能启动定时器。

2. 控制寄存器 TCON

特殊功能寄存器TCON的高4位为定时器的运行控制位和溢出标志位，低4位为外部中断的触发方式控制位和锁存外部中断请求源（见中断一节）。TCON格式如下：

D7	D6	D5	D4	D3	D2	D1	D0
TF1	TR1	TF0	TR0	IE1	IT1	IE0	IT0

（1）定时器T0运行控制位TR0

TR0由软件置位和清零。门控位GATE为"0"时，T0的计数仅由TR0控制，TR0为"1"时允许T0计数，TR0为"0"时禁止T0计数；门控位GATE为"1"时，仅当TR0等于"1"且$\overline{INT0}$（P3.2）输入为高电平时T0才计数，TR0为"0"或$\overline{INT0}$输入低电平时都禁止T0计数。

（2）定时器T0溢出标志位TF0

当T0被允许计数以后，T0从初值开始加"1"计数，最高位产生溢出时，TF0置"1"。

TF0 可以由程序查询和清零。TF0 也是中断请求源，当 CPU 响应 T0 中断时，由硬件清零。

（3）定时器 T1 运行控制位 TR1

TR1 由软件置位和清零。门控位 GATE 为 "0" 时，T1 的计数仅由 TR1 控制，TR1 为 "1" 时允许 T1 计数，TR1 为 "0" 时禁止 T1 计数；门控位 GATE 为 "1" 时，仅当 TR1 为 "1" 且 $\overline{\text{INT1}}$（P3.3）输入为高电平时 T1 才计数，TR1 为 "0" 或 $\overline{\text{INT1}}$ 输入低电平时都将禁止 T1 计数。

（4）定时器 T1 溢出标志位 TF1

当 T1 被允许计数以后，T1 从初值开始加 "1" 计数，最高位产生溢出时，TF1 置 "1"。TF1 可以由程序查询和清零，TF1 也是中断请求源，当 CPU 响应 T1 中断时，由硬件清零。

3. T0、T1 的工作方式和计数器结构

由上可知，TMOD 中的 M1、M0 具有 4 种组合，从而构成定时器/计数器的 4 种工作方式。不同工作方式的计数器的结构不同，功能上也有差别，下面以 T0 为例说明各种工作方式的结构和工作原理。

（1）工作方式 0

定时器 T0 方式 0 的结构框图如图 4-7 所示。方式 0 为 13 位的计数器，由 TL0 的低 5 位和 TH0 的 8 位组成，TL0 低 5 位计数溢出时向 TH0 进位，TH0 计数溢出时，置 "1" 溢出标志 TF0。

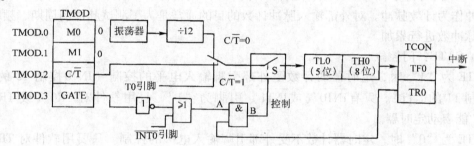

图 4-7　定时器 T0 方式 0 结构图

在图 4-7 的 T0 计数脉冲控制电路中，有一个方式电子开关和允许计数控制电子开关。$C/\overline{T} = 0$ 时，方式电子开关打在上面，以振荡器的 12 分频信号作为 T1 的计数信号；$C/\overline{T} = 1$ 时，方式电子开关打在下面，此时以 T0（P3.4）引脚上的输入脉冲作为 T0 的计数脉冲。

当 GATE 为 "0" 时，只要 TR0 为 "1"，计数控制开关的控制端即为高电平，使开关闭合，计数脉冲加到 T0，允许 T0 计数。

当 GATE 为 "1" 时，仅当 TR0 为 "1" 且 $\overline{\text{INT0}}$ 引脚上输入高电平时控制端才为高电平，才使控制开关闭合，允许 T0 计数，TR0 为 "0" 或 $\overline{\text{INT0}}$ 输入低电平都使控制开关断开，禁止 T0 计数。

若 T0 工作于方式 0 定时，计数初值为 a，则 T0 从初值 a 加 "1" 计数至溢出的时间 T（μs）为

$$T = \frac{12}{f_{osc}} \times (2^{13} - a)$$

如果 $f_{osc} = 12\text{MHz}$，则 $T = 12^{13} - a$。

（2）工作方式 1

方式 1 和方式 0 的差别仅仅在于计数器的位数不同，方式 1 为 16 位的定时器/计数器。定时器 T0 工作于方式 1 的逻辑结构框图如图 4-8 所示。

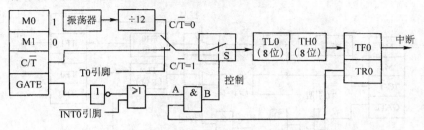

图 4-8　定时器 T0 方式 1 结构图

T0 工作于方式 1 时，由 TH0 作为高 8 位，TL0 作为低 8 位，构成一个 16 位计数器。若 T0 工作于方式 1 定时，计数初值为 a，$f_{osc} = 12MHz$，则 T0 从计数初值加"1"计数到溢出的定时时间 T（μs）为

$$T = 2^{16} - a$$

（3）工作方式 2

方式 2 为自动恢复初值的 8 位计数器，其逻辑结构如图 4-9 所示。

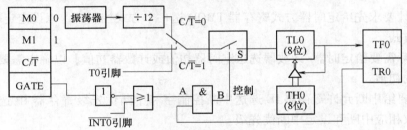

图 4-9　定时器 T0 方式 2 结构图

TL0 作为 8 位计数器，TH0 作为计数初值寄存器，当 TL0 计数溢出时，一方面置"1"溢出标志 TF0，向 CPU 请求中断，同时将 TH0 内容送 TL0，使 TL0 从初值开始重新加"1"计数。因此，T0 工作于方式 2 定时，定时精度比较高，但定时时间 T（μs）小。

$$T = \frac{12}{f_{osc}} \times (2^8 - a)$$

（4）工作方式 3

方式 3 只适用于 T0，若 T1 设置为工作方式 3 时，则使 T1 停止计数。此时 T0 的逻辑结构如图 4-10 所示。

T0 分为两个独立的 8 位计数器 TL0 和 TH0。TL0 使用 T0 的所有状态控制位 GATE、TR0、$\overline{INT0}$（P3.2）、T0（P3.4）、TF0 等，TL0 可以作为 8 位定时器或外部事件计数器，TL0 计数溢出时置"1"溢出标志 TF0，TL0 计数初值必须由软件每次设定。

TH0 被固定为一个 8 位定时器方式，并使用 T1 的状态控制位 TR1、TF1。TR1 为 1 时，允许 TH0 计数，当 TH0 计数溢出时置"1"溢出标志 TF1。一般情况下，只有当 T1 用于串行口的波特率发生器时，T0 才在需要时选工作方式 3，以增加一个计数器。这时 T1 的运行由设定的方式来控制，方式 3 停止计数，方式 0~2 允许计数，计数溢出时并不置"1"标志 TF1。

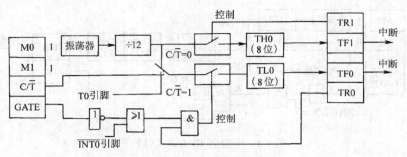

图 4-10 定时器 T0 方式 3 结构图

4.2.3 定时器/计数器的初始化

1. 初始化步骤

MCS-51 内部定时器/计数器是可编程序的，其工作方式和工作过程均可由 MCS-51 通过程序对它进行设定和控制。因此，MCS-51 在定时器/计数器工作前必须对它进行初始化。初始化步骤如下：

1）根据设计要求先给定时器方式寄存器 TMOD 送一个方式控制字，以设定定时器/计数器相应的工作方式。

2）根据实际需要给定时器/计数器选送定时器初值或计数器初值，以确定需要定时的时间和需要计数的初值。

3）根据需要给中断允许寄存器 IE 选送中断控制字和中断优先级寄存器 IP 选送中断优先级字，以开放相应中断和设定中断优先级。

4）给定时器控制寄存器 TCON 送命令字，以启动或禁止定时器/计数器的运行。

2. 计数器初值的计算

定时器/计数器在计数模式下工作时必须给计数器选送计数器初值，这个计数器初值是送到 TH0/TH1 和 TL0/TL1 中的。

定时器/计数器中的计数器是在计数初值基础上以加法计数的，并能在计数器从全"1"变为"0"时自动产生定时溢出中断请求。因此，可以把计数器计满为"0"所需要的计数值设定为 C 和计数初值设定为 TC，由此便可得到如下的计算通式：

$$TC = M - C$$

式中，M 为计数器模式，该值和计数器工作方式有关。在方式 0 时 M 为 2^{13}；在方式 1 时 M 为 2^{16}；在方式 2 和方式 3 时 M 为 2^{8}。

3. 定时器初值的计算

在定时器模式下，计数器由单片机主脉冲经 12 分频后计数。因此，定时器定时时间 T 的计算公式为

$$T = (M - TC)T_{计数}$$

上式也可写成

$$TC = M - T / T_{计数}$$

式中，M 为模值，它和定时器的工作方式有关；$T_{计数}$是单片机时钟周期 T_{CLK} 的 12 倍；TC 为定时器的定时初值。

若设 TC = 0，则定时器定时时间为最大。由于 M 的值和定时器工作方式有关，因此不同工作方式下定时器的最大定时时间也不一样。例如，若设单片机主脉冲频率 Φ_{CLK} 为 12MHz，则最大定时时间为

方式 0 时 $\qquad\qquad T_{max} = 2^{13} \times 1\mu s = 8.192ms$

方式 1 时 $\qquad\qquad T_{max} = 2^{16} \times 1\mu s = 65.536ms$

方式 2 和方式 3 时 $\qquad T_{max} = 2^8 \times 1\mu s = 0.256ms$

【例 4-7】 若单片机时钟频率 Φ_{CLK} 为 12MHz，试计算定时 2ms 所需的定时器初值。

解：由于定时器工作在方式 2 和方式 3 下时的最大定时时间只有 0.256ms，因此要想获得 2ms 的定时时间，定时器必须工作在方式 0 或方式 1。

若采用方式 0，则根据公式可得定时器初值为

$$TC = 2^{13} - 2ms/1\mu s = 6192 = 1830H$$

即：TH0 应装#0C1H；TL0 应装#10H （高三位为 0）。

若采用方式 1，则根据公式可得定时器初值为

$$TC = 2^{16} - 2ms/1\mu s = 63536 = F830H$$

即：TH0 应装#0F8H；TL0 应装#30H。

4.2.4 8052 等单片机的定时器/计数器 T2

8052 等单片机增加了一个定时器/计数器 T2。定时器/计数器 2 可以设置成定时器，也可以设置成外部事件计数器，并具有 3 种工作方式：16 位自动重装定时器/计数器方式、捕捉方式和串行口波特率发生器方式。

1. 定时器/计数器 T2 的结构

定时器/计数器 2 由特殊功能寄存器 TH2、TL2、RCAP2H、RCAP2L 等电路组成。TH2、TL2 构成 16 位加法计数器。RCAP2H、RCAP2L 构成 16 位寄存器，在自动重装方式中，RCAP2H、RCAP2L 作为 16 位初值寄存器，在捕捉方式中，当引脚 T2EX（P1.1）上出现负跳变时，把 TH2/TL2 的当前值捕捉到 RCAP2H、RCAP2L 中去。

T2CON 为 T2 的状态控制寄存器，其格式如下：

	D7	D6	D5	D4	D3	D2	D1	D0
	TF2	EXF2	RCLK	TCLK	EXEN2	TR2	C/$\overline{T2}$	CP/$\overline{RL2}$

1）TF2：T2 的溢出中断标志。在捕捉方式和常数自动再装入方式中，T2 加"1"计数溢出时，置"1"中断标志 TF2，CPU 响应中断转向 T2 中断入口（002BH）时，并不清零 TF2，TF2 必须由用户程序清零。当 T2 作为串行口波特率发生器时，TF2 不会被置"1"。

2）EXF2：定时器 T2 外部中断标志。EXEN2 为"1"时，当 T2EX（P1.1）发生负跳变时置"1"中断标志 EXF2，CPU 响应中断转 T2 中断入口（022BH）时，并不清零 EXF2，EXF2 必须由用户程序清零。

3）TCLK：串行接口的发送时钟选择标志。TCLK = 1 时，T2 工作于波特率发生器方式，使定时器 T2 的溢出脉冲作为串行口方式 1 和方式 3 时的发送时钟。TCLK = 0 时，定时器 T1

的溢出脉冲作为串行口方式 1 和方式 3 时的发送时钟。

4）RCLK：串行接口的接收时钟选择标志位。RCLK = 1 时，T2 工作于波特率发生器方式，使定时器 T2 的溢出脉冲作为串行口方式 1 和方式 3 时的接收时钟，RCLK = 0 时，定时器 T1 的溢出脉冲作为串行口方式 1 和方式 3 时的接收时钟。

5）EXEN2：T2 的外部允许标志。T2 工作于捕捉方式，EXEN2 为 "1" 时，当 T2EX（P1.1）输入端发生高到低的跳变时，TL2 和 TH2 的当前值自动地捕捉到 RCAP2L 和 RCAP2H 中，同时还置 "1" 中断标志 EXF2（T2CON.6）；T2 工作于常数自动装入方式，EXEN2 为 "1" 时，当 T2EX（P1.1）输入端发生高到低的跳变时，常数寄存器 RCAP2L、RCAP2H 的值自动装入 TL2、TH2，同时置 "1" 中断标志 EXF2，向 CPU 申请中断。EXEN2 = 0 时，T2EX 输入电平的变化对定时器 T2 没有影响。

6）C/$\overline{\text{T2}}$：外部事件计数器/定时器选择位。C/$\overline{\text{T2}}$ = 1 时，T2 为外部事件计数器，计数脉冲来自 T2（P1.0）；C/$\overline{\text{T2}}$ = 0 时，T2 为定时器，以振荡脉冲的 12 分频信号作为计数信号。

7）TR2：T2 的计数控制位。TR2 为 "1" 时允许计数，为 "0" 时禁止计数。

8）CP/$\overline{\text{RL2}}$：捕捉和常数自动再装入方式选择位。CP/$\overline{\text{RL2}}$ 为 "1" 时工作于捕捉方式，CP/$\overline{\text{RL2}}$ 为 "0" 时 T2 工作于常数自动再装入方式。当 TCLK 或 RCLK 为 "1" 时，CP/$\overline{\text{RL2}}$ 被忽略，T2 总是工作于常数自动恢复的方式。

2. T2 的工作方式

（1）常数自动再装入方式

RCLK = 0、TCLK = 0、CP/$\overline{\text{RL2}}$ = 0 时，定时器/计数器 2 处于自动重装工作方式。其结构如图 4-11 所示。

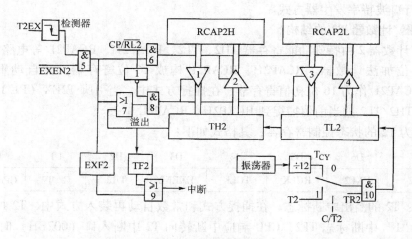

图 4-11 自动重装及捕捉方式结构图

TH2、TL2 构成 16 位加法计数器。RCAP2H、RCAP2L 构成 16 位初值寄存器，因为 CP/$\overline{\text{RL2}}$ = 0 封锁了三态门 2、4，打开了与门 8，当加法计数器计数溢出时，溢出信号（高电平）经或门 7、与门 8 打开了三态门 1、3，将 RCAP2H、RCAP2L 中预置的初值自动装入 TH2、TL2。定时器/计数器 2 从初值开始重新加法计数。溢出信号还使溢出中断标志 TF2 = 1，向

CPU 申请中断。

若 TR2 = 0 封锁与门 10,定时器/计数器 2 停止工作。

C/$\overline{T2}$ = 0、TR2 = 1 为定时器方式,机器周期脉冲 T_{CY} 送入加法计数器计数。当 f_{osc} = 12MHz 时,定时范围为 1 ~ 65536μs。C/$\overline{T2}$ = 1、TR2 = 1 为计数器方式。加法计数器对 T2(P1.0)引脚上的外部脉冲计数,计数范围为 1 ~ 65536。

EXEN2 = 1 时,如果 T2EX 引脚上电平无变化,定时器/计数器 2 的工作与上述相同。如果 T2EX 上出现"1"到"0"的负跳变,跳变检测器将输出高电平,经门 5、7、8,高电平打开三态门,将 RCAP2H、RCAP2L 中预置的初值送入 TH2、TL2,使定时器/计数器 2 提前开始新的计数周期。同时,置定时器/计数器 2 外部中断标志 EXF2 = 1,向 CPU 发出中断请求信号。

(2)捕捉工作方式

RCLK = 0、TCLK = 0、CP/$\overline{RL2}$ = 1 时,定时器/计数器 2 为捕捉工作方式。在图 4-11 中,CP/$\overline{RL2}$ = 1 经倒相后封锁了三态门 1、3。

如果 EXEN2 = 0,经与门 5、6,低电平封锁了三态门 2、4,这时 RCAP2H、RCAP2L 不起作用,定时器/计数器 2 的工作与定时器/计数器 0、1 的工作方式 1 相同。即:C/$\overline{T2}$ = 0 时为 16 位定时器,C/$\overline{T2}$ = 1 时为 16 位计数器,计数溢出时 TF2 = 1,发送中断请求信号。定时器/计数器 2 的初值必须由程序重新设定。

EXEN2 = 1 时为捕捉方式,T2EX 引脚上的负跳变经检测器成为高电平,并经与门 5、6 打开三态门 2、4,将 TH2、TL2 的当前值捕捉到 RCAP2H、RCAP2L 寄存器,同时置 EXF2 = 1,发出中断请求。

(3)波特率发生器工作方式

T2CON 寄存器中的 RCLK 或 TCLK 被置"1",定时器/计数器 2 成为波特率发生器工作方式。结构如图 4-12 所示。

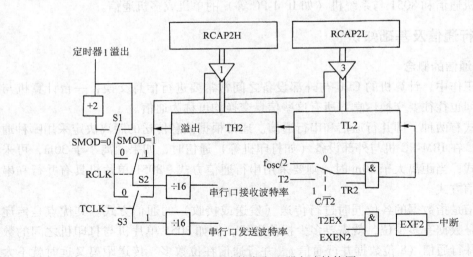

图 4-12 波特率发生器方式结构图

TH2、TL2 为 16 位加法计数器,RCAP2H、RCAP2L 为 16 位初值寄存器。C/$\overline{T2}$ = 1 时

TH2、TL2 对 T2（P1.0）引脚上的外部脉冲加法计数。C/$\overline{T2}$ = 0 时 TH2、TL2 对时钟脉冲（频率为 f_{osc}/2）加法计数，而不是对机器周期脉冲 T_{Cy}（频率为 f_{osc}/12）计数，这一点要特别注意。TH2、TL2 计数溢出时 RCAP2H、RCAPL2 中预置的初值自动送入 TH2、TL2，使 TH2、TL2 从初值开始重新计数，因此，溢出脉冲是连续产生的周期脉冲。

溢出脉冲经 16 分频后作为串行口的发送脉冲或接收脉冲。发送脉冲、接收脉冲的频率称为波特率。溢出脉冲经电子开关 S2、S3 送往串行口。S2、S3 由 T2CON 寄存器中的 RCLK、TCLK 控制。RCLK = 1 时，定时器/计数器 2 的溢出脉冲形成串行口的接收脉冲，RCLK = 0 时，定时器/计数器 1 的溢出脉冲形成串行口的接收脉冲。同样，TCLK = 1 时，定时器/计数器 2 的溢出脉冲形成串行口的发送脉冲，TCLK = 0 时，定时器/计数器 1 的溢出脉冲形成串行口的发送脉冲。

定时器/计数器 2 处于波特率工作方式时，TH2 的溢出并不使 TF2 置位，因而不产生中断请求。EXEN2 = 1 时也不会发生重装载或捕捉的操作。所以，利用 EXEN2 = 1 可得到一个附加的外部中断。T2EX 为附加的外部中断输入脚，EXEN2 起允许中断或禁止中断的作用。当 EXEN2 = 1 时，若 T2EX 引脚上出现负跳变，则硬件置 EXF2 = 1，向 CPU 申请中断。

需要指出，在波特率发生器工作方式下，如果定时器/计数器 2 正在工作，CPU 是不能访问 TH2、TL2 的。对于 RCAP2H、RCAP2L，CPU 也只能读入其内容而不能改写。如果要改写 TH2、TL2、RCAP2H、RCAP2L 的内容，应先停止定时器/计数器 2 的工作。

4.3 串行通信接口

MCS-51 单片机除具有四个 8 位并行口外，还具有串行接口。此串行接口是一个全双工串行通信接口，即能同时进行串行发送和接收。它可以作 UART（通用异步接收和发送器）用，也可以作同步位移寄存器用。应用串行接口可以实现 8051 单片机系统之间点对点的单机通信、多机通信和 8051 与系统机（如 IBM-PC 等）的单机或多机通信。

4.3.1 串行通信及基础知识

1. 数据通信的概念

在实际工作中，计算机的 CPU 与外部设备之间常常要进行信息交换，一台计算机与其他计算机之间也往往要交换信息，所有这些信息交换均可称为通信。

通信方式有两种，即并行通信和串行通信。通常根据信息传送的距离决定采用哪种通信方式。例如，在 IBM-PC 机与外部设备（如打印机等）通信时，如果距离小于 30m，可采用并行通信方式；当距离大于 30m 时，则要采用串行通信方式。8051 单片机具有并行和串行两种基本通信方式。

并行通信是指数据的各位同时进行传送（发送或接收）的通信方式。其优点是传递速度快；缺点是数据有多少位，就需要多少根传送线。例如 8051 单片机与打印机之间的数据传送就属于并行通信（8 位数据并行通信）。并行通信在位数多、传送距离又远时就不太适宜。

串行通信指数据是一位一位按顺序传送的通信方式，它的突出优点是只需一对传送线（利用电话线就可作为传送线），这样就大大降低了传送成本，特别适用于远距离通信。其缺点是传送速率较低。

2. 串行通信的传送方向

串行通信的传送方向通常有 3 种：一种为单工（或单向）配置，只允许数据向一个方向进行传送；另一种是半双工（或半双向）配置，允许数据向两个方向中的任何一方向传送，但一次只能有一个发送，一个接收；第三种传送方式是全双工（或全双向）配置，允许同时双向传送数据，因此，全双工配置是一对单工配置，它要求两端的通信设备都具有完整和独立的发送和接收能力。

3. 异步通信和同步通信

串行通信有两种基本通信方式，即异步通信和同步通信。

（1）异步通信

异步通信用起始位"0"表示字符的开始，然后从低位到高位逐位传送数据，最后用停止位"1"表示字符结束，如图4-13所示。一个字符又称一帧信息。图4-13a中，一帧信息包括 1 位起始位、8 位数据位和 1 位停止位，图 4-13b 中，数据位增加到 9 位。在 MCS-51 计算机系统中，第 9 位数据 D8 可以用作奇偶校验位，也可以用作地址/数据帧标志，D8 =1 表示该帧信息传送的是地址，D8 =0 表示传送的是数据。两帧信息之间可以无间隔，也可以有间隔，且间隔时间可任意改变，间隔用空闲位"1"来填充。

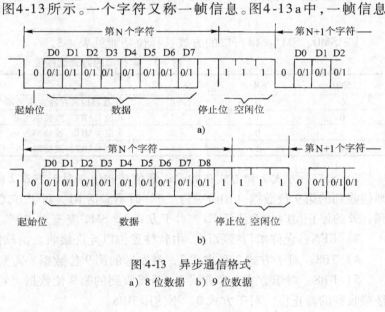

图 4-13　异步通信格式

a) 8 位数据　b) 9 位数据

（2）同步通信

在同步通信中，每一数据块开头时发送一个或两个同步字符，使发送与接收双方取得同步。数据块的各个字符间取消了起始位和停止位，所以通信速度得以提高，如图 4-14 所示。同步

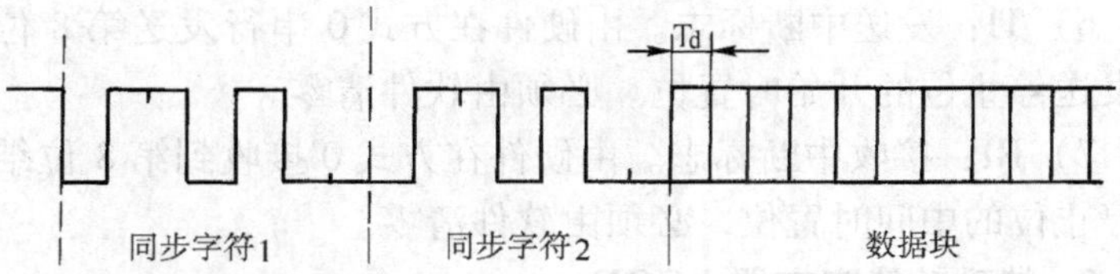

图 4-14　同步通信格式

通信时，如果发送的数据块之间有间隔时间，则发送同步字符填充。

4.3.2　串行接口的组成和特性

MCS-51 的串行口是一个全双工的异步串行通信接口，可以同时发送和接收数据。串行口的内部有数据接收缓冲器和数据发送缓冲器。数据接收缓冲器只能读出不能写入，数据发送缓冲器只能写入不能读出，这两个数据缓冲器都用符号 SBUF 来表示，地址都是 99H。

CPU 对特殊功能寄存器 SBUF 执行写操作，就是将数据写入发送缓冲器；对 SBUF 读操作，就是读出接收缓冲器的内容。

特殊功能寄存器 SCON 存放串行口的控制和状态信息，串行口用定时器 T1 或 T2（8052 等）作为波特率发生器（发送/接收时钟），特殊功能寄存器 PCON 的最高位 SMOD 为串行口波特率的倍率控制位。

1. 串行口控制寄存器 SCON

串行口控制寄存器 SCON 是一个特殊功能寄存器，地址为 98H，具有位寻址功能。SCON 包括串行口的工作方式选择位 SM0、SM1，多机通信标志 SM2，接收允许位 REN，发送接收的第 9 位数据 TB8、RB8，以及发送和接收中断标志 TI、RI。SCON 的格式如下：

D7	D6	D5	D4	D3	D2	D1	D0
SM0	SM1	SM2	REN	TB8	RB8	TI	RI

1）SM0、SM1：串行口的方式选择位功能见表 4-3。

表 4-3　串行口的方式选择位

SM0	SM1	方　式	功 能 说 明
0	0	0	扩展移位寄存器方式（用于 I/O 口扩展），移位速率为 $f_{osc}/12$
0	1	1	8 位 UART，波特率可变（T1 溢出率/n）
1	0	2	9 位 UART，波特率为 $f_{osc}/64$ 或 $f_{osc}/32$
1	1	3	9 位 UART，波特率可变（TI 溢出率/n）

2）SM2：方式 2 和方式 3 的多机通信控制位。对于方式 2 或方式 3，如 SM2 置为"1"，则接收到的第 9 位数据（RB8）为"0"时不激活 RI。对于方式 1，如 SM2 = 1，则只有接收到有效的停止位时才会激活 RI。对于方式 0，SM2 应该为"0"。

3）REN：允许串行接收位。由软件置位以允许接收。由软件清零来禁止接收。

4）TB8：对于方式 2 和方式 3，是发送的第 9 位数据。需要时由软件置位或复位。

5）RB8：对于方式 2 和方式 3，是接收到的第 9 位数据。对于方式 1，如 SM2 = 0，RB8 是接收到的停止位。对于方式 0，不使用 RB8。

6）TI：发送中断标志。由硬件在方式 0 串行发送第 8 位结束时置位，或在其他方式串行发送停止位的开始时置位。必须由软件清零。

7）RI：接收中断标志。由硬件在方式 0 接收到第 8 位结束时置位，或在其他方式接收到停止位的中间时置位，必须由软件清零。

2. 特殊功能寄存器 PCON

D7	D6		D0
SMOD			

PCON 的最高位是串行口波特率系数控制位 SMOD，当 SMOD 为"1"时使波特率加倍。PCON 的其他位与串行接口无关。

4.3.3　串行接口的工作方式

MCS-51 串行接口具有四种工作方式，它们是由 SCON 中的 SM0、SM1 这两位定义的。

1. 方式 0

方式 0 是扩展移位寄存器的工作方式,以串行扩展 I/O 接口。输出时将发送数据缓冲器中的内容串行地移到外部的移位寄存器,输入时将外部移位寄存器内容移入内部的输入移位寄存器,然后写入内部的接收数据缓冲器。

在以方式 0 工作时,数据由 RXD 串行地输入/输出,TXD 输出移位脉冲,使外部的移位寄存器移位。波特率固定为振荡器频率的 1/12。

（1）方式 0 输出

方式 0 输出时,串行口上外接 74LS164 串行输入并行输出移位寄存器的接口逻辑如图 4-15 所示。TXD 端输出的移位脉冲将 RXD 端输出的数据移入 74LS164。CPU 对发送数据缓冲器 SBUF 写入一个数据,就启动串行口从低位开始串行发送,经过 8 个机器周期,串行口输出数据缓冲器内容移入外部的移位寄存器 74LS164,置位 TI,串行口停止移位,于是完成一个字节的输出。由此可见,在串行口移位输出过程中,74LS164 的输出状态是动态变化的。若 $f_{osc} = 12MHz$,则这个时间为 $8\mu s$。另外,串行口是从低位开始串行输出的,所以在图 4-15 中,数据的低位在右、高位在左,这两点在具体应用中必须加以注意。串行口方式 0 输出时,可以串接多个移位寄存器。

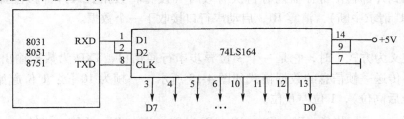

图 4-15　方式 0 输出时连接移位寄存器

【例 4-8】　图 4-16 中,串行口外接两个 74LS164,74LS164 的输出接指示灯 L0～L15,欲使 L0～L3、L8、L10、L12、L14 亮,其余灯暗,可按如下编程:

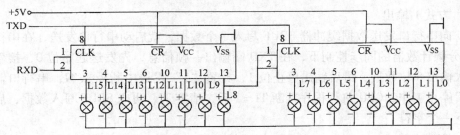

图 4-16　串行口方式 0 输出应用

```
LSUB0: MOV   SBUF, #0FH   ; #00001111B
       JNB   TI, $
       CLR   TI
       MOV   SBUF, #55H   ; #01010101B
       JNB   TI, $
       CLR   TI
```

RET

（2）方式 0 输入

方式 0 输入时，RXD 作为串行数据输入线，TXD 作为移位脉冲输出线，串行口与外接的并行输入串行输出的移位寄存器 74LS166 的接口逻辑如图 4-17 所示。

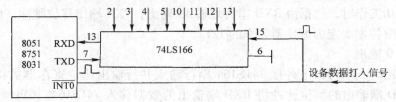

图 4-17　方式 0 输入时连接移位寄存器

在 REN = 1，RI = 0 时启动串行口接收，TXD 端输出的移位脉冲频率为 $f_{osc}/12$，若 f_{osc} = 12MHz，移位速率为 $1\mu s/$位，经过 8 次移位，外部移位寄存器的内容移入内部移位寄存器，并写入 SBUF，置位 RI，停止移位，完成一个字节的输入，CPU 读 SBUF 的内容便得到输入结果。当检测到外部移位寄存器内容再次有效时（设备将数据打入外部移位寄存器，打入信号 ⎍ 向 CPU 请求中断），清零 RI，启动串行口接收下一个数据。

2. 方式 1

串行口定义为方式 1 时，它是一个 8 位异步串行通信口，TXD 为数据输出线，RXD 为数据输入线。传送一帧信息的数据格式如图 4-18 所示，一帧为 10 位：1 位起始位，8 位数据位（先低位后高位），1 位停止位。

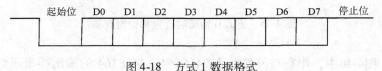

图 4-18　方式 1 数据格式

（1）方式 1 输出

CPU 向串行口发送数据缓冲器 SBUF 写入一个数据，就启动串行口发送，在串行口内部一个 16 分频计数器的同步控制下，在 TXD 端输出一帧信息，先发送起始位 0，接着从低位开始依次输出 8 位数据，最后输出停止位 1，并置"1"发送中断标志 TI，串行口输出完一个字符后停止工作，CPU 执行程序判断 TI = 1 后，清零 TI，再向 SBUF 写入数据，启动串行口发送下一个字符。

（2）方式 1 输入

REN 置"1"以后，就允许接收器接收。接收器以所选波特率的 16 倍的速率采样 RXD 端的电平。当检测到 RXD 端输入电平发生负跳时，复位内部的 16 分频计数器。计数器的 16 个状态把传送一位数据的时间分为 16 等分，在每位中心，即 7、8、9 这三个计数状态，位检测器采样 RXD 的输入电平，接收的值是三次采样中至少是两次相同的值，这样处理可以防止干扰。如果在第 1 位时间接收到的值（起始位）不是 0，则起始位无效，复位接收电路，重新搜索 RXD 端上的负跳变。如果起始位有效，则开始接收本帧其余部分的信息。接收到停止位为 1 时，将接收到的 8 位数据装入接收数据缓冲器 SBUF，置位 RI，表示串行口接收到有效的一帧信息，向 CPU 请求中断。接着串行口输入控制电路重新搜索 RXD 端上负跳变，接收下一个数据。

3. 方式 2 和方式 3

串行口定义为方式 2 或方式 3 时，它是一个 9 位的异步串行通信接口，TXD 为数据发送端，RXD 为数据接收端。方式 2 的波特率固定为振荡器频率的 1/64 或 1/32，而方式 3 的波特率由定时器 T1 或 T2（8052）的溢出率所确定。

在方式 2 和方式 3 中，一帧信息为 11 位：1 位起始位，8 位数据位（先低位后高位），1 位附加的第 9 位数据（发送时为 SCON 中的 TB8，接收时第 9 位数据为 SCON 中的 RB8），1 位停止位。数据的格式如图 4-19 所示。

（1）方式 2 和方式 3 输出

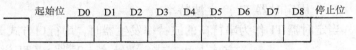

CPU 向发送数据缓冲器

图 4-19　方式 2 和 3 数据格式

SBUF 写入一个数据就启动串行口发送，同时将 TB8 写入输出移位寄存器的第 9 位。实际发送在内部 16 分频计数器下一次循环的机器周期的 S1P1，使发送定时与这个 16 分频计数器同步。先发送起始位 0，接着从低位开始依次发送 SBUF 中的 8 位数据，再发送 SCON 中 TB8，最后发送停止位，置"1"发送中断标志 TI，CPU 判 TI＝1 以后清零 TI，可以再向 TB8 和 SBUF 写入新的数据，再次启动串行口发送。

（2）方式 2 和方式 3 输入

REN 置"1"以后，接收器就以所选波特率的 16 倍的速率采样 RXD 端的输入电平。当检测到 RXD 上输入电平发生负跳变时，复位内部的 16 分频计数器。计数器的 16 个状态把一位数据的时间分成 16 等分，在一位中心，即 7、8、9 这三个计数状态，位检测器采样 RXD 的输入电平，接收的值是三次采样中至少是两次相同的值。如果在第 1 位时间接收到的值不是 0，则起始位无效，复位接收电路，重新搜索 RXD 上的负跳变。如果起始位有效，则开始接收本帧其余位信息。

先从低位开始接收 8 位数据，再接收第 9 位数据，在 RI＝0，SM2＝0 或接收到的第 9 位数据为 1 时，接收的数据装入 SBUF 和 RB8，置位 RI；如果条件不满足，把数据丢失，并且不置位 RI。一位时间以后又开始搜索 RXD 上的负跳变。

4.3.4　波特率设计

在串行通信中，收发双方或接收的数据速率要有一定的约定，通过软件对 8051 串行口编程可约定 4 种工作方式。其中，方式 0 和方式 2 的波特率是固定的，而方式 1 和方式 3 的波特率是可变的，由定时器 T1 的溢出率来决定。串行口的 4 种工作方式对应着 3 种波特率。由于输入的移位时钟的来源不同，所以，各种方式的波特率计算公式也不同。

1. 波特率的计算方法

（1）方式 0 波特率

串行口方式 0 的波特率由振荡器的频率所确定：

$$方式 0 波特率 = 振荡器频率/12$$

（2）方式 2 波特率

串行口方式 2 的波特率由振荡器的频率和 SMOD（PCON.7）所确定：

$$方式 2 波特率 = 2^{SMOD} \times 振荡器频率/64$$

SMOD 为 0 时，波特率等于振荡器频率的 1/64；SMOD 为 1 时，波特率等于振荡器频率的 1/32。

（3）方式 1 和方式 3 的波特率

串行口方式 1 和方式 3 的波特率由定时器 T1 或 T2（8052 等单片机）的溢出率和 SMOD 所确定。T1 和 T2 是可编程的，可以选的波特率范围比较大，因此串行口方式 1 和方式 3 是最常用的工作方式。

2. 波特率的产生

（1）用定时器 T1 产生波特率

当定时器 T1 作为串行口的波特率发生器时，串行口方式 1 和方式 3 的波特率由下式确定：

$$方式 1 和方式 3 波特率 = 2^{SMOD} \times (T1 溢出率)/32$$

其中，溢出率取决于计数速率和定时器的预置值。计数速率与 TMOD 寄存器中 $C/\bar{T}$ 的状态有关。当 $C/\bar{T} = 0$ 时，计数速率 = 振荡器频率/12；当 $C/\bar{T} = 1$ 时，计数速率取决于外部输入时钟频率。

当定时器 T1 作波特率发生器使用时，通常选用可自动装入初值模式（工作方式 2），在工作方式 2 中，TL1 作计数用，而自动装入的初值放在 TH1 中，设计数初值为 X，则每过 "256 − X" 个机器周期，定时器 T1 就会产生一次溢出。为了避免因溢出而引起中断，此时应禁止 T1 中断。这时有

$$溢出周期 = 12/振荡器频率 \times (256 - X)$$

溢出率为溢出周期的倒数,所以有

$$波特率 = 2^{SMOD} \times 振荡器频率/[32 \times 12 \times (256 - X)]$$

此时,定时器 T1 在工作方式 2 时的初值为

$$X = 256 - \frac{振荡器频率 \times (SMOD + 1)}{384 \times 波特率}$$

【例 4-9】 已知 8051 单片机时钟振荡频率为 11.0592MHz，选用定时器 T1 工作方式 2 作波特率发生器，波特率为 2400bit/s，求初值 X。

设波特率控制位 SMOD = 0，则有

$$X = 256 - \frac{11.0592 \times 10^6 \times (0 + 1)}{384 \times 2400} = 244 = F4H$$

表 4-4 列出了最常用的波特率以及相应的振荡器频率、T1 工作方式和计数初值。

表 4-4 常用波特率

波特率 /(bit/s)		f_{osc} /MHz	SMOD	定 时 器		
				$C/\bar{T}$	方式	重新装入值
方式 0 最大	1M	12	×	×	×	×
方式 2 最大	375k	12	1	×	×	×
方式 1、3	62.5k	12	1	0	2	FFH
	19.2k	11.0592	1	0	2	FDH
	9.6k	11.0592	0	0	2	FDH

（续）

波特率 /(bit/s)		f_{osc} /MHz	SMOD	定　时　器		
				C/$\overline{T}$	方　式	重新装入值
方式1、3	4.8k	11.0592	0	0	2	FAH
	2.4k	11.0592	0	0	2	F4H
	1.2k	11.0592	0	0	2	E8H
	137.6	11.986	0	0	2	1DH
	110	6	0	0	2	72H
	110	12	0	0	1	FEEBH

当振荡器频率选用 11.0592MHz 时，对于常用的标准波特率，能正确地计算出 T1 的计数初值，所以这个频率是最常用的。

（2）用定时器 T2 产生波特率

8052 等单片机内的定时器 T2 也可以作为串行口的波特率发生器，置位 T2CON 中的 TCLK 和 RCLK 位，T2 就工作于串行口的波特率发生器方式。这时 T2 的逻辑结构框图如图 4-20 所示。

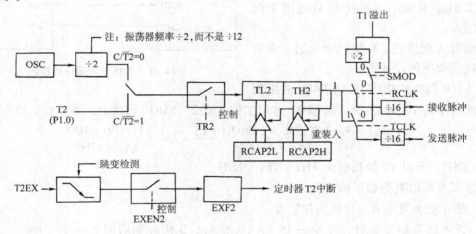

图 4-20　8052 的 T2 波特率发生器方式结构

T2 的波特率发生器方式和计数初值常数自动再装入方式相似，若 C/$\overline{T2}$ = 0，以振荡器的二分频信号作为 T2 的计数脉冲，C/$\overline{T2}$ = 0 时，计数脉冲是外部引脚 T2（P1.0）上的输入信号。T2 作为波特率发生器时，当 T2 计数溢出时，将 RCAP2H 和 RCAP2L 中常数（由软件设置）自动装入 TH2、TL2，使 T2 从这个初值开始计数，但是并不置"1" TF2，RCAP2H 和 RCAP2L 中的常数由软件设定后，T2 的溢出率是严格不变的，因而使串行口方式 1 和 3 的波特率非常稳定，其值为

方式 1 和方式 3 波特率 = 振荡器频率/32 × [65536 − (RCAP2H)(RCAP2L)]

T2 工作于波特率发生器方式时，计数溢出时不会置"1" TF2，不向 CPU 请求中断，因此不必禁止 T2 的中断。如果 EXEN2 为 1，当 T2EX（P1.1）上输入电平发生"1"至"0"

的负跳变时，也不会引起 RCAP2H 和 RCAP2L 中的常数装入 TH2、TL2，仅仅置位 EXF2，向 CPU 请求中断，因此 T2EX 可以作为一个外部中断源使用。

在 T2 计数过程中（TR2 = 1）不应该对 TH2、TL2 进行读/写。如果读，则读出结果不会精确（因为每个状态加 1）；如果写，则会影响 T2 的溢出率，使波特率不稳定。在 T2 的计数过程中，可以对 RCAP2H 和 RCAP2L 进行读，但不能写，如果写也将使波特率不稳定。因此，在初始化中，应先对 TH2、TL2、RCAP2H、RCAP2L 初始化编程以后才置"1" TR2，启动 T2 计数。

4.3.5　单片机双机通信和多机通信

1. 双机通信

利用 8051 的串行口进行两个 8051 之间的串行异步通信，最简单的方法是将两片 8051 的串行口直接相连，即一片 8051 的 TXD、RXD 与另一片 8051 的 TXD、RXD 相连，地与地连通，如图 4-21 所示。

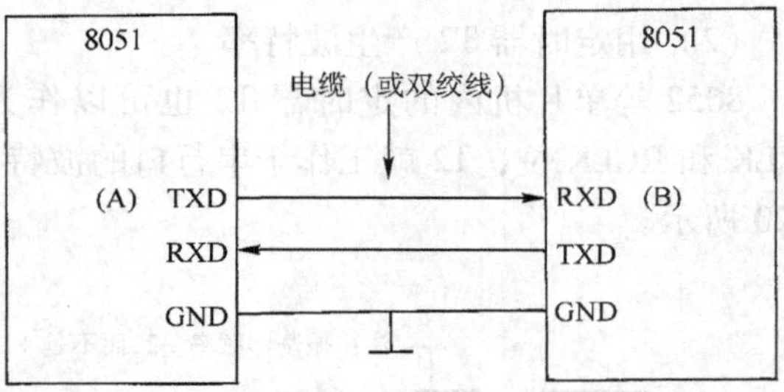

采用这种连接方法的硬件结构简单，接口只需三根导线。但由于 8051 串行口输出的是 TTL 电平，两片之间的传输距离一般不超过 1.5m，因此，这种方法只适用于近距离通信。

下面以 A 机发送，B 机接收为例，说明发送和接收程序的设计方法：

图 4-21　双机异步通信连接图

设 A、B 两机均选用 11.059MHz 的振荡频率，波特率为 1200bit/s，定时器 T1 选用工作方式 2，SMOD 位为 0，则计数初值为

$$X = 256 - \frac{振荡器频率 \times (SMOD + 1)}{384 \times 波特率} = 256 - \frac{11.059 \times 10^6}{384 \times 1200}$$

X = E8H，所以 T1 的初值为 TH1 = TL1 = E8H。

通信双方可以遵循如下约定：

1）设 A 机为发送者，B 机为接收者。

2）当 A 机开始发送时，先发一个"AA"信号，B 机收到后回答一个"BB"，表示同意接收。

3）当 A 机收到"BB"后，开始发送数据，每发送一次求一次"校验和"。"校验和"是每发送的一个字节数据（或命令代码）都累加到一个单元中去，累加过程中发生多次向高位进位（丢失），最后在累加单元中所剩余的结果。假定数据块长度为 20 个字节，数据缓冲区起始地址为 30H，数据块发完后再发送"校验和"。

4）B 机接收数据并将其转存到数据缓冲区，起始地址也为 30H，每接收一次也计算一次"校验和"，当接收完一个数据块后，再接收从 A 机发来的"校验和"，并将它与 B 机求出的"校验和"进行比较。若二者相等，说明接收正确，B 机回答一个"00"；若两者不等，说明接收不正确，B 机回答一个"FF"，请求重发。

5）若 A 机收到"00"的回答后，结束发送。若收到的答复非零，则将数据重发一次。

6）双方均采用串行口方式 1 进行串行通信。

A 机发送程序清单：

```
ASEN:  MOV    TMOD,    #20H        ；设 T1 为定时方式 2
       MOV    TH1,     #0E8H       ；设定波特率为 1200bit/s
       MOV    TL1,     #0E8H
       MOV    PCON,    #00H
       SETB   TR1                  ；启动定时器 T1
       MOV    SCON,    #50H        ；串行口设为方式 1
AT1:   MOV    SBUF,    #0AAH       ；发送联络信号
AW1:   JBC    TI,      AR1
       SJMP   AW1                  ；等待发送出去
AR1:   JBC    RI,      AR2         ；等待 B 机应答
       SJMP   AR1
AR2:   MOV    A,       SBUF        ；接收联络信号
       XRL    A,       #0BBH
       JNZ    AT1                  ；B 机未准备好，继续联络
AT2:   MOV    R0,      #30H        ；建立数据块地址指针
       MOV    R7,      #20H        ；数据块长度计数初值
       MOV    R6,      #00H        ；清校验和寄存器
AT3:   MOV    SBUF,    @R0         ；发送一个数据字节
       MOV    A,       R6
       ADD    A,       @R0         ；求校验和
       MOV    R6,      A           ；保存校验和
       INC    R0                   ；修改地址指针
AW2:   JBC    TI,      AT4
       SJMP   AW2
AT4:   DJNZ   R7,      AT3         ；判数据块发送完否
       MOV    SBUF,    R6          ；发送校验和
AW3:   JBC    TI,      AR3
       SJMP   AW3
AR3:   JBC    RI,      AR4         ；等待 B 机应答
       SJMP   AR3
AR4:   MOV    A,       SBUF
       JNZ    AT2                  ；若 B 机回答出错，则重发
       RET
```

B 机的接收程序清单：

```
BREV:  MOV    TMOD,    #20H        ；设 T1 为定时方式 2
       MOV    TH1,     #0E8H       ；设定波特率为 1200bit/s
       MOV    TL1,     #0E8H
       MOV    PCON,    #00H
       SETB   TR1                  ；启动定时器 T1
       MOV    SCON,    #50H        ；串行口设为方式 1
BR1:   JBC    RI,      BR2         ；等待 A 机联络信号
       SJMP   BR1
```

BR2：	MOV	A,	SBUF
	XRL	A,	#0AAH
	JNZ	BR1	；判 A 机请求否
BT1：	MOV	SBUF,	#0BBH ；发应答信号
BW1：	JBC	TI,	BR3
	SJMP	BW1	
BR3：	MOV	R0,	#30H ；R0 指向数据缓冲区首址
	MOV	R7,	#20 ；数据块长度计数初值
	MOV	R6,	#00H ；校验和单元清零
BR4：	JBC	RI,	BR5
	SJMP	BR4	
BR5：	MOV	A,	SBUF
	MOV	@R0,	A ；接收的数据转存
	INC	R0	
	ADD	A,	R6 ；求校验和
	MOV	R6,	A
	DJNZ	R7,	BR4 ；判数据块接收完否
BW2：	JBC	RI,	BR6 ；接收 A 机校验和
	SJMP	BW2	
BR6：	MOV	A,	SBUF
	XRL	A,	R6 ；比较校验和
	JZ	BEND	
	MOV	SBUF,	#0FFH ；校验和不等，发错误标志
BW3：	JBC	TI,	BR3 ；转重新接收
	SJMP	BW3	
DEND：	MOV	SBUF,	#00H
	RET		

采用图 4-21 所示的两个 8051 串行口 TTL 电平直接相连的方法，通信距离只限于 1.5m 以内。如果要加大通信距离，可以在两个单片机之间采用标准异步串行接口连接，如使用 RS232C、RS422A、RS423A 及 RS449 等串行接口总线。例如，同样对上述点对点通信程序，若采用 RS232C 标准接口，通信距离可增至 15m。

双机通信不仅适用于 MCS-51 单片机之间，也可用于 MCS-51 单片机与异种机之间的通信，例如 8051 与通用微机的通信等。MCS-51 与异种机间的通信一般是通过双方的串行口进行的，在此不作详细介绍。

2. 多机通信

MCS-51 串行口的方式 2 和方式 3 具有适于多机通信的专门功能，利用这一特性可构成多处理机通信系统。

图 4-22 是在单片机多系统中常采用的总线型主从式多机系统。所谓主从式，即在多台单片机中，有一台是主机，其余的为从机。主机与各从机可实现全双工通信，而各从机之间只能通过主机交换信息。当然，在采用不同的通信标准时（如 RS422A 接口标准），还需进行相应的电平转换，以增大通信距离，还可以对传输信号进行光电隔离。

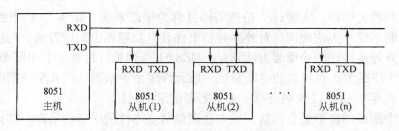

图 4-22　MCS-51 多机通信系统结构框图

在图 4-22 所示的主从式多机通信系统中,主机发送的信息可传送到各个从机或指定的从机,而各从机发送的信息只能被主机接收。多机通信的实现主要依靠主、从机之间正确地设置与判断多机通信控制位 SM2 和发送或接收的第 9 数据位(D8)。多机通信控制过程如下:

1) 使所有从机的 SM2 位置"1",处于只接收地址帧的状态。

2) 主机发送一帧地址信息,其中包含 8 位地址和第 9 位为地址/数据信息的标志位。第 9 位(TB8)是 1,表示该帧为地址信息。

3) 从机接收到地址帧后,各自将所接收到的地址与本从机的地址比较。对于地址相符的那个从机,使 SM2 位清零,并把本机的地址发送回主机作为应答,然后开始接收主机随后发来的数据或命令信息;对于地址不符的从机,仍保持 SM2 位为"1",对主机随后发来的数据不予理睬,直至发送新的地址帧。

4) 主机收到从机发回的应答地址后,确认地址是否相符。如果地址相符,则清 TB8,开始发送命令,通知从机是进行数据接收还是进行数据发送;如果地址不符,则发复位信号(数据帧中 TB8 =1)。

5) 主从机之间进行数据通信。需要注意的是,通信的各机之间必须以相同的帧格式及波特率进行通信。

4.4　中断系统

MCS-51 有了存储器 ROM 和 RAM 就可以执行存储器中程序对数据进行加工处理了。但是,人们是怎样把这些程序和数据存入存储器,并把处理后的运算结果送给外界呢? 其实 MCS-51 是通过专门的外部设备来完成它与外界的这种联系的。外部设备分为输入设备和输出设备两种,故其又称为输入/输出(I/O)设备。人们通过输入设备向计算机输入原始的程序和数据,计算机则通过输出设备向外界输出运算结果。因此,外部设备也是微型计算机或单片微型计算机的重要组成部分。

在实际应用中,微型计算机和外部设备之间不是直接相连的,而是通过不同的接口电路来达到彼此间的信息传送的,这种信息传送方式通常可以分为同步传送、异步传送、中断传送和 DMA 传送四种,其中中断传送尤为重要。为了建立单片微型计算机的整机概念和弄清它对信息输入/输出的过程,就必须对中断系统进行分析和研究。

4.4.1　中断系统概述

当中央处理器 CPU 正在处理某事件时外界发生了更为紧急的请求,要求 CPU 暂停当前的工作,转而去处理这个紧急事件,处理完毕后,再回到原来被中断的地方,继续原来的工作，这样的过程称为中断。实现这一功能的部件称为中断系统，请示 CPU 中断的请求源称为中断源。中断系统是为使处理机对外界异步事件具有处理能力而设置的。功能越强的中断系统，其对外界异步事件的处理能力就越强。MCS-51 系列单片机有 5 个中断源，MCS-52 系列单片机有 6 个中断源；单片机的中断系统一般允许多个中断源，当几个中断源同时向 CPU 请求中断时，就存在 CPU 优先响应哪一个中断源请求的问题。

通常根据中断源的轻重缓急排队，优先处理最紧急事件的中断请求源，即规定每一个中断源有一个优先级别，CPU 总是最先响应级别最高的中断。它可分为两个中断优先级，即高优先级和低优先级；可实现两级中断嵌套。用户可以用关中断指令（或复位）来屏蔽所有的中断请求，也可以用开中断指令使 CPU 接收中断申请。即每一个中断源的优先级都可以由程序来设定。

1. 中断的嵌套和中断系统的结构

当 CPU 正在处理一个中断源请求时，发生了另一个优先级比它高的中断源请求。如果 CPU 能够暂停原来的中断源的处理程序，转而去处理优先级更高的中断源请求，处理完以后，再回到原来的低级中断处理程序，这样的过程称为中断嵌套。

具有这种功能的中断系统称为多级中断系统；没有中断嵌套功能的则称为单级中断系统。

具有二级中断服务程序嵌套的中断过程如图 4-23 所示。

MCS-51 的中断系统结构示意图如图 4-24 所示，它由 4 个与中断有关的特殊功能寄存器（TCON、SCON 的相关位作中断

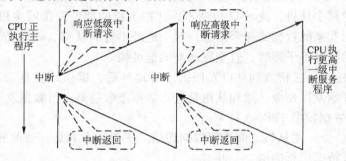

图 4-23　二级中断嵌套示意图

源的标志位）、中断允许控制寄存器 IE 和中断顺序查询逻辑等组成。中断顺序查询逻辑亦称硬件查询逻辑，5 个中断源的中断请求是否会得到响应，要受中断允许寄存器 IE 各位的控制，它们的优先级分别由 IP 各位来确定；同一优先级内的各中断源同时请求中断时，就由内部的硬件查询逻辑来确定响应次序；不同的中断源有不同的中断矢量。

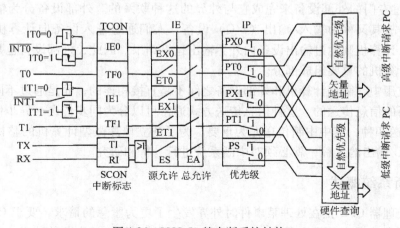

图 4-24　MCS-51 的中断系统结构

2. 中断源

在 MCS-51 系列单片机中，单片机类型不同，其中断源个数和中断标志位的定义也不尽相同。由图 4-25 可知，MCS-51 系列（如 8031、8051 等）单片机有 5 个中断源：两个外部 $\overline{INT0}$（P3.2）和 $\overline{INT1}$（P3.3）输入的中断源、两个定时器 T0 和 T1 的溢出中断和一个串行口发送/接收中断。

（1）外部中断源：$\overline{INT0}$ 和 $\overline{INT1}$

MCS-51 系列外部中断 0 和外部中断 1 的中断请求信号分别由 P3.2 和 P3.3 引脚输入。并允许外部中断源以低电平或负边沿两种中断触发方式来输入中断请求信号。请求信号的有效电平可由定时器控制寄存器 TCON 的 IT0 和 IT1 设置，如图 4-25 所示。

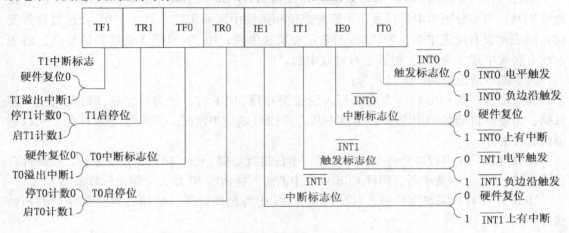

图 4-25　定时器控制寄存器 TCON 各位的定义

8031 会在每个机器周期结束时对 $\overline{INT0}$ 和 $\overline{INT1}$ 线上中断请求信号进行一次检测，检测方式和中断触发方式的选取有关。若 8031 设定为电平触发方式（即 IT0 = 0 或 IT1 = 0 时），则 CPU 检测到 $\overline{INT0}$ 和 $\overline{INT1}$ 低电平时就可认定其中断请求有效；若设定为边沿触发方式（即 IT0 = 1 或 IT1 = 1 时），则 CPU 会在相继的两个周期两次检测 $\overline{INT0}$ 和 $\overline{INT1}$ 线上电平才能确定其中断请求是否有效，即前一次检测为高电平而后一次检测为低电平时 $\overline{INT0}$ 和 $\overline{INT1}$ 中断请求才有效。

由于外部中断信号每个机器周期被采样一次，由引脚 $\overline{INT0}$ 和 $\overline{INT1}$ 输入信号应至少保持一个机器周期，即 12 个振荡周期。如果外部为边沿触发方式，则引脚处输入信号的高电平和低电平至少各保持一个周期，才能确保 CPU 检测到电平的跳变；而如果采用电平触发方式，外部中断源应一直保持中断请求有效，直至得到响应为止。

（2）定时器/计数器溢出中断源

定时器/计数器溢出中断由内部定时器中断源产生，故它们属于内部中断，内部有两个 16 位定时器/计数器，受内部定时脉冲（主脉冲经 12 分频后）或由 T0/T1 引脚上输入的外部定时脉冲控制。定时器/计数器 T0/T1 溢出后向 CPU 提出溢出中断请求。

（3）串行口发送/接收中断

串行口发送/接收中断由内部串行口中断源产生，故也是一种内部中断。串行口中断分为串行口发送中断和串行口接收中断两种。在串行口进行发送/接收数据时，每当串行口发送/接收完一组串行数据时，串行口电路自动使串行口控制寄存器 SCON 中的 TI 或 RI 中断标志位置位，并自动向 CPU 发出串行口中断请求，CPU 响应串行口中断后便立即转入串行口中断服务程序执行。因此，只要在串行中断服务程序中安排一段对 SCON 中 TI 和 RI 中断标志位状态的判断程序，便可区分串行口发生了接收中断请求还是发送中断请求。图 4-26 所示为串行口控制寄存器 SCON 各位定义。

D7	D6	D5	D4	D3	D2	D1	D0
SM0	SM1	SM2	REN	TB9	RB8	TI	RI

图 4-26 串行口控制寄存器 SCON 各位定义

串行口控制寄存器 SCON 的位地址从 98H 到 9FH，其中的 TI（位地址 99H）和 RI（位地址 98H）两位分别为串行口发送中断标志位和接收中断标志位。TI 为 "0"（通过软件复位）时表示没有发送中断，为 "1" 时表示有发送中断；RI 为 "0"（通过软件复位）时表示没有接收中断，为 "1" 时表示有接收中断。

其中断申请信号的产生过程为：

发送过程：当 CPU 将一个数据写入发送缓冲器 SBUF 时，就启动发送，每发送完一帧数据，由硬件自动将 TI 位置位，申请中断。但 CPU 响应中断时，并不能清除 TI 位，所以必须由软件清除。

接收过程：在串行口允许接收时，即可串行接收数据，当一帧数据接收完毕，由硬件自动将 RI 位置位，申请中断。同样 CPU 响应中断时不能清除 RI 位，必须由软件清除。

MCS-51 单片机系统复位后，TCON 和 SCON 中各位均清零，应用时要注意各位的初始状态。

3. 中断控制

CPU 对中断源的开放和屏蔽，以及每个中断源是否被允许中断，都受中断允许寄存器 IE 控制。每个中断源优先级的设定则由中断优先级寄存器 IP 控制。寄存器状态可通过程序由软件设定。

（1）中断的开放和屏蔽

MCS-51 没有专门的开中断和关中断指令，中断的开和关是通过中断允许寄存器 IE 进行两级控制的。

所谓两级控制是指有一个中断允许总控制位 EA，配合各中断源的中断允许控制位共同实现对中断请求的控制。这些中断允许控制位集成在中断允许寄存器 IE 中。图 4-27 所示为中断允许寄存器各位的定义。

D7	D6	D5	D4	D3	D2	D1	D0
EA	×	ET2	ES	ET1	EX1	ET0	EX0

图 4-27 中断允许寄存器 IE

IE 各位的作用如下：

1）EA：CPU 中断总允许位。EA = 0 时，CPU 关中断，禁止一切中断；EA = 1 时，CPU 开中断，而每个中断源是开还是屏蔽分别由各自的允许位确定。

2）×：保留位。

3）ET2：定时器 2 中断允许位。仅用于 MCS-52 子系列单片机中，ET2 = 1 时，允许定时器 2 中断，否则禁止中断。

4）ES：串行口中断允许位。ES = 1 时，允许串行口的接收和发送中断；ES = 0 时，禁止串行口中断。

5）ET1：定时器 1（T1 溢出中断）中断允许位。ET1 = 1 时，允许 T1 中断；否则禁止中断。

6）EX1：外部中断 1（$\overline{INT1}$）的中断允许位。EX1 = 1 时，允许外部中断 1 中断；否则禁止中断。

7）ET0：定时器 0（T0 溢出中断）的中断允许位。ET0 = 1 时，允许 T0 中断；否则禁止中断。

8）EX0：外部中断 0（$\overline{INT0}$）的中断允许位。EX0 = 1 时，允许外部中断 0 中断；否则禁止中断。

中断允许寄存器 IE 的单元地址是 A8H，各控制位（位地址为 A8H ~ AFH）可以进行字节寻址也可位寻址，所以既可以用字节传送指令又可以用位操作指令来对各个中断请求加以控制。

例如，可以采用如下字节传送指令来开定时器 T0 的溢出中断：

    MOV IE，#82H

也可以用位寻址指令，则需采用如下两条指令实现同样功能：

    SETB   EA
    SETB   ET0

在 MCS-51 复位后，IE 各位被复位成“0”状态，CPU 处于关闭所有中断的状态。所以，在 MCS-51 复位以后，用户必须通过程序中的指令来开所需中断。

（2）中断优先级别的设定

MCS-51 系列单片机具有两个中断优先级。对于所有的中断源，均可由软件设置为高优先级中断或低优先级中断，并可实现两级中断嵌套。

一个正在执行的低优先级中断服务程序，能被高优先级中断源所中断。同级或低优先级中断源不能中断正在执行的中断服务程序。每个中断源的中断优先级都可以通过程序来设定，由中断优先级寄存器 IP 统一管理，如图 4-28 所示。

D7	D6	D5	D4	D3	D2	D1	D0
×	×	PT2	PS	PT1	PX1	PT0	PX0

图 4-28 中断优先级寄存器 IP

IP 各位的作用如下：

1）×：保留位。

2）PT2：定时器 2 优先级设定位。仅适用于 52 子系列单片机。PT2 = 1 时，设定为高优先级；否则为低优先级。

3）PS：串行口优先级设定位。PS = 1 时，串行口为高优先级；否则为低优先级。

4）PT1：定时器 1（T1）优先级设定位。PT1 = 1 时，T1 为高优先级；否则为低优先级。

5）PX1：外部中断 1（$\overline{INT1}$）优先级设定位。PX1 = 1 时，外部中断 1 高优先级；否则为低优先级。

6）PT0：定时器 0（T0）优先级设定位。PT0 = 1 时，T0 为高优先级；否则为低优先级。

7）PX0：外部中断 0（$\overline{INT0}$）优先级设定位。PX0 = 1 时，外部中断 0 为高优先级；否则为低优先级。

当系统复位后，IP 各位均为 0，所有中断源设置为低优先级中断。IP 也是可进行字节寻址和位寻址的特殊功能寄存器。

（3）优先级结构

中断优先级只有高低两级。所以在工作过程中必然会有两个或两个以上中断源处于同一中断优先级。若出现这种情况，内部中断系统对各中断源的处理遵循以下两条基本原则：

1）低优先级中断可以被高优先级中断所中断，反之不能。

2）一种中断（不管是什么优先级）一旦得到响应，与它同级的中断不能再中断它。

为了实现这两条规则，中断系统内部包含两个不可寻址的"优先级激活"触发器。其中一个指示某高优先级的中断正在得到服务，所有后来的中断都被阻断。另一个触发器指示某低优先级的中断正在得到服务，所有同级的中断都被阻断，但不阻断高优先级的中断。

当 CPU 同时收到几个同一优先级的中断请求时，哪一个请求将得到服务，取决于内部的硬件查询顺序，CPU 将按自然优先级顺序确定应该响应哪个中断请求。其自然优先级由硬件形成，排列如下：

中断源	同级自然优先级
外部中断 0	最高级
定时器 0 中断	
外部中断 1	
定时器 1 中断	
串行口中断	最低级
定时器 2 中断	最低级（MCS-52 系列单片机中）

在每一个机器周期中，CPU 在 S5 状态的 P2 对所有中断源都顺序地检查一遍，这样到任一机器周期的 S6 状态，可找到所有已激活的中断请求，并排好了优先权。在下一个机器周期 S1 状态，只要不受阻断就开始响应其中最高优先级的中断请求。若发生下列情况，中断响应受到阻断：

1）同级或高优先级的中断正在进行中。

2）现在的机器周期还不是执行指令的最后一个机器周期，即正在执行的指令没完成前不响应任何中断，以确保当前指令的完整执行。

3）正在执行的是中断返回指令 RETI 或访问专用寄存器 IE 或 IP 的指令，换而言之，在 RETI 或者读写 IE 或 IP 之后，不会马上响应中断请求，至少要在执行其他一条指令之后才会响应。

若存在上述任一种情况，中断查询结果就被取消。否则，在紧接着的下一个机器周期，中断查询结果变为有效。

4.4.2 中断处理过程

中断处理过程可分为三个阶段：中断响应、中断处理和中断返回。由于各计算机系统的中断系统硬件结构不同，中断响应的方式就有所不同。

1. 中断响应

（1）响应条件

CPU 响应中断的条件有：

1）有中断源发出中断请求。

2）中断总允许位 EA = 1，即 CPU 开中断。

3）申请中断的中断源的中断允许位为 1，即没有被屏蔽。

以上条件满足，一般 CPU 会响应中断，但在上面所述的中断受阻断的情况下，本次的中断请求 CPU 不会响应。待中断阻断的条件撤销后，CPU 才能响应。但如果中断标志已消失，该中断也不会再被响应。

（2）响应的过程

在响应条件满足的情况下，CPU 首先置位优先级状态触发器，以阻断同级和低级的中断。接着再执行由硬件产生的长调用指令 LCALL。该指令将程序计数器 PC 的内容压入堆栈保护起来。但对诸如 PSW、累加器 A 等寄存器并不保护（需要时可由软件保护）。然后将对应的中断入口地址装入程序计数器 PC，使程序转移到该中断入口地址单元，去执行中断服务程序。与各中断源相对应的中断入口地址见表 4-5。

表 4-5　中断入口地址表

中　断　源	中断入口地址	中　断　源	中断入口地址
外部中断 0	0003H	定时器 T1 中断	001BH
定时器 T0 中断	000BH	串行口中断	0023H
外部中断 1	0013H		

通常在中断入口地址单元存放一条长转移指令，中断服务程序可在程序存储器 64KB 空间内任意安排。

（3）响应时间

CPU 不是在任何情况下对任何中断请求都予以响应；在不同的情况下对中断响应的时间也是不同的。下面将以外部中断为例，说明中断响应的最短时间。

在每个机器周期的 S5P2 期间，$\overline{INT1}$ 和 $\overline{INT0}$ 两引脚的电平经反向后被锁存到 TCON 的 IE0 和 IE1 标志位，CPU 在下一个机器周期才会查询这些值。这时如果满足中断响应条件，下一条要执行的指令将是一条硬件长调用指令 LCALL，使程序转至中断源对应的矢量地址入口。

硬件长调用指令本身需要 2 个机器周期，这样从外部中断请求有效到开始执行中断服务程序的第一条指令，中间要隔 3 个机器周期，这是最短的响应时间。如果遇到中断受阻的情况，中断响应时间会更长一些。例如，一个同级或高优先级的中断正在进行，则附加的等待时间将取决于正在进行的中断服务程序。如果正在执行的一条指令还没有进行到最后一个机器周期，附加的等待时间为 1~3 个机器周期，因为一条指令的最长执行时间为 4 个机器周期（MUL 和 DIV 指令），如果正在执行的是 RETI 指令，则附加的时间在 5 个机器周期之内（为完成正在执行的指令，还需要 1 个机器周期，加上完成下一条指令所需的最长时间为 4 个周期，故最长为 5 个机器周期）。但如果系统中只有一个中断源，则一般外部中断响应时间在 3~8 个机器周期之间。

2. 中断处理

CPU 响应中断结束后，即转至中断服务程序的入口。从中断服务程序的第一条指令开始到返回指令为止，这个过程称为中断处理或中断服务。不同的中断源服务的内容及要求各不相同，其处理过程也就有所区别。一般情况下，中断处理包括保护现场和为中断源服务两个部分的内容。现场通常有 PSW、工作寄存器、专用寄存器和累加器等。如果在中断服务程序中要用这些寄存器，则在进入中断服务之前应将它们的内容保护起来，称保护现场；同时在中断结束、执行 RETI 指令之前应恢复现场。

中断服务是针对中断源的具体要求进行处理。其次，用户在编制中断服务程序时应注意以下几点：

1）各中断源的入口矢量地址之间，只相隔 8 个单元，一般中断服务的程序在此之间是容纳不下的，因而通常是在中断入口矢量地址单元处存放一条无条件转移指令，而转至存储器其他的任何空间去执行中断服务程序。

2）若要在执行当前中断程序时禁止更高优先级中断，应用软件关闭 CPU 中断，或屏蔽更高级中断源的中断，在中断返回前再开放中断。

3）在保护现场和恢复现场时，为了不使现场信息受到破坏或造成混乱，一般情况下，应关 CPU 中断，使 CPU 暂不响应新的中断请求。

这样就要求在编写中断服务程序时，应注意在保护现场之前，要关中断；在保护现场之后，若允许高优先级中断打断它，则应开中断。同样在恢复现场之前应关中断，恢复之后开中断。

3. 中断返回

中断服务程序是从入口地址开始到返回指令 RETI 结束。RETI 指令的执行标志着中断服务程序的终结，所以该指令自动将断点地址从栈顶弹出，装入程序计数器 PC 中，使程序转向断点处，继续执行原来被中断的程序。

当考虑到某些中断的重要性，需要禁止更高级别的中断时，可用软件使 CPU 关闭中断，或者禁止高级别中断源的中断。但在中断返回前必须再用软件开放中断。

4.4.3 中断系统的应用

从上面的讨论可以看到，中断控制就是对 4 个与中断有关的专用寄存器 TCON、SCON、IE 和 IP 进行管理和控制。只要这些寄存器的相应位按照希望的要求进行设置，CPU 就会按照我们的意愿对中断源进行管理和控制。管理和控制的项目有：

1）CPU 中断的开与关。

2）某中断源中断请求的允许和禁止。

3）各中断源优先级别的设定。

4）外部中断请求的触发方式。

中断管理与控制程序一般包含在主程序中，根据需要通过几条指令来实现，例如 CPU 开中断，可用指令"SETB EA"或"ORL IE, #80H"来实现，关中断可用指令"CLR EA"或"ANL IE, #7FH"来实现。

中断服务程序是一种具有特定功能的独立程序段。它为中断源的特定要求服务，以中断返回指令结束。在中断响应过程中，断点的保护是由硬件电路来实现的。而用户在编写中断服务程序时，主要需考虑现场的保护及恢复。当存在中断嵌套的情况下，为了不至于在保护现场或恢复现场时，由于 CPU 响应其他更高级的中断请求而破坏了现场，通常在保护现场和恢复现场时，CPU 不响应外界的中断请求，即关中断。在保护现场和恢复现场之后，可根据需要，使 CPU 重新开中断。中断服务程序的一般格式如下：

```
CLR    EA        ；关中断
PUSH   PSW       ；
PUSH   A         ；保护现场
...
SETB   EA        ；开中断，允许 CPU 响应高级中断
服务程序
CLR    EA        ；关中断
POP    A         ；
POP    PSW       ；恢复现场
...
SETB   EA        ；开中断
RETI             ；中断返回
```

下面通过几个例子来说明中断的应用。

1. 定时器/计数器的应用和编程

定时器/计数器是单片机应用系统中经常使用的部件之一。定时器/计数器的使用方法对程序编制、硬件电路以及 CPU 的工作都有直接影响。下面通过几个综合的实例来说明定时器的具体应用方法。

应用定时器/计数器时需注意两点：一是初始化（写入控制字），二是对初值的计算。初始化步骤为：

1）向 TMOD 写工作方式控制字。

2）向计数器 TLx、THx 装入初值。

3）置 TRx = 1，启动计数。

4）置 ETx = 1，允许定时器/计数器中断（若需要时）。

5）置 EA = 1，CPU 开中断（若需要时）。

【**例 4-10**】假设时钟频率采用 6MHz，要在 P1.0 上输出一个周期为 2ms 的方波，方波的周期用定时器 T0 确定，采用中断的方法来实现，即在 T0 中设置一个时间常数，使其每隔 1ms 产生一次中断，CPU 响应中断后，在中断复位程序中对 P1.0 取反。T0 中断入口地址为 000BH。为此要做如下几步工作：

（1）确定定时常数

$$机器周期 = 12/晶振频率 = 12/(6 \times 10^6)\mu s = 2\mu s$$

设需要初值为 X，则 $(2^{13} - X) \times 2 \times 10^{-16} = 1 \times 10^{-3}$，即

$$2^{13} - X = 500 \qquad X = 7692$$

化为十六进制 X = 1E0CH。根据 13 位定时器特性，初值应为 TH0 = 0F0H，TL0 = 0CH。

（2）计数器初始化程序

初始化程序包括定时器初始化和中断系统初始化，主要是对 IP、IE、TCON、TMOD 的相应位进行正确的设置，并将时间常数送入定时器中。在本例中，假设程序是从系统复位开

始运行的，TMOD、TCON 均为 00H，因此不必对 TMOD 操作。

（3）计数器中断服务程序和主程序

中断服务程序除了完成要求的产生方波这一工作之外，还要注意将时间常数重新送入定时器中，为下一次产生中断做准备。主程序可以完成任何其他工作，一般情况下常常是键盘程序和显示程序。在本例中，用一条转至自身的短跳转指令来代替主程序。

程序清单如下：

```
            ORG    0000H
RESET: AJMP   MAIN                ；转主程序
            ORG    000BH           ；转中断处理程序
            AJMP   ITOP
            ORG    0100H
MAIN：  MOV    SP, #60H
            ACALL  PTOM0
HERE：  SJMP   HERE
PTOM0：MOV    TL0, #0CH            ；T0 置初值
            MOV    TH0, #0F0H
            SETB   TR0
            SETB   ET0             ；允许 T0 中断
            SETB   EA              ；CPU 开放中断
            RET
ITOP：  MOV    TL0, #0CH           ；T0 重新置初值
            MOV    TH0, #0F0H
            CPL    P1.0            ；P1.0 取反
            RETI
            END
```

【例 4-11】 把 T0（P3.4）作为外部中断请求输入线，即 T0 引脚发生负跳变时，向 CPU 请求中断。下面的程序将 T0 定义为方式 2 计数，计数器初值为 FFH，即计数输入端 T0（P3.4）发生一次负跳变时，计数器加 1 即产生溢出标志，向 CPU 发中断。程序在 T0 产生一次负跳变后，使 P1.0 产生 2ms 的方波。其中定时器 T1 用于产生 1ms 定时（6MHz）。

```
            ORG    0000H
RESET：AJMP   MAIN                ；复位入口转主程序
            ORG    000BH
            AJMP   ITOP            ；转 T0 中断服务程序
            ORG    001BH
            AJMP   IT1P            ；转 T1 中断服务程序
            ORG    0100H
MAIN：  MOV    SP, #60H
            ACALL  PTOM2           ；对 T0、T1 初始化
LOOP：  MOV    C, F0
            JNC    LOOP
            SETB   TR1             ；启动 T1
            SETB   ET1             ；允许 T1 中断
```

```
HERE: AJMP      HERE
PT0M2: MOV      TMOD, #16H              ; T0 初始化程序
       MOV      TL0, #0FFH              ; T0 置初值
       MOV      TH0, #0FFH
       SETB     TR0
       SETB     ET0
       MOV      TL1, #0CH
       MOV      TH1, #0FEH
       CLR      F0
       SETB     EA
       RET
ITOP:  CLR      TR0                     ; 停止 T0 计数
       SETB     F0                      ; 建立标志
       RETI
IT1P:  MOV      TL1, #0CH
       MOV      TH1, #0FEH
       CPL      P1.0                    ; 输出方波
       RETI
       END
```

2. 串行口的应用和编程

串行口编程包括编写串行口的初始化和串行口的输入/输出程序。对串行口初始化程序功能是选择串行口的工作方式、串行口的波特率以及允许串行口中断，就是对 SCON、PCON、TMOD、TCON、TH1、TL1、IE、IP 和 SBUF 编程。输入/输出程序的功能是在确定的工作方式下实现数据的串行输入/输出。

【例 4-12】 试编写一个程序，其功能为对串行口初始化为方式 1 输入/输出，f_{osc} = 11.059 2MHz，波特率为 9600bit/s，首先在串行口上输出字符串 'MCS-51 Microcomputer'，接着读串行口上输入的字符，又将该字符从串行口上输出。

```
MAIN:  MOV      TMOD, #20H
       MOV      TH1, #0FDH
       MOV      TL1, #0FDH
       SETB     TR1
       MOV      SCON, #52H             ; 选串行口方式 1,允许接收,初态 TI = 1,
                                        ; 以便循环程序的编写
       MOV      R4, #0                 ; R4 作字符串表指针
       MOV      DPTR, #TSAB
MLP1:  MOV      A, R4
       MOVC     A, @ A + DPTR
       JZ       MLP6                   ; 字符串以 0 表示结束
MLP3:  JBC      TI, MLP2
       SJMP     MLP3
MLP2:  MOV      SBUF, A
       INC      R4
```

```
              SJMP     MLP1
MLP6：  JBC      RI, MLP5
              SJMP     MLP6
MLP5：  MOV      A, SBUF
MLP8：  JBC      TI, MLP7
              SJMP     MLP8
MLP7：  MOV      SBUF, A
              SJMP     MLP6
TSAB：  DB       'MCS-51 Microcomputer'
              DB       0AH, 0DH, 0
```

【例 4-13】　在一个 MCS-51 应用系统中，f_{osc} = 11.0592MHz，利用串行口和 PC 机通信，试编写一个程序，其功能为对串行口初始化为方式 3，波特率为 19200bit/s，TB8、RB8 作为奇偶校验位，先向 PC 输出 'MCS-51 READY'，然后以中断控制方式接收 PC 机的命令（每个命令为一个 ASCII 字符，合法命令字符为 A~F），收到命令后置位标志 MCMD，主程序查询到 MCMD = 1 作相应的命令处理。

```
MCMD    EQU      00H                      ;定义收到主机命令标志位
RXBUF   EQU      60H                      ;串行口数据接收缓冲器
        ORG      0000H
        LJMP     START
        ORG      0023H
        LJMP     SISO
ASAB：  DB       'MCS-51 READY'
        DB       00H
//   初始化程序
START：MOV       SP, #2FH
        MOV      TMOD, #20H                ;波特率19200bit/s
        MOV      TH1, #0FDH
        MOV      TL1, #0FDH
        ORL      PCON, #80H                ;1→SMOD
        SETB     TR1
        MOV      SCON, #11000000B
        MOV      R4, #00H
        MOV      DPTR, #ASAB
        SETB     TI
START1：JNB      TI, START1
        CLR      TI
        MOV      A, R4
        MOVC     A, @A + DPTR
        JZ       SATRT2
        MOV      C, P                      ;奇偶位→TB8
        MOV      TB8, C
        MOV      SBUF, A                   ;写SBUF, 启动发送
```

```
            INC     R4
            SJMP    START1
START2: MOV     SCON, #11010000B
            SETB    ES                          ; 允许串行口中断
            SETB    EA                          ; 开中断
//主程序
    MAIN:   JNB     MCMD, MAN1
            CLR     MCMD
            LCALL   PMCMD                       ; 命令处理
    MAN1:   …                                   ; 其他事务处理
            LJMP    MAIN
    PMCMD: MOV     A, RXBUF                     ; 命令处理程序
            SUBB    A, #'A'
            CJNE    A, #06H, PCMD1              ; 判收到字符为 A ~ F?
    PCMD1:  JC      PCMD2
            RET
    PCMD2:  MOV     B, #03H
            MUL     AB
            MOV     DPTR, #PMAB
            JMP     @ A + DPTR
    PMAB:   LJMP    PMA                         ; 转 A ~ F 命令处理入口
            LJMP    PMB
            LJMP    PMC
            LJMP    PMD
            LJMP    PME
            LJMP    PMF
    PMA:    …                                   ; 命令 A 处理程序
            RET
    PMB:    …                                   ; 命令 B 处理程序
            RET
    PMC:    …                                   ; 命令 C 处理程序
            RET
    PMD:    …                                   ; 命令 D 处理程序
            RET
    PME:    …                                   ; 命令 E 处理程序
            RET
    PMF:    …                                   ; 命令 F 处理程序
            RET
//串行口中断服务程序
    SISO:   PUSH    PSW
            PUSH    ACC                         ; 保护现场
            CLR     TI
            JBC     RI, SISO2
```

```
SISO1:  POP   ACC                          ; 恢复现场
        POP   PSW
        RETI
SISO2:  MOV   A, SBUF
        MOV   C, P
        JNC   SISO4
        MOV   C, RB8
        JNC   SISO5
SISO3:  MOV   RXBUF, A
        SETB  MCMD
        SJMP  SISO1
SISO4:  MOV   C, RB8
        JNC   SISO3
SISO5:  MOV   A, #0FFH                      ; 奇偶错处理
        SJMP  SISO3
```

4.5　习题

1. 试根据 P1 口和 P3 口的结构特性，指出它们作为输入口或第二功能输入/输出的条件。

2. MCS-51 中无 ROM 型单片机，在应用中 P0 口和 P2 口能否直接作为输入/输出口连接开关、指示灯之类的外围设备？为什么？

3. 什么是堆栈？堆栈的作用有哪些？

4. MCS-51 中 T0、T1 的定时器和计数器方式的差别是什么？试举例说明这两种方式的用途。

5. 若晶振为 12MHz，用 T0 产生 1ms 的定时，可以选择哪几种方式？分别写出定时器的方式字和计数初值。如需要 1s 的定时，应如何实现？

6. 若晶振为 12MHz，如何用 T0 来测试 20 ~ 1000Hz 之间的方波信号的周期？又如何测试频率为 0.5MHz 左右的脉冲频率。

7. 若晶振为 11.0592MHz，串行口工作于方式 1，波特率为 4800bit/s，分别写出用 T1、T2 作为波特率发生器的方式字和计数初值。

8. 串行口方式 0 输出时能否外接多个 74LS164？若不可以，说明其原因；若可以，画出逻辑框图并说明数据输出方法。

9. MCS-51 的中断处理程序能否存储在 64KB 程序存储器的任意区域？若可以，如何实现？

10. 在一个 8031 系统中，晶振为 12MHz，一个外部中断请求信号是一个宽度为 500ns 的负脉冲，则应该采用哪种中断触发方式，如何实现？

11. 若外部中断请求信号是一个低电平有效的信号，是否一定要选择电平触发方式？为什么？

12. 试设计一个测试 n 个脉冲平均周期的方案，要求其误差在一个机器周期之内。

第 5 章　汇编语言程序设计

所谓程序设计，就是用计算机所能接受的形式把解决问题的步骤描述出来。简单地说，程序设计就是编制计算机程序。要进行程序设计，首先应按照实际问题的要求和所使用的计算机的特点，决定所采用的计算方法和计算公式。然后，用指令系统依照尽可能节省数据存放单元、缩短程序长度和加快运算速度三个原则编译程序。

本章从应用的角度出发，介绍 MCS-51 汇编语言的程序设计，并给出了一些不涉及硬件的基本程序。

5.1　汇编语言概述

程序设计时要考虑两个方面：其一是用哪一种语言进行程序设计；其二是解决问题的方法和步骤。对于同一个问题，可以选择高级语言（如 C、C++、BASIC 等）来进行设计，也可以选择汇编语言来进行程序设计。这种为解决问题而采用的方法和步骤称为"算法"。

5.1.1　汇编语言的优点

采用汇编语言编程与采用高级语言编程相比具有以下优点：
1）占用的内存单元和 CPU 资源少。
2）程序简短，执行速度快。
3）可直接调用计算机的全部资源，并可有效地利用计算机的专有特性。
4）能准确地掌握指令的执行时间，适用于实时控制系统。

5.1.2　汇编语言程序设计的步骤

用汇编语言编写程序，一般可分为以下几个步骤：
1）建立数学模型。根据要解决的实际问题，反复研究分析并抽象出数学模型。
2）确定算法。解决一个问题往往有多种不同的方法，从诸多算法中确定一种较为简捷的方法。
3）制定程序流程图。算法是程序设计的依据，把解决问题的思路和算法的步骤画成程序流程图。
4）确定数据结构。合理地选择和分配内存单元以及工作寄存器。
5）写出源程序。根据程序流程图，精心选择合适的指令和寻址方式来编制源程序。
6）上机调试程序。将编好的源程序进行汇编，并执行目标程序，检查和修改程序中的错误，对程序运行的结果进行分析，直到正确为止。

5.1.3　评价程序质量的标准

解决某一问题、实现某一功能的程序不是唯一的。判断程序的质量有以下几个标准：

1）程序的执行时间。

2）程序所占用的内存字节数。

3）程序的逻辑性、可读性。

4）程序的兼容性、可扩展性。

5）程序的可靠性。

一般来说，一个程序的执行时间越短，占用的内存单元越少，其质量也就越高。这就是程序设计中的"时间"和"空间"的概念。程序设计的逻辑性强、层次分明、数据结构合理、便于阅读也是衡量程序优劣的重要标准；同时还要保证程序在任何实际的工作条件下，都能正常运行。

另外，在较复杂的程序设计中，必须充分考虑程序的可读性和可靠性。同时，程序的可扩展性、兼容性以及容错性等都是衡量与评价程序优劣的重要标准。

5.2 简单程序设计

程序的简单与复杂很难有一个绝对标准，这里所说的简单程序是一种顺序执行的程序，它既无分支又无循环。这种程序虽然简单，但能完成一定的功能，是构成复杂程序的基础。

【例 5-1】 假设两个双字节无符号数，分别存放在 R1R0 和 R3R2 中，高字节在前，低字节在后。编程使两数相加，和数存放回 R2R1R0 中。

解： 此为简单程序。求和的方法与笔算类同，先加低位，后加高位，无须画流程图。

直接编程如下：

```
        ORG     1000H
        CLR     C
        MOV     A，R0      ；取被加数低字节至 A
        ADD     A，R2      ；与加数低字节相加
        MOV     R0，A      ；存和数低字节
        MOV     A，R1      ；取被加数高字节至 A
        ADDC    A，R3      ；与加数高字节相加
        MOV     R1，A      ；存和数高字节
        MOV     A，#0
        ADDC    A，#0      ；加进位位
        MOV     R2，A      ；存和数进位位
*       SJMP    $         ；原地踏步
        END
```

*处表示：由于 MCS-51 指令系统无暂停指令，故用"SJMP $"指令（$表示"rel = 0FEH"）实现原地踏步以代替暂停指令，后面将不再重复解释。

【例 5-2】 将一个字节内的两个 BCD 码拆开并转换成 ASCII 码，存入两个 RAM 单元。设两个 BCD 码已存放在内部 RAM 的 20H 单元，将转换后的高半字节存放到 21H 中，低半字节存放到 22H 中。

方法一：因为 BCD 数中的 0 ~ 9 对应的 ASCII 码为 30H ~ 39H，所以转换时，只需将 20H 中的 BCD 码拆开后，将其高四位置为"0011"即可。

编程如下：

```
ORG     1000H
MOV     R0, #22H      ; R0←22H
MOV     @R0, #0       ; 22H←0
MOV     A, 20H        ; 两个 BCD 数送 A
XCHD    A, @R0        ; BCDL 送 22H 单元
ORL     22H, #30H     ; 完成转换
SWAP    A             ; BCDH 至 A 的低四位
ORL     A, #30H       ; 完成转换
MOV     21H, A        ; 存数
SJMP    $
END
```

以上程序用了 8 条指令、15 个内存字节，执行时间为 9 个机器周期（指令所占存储字和执行周期请查阅附录 B）。

方法二：可采用除 10H 取余的方法（相当于右移四位）将两个 BCD 数拆开。即：

编程如下：

```
ORG     1000H
MOV     A, 20H        ; 取 BCD 码至 A
MOV     B, #10H
DIV     AB            ; 除 10H 取余，使 BCDH→A、BCDL→B
ORL     B, #30H       ; 完成转换
MOV     22H, B        ; 存 ASCII 码
ORL     A, #30H       ; 完成转换
MOV     21H, A        ; 存 ASCII 码
SJMP    $
END
```

此法用了 7 条指令、13 个内存字节，执行时间 10 个机器周期。

方法三：采用和 #0FH、#0F0H 相与的方法分离高低 4 位，将两个 BCD 数拆开。

编程如下：

```
ORG     1000H
MOV     A, 20H        ; 取 BCD 码
ANL     A, #0FH       ; 屏蔽高四位
ORL     A, #30H       ; 完成转换
MOV     22H, A        ; 存 ASCII 码
MOV     A, 20H        ; 取 BCD 码
ANL     A, #0F0H      ; 屏蔽低四位
SWAP    A             ; 交换至低四位
ORL     A, #30H       ; 完成转换
MOV     21H, A        ; 存 ASCII 码
```

```
    SJMP      $
    END
```

上述程序共用 9 条指令，占用 17 个字节，需 9 个机器周期。

【例 5-3】 双字节数求补，设两个字节原码数存在 R1R0 中，求补后结果存在 R3R2 中。

解：求补采用"模-原码"的方法，因为补码是原码相对于模而言的，对于双字节数来说其模为 10000H。

编程如下：

```
    ORG       1000H
    CLR       C              ; 0→CY
    CLR       A              ; 0→A
    SUBB      A, R0          ; 低字节求补
    MOV       R2, A          ; 送 R2
    CLR       A              ; 0→A
    SUBB      A, R1          ; 高字节求补
    MOV       R3, A          ; 送 R3
    SJMP      $
    END
```

这段程序共用了 7 条指令，占用了 7 个字节，需 7 个机器周期。

【例 5-4】 将内部 RAM 的 20H 单元中的 8 位无符号二进制数转换为 3 位 BCD 码，并将结果存放在 FIRST（百位）和 SECOND（十位、个位）两单元中。

解：可将被转换数除以 100，得百位数；余数再除以 10 得十位数；最后余数即为个位数。

编程如下：

```
FIRST     DATA      22H
SECOND    DATA      21H
          ORG       1000H
HBCD：    MOV       A, 20H         ; 取数
          MOV       B, #100        ; 除数 100→B
          DIV       AB             ; 除 100
          MOV       FIRST, A       ; 百位 BCD
          MOV       A, B
          MOV       B, #10         ; 除数 10→B
          DIV       AB             ; 除 10
          SWAP      A              ; 十位数送高位
          ORL       A, B           ; A 为（十位、个位）BCD
          MOV       SECOND, A      ; 存十位、个位数
          SJMP      $
          END
```

例如，设 (20H) = 0FFH，先用 100 除，商 (A) = 02H→FIRST；余数 (B) = 37H，再用 10 除，商 (A) = 05H，余数 (B) = 05H；十位 BCD 数送 A 高四位后，与个位 BCD 数相或，得到压缩的 BCD 码 55H→SECOND。

以上几例均为简单程序，可以完成一些特定的功能，若在程序的第 1 条指令加上标号，

程序结尾改用一条子程序返回 RET 指令，则这些可完成某种特定功能的程序段，均可被主程序当作子程序调用。

5.3 分支程序

在一个实际的应用程序中，程序不可能始终是直线执行的。当用计算机解决一些实际问题时，要求计算机能够作出某种判断，并根据判断作出不同的处理。通常情况下，计算机会根据实际问题中给定的条件，判断条件满足与否，产生一个或多个分支，以决定程序的流向。因此条件转移指令形成的分支结构程序能够充分地体现计算机的智能。

5.3.1 简单分支程序

【例 5-5】 设内部 RAM 30H，31H 单元中存放两个无符号数，试比较它们的大小。将较小的数存放在 30H 单元，较大的数存放在 31H 单元中。

解：这是一个简单分支程序，可以使两数相减，用 JC 指令进行判断。若 CY = 1，则被减数小于减数。程序流程图如图 5-1 所示。

编程如下：

```
        ORG     1000H
START:  CLR     C           ; 0→CY
        MOV     A, 30H
        SUBB    A, 31H      ; 做减法比较两数
        JC      NEXT        ; 若（30H）小，则转移
        MOV     A, 30H
        XCH     A, 31H
        MOV     30H, A      ; 交换两数
NEXT:   NOP
        SJMP    $
        END
```

【例 5-6】 空调机在制冷时，若排出空气比吸入空气温度低 8°C，则认为工作正常，否则认为工作故障，并设置故障标志。

设内存单元 40H 存放吸入空气温度值，41H 存放排出空气温度值。若(40H) − (41H) ≥ 8°C，则空调机制冷正常，在 42H 单元中存放“0”，否则在 42H 单元中存放“FFH”以示故障（在此 42H 单元被设定为故障标志）。

解：为了可靠地监控空调机的工作情况，应做两次减法，第一次减法(40H) − (41H)，若 CY = 1，则肯定有故障；第二次减法用两个温度的差值减去 8°C，若 CY = 1，说明温差小于 8°C，空调机工作亦不正常。程序流程图如图 5-2 所示。

编程如下：

```
        ORG     1000H
START:  MOV     A, 40H      ; 吸入温度值送 A
        CLR     C           ; 0→CY
        SUBB    A, 41H      ; (40H) − (41H)→A
```

```
        JC      ERROR       ; CY = 1，则故障
        SUBB    A，#8        ; 温差小于 8°C?
        JC      ERROR       ; 是则故障
        MOV     42H，#0      ; 工作正常
        SJMP    EXIT        ; 转出口
ERROR： MOV     42H，#0FFH   ; 否则置故障标志
EXIT：  SJMP    $           ; 原地踏步
        END
```

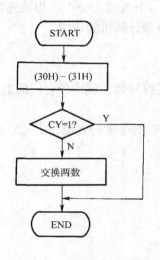

图 5-1   例 5-5 程序流程图

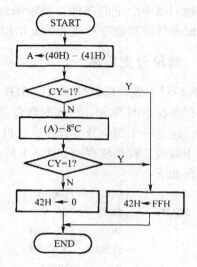

图 5-2   例 5-6 程序流程图

5.3.2   多重分支程序

仅凭判断一个条件产生的分支无法解决的问题，需要判断两个或两个以上条件，通常也称为复合条件，进行多方面测试产生的分支程序称为多重分支程序。

【例 5-7】   设 30H 单元存放的是一元二次方程 $ax^2 + bx + c = 0$ 根的判别式 $\Delta = b^2 - 4ac$ 的值。在实数范围内，若 $\Delta > 0$，则方程有两个不同的实根；若 $\Delta = 0$，则方程有两个相同的实根；若 $\Delta < 0$，则方程无实根。试根据 30H 中的值，编写程序判断方程根的三种情况，在 31H 中存放 "0" 代表无实根；存放 "1" 代表有相同的实根；存放 "2" 代表有两个不同的实根。

解： Δ 值为有符号数，它有三种情况，即大于零、等于零和小于零。可以用两个条件转移指令来判断，首先判断其符号位，用指令 JNB ACC.7，rel 判断，若 ACC.7 = 1，则一定为负数；若 ACC.7 = 0，则 $\Delta \geqslant 0$。然后再用指令 JNZ rel 判断，若 $\Delta \neq 0$，则一定是 $\Delta > 0$；否则，$\Delta = 0$。程序流程图如图 5-3 所示。

编程如下：

```
        ORG     1000H
START： MOV     A，30H       ; Δ 值送 A
        JNB     ACC.7，YES   ; Δ = >0，转 YES
        MOV     31H，#0      ; Δ<0，无实根
```

```
                    SJMP      FINISH
YES：     JNZ       TOW              ; Δ>0，转 TOW
          MOV       31H，#1          ; Δ=0，有相同实根
          SJMP      FINISH
TOW：    MOV       31H，#2          ; 有两个不同实根
FINISH：  SJMP      $
          END
```

【例 5-8】 设变量 x 存入 30H 单元，求得函数 y 存入 31H 单元。按下式要求给 y 赋值：

$$y = \begin{cases} x+1 & (10 < x) \\ 0 & (5 \leqslant x \leqslant 10) \\ x-1 & (x < 5) \end{cases}$$

解：要根据 x 的大小来决定 y 值，在判断 x<5 和 x>10 时，采用 CJNE 和 JC 以及 CJNE 和 JNC 指令进行判断。程序流程图如图 5-4 所示。

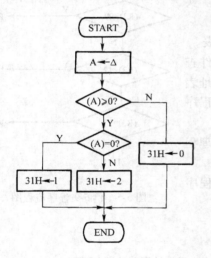

图 5-3　例 5-7 程序流程图

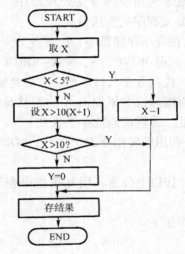

图 5-4　例 5-8 程序流程图

编程如下：

```
           ORG       1000H
           MOV       A，30H           ; 取 X
           CJNE      A，#5，NEXT1     ; 与 5 比较
NEXT1：    JC        NEXT2            ; X<5，则转 NEXT2
           MOV       R0，A
           INC       R0               ; 设 10<X，Y=X+1
           CJNE      A，#11，NEXT3    ; 与 11 比较
NEXT3：    JNC       NEXT4            ; 10<X，则转 NEXT4
           MOV       R0，#0           ; 5≤X≤10，Y=0
           SJMP      NEXT4
NEXT2：    MOV       R0，A
           DEC       R0               ; X<5，Y=X-1
```

```
NEXT4:    MOV       31H, R0              ; 存结果
          SJMP      $
          END
```

5.3.3　N 路分支程序

N 路分支程序是根据前面程序运行的结果, 可以有 N 种选择, 并能转向其中任一处理程序。

【例 5-9】　N 路分支程序, 设 N≤8, 根据程序运行中产生的 R3 值来决定如何进行分支。

分析: 若逐次按图 5-5 流程图进行处理也可使程序进入 8 个处理程序之一的入口地址。但这种方法判断次数多, 当 N 较大时, 运行速度慢。然而对 MCS-51 来说, 由于有间接转移(也称为散转) 指令 JMP　@A + DPTR, 通过一次转移即可方便地进入相应的分支处理程序, 效率大大提高。实现 N 路分支程序的方法是:

1) 在程序存储器中, 设置各分支程序入口地址表。

2) 利用 MOVC　A, @A + DPTR 指令, 根据条件查地址表, 找到分支入口地址。方法是使 DPTR 指向地址表首址, 再按运行中累加器 A 的偏移量找到相应分支程序入口地址, 并将该地址存于 A 中。

3) 利用散转指令 JMP　@A + DPTR 转向分支处理程序。

解: 按以上分支, 用几条指令便可实现多分支程序的转移。

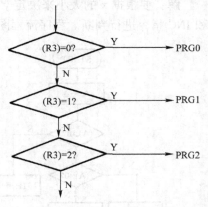

图 5-5　例 5-9 程序流程图

编程如下:

```
          MOV       A, R3
          MOV       DPTR, #PRGTBL        ; 分支入口地址表首址送 DPTR
          MOVC      A, @A + DPTR         ; 查表
          JMP       @A + DPTR           ; 转移
PRGTBL:   DB        PRG0 – PRGTBL
          DB        PRG1 – PRGTBL
          …
          …
```

第三条指令是查表, 查表结果:

(A) = PRGi – PRGTBL; 即第 i 段分支程序的入口地址与散转表首址之差

执行第四条指令时,

PC←A + DPTR = PRGi – PRGTBL + PRGTBL = PRGi; 程序转入 PC 直接指向的第 i 个分支入口地址 PRGi

设 N =4, 即有四个分支。

功能: 根据入口条件转向四个程序段, 每个程序段分别从内部 RAM 256B、外部 RAM256B、外部 RAM 64KB 和外部 RAM 4KB 数据缓冲区读取数据。

入口条件：（R3）=（0，1，2，3）；

（R0）= RAM 的低 8 位地址；

（R1）= RAM 的高 8 位地址。

出口条件：累加器 A 中的内容为执行不同程序段后读取的数据。

参考程序如下：

```
            MOV     A, R3
            MOV     DPTR, #PRGTBL
            MOVC    A, @A+DPTR
            JMP     @A+DPTR
PRGTBL:     DB      PRG0 – PRGTBL
            DB      PRG1 – PRGTBL
            DB      PRG2 – PRGTBL
            DB      PRG3 – PRGTBL
PRG0:       MOV     A, @R0              ; 从内部 RAM 读数
            SJMP    PRGE
PRG1:       MOV     P2, R1
            MOVX    A, @R0             ; 从外部 RAM 256B 读数
            SJMP    PRGE
PRG2:       MOV     DPL, R0
            MOV     DPH, R1
            MOVX    A, @DPTR           ; 从外部 RAM 64KB 读数
            SJMP    PRGE
PRG3:       MOV     A, R1
            ANL     A, #0FH            ; 屏蔽高 4 位
            ANL     P2, #11110000B     ; P2 口高 4 位可作它用
            ORL     P2  A              ; 只送 12 位地址
            MOVX    A, @R0             ; 从外部 RAM 4KB 读数
PRGE:       SJMP    $
```

最后一个分支程序是从外部 RAM 的 4KB 存储区域读数，只需送出 12 位地址即可，不必占用 16 位地址线，P2 口的高 4 位可作它用。

使用这种方法，地址表长度加上分支处理程序的长度，必须小于 256B。如果希望更多分支，则应采用其他方法。

【例 5-10】 128 路分支程序。

功能：根据 R3 的值（00H ~ 7FH）转到 128 个目的地址。

入口条件：（R3）= 转移目的地址代号（00H ~ 7FH）。

出口条件：转移到 128 个分支程序段入口。

参考程序如下：

```
JMP128:     MOV     A, R3
            RL      A                  ; (A)×2
            MOV     DPTR, #PRGTBL      ; 散转表首址送 DPTR
            JMP     @A+DPTR            ; 散转
```

```
PRGTBL：  AJMP     ROUT00      ;
          AJMP     ROUT01      ;
          …                          128 个 AJMP 指令占用 256B
          AJMP     ROUT7F      ;
```

程序中第二条指令 RL　A 把 A 中的内容乘以 2。由于分支代号是 00H～7FH，而散转表中用的 128 条 AJMP 指令，每条 AJMP 指令占两个字节，整个散转表共用了 256B 单元，因此必须把分支地址代号乘 2，才能使 JMP　@ A + DPTR 指令转移到对应的 AJMP 指令地址上，以产生分支。

由于散转表中用的是 AJMP 指令，因此，每个分支的入口地址（ROUT00～ROUT7F）必须与对应的 AJMP 指令在同一 2KB 存储区内。也就是说，分支入口地址的安排仍受到限制。若改用长转移 LJMP 指令，则入口地址可安排在 64KB 程序存储器的任何一区域，但程序也要作相应的修改。

【例 5-11】　256 路分支程序。

功能：根据 R3 的值转移到 256 个目的地址。

入口条件：（R3）= 转移目的地址代号（00H～FFH）。

出口条件：转移到相应分支处理程序入口。

参考程序如下：

```
JMP256：  MOV      A, R3             ; 取 N 值
          MOV      DPTR, #PRGTBL     ; DPTR 指向分支地址表首址
          CLR      C
          RLC      A                 ; (A)×2
          JNC      LOW128            ; 是前 128 个分支程序, 则转移
          INC      DPH               ; 否则基址加 256
LOW128：  MOV      TEMP, A           ; 暂存 A
          INC      A                 ; 指向地址低 8 位
          MOVC     A, @ A + DPTR     ; 查表, 读分支地址低 8 位
          PUSH     ACC               ; 地址低 8 位入栈
          MOV      A, TEMP           ; 恢复 A, 指向地址高 8 位
          MOVC     A, @ A + DPTR     ; 查表, 读分支地址高 8 位
          PUSH     ACC               ; 地址高 8 位入栈
          RET                        ; 分支地址弹入 PC 实现转移
PRGTBL：  DW       ROUT00      ;
          DW       ROUT01      ;
          …                          256 个分支程序首地址占用 512B
          DW       ROUTFF      ;
```

该程序可产生 256 路分支程序，分支处理程序可以分布在 64KB 程序存储器任何位置。

该程序根据 R3 中分支地址代码 00H～FFH，转到相应的处理程序入口地址 ROUT00～ROUTFF，由于入口地址是双字节（16 位），查表前应先把 R3 内容乘以 2，当地址代号为 00H～7FH 时（前 128 路分支），乘 2 不产生进位。当地址代号为 80H～FFH 时，乘 2 会产生进位，当有进位时，使基址高 8 位 DPH 内容加 1，指令 RLC　A 完成乘 2 功能。

该程序采用"堆栈技术"巧妙地将查表得到的分支入口地址的低 8 位和高 8 位分别压

入堆栈，然后执行 RET 指令，把栈顶内容（分支入口地址）弹入 PC 实现转移。执行这段程序后，堆栈指针 SP 不受影响，仍恢复原来值。

【例 5-12】 大于 256 路分支转移程序。

功能：根据入口条件转向 N 个分支处理程序。

入口条件：（R7R6）= 转移目的地址代号。

出口条件：转移到相应分支处理程序入口。

参考程序如下：

```
JMPN:    MOV    DPTR, #PRGTBL    ; DPTR 指向表首址
         MOV    A, R7            ; 取地址代号高 8 位
         MOV    B, #3
         MUL    AB              ; ×3
         ADD    A, DPH
         MOV    DPH, A          ; 修改指针高 8 位
         MOV    A, R6           ; 取地址代号低 8 位
         MOV    B, #3           ; ×3
         MUL    AB
         XCH    A, B            ; 交换乘积的高低字节
         ADD    A, DPH          ; 乘积的高字节加 DPH
         MOV    DPH, A
         XCH    A, B            ; 乘积的低字节送 A
         JMP    @A+DPTR         ; 散转
PRGTBL:  LJMP   ROUT0           ;
         LJMP   ROUT1           ;
         …                          N 个 LJMP 指令占用了 N×3B
         LJMP   ROUTN           ;
```

程序散转表中有 N 条 LJMP 指令，每条 LJMP 指令占 3 个字节，因此要按入口条件将址代号乘以 3，用乘积的高字节加 DPH，乘积的低字节送 A（变址寄存器）。这样执行 JMP A+DPTR 指令后，就会转向表中去执行一条相应的 LIMP 指令，从而进入分支程序。

例 5-9 ~ 例 5-12 分支程序都有一个散转表。例 5-9 的散转表中为分支入口地址和表首地址的相对值；例 5-10 的散转表中存放的是一组 AJMP 指令；例 5-11 的散转表中为分支入口地址；例 5-12 的转换表中存放的是一组 LJMP 指令。总之，其目的是为了使程序进入分支，读者应根据实际情况选择使用。

5.4 循环程序

5.4.1 循环程序的导出

前面介绍的是简单程序和分支程序，程序中的指令一般执行一次。而在一些实际应用系统中，往往同一组操作要重复执行多次，这种有规可循又反复处理的问题，可采用循环结构的程序来解决。这样可使程序简短，占用内存少，重复次数越多，运行效率越高。

【例 5-13】 在内部 RAM 30H ~4FH 连续 32 个单元中存放单字节无符号数。求 32 个无

符号数之和，并存入内部 RAM 51H, 50H 中。

解：这是重复相加问题。设用 R0 作加数地址指针，R7 作循环次数计数器，R3 作和数高字节寄存器。则程序流程图如图 5-6 所示。

参考程序如下：

```
            ORG     0200H
START:      MOV     R7, #31         ; R7 作循环次数计数器
            MOV     R3, #0          ; R3 作和数高字节寄存器          初始化部分
            MOV     A, 30H          ; 取被加数
            MOV     R0, #31H        ; R0 作加数地址指针
LOOP:       ADD     A, @R0          ; 做加法
            JNC     NEXT            ; CY = 0，和 < 256，则转
            INC     R3              ; CY = I，加到高字节            循环体部分
NEXT:       INC     R0              ; 修改 R0 指针
            DJNZ    R7, LOOP        ; 未完，重复加
            MOV     51H, R3
            MOV     50H, A          ; 存和数                        结束部分
            SJMP    $
            END
```

通过以上例子，不难看出循环程序的基本结构：

（1）初始化部分

程序在进入循环部分之前，应对各循环变量、其他变量和常量赋初值。为循环做必要的准备工作。

（2）循环体部分

这一部分由重复执行部分和循环控制部分组成。这是循环程序的主体，又称为循环体。值得注意的是，每执行一次循环体后，必须为下一次循环创造条件。如对数据地址指针、循环计数器等循环变量的修改工作，还要检查判断循环条件。符合循环条件，则继续重复循环；不符合时就退出循环，以实现对循环的判断与控制。

（3）结束部分

用来存放和分析循环程序的处理结果。

循环程序的关键是对各循环变量的修改和控制，尤其是循环次数的控制。在一些实际系统中有循环次数为已知的循环，可以用计数器控制循环；还有循环次数为未知的循环，可以按问题给定的条件控制循环。

【例 5-14】 从外部 RAM BLOCK 单元

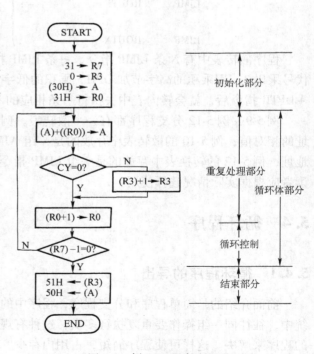

图 5-6 例 5-13 程序流程图

开始有一无符号数数据块，数据块长度存入 LEN 单元，求出其中的最大数存入 MAX 单元。

解：这是一基本搜索问题。采用两两比较法，取两者较大的数再与下一个数进行比较，若数据块长度 LEN = n，则应比较 n - 1 次，最后较大的数就是数据块中的最大数。

为了方便进行比较，使用 CY 标志来判断两数的大小，使用 B 寄存器作比较与交换的暂存器，使用 DPTR 作外部 RAM 地址指针。其程序流程图如图 5-7 所示。

参考程序如下：

```
            ORG     0400H
            BLOCK   DATA  0100H      ; 定义数据块首址
            MAX     DATA  31H        ; 定义最大数暂存单元
            LEN     DATA  30H        ; 定义长度计数单元
    FMAX:   MOV     DPTR, #BLOCK     ; 数据块首址送 DPTR
            DEC     LEN              ; 长度减 1
            MOVX    A, @DPTR         ; 取数至 A
    LOOP:   CLR     C                ; 0→CY
            MOV     B, A             ; 暂存于 B
            INC     DPTR             ; 修改指针
            MOVX    A, @DPTR         ; 取数
            SUBB    A, B
            JNC     NEXT
            MOV     A, B             ; 大者送 A
            SJMP    NEXT1
    NEXT:   ADD     A, B             ; (A) > (B)，则恢复 A
    NEXT1:  DJNZ    LEN, LOOP        ; 未完继续比较
            MOV     MAX, A           ; 存最大数
            SJMP    $                ; * 若用 RET 指令结尾则
            END                      ; 该程序可作子程序调用
```

【例 5-15】 在外部 RAM 的 BLOCK 单元开始有一数据块，数据块长度存入 LEN 单元。试统计其中正数、负数和零的个数，分别存入 PCOUNT，MCOUNT 和 ZCOUNT 单元。

解：这是一个多重分支的单循环程序。数据块中是带符号（补码）数，因而首先用 JB ACC.7，rel 指令判断符号位。若 ACC.7 = 1，则该数一定是负数，MCOUNT 单元加 1；若 ACC.7 = 0，则该数可能为正数，也可能为零，用 JNZ rel 指令判断之，若 A ≠ 0，则一定是正数，PCOUNT 加 1；否则该数为零，ZCOUNT 加 1。当数据块中所有的数被顺序判断一次后，则 PCOUNT、MCOUNT 和 ZCOUNT 单元中就是正数、负数和零的个数。程序流程图如图 5-8 所示。

参考程序如下：

```
            ORG     0200H
            BLOCK   DATA  2000H      ; 定义数据块首址
            LEN     DATA  30H        ; 定义长度计数单元
            PCOUNT  DATA  31H        ; 正计数单元
            MCOUNT  DATA  32H        ; 负计数单元
            ZCOUNT  DATA  33H        ; 零计数单元
    START:  MOV     DPTR, #BLOCK
```

```
            MOV     PCOUNT, #0
            MOV     MCOUNT, #0          ; 计数单元清零
            MOV     ZCOUNT, #0
LOOP:       MOVX    A, @DPTR            ; 取数
            JB      ACC.7, MCON         ; 若 ACC.7=1, 转负计数
            JNZ     PCON                ; 若(A)≠0, 转正计数
            INC     ZCOUNT              ; 若(A)=0, 则零的个数加 1
            AJMP    NEXT
MCON:       INC     MCOUNT              ; 负计数单元加 1
            AJMP    NEXT
PCON:       INC     PCOUNT              ; 正计数单元加 1
NEXT:       INC     DPTR                ; 修正指针
            DJNZ    LEN, LOOP           ; 未完继续
            SJMP    $
    END
```

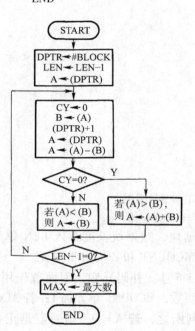

图 5-7 例 5-14 程序流程图

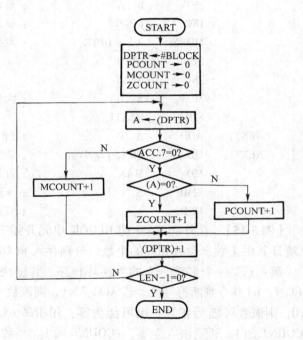

图 5-8 例 5-15 程序流程图

5.4.2 多重循环

前面介绍的三个例子中，程序只有一个循环，这种程序被称为单循环程序。而遇到复杂问题时，采用单循环往往不够，必须采用多重循环才能解决。所谓多重循环，就是在循环程序中还嵌套有其他循环程序，这就是多重循环结构的程序。利用机器指令周期进行延时是最典型的多重循环程序。

【例 5-16】 延时 20ms 子程序，设晶振主频为 12MHz。

解： 在系统晶振主频确定之后，延时时间主要与两个因素有关：其一是循环体（内循

环）中指令的执行时间的计算；其二是外循环变量（时间常数）的设置。

已知主频为 12MHz，一个机器周期为 $1\mu s$，执行一条 DJNZ Rn, rel 指令的时间为 $2\mu s$。延时 20ms 的子程序如下：

```
DELY:    MOV     R7, #100
DLY0:    MOV     R6, #100
DLY1:    DJNZ    R6, DLY1        ; 2μs×100＝200μs
         DJNZ    R7, DLY0        ; 200μs×100
         RET
```

以上延时时间不太精确，没有把执行外循环过程中其他指令计算进去。若把循环体以外的指令计算在内，则它的延时时间为

$$（200\mu s ＋3\mu s）\times 100＋3\mu s＝20303\mu s＝20.303ms$$

如果要求比较精确的延时，程序修改如下：

```
DELY:    MOV     R7, #100
DLY0:    MOV     R6, #98
         NOP
DLY1:    DJNZ    R6, DLY1        ; 2μs×98＝196μs
         DJNZ    R7, DLY0
         RET
```

它的实际延时为

$$（196\mu s ＋2\mu s＋2\mu s）\times 100＋3\mu s＝20003\mu s＝20.003ms$$

这样也有一定误差。如果需要延时更长时间，则可以采用更多的循环。

【例 5-17】 将内部 RAM 中 41H ~ 43H 单元中的内容左移 4 位，移出部分送 40H 单元。即：

解：用 RLC A 指令左循环移位，每左移一位，四个字节需移四次，以 R4 作内循环计数器；本题要求左移 4 位，用 R5 作外循环计数器。程序流程如图 5-9 所示。

参考程序如下：

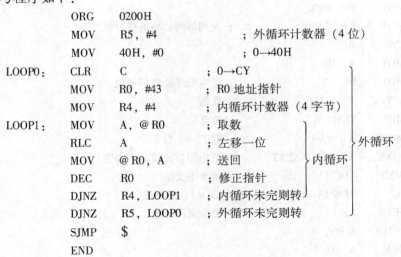

```
         ORG     0200H
         MOV     R5, #4          ; 外循环计数器（4 位）
         MOV     40H, #0         ; 0→40H
LOOP0:   CLR     C               ; 0→CY
         MOV     R0, #43         ; R0 地址指针
         MOV     R4, #4          ; 内循环计数器（4 字节）
LOOP1:   MOV     A, @R0          ; 取数
         RLC     A               ; 左移一位
         MOV     @R0, A          ; 送回
         DEC     R0              ; 修正指针
         DJNZ    R4, LOOP1       ; 内循环未完则转
         DJNZ    R5, LOOP0       ; 外循环未完则转
         SJMP    $
         END
```

在内循环中 40H～43H 单元的内容依次左移 1 位（共 4 次），在外循环中也是共做 4 次这样的工作，即完成本题的要求。

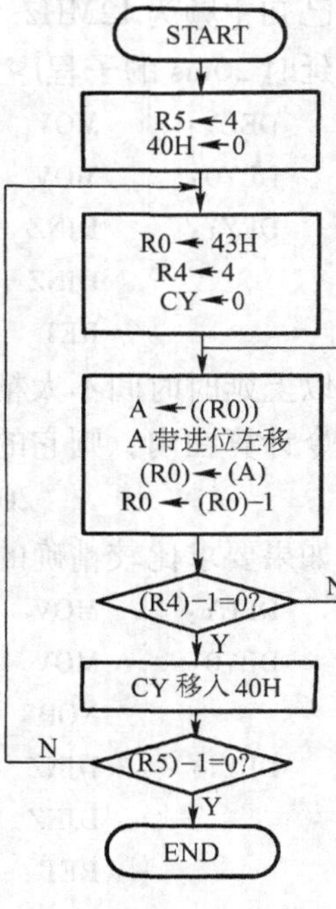

【例 5-18】 在外部 RAM 中 BLOCK 开始的单元中有一无符号数据块，其长度存入 LEN 元。试将这些无符号数按递减次序重新排列，并存入原存储区。

解： 处理这个问题要利用双重循环程序，在内循环中将相邻两单元的数进行比较，若符合从大到小的次序则不动，否则两数交换。这样两两比较下去，比较 n－1 次后，所有的数都比较与交换完毕，最小数沉底，在下一个内循环中将减少一次比较与交换。此时若从未交换过，则说明这些数据本来就是按递减次序排列的，程序可结束。否则将进行下一个循环，如此反复比较与交换，每次内循环的最小数都沉底（下一内循环将减少一次比较与交换），而较大的数一个个冒上来，因此排序程序又叫作"冒泡程序"。

用 P2 口作数据地址指针的高字节地址；用 R0、R1 作相邻两单元的低字节地址；用 R7、R6 作外循环与内循环计数器；用程序状态字 PSW 的 F0 作交换标志。

参考流程图如图 5-10 所示。

参考程序如下：

图 5-9 例 5-17 程序流程图

```
              ORG     1000H
              BLOCK   DATA    2200H
              LEN     DATA    51H
              TEM     DATA    50H
              MOV     DPTR，#BLOCK     ；置数据块地址指针
              MOV     P2，DPH          ；P2 作地址指针高字节
              MOV     R7，LEN          ；置外循环计数初值
              DEC     R7              ；比较与交换 n－1 次
LOOP0：        CLR     F0              ；交换标志清零
              MOV     R0，DPL
              MOV     R1，DPL          ；置相邻两数地址指针低字节
              INC     R1
              MOV     A，R7
              MOV     R6，A            ；置内循环计数器初值
LOOP1：        MOVX    A，@R0           ；取数
              MOV     TEM，A           ；暂存
              MOVX    A，@R1           ；取下一个数
              CJNE    A，TEM，NEXT     ；两相邻数比较，不等则转
              SJMP    NOCHA           ；相等不交换
NEXT：         JC      NOCHA           ；CY＝1，不交换
              SETB    F0              ；置位交换标志
              MOVX    @R0，A
              XCH     A，TEM
```

```
              MOVX    @R1, A              ;两数交换，大者在上，小者在下
   NOCHA：     INC     R0
              INC     R1                  ;修改指针
              DJNZ    R6, LOOP1           ;内循环未完，则继续
              JNB     F0, HAL             ;若从未交换，则结束
              DJNZ    R7, LOOP0           ;未完，继续
   HAL：      SJMP    $
              END
```

从上面介绍的几个例子，不难看出，循环程序的结构大体上是相同的。要特别注意以下问题：

1）在进入循环之前，应合理设置循环初始变量。

2）循环体只能执行有限次，如果无限执行，则称为"死循环"，这是应当避免的。

3）不能破坏或修改循环体，要特别注意的是避免从循环体外直接跳转到循环体内。

4）多重循环的嵌套，应当是以图 5-11a、b 这两种形式，应避免图 5-11c 的情况。由此可见，多重循环是从外层向内层一层层进入，从内层向外层一层层退出。不要在外层循环中用跳转指令直接转到内层循环体内。

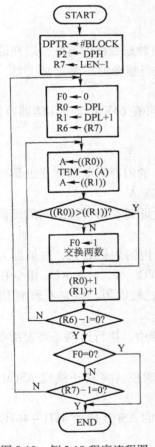

图 5-10　例 5-18 程序流程图

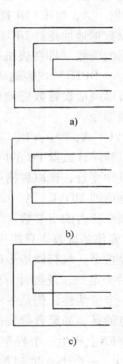

图 5-11　几种多重循环嵌套示意图

a）正确　b）正确　c）错误

5）循环体内可以直接转到循环体外或外层循环中，实现一个循环由多个条件控制结束的结构。

6）对循环体的编程要仔细推敲，合理安排，对其进行优化时，应主要放在缩短执行时间上，其次是程序的长度。

5.5　查表程序

查表是程序设计中经常遇到的，对于一些复杂参数的计算，不仅程序长，难以计算，而且要耗费大量时间。尤其是一些非线性参数，用一般算术运算解决是十分困难的。它涉及对数、指数、三角函数，以及微分和积分运算。对于这些运算，用汇编语言编程都比较复杂，有些甚至无法建立数学模型，如果采用查表法解决就容易多了。

所谓查表，就是把事先计算或测得的数据按一定顺序编制成表格，存放在程序存储器中。查表程序的任务就是根据被测数据，查出最终所需要的结果。因此查表比直接计算简单得多，尤其是对非数值计算的处理。利用查表法可完成数据运算、数据转换和数据补偿等工作，并具有编程简单、执行速度快、适合于实时控制等优点。

编程时可以方便地利用伪指令 DB 或 DW 把表格的数据存入程序存储器 ROM 中。MCS-51 指令系统中有两条指令具有极强的查表功能。

（1）MOVC　A，@A + DPTR

该指令以数据地址指针 DPTR 的内容作基址，它指向数据表格的首址，以变址器 A 的内容为所查表格的项数（即在表格中的位置是第几项）。执行指令时，基址加变址，读取表格中的数据，（A + DPTR）内容送 A。

该指令可以灵活设置数据地址指针 DPTR 的内容，可在 64KB 程序存储器范围内查表，故称为长查表指令。

（2）MOVC　A，@A + PC

该指令以程序计数器 PC 的内容作基址，以变址器 A 的内容为项数加变址调整值。执行指令时，基址加变址，读取表格中数据，（A + PC）内容送 A。

变址调整值即 MOVC　A，@A + PC 指令执行后的地址到表格首址之间的距离，即两地址之间其他指令所占的字节数。

用 PC 内容作基址查表只能查距本指令 256 个字节以内的表格数据，故被称为页内查表指令或短查表指令。执行该指令时，PC 当前值是由 MOVC　A，@A + PC 指令在程序中的位置加 2 以后决定的，还要计算变址调整值，使用起来比较麻烦。但它不影响 DPTR 内容，使程序具有一定灵活性，仍是一种常用的查表方法。

值得注意的是，如果数据表格存放在外部程序存储器中，执行这两条查表指令时，均会在控制引脚$\overline{\text{PSEN}}$上产生一个程序存储器读信号。

【例 5-19】　一个十六进制数存放在 HEX 单元的低四位，将其转换成 ASCII 码并送回 HEX 单元。

解： 十六进制 0 ~ 9 的 ASCII 码为 30H ~ 39H，A ~ F 的 ASCII 码为 41H ~ 46H，ASCII 码表格的首址为 ASCTAB。

参考程序如下：

```
            ORG      0100H
            HEX      EQU 30H
HEXASC：MOV      A，HEX
            ANL      A，#00001111B
            ADD      A，#3              ；变址调整
            MOVC     A，A + PC
            MOV      HEX，A            ；2B
            RET                         ；1B
ASCTAB：DB   30H，31H，32H，33H
            DB   34H，35H，36H，37H
            DB   38H，39H，41H，42H
            DB   43H，44H，45H，46H
            END
```

在这个程序中，查表指令 MOVC　A，@ A + PC 到表格首地址之间有 2 条指令，占用 3 个地址空间，故变址调整值为 3（即本指令到表格首址的距离）。

【例 5-20】 一组长度为 LEN 的十六进制数存入 HEXR 开始的单元中，将它们转换成 ASCII 码，并存入 ASCR 开始的单元中。

解：由于每个字节含有两个十六进制数，因此要拆开转换两次，每次都要通过查表求得 ASCII 码。由于两次查表指令 MOVC　A，@ A + PC 在程序中所处的位置不同，且 PC 当前值也不同，故对 PC 值的变址调整值是不同的。

参考程序如下：

```
            ORG      0100H
            HEXR     EQU 20H
            ASCR     EQU 40H
            LEN      EQU 1FH
HEXASC：MOV      R0，#HEXR          ；R0 作十六进制数存放指针
            MOV      R1，#ASCR          ；R1 作 ASCII 码存放指针
            MOV      R7，#LEN           ；R7 作计数器
LOOP：   MOV      A，@ R0            ；取数
            ANL      A，#0FH            ；保留低 4 位
            ADD      A，#15             ；第一次变址调整
            MOVC     A，@ A + PC        ；第一次查表
            MOV      @ R1，A            ；存放 ASCII 码（1B）
            INC      R1                 ；修正 ASCII 码存放指针（1B）
            MOV      A，@ R0            ；重新取数（1B）
            SWAP     A                  ；（1B）
            ANL      A，#0FH            ；准备处理高 4 位（2B）
            ADD      A，#6              ；第二次变址调整（2B）
            MOVC     A，@ A + PC        ；第二次查表（1B）
            MOV      @ R1，A            ；存 ASCII 码（1B）
            INC      R0                 ；（1B）
            INC      R1                 ；修正地址指针（1B）
```

```
        DJNZ     R7，LOOP              ；未完继续（2B）
        RET                           ；返回（1B）
ASCTAB：DB       '0  1  2  3'
        DB       '4  5  6  7'
        DB       '8  9  A  B'
        DB       'C  D  E  F'
        END
```

注意：数据表格中用单引号' '括起来的元素，程序汇编时，将这些元素当作 ASCII 码处理。

【例 5-21】 求 y = n!（n = 0，1，2，…，9）的值。

解：如果按照求阶乘的运算，程序设计十分烦琐，需连续做 n − 1 次乘法。但如果将函数值列成表格，见表 5-1，则不难看出，每个 n 值所对应的 y 值在表格中的地址可按下面公式计算出来：

$$y \text{ 地址} = \text{函数表首址} + n \times 3$$

因而可采用计算查表法。对每一 n 值，首先按上述公式计算出对应于 y 的地址，然后从该单元中取出 y 值。

设 n 值存放在 TEM 单元，表的首址为 TABL，用 MOVC A，@ A + DPTR 指令查表取出 y 值存入 R2R1R0 中。

表 5-1 n! 表格

n 值	y 值	y 地址	n 值	y 值	y 地址
	0 0	TABL		2 0	TABL + F
0	0 0	TABL + 1	5	0 1	TABL + 10
	0 0	TABL + 2		0 0	TABL + 11
	0 1	TABL + 3		2 0	TABL + 12
1	0 0	TABL + 4	6	0 7	TABL + 13
	0 0	TABL + 5		0 0	TABL + 14
	0 2	TABL + 6		4 0	TABL + 15
2	0 0	TABL + 7	7	5 0	TABL + 16
	0 0	TABL + 8		0 0	TABL + 17
	0 6	TABL + 9		2 0	TABL + 18
3	0 0	TABL + A	8	0 3	TABL + 19
	0 0	TABL + B		0 4	TABL + 1A
	2 4	TABL + C		8 0	TABL + 1B
4	0 0	TABL + D	9	2 8	TABL + 1C
	0 0	TABL + E		3 6	TABL + 1D

参考程序如下：

```
        ORG      2000H
TEM     EQU      30H
CALN：  MOV      A，TEM                ；取 n 值
        MOV      B，#3
        MUL      AB                    ；n × 3 − A
```

```
        MOV      B, A              ; 暂存
        MOV      DPTR, #TAB        ; 指向表首址 L
        MOV      A, @ A + DPTR     ; 查表取低字节
        MOV      R0, A             ; 存入 R0
        INC      DPTR              ; 修正地址指针
        MOV      A, B              ; 恢复 n×3
        MOV      A, @ A + DPTR     ; 查表取中间字节
        MOV      R1, A             ; 存入 R1
        INC      DPTR              ; 修正地址指针
        MOV      A, B              ; 恢复 n×3
        MOVC     A, @ A + DPTR     ; 查表取高字节
        MOV      R2, A             ; 存入 R2
        RET
TABL:   DB  00, 00, 00, 01, 00, 00
        ...
```

【例 5-22】 从 200 个人的档案表格中，查找一个名叫张三（关键字）的人。若找到，则记录其地址存入 R3R2 中，否则，将 R3R2 清零。表格首址为 TABL。

解：由于这是一个无序表格，所以只能一个单元一个单元逐个搜索。

参考程序如下：

```
                ORG      2000H
ZHANG   EQU      30H                ; 定义关键字，ZHANG = 30H
FZHANG: MOV      31H, ZHANG         ; 关键字送 31H
        MOV      R7, #200           ; 查找次数
        MOV      DPTR, #TABL
        MOV      A, #16H            ; 变址修正量
LOOP:   PUSH     ACC                ; 暂存 A
        MOVC     A, @ A + PC        ; 查表
        CJNE     A, 31H, NOF        ; 未找到，转 NOF（3B）
        MOV      R3, DPH            ; (2B)
        MOV      R2, DPL            ; 找到了，记录地址（2B）
        POP      ACC                ; (2B)
DONE:   RET                         ; (1B)
NOF:    POP      ACC                ; 恢复 A（2B）
        INC      A                  ; 求下一地址（1B）
        INC      DPTR               ; 表地址加 1（1B）
        DJNZ     R7, LOOP           ; 未完继续（2B）
        MOV      R3, #0             ; (2B)
        MOV      R2, #0             ; 未找到 R3R2 清零（2B）
        AJMP     DONE               ; (2B)
TABL:   DB       ××, ××, ××
        ...
        END
```

在这个程序中，查表使用短查表指令 MOVC　A，@ A + PC。DPTR 并没有参与查表，而是用来记录关键字的地址。若使用长查表指令 MOVC　A，@ A + DPTR，也可以实现上述功能。请读者自己分析。

5.6　子程序的设计及调用

5.6.1　子程序的概念

在一个程序中，往往许多地方需要执行同样的运算和操作。例如，求三角函数和各种加减乘除运算、代码转换以及延时程序等。这些程序是在程序设计中经常用到的。如果编程过程中每遇到这样的操作都编写一段程序，会使编程工作十分烦琐，也会占用大量存储器空间。通常人们把这些能完成某种基本操作并具有相同操作的程序段单独编制成子程序，以供不同程序或同一程序反复调用。在程序中需要执行这种操作的地方执行一条调用指令，转到子程序中完成规定操作，并返回到原来的程序中继续执行下去。这就是所谓的子程序结构。

在程序设计中恰当地使用子程序有如下优点：

1）不必重复书写同样的程序，提高编程效率。

2）程序的逻辑结构简单，便于阅读。

3）缩短了源程序和目标程序的长度，节省了程序存储器空间。

4）使程序模块化、通用化，便于交流，共享资源。

5）便于按某种功能调试。

通常人们将一些常用的标准子程序驻留在 ROM 或外部存储器中，构成子程序库。丰富的子程序库对用户十分方便，对某子程序的调用，就像使用一条指令一样方便。

5.6.2　调用子程序的要点

1. 子程序结构

用汇编语言编制程序时，要注意以下两个问题：

1）子程序开头的标号区段必须有一个使用户了解其功能的标志（或称为名字），该标志即子程序的入口地址，以便在主程序中使用绝对调用指令 ACALL 或长调用指令 LCALL 转入子程序。例如调用延时子程序：

　　　LCALL　DELY

　或　ACALL　DELY

这两条调用指令属于程控类（转子）指令，不仅具有寻址子程序入口地址的功能，而且在转入子程序之前能自动使主程序断点入栈，具有保护主程序断点的功能。

2）子程序结尾必须使用一条子程序返回指令 RET。它具有恢复主程序断点的功能，以便断点出栈送 PC，继续执行主程序。

一般来说，子程序调用指令和子程序返回指令要成对使用。请读者参阅指令系统中的调用与返回指令。

2. 参数传递

子程序调用时，要特别注意主程序与子程序的信息交换问题。在调用一个子程序时，主程序应先把有关参数（子程序入口条件）放到某些约定的位置，子程序在运行时，可以从约定的位置得到有关参数。同样子程序结束前，也应把处理结果（出口条件）送到约定位置。返回后，主程序便可从这些位置中得到需要的结果，这就是参数传递。参数传递可采用多种方法：

（1）子程序无须传递参数

这类子程序中所需参数是子程序赋予的，不需要主程序给出。

【例 5-23】 调用延时 20ms 子程序 DELY。

主程序：

            ⋮

            LCALL DELY

            ⋮

子程序：

```
DELY：   MOV     R7, #100
DLY0：   MOV     R6, #98
         NOP
DLY1：   DJNZ    R6, DLY1
         DJNZ    R7, DLY0
         RET
```

子程序根本不需要主程序提供入口参数，从进入子程序开始，到子程序返回，这个过程花费 CPU 时间约 20ms。

（2）用累加器和工作寄存器传递参数

这种方法要求所需的入口参数在转入子程序之前将它们存入累加器 A 和工作寄存器 R0～R7 中。在子程序中就用累加器 A 和工作寄存器中的数据进行操作，返回时，出口参数即操作结果就在累加器和工作寄存器中。采用这种方法，参数传递最直接最简单，运算速度最高。但是工作寄存器数量有限，不能传递更多的数据。

【例 5-24】 双字节求补子程序 CPLD。

解：入口参数：（R7R6）= 16 位数。

    出口参数：（R7R6）= 求补后的 16 位数。

```
CPLD：   MOV     A, R6
         CPL     A
         ADD     A, #1
         MOV     R6, A
         MOV     A, R7
         CPL     A
         ADDC    A, #0
         MOV     R7, A
         RET
```

这里与例 5-3 的求补不同，采用"变反＋1"的方法，值得注意的是，十六位数变反加 1 要考虑进位问题，不仅低字节要加 1，高字节也要加低字节的进位，故采用 ADD A, #1 指令，而不能用 INC 指令，因为 INC 指令不影响 CY 位。

（3）通过操作数地址传递参数

子程序中所需操作数存放在数据存储器 RAM 中。调用子程序之前的入口参数为 R0、R1 或 DPTR 间接指出的地址；出口参数（即操作结果）仍是由 R0、R1 或 DPTR 间接指出的地址。一般内部 RAM 由 R0、R1 作地址指针，外部 RAM 由 DPTR 作地址指针。这种方法可以节省传递数据的工作量，可实现变字长运算。

【例 5-25】 n 字节求补子程序。

解：入口参数：（R0）＝求补数低字节指针，（R7）＝n－1。

出口参数：（R0）＝求补后的高字节指针。

```
CPLN:   MOV     A, @R0
        CPL     A
        ADD     A, #1
        MOV     @R0, A
NEXT:   INC     R0
        MOV     A, @R0
        CPL     A
        ADDC    A, #0
        MOV     @R0, A
        DJNZ    R7, NEXT
        RET
```

（4）通过堆栈传递参数

堆栈可用于参数传递，在调用子程序前，先把参与运算的操作数压入堆栈。转入子程序之后，可用堆栈指针 SP 间接访问堆栈中的操作数，同时又可以把运算结果压入堆栈中。返回主程序后，可用 POP 指令获得运算结果。值得注意的是，转入子程序时，主程序的断点地址也要压入堆栈，占用堆栈两个字节，弹出参数时要用两条 DEC SP 指令修改 SP 指针，以便使 SP 指向操作数。另外在子程序返回指令 RET 之前要加两条 INC SP 指令，以便使 SP 指向断点地址，保证能正确返回主程序。

【例 5-26】 在 HEX 单元存放两个十六进制数，将它们分别转换成 ASCII 码并存入 ASC 和 ASC＋1 单元。

解：由于要进行两次转换，故可调用查表子程序完成。

主程序：

```
MAIN:   ⋮
        PUSH    HEX                 ; 取被转换数
        LCALL   HASC                ; 转入子程序
*PC→    POP     ASC                 ; ASCL→ASC
        MOV     A, HEX              ; 取被转换数
        SWAP    A                   ; 处理高四位
        PUSH    ACC
        LCALL   HASC                ; 转入子程序
        POP     ASC＋1              ; ASCH→ASC＋1
        ⋮
```

在主程序中设置了入口参数 HEX 入栈，即 HEX 被推入 SP + 1 指向的单元，当执行 LCALL HASC 指令之后，主程序的断点地址 PC 也被压入堆栈，即 * PCL 被推入 SP + 2 单元、* PCH 被推入 SP + 3 单元。堆栈中的数据变化如图 5-12 所示。

子程序：

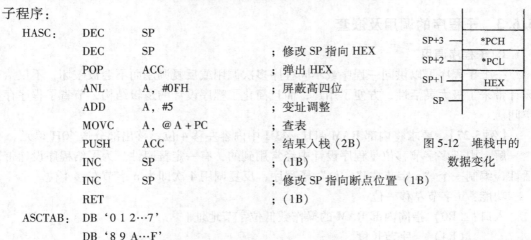

HASC：	DEC	SP	
	DEC	SP	；修改 SP 指向 HEX
	POP	ACC	；弹出 HEX
	ANL	A，#0FH	；屏蔽高四位
	ADD	A，#5	；变址调整
	MOVC	A，@ A + PC	；查表
	PUSH	ACC	；结果入栈（2B）
	INC	SP	；（1B）
	INC	SP	；修改 SP 指向断点位置（1B）
	RET		；（1B）
ASCTAB：	DB	'0 1 2…7'	
	DB	'8 9 A…F'	

图 5-12　堆栈中的数据变化

使用堆栈来传递参数，方法简单，能传递大量参数，不必为特定参数分配存储单元。

3. 现场保护

在转入子程序时，特别是进入中断服务子程序时，要特别注意现场保护问题。即主程序使用的内部 RAM 内容、各工作寄存器内容、累加器 A 内容和 DPTR 以及 PSW 等寄存器内容，都不应因转子程序而改变。如果子程序所使用的寄存器与主程序使用的寄存器有冲突，则在转入子程序后首先要采取保护现场的措施。方法是将要保护的单元压入堆栈，而空出这些单元供子程序使用。返主程序之前要弹出到原工作单元，恢复主程序原来的状态，即恢复现场。

例如，十翻二子程序的现场保护。

BCDCB：	PUSH	ACC	
	PUSH	PSW	
	PUSH	DPL	；保护现场
	PUSH	DPH	
	⋮		
			；十翻二
	POP	DPH	
	POP	DPL	
	POP	PSW	；恢复现场
	POP	ACC	
	RET		

压入与弹出的顺序应按"先进后出"，或"后进先出"的顺序，才能保证现场的恢复。

对于一个具体的子程序是否要进行现场保护，以及哪些单元应该保护，要具体情况具体对待，不能一概而论。

4. 设置堆栈

恰当地设置堆栈指针 SP 的初值是十分必要的。调用子程序时，主程序的断点将自动入栈；转入子程序后，现场的保护都要占用堆栈工作单元，尤其多重转子或子程序嵌套，需要使栈区有一定的深度。由于 MCS-51 的堆栈是由 SP 指针组织的内部 RAM 区，仅有 128 个单元，堆栈并非越深越好，深度要恰当。

5.6.3 子程序的调用及嵌套

1. 子程序调用

一个子程序可以供同一程序或不同程序多次调用或反复调用而不会被破坏，不仅给程序设计带来了极大灵活性，方便了用户，而且简化了程序设计的逻辑结构，节省了程序存储器空间。

【例 5-27】 要求将内部 RAM 41H ~ 43H 中内容左移 4 位，移出部分送 40H 单元。

解：由于多字节移位是程序设计中经常用到的，有一定普遍性。为了给程序设计带来灵活性，编制一个"n 字节左移一位"子程序，反复调用 4 次即为 n 字节左移 4 位。

功能：n 字节左移一位。

入口：（R0）指向内部 RAM 的操作数低位字节地址。

（R4）= 字节长度。

出口：（R0）指向内部 RAM 的结果高位字节地址。

子程序：

```
RLC1:   CLR    C
LOOP0:  MOV    A, @R0
        RLC    A
        MOV    @R0, A '
        DEC    R0
        DJNZ   R4, LOOP0
        MOV    A, @R0
        RLC    A
        MOV    @R0, A
        RET
```

为了完成要求，可编制左移 4 位子程序。

```
RLC4:   MOV    R7, #4        ; R7 为左移位数计数器
NEXT:   MOV    R0, #43       ; 为进入 RLC1 子程序设置入口条件
        MOV    R4, #3
        ACALL  RLC1          ; 转向子程序
*PC→    DJNZ   R7, NEXT      ; 未完，继续
        MOV    A, @R0
        ANL    A, #0FH       ; 屏蔽结果高 4 位
        MOV    @R0, A        ; 存结果高 4 位
        RET
```

注意：＊PC 是子程序的返回地址，即当前主程序的断点。

在这个简单的子程序中，由于子程序 RLC1 和主程序 RLC4（相对于子程序 RLC1 而言）所用的寄存器没有冲突，即调用子程序 RLC1 时，主程序 RLC4 的现场没有被破坏，因此无须在子程序 RLC1 中保护现场。否则将在 RLC1 的入口用 PUSH 指令保护现场，在 RET 指令

之前，用 POP 指令恢复现场。

在这个例子中，不难看出参数传递的方式，采用了地址传递参数方式和工作寄存器参数传递方式。入口参数是由 R0 给出的地址指针，指向内部 RAM 中操作数的低位字节，由 R4 给出字节长度。出口参数也是由 R0 给出的地址，它指向结果存放 RAM 的高位字节。

子程序调用指令 ACALL（LCALL）不仅具有寻址子程序入口地址的功能，而且能在转入子程序之前，利用堆栈技术自动将断点 $*PCL-(SP+1)$ 和 $*PCH-(SP+2)$ 压入堆栈，有效保护了断点。当子程序返回，执行 RET 指令时，能使断点出栈送入 PC，即返回到主程序继续执行。

2. 子程序嵌套

主程序与子程序的概念是相对的，一个子程序除了末尾有一条返回 RET 指令外，其本身的执行与主程序并无差异，因而在子程序中可以引用其他子程序，这种情况称为子程序嵌套或多重转子。

例如，在一个数据处理的程序中，经常要调用"左移 4 位"子程序 RLC4。数据处理程序如下：

主程序：

```
MAIN:   MOV     SP, #5FH                ; 数据
        ⋮
                                        ; 处理
        ACALL   RLC4                    ; 程序
        ⋮
                                        ; ↓
```

这个程序就采用了子程序的嵌套。为什么要在主程序的第一条指令就要定义堆栈指针呢？因为子程序的嵌套必须借助堆栈来完成。

多次调用子程序伴随着多次子程序返回操作，每次调用指令都有一个断点入栈操作，每次的返回指令都有一个断点出栈操作。而最后一次被调用的子程序返回地址，必须最先被弹出才能保证程序的正确性。换句话说，这时保护入栈的断点地址及从栈中弹出的返回地址必须按照"先进后出"（或后进先出）的操作次序，这种操作恰好是堆栈操作的原则。

下面以一个子程序三重嵌套为例说明多重转子堆栈中断点的保护与弹出，子程序的嵌套过程如图 5-13 所示。

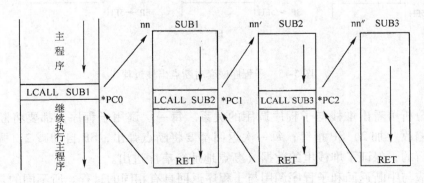

图 5-13　子程序嵌套过程

主程序运行时，遇到调用指令 LCALL SUB1 时，首先将断点（即调用指令的下一条指令）地址 * PC0 压入栈，如图 5-14a 所示，然后子程序 SUB1 的入口地址 nn→PC，程序转入 SUB1；在子程序 SUB1 的运行中，遇到 LCALL SUB2 指令，此时断点地址 * PC1 入栈，如图 5-14b 所示，然后子程序 SUB2 的入口地址 nn′→PC，程序转入 SUB2；在子程序 SUB2 的运行中，又遇到 LCALL SUB3 指令，此时断点地址 * PC2 入栈，如图 5-14c 所示，然后子程序 SUB3 的入口地址 nn″→PC，程序运行 SUB3。

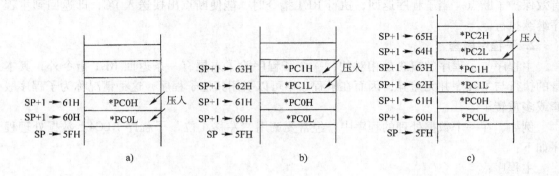

图 5-14 子程序嵌套时断点入栈过程

在 SUB3 运行结束时执行一条 RET 指令，它将最后一个压入的断点 * PC2 弹出到 PC，并自动修改 SP 指针，如图 5-15a 所示，程序返回 SUB2 继续运行；当 SUB2 运行完并执行 RET 指令时，它将栈顶的断点 * PC1 弹出到 PC，如图 5-15b 所示，程序返回 SUB1 继续执行；当执行完 SUB1，再执行一条 RET 指令，它将最先入栈的断点 * PC0 最后弹出到 PC，如图 5-15c 所示，程序返回主程序继续执行。此时堆栈指令 SP 又恢复到 5FH。

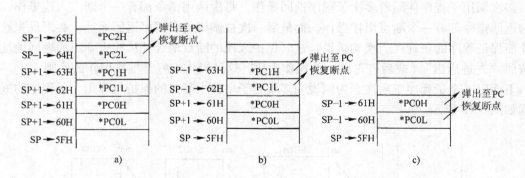

图 5-15 子程序嵌套时断点出栈过程

从上述分析可看出堆栈与子程序调用的关系。每一次调用子程序，都要将断点压入堆栈，并自动修改（加 2）SP 指针；每一次返回都要将断点弹出，SP 自动减 2。调用和返回总是成对进行的，保证了堆栈里的数据（断点地址）有序进出。

中断响应与中断返回和子程序调用与子程序返回具有相同的过程。所不同的是调用指令 LCALL 是编程者在程序中安排的，断点为已知固定的；而中断响应是随机的，因而中断的断点地址也是随机的。有了堆栈技术，不管断点是固定的还是随机的，都可以得到有效的保护和恢复。这里要强调的是伴随着断点的进出栈，SP 指针也将不断地得到修正，它总是指向栈顶。

5.7　习题

1. 若晶振为 6MHz，试编写一个 2ms 延时子程序。

2. 试编制一个子程序，对串行口初始化，使串行口以方式 1，波特率为 1200bit/s（晶振为 11.059MHz）发送字符串 "MCS-51"。

3. 晶振为 11.059MHz，串行口工作于方式 3，波特率为 2400bit/s，第 9 位数据为奇校验位。试编制一个程序，对串行口初始化，并用查询方式接收串行口上输入的 10 个字符存于内部 RAM 中 30H 开始的区域。

4. 写一个子程序，其功能为将（R0）指出的两个 RAM 单元中的数转换为 ASCII 字符，并用查询方式从串行口上发送出去（设串行口已由主程序初始化）。

5. 试编制一个子程序将字符串 'MCS-51 Microcomputer' 装入外部 RAM 8000H 开始的显示缓冲区。

6. 试设计一个 n 字节的无符号十进制数加法子程序，其功能为将（R0）和（R1）指出的内部 RAM 中两个 n 字节压缩 BCD 码无符号十进制整数相加，结果存放于被加数单元中。子程序入口时，R0、R1 分别指向被加数和加数的低位字节，字节数 n 存于 R2，出口时 R0 指向和的高位字节，CY 为进位位。

7. 试设计一个 n 字节的无符号十进制数减法子程序，其功能为将（R0）指出的内部 RAM 中 n 字节无符号压缩 BCD 码减去（R1）指出的内部 RAM 中 n 字节无符号压缩 BCD 码，结果存放于被减数单元中。子程序入口时，R0、R1 分别指向被减数和减数的低位字节，字节数 n 存于 R2，出口时 R0 指向差的高位字节，CY = 1 为正，CY = 0 为负，结果为补码。

8. 试设计一个子程序，其功能为判断（R2R3R4R5）中的压缩 BCD 码十进制数最高位是否为 0，若最高位为 0，且该十进制数不为 0，则通过左移使最高位不为零。

9. 试设计一个双字节无符号整数乘法子程序，其功能为将（R3R2）和（R5R4）相乘，积存于 30H ~ 33H 单元。

10. 试设计一个子程序，其功能为将无符号二进制整数（R2R3R4R5）除以（R6R7），其商存放于 30H，31H 单元，余数存于 R2R3。

11. 试设计一个子程序，其功能为将（R0）指出的内部 RAM 中 6 个单字节正整数按从小到大的次序重新排列。

12. 试设计一个子程序，其功能为应用查表指令：MOVC　A，@ A + PC，求累加器（A）的平方值，结果送 A，入口时（A）< 15。

13. 试设计一个子程序，其功能为将（R0）指出的内部 RAM 中双字节压缩 BCD 码转换为二进制数存于 R1 指出的内部 RAM 中，并将结果再转换成 BCD 码存放于 30H 开始的单元中。

14. 若晶振为 6MHz，用 T0 产生 500μs 的定时中断，试编写有关的初始化程序和对时钟进行计数的 T0 中断服务程序。时钟计数单元为 30H，31H，32H，分别存放压缩 BCD 码的时、分、秒参数。

15. 在一个 8031 系统中，晶振为 12MHz，P1 口上输入 8 路脉冲，频率为 0.1 ~ 3Hz，现用 T0 产生 1ms 定时，由 T0 中断服务程序读 P1 口的状态，若发生上跳则该路软件计数单元加 1，每到 1 分钟将各路计数值拆分成 2 位十六进制数送显示缓冲区 70H ~ 7FH，并清零各计数器。试编写有关程序。

16. 在某应用系统中，有 A ~ T 20 个单字符合法命令，这些命令的处理程序入口地址依次存放在标号为 CADR 开始的地址表中，若输入的命令字符存放于 A，试编写一个散转程序，其功能为：若（A）为非法字符，则转 CDER；若为合法命令字符，则转相应的入口地址。

第6章 单片机系统的并行扩展

6.1 MCS-51 系统的并行扩展原理

6.1.1 MCS-51 并行扩展总线

MCS-51 的 P0 口和 P2 口可以作为并行扩展总线口，P2 口输出高 8 位地址 A8 ~ A15，P0 口分时输出低 8 位地址 A0 ~ A7 和数据 D0 ~ D7，控制总线有外部程序存储器的读选信号 $\overline{\text{PSEN}}$，外部数据存储器的读写信号 $\overline{\text{RD}}$（P3.7）、$\overline{\text{WR}}$（P3.6），低 8 位地址锁存允许信号 ALE，以及片内或片外程序存储器选择信号 $\overline{\text{EA}}$。

P0 口是个复用口，输出的地址在 ALE 上升以后有效，在 ALE 下降以后消失，因此可以用 ALE 的负跳变将地址打入地址锁存器，图 6-1 给出了用 74LS373 作为地址锁存器的 MCS-51 系统扩展总线图。

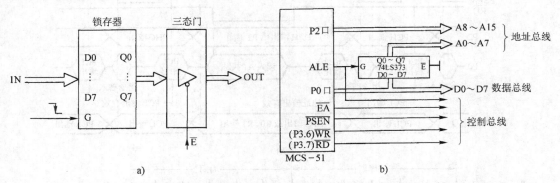

图 6-1 74LS373 逻辑符号及其作为地址锁存器的 MCS-51 系统扩展总线图

a) 74LS373 逻辑符号 b) 用 74LS373 作地址锁存器的 MCS-51 扩展总线

74LS373 的 $\overline{\text{E}}$ 为 Q0 ~ Q7 上三态门的允许输出控制输入端，$\overline{\text{E}}$ 接地，则 Q0 ~ Q7 总是允许输出。G 为锁存信号输入端，高电平时 Q0 ~ Q7 = D0 ~ D7，负跳变时将 D0 ~ D7 打入 Q0 ~ Q7，并在 G 为低电平时，Q0 ~ Q7 保持不变。G 接 MCS-51 的 ALE。ALE 高电平时 P0 口输出的地址直接通过 74LS373 输出，使 P2 口和 P0 口输出的地址信息同时到达地址总线；ALE 负跳变时，P0 口上输出地址打入 Q0 ~ Q7，使总线上 A0 ~ A7 信息保持不变，接着 P0 口可传送数据。图 6-2 给出了 MCS-51 访问外部存储器的时序波形。

图 6-2 中有几点值得注意：

1）对应于 ALE 下降沿时刻，出现在 P0 口上的信号必然是低 8 位地址信号 A0 ~ A7。

2）对应于 $\overline{\text{PSEN}}$ 上升沿时刻，出现在 P0 口上的信号必然是指令信号，P2 口上的信号是外部程序存储器高 8 位地址信号 A8 ~ A15，地址锁存器输出信号是外部程序存储器低 8 位地址信号 A0 ~ A7。

126

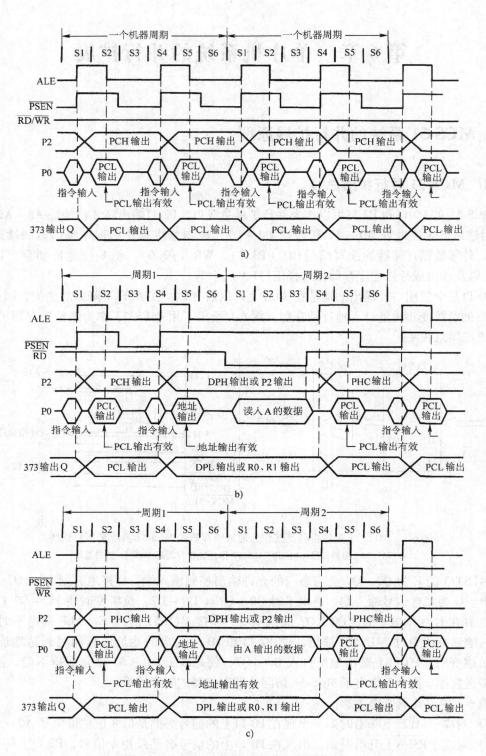

图 6-2　MCS-51 访问外部存储器的时序波形

a）读片外 EPROM 时序波形　b）读片外 RAM/IO 口时序波形　c）写片外 RAM/IO 口时序波形

3）对应于 $\overline{\text{RD}}$ 和 $\overline{\text{WR}}$ 上升沿时刻，出现在 P0 口上的信号必然是送往（或来自）A 的数据信号，P2 口上的信号是外部数据存储器的高 8 位地址信号 A8～A15，地址锁存器输出信号是外部数据存储器的低 8 位地址信号 A0～A7。

6.1.2 地址译码方法

MCS-51 单片机的 CPU 是根据地址访问外部存储器的，即由地址线上送出的地址信息选中某一芯片的某个单元进行读写。在逻辑上芯片选择是由高位地址译码实现的，选中的芯片中单元的选择则由低位地址信息确定。地址译码方法有线选法、全地址译码法及部分地址译码法三种。

1. 线选法

所谓线选法就是用某一位地址线接到所扩展的芯片的片选端，一般片选端（$\overline{\text{SC}}$、$\overline{\text{CE}}$ 等符号表示）均为低电平有效，只要这一位地址线为低电平，就选中该电路进行读/写。在外部扩展的芯片中，如果所用地址最多为 A0～Ai，则可以作为片选的地址线为 A（i+1）～A15。如果 i＝12，则只有 A15、A14、A13 可以作为片选线，A15 作为 $\overline{\text{CS0}}$，A14 作为 $\overline{\text{CS1}}$，A13 作为 $\overline{\text{CS2}}$，分别接到 0#、1#、2# 芯片的片选端。图 6-3a 给出了线选法的示意图，由于 CPU 不能同时对两个芯片进行访问，因此，A15、A14、A13 中不能有二位以上地址线同时为低。采用线选法时，不管芯片内有多少个单元，所占的地址空间大小是一样的。

芯片的地址范围由 A15～A0 的取值（亦即 P2 口和 P0 口的内容）决定，以 0# 芯片为例，A15～A0 的取值如下：

A15	A14	A13	A12	A11	A10	A9	A8	A7	A6	A5	A4	A3	A2	A1	A0	
0	1	1	X	X	X	X	X	X	X	X	X	X	0	0	0	0#单元
0	1	1	X	X	X	X	X	X	X	X	X	X	0	0	1	1#单元
0	1	1	X	X	X	X	X	X	X	X	X	X	0	1	0	2#单元
0	1	1	X	X	X	X	X	X	X	X	X	X	0	1	1	3#单元
0	1	1	X	X	X	X	X	X	X	X	X	X	1	0	0	4#单元
0	1	1	X	X	X	X	X	X	X	X	X	X	1	0	1	5#单元
0	1	1	X	X	X	X	X	X	X	X	X	X	1	1	0	6#单元
0	1	1	X	X	X	X	X	X	X	X	X	X	1	1	1	7#单元

其中 X 为无关项，即无论 X 取 0 或取 1，都不会影响对单元的确定，当 X 由全 "0"，变到全 "1" 时，0# 芯片的地址范围即为 6000H～7FFFH。本例中无关项 X 的个数为 10，显然，该芯片中每个单元都有 2^{10} 个重叠地址。例如，6000H、6008H、6010H、…、7EF8H 均是 0# 单元的地址。

为保证在选中某一芯片时，不同时选中其他芯片，并避免重叠地址。芯片中单元地址的一种简单确定方法为：该芯片未用到的地址线取 1，用到的地址线由所访问的芯片和单元确定。例如，0# 芯片的 $\overline{\text{CS}}$ 接 A15，三位地址线 A0、A1、A2 接芯片的单元地址选择线 A0、A1、A2，则该芯片地址范围为 7FF8H～7FFFH。也可用另一种方法来确定芯片中单元的地址：该芯片未用到的片选线取 1，未用到的其他地址线取 0，用到的地址线由所访问的芯片和单元确定。仍按上例中的情况，则 0# 芯片地址范围为 6000H～6007H。

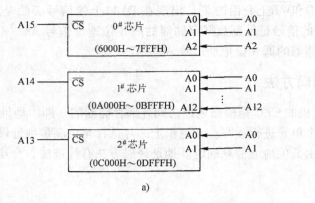

a)

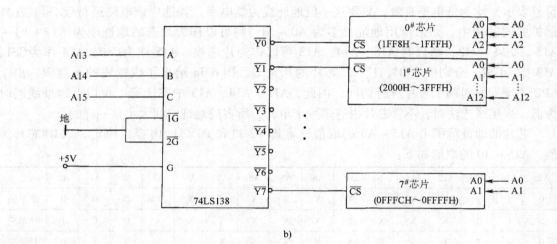

b)

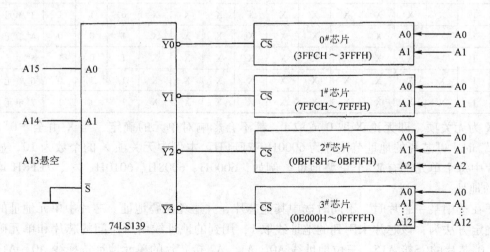

c)

图 6-3 地址译码示意图

a) 线选法 b) 全地址译码法 c) 部分地址译码法

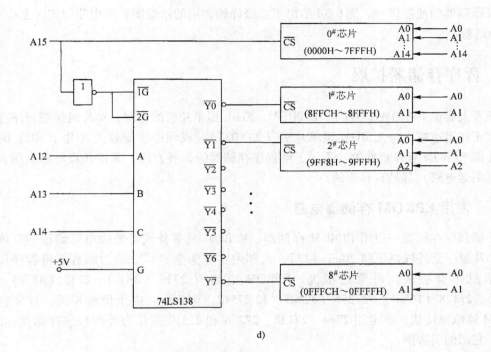

图 6-3　地址译码示意图（续）

d）二级译码法

2. 全地址译码法

线选法的优点是简单，缺点是地址空间没有被充分利用，可以连接的芯片少。若扩展较多 RAM/IO 口，则需全地址译码，常用地址译码器为：

1）2～4 译码器 74LS139。对 A15、A14 译码产生 4 个片选信号，可接 4 个芯片，每个芯片占 16KB。

2）3～8 译码器 74LS138。对 A15、A14、A13 译码产生 8 个片选信号，可接 8 个芯片，每个芯片占 8KB。

3）4～16 译码器 74LS154。对 A15、A14、A13、A12 译码产生 16 个片选信号，可接 16 个芯片，每个芯片占 4KB。

图 6-3b 给出了这种译码方法的示意图。

3. 部分地址译码法

当系统中扩展的芯片不多，不需要全地址译码，但采用线选法、片选线又不够时，可采用部分地址译码法。此时单片机的片选线中只有一部分参与译码，其余部分是悬空的，由于悬空片选地址线上的电平无论怎样变化，都不会影响它对存储单元的选址，故 RAM/IO 口中每个单元的地址不是唯一的，即具有重叠地址。可采用与线选法中相同的方法来消除重叠地址。图 6-3c 给出了这种译码方法的示意图。

4. 二级译码器

当系统扩展了一片大容量的 RAM，使得能参与译码的地址线较少，同时又需扩展较多的 I/O 口时，可采用对较低位地址线再译码的方法，此时第一级译码器产生的片选信号作为

130

第二级译码器的使能信号。图 6-3d 给出了二级译码方法的示意图，图中非门实际上构成了 1 ~ 2 译码器。

6.2　程序存储器扩展

随着大容量 EPROM（OTP）、E²PROM、Flash 型单片机的出现，单片机扩展程序存储器的需求正在迅速减少。无 ROM 型单片机（如 8031），或程序容量较大（几十 KB）时才需扩展外部 EPROM 程序存储器。不过了解程序存储器的扩展方法，无论是设计新电路，还是分析解剖老电路，都是有必要的。

6.2.1　常用 EPROM 存储器电路

外部程序存储器一般用 EPROM 存储器，EPROM 是紫外线可擦除电可编程的只读存储器，芯片置于紫外线灯下照 20min 以后，内部内容变为全 "1"，通过编程器将程序代码写入后信息不会丢失，可靠性很高。EPROM 电路有 2716（2KB）、2732（4KB）、2764（8KB）、27128（16KB）、27256（32KB）和 27512（64KB）。由于价格相近，且大容量的 EPROM 读取速度快，故常用 2764、27128、27256 和 27512 来作为外部程序存储器。图 6-4 给出了它们的引脚图。

27512	27256	27128	2764	左脚	脚号		脚号	右脚	2764	27128	27256	27512
A15	V$_{PP}$	V$_{PP}$	V$_{PP}$	V$_{PP}$	1		28	V$_{CC}$	V$_{CC}$	V$_{CC}$	V$_{CC}$	V$_{CC}$
A12	A12	A12	A12	A12	2		27	A13	$\overline{PGM}$	$\overline{PGM}$	A14	A14
A7	A7	A7	A7	A7	3		26	A8	NC	A13	A13	A13
A6	A6	A6	A6	A6	4		25	A9	A8	A8	A8	A8
A5	A5	A5	A5	A5	5		24	A11	A9	A9	A9	A9
A4	A4	A4	A4	A4	6		23	$\overline{OE}$	A11	A11	A11	A10
A3	A3	A3	A3	A3	7		22	A10	$\overline{OE}$	$\overline{OE}$	$\overline{OE}$	$\overline{OE}$
A2	A2	A2	A2	A2	8		21	$\overline{CE}$	A10	A10	A10	A11
A1	A1	A1	A1	A1	9		20	O7	$\overline{CE}$	$\overline{CE}$	$\overline{CE}$	$\overline{CE}$
A0	A0	A0	A0	A0	10		19	O6	O7	O7	O7	O7
O0	O0	O0	O0	O0	11		18	O5	O6	O6	O6	O6
O1	O1	O1	O1	O1	12		17	O4	O5	O5	O5	O5
O2	O2	O2	O2	O2	13		16	O3	O4	O4	O4	O4
GND	GND	GND	GND	GND	14		15		O3	O3	O3	O3

27256

图 6-4　常用 EPROM 存储器电路的引脚图

从图中可以看到，2764、27128、27256 和 27512 这几种 EPROM 之间具有很强的兼容性，不同的 EPROM 仅仅是地址线数目和编程信号引脚有些差别。引脚符号意义如下：

1）A0 ~ Ai：地址输入线，i = 13 ~ 15。

2）O0 ~ O7：三态数据总线（有时用 D0 ~ D7 表示），读或编程检验时为数据输出线，编程时为数据输入线。维持或编程禁止时，O0 ~ O7 呈高阻抗。

3）$\overline{CE}$：片选信号输入线，"0"（低电平）有效。

4）PGM：编程脉冲输入线。

5）$\overline{OE}$：读选通信号输入线，"0"有效。

6）V_{PP}：编程电源输入线，V_{PP}的值因芯片型号和制造厂商而异。

7）V_{CC}：主电源输入线，V_{CC}一般为 +5V。

8）GND：线路接地。

9）NC：不连接。

除容量外，各种型号的 EPROM 还有不同的应用参数。主要有最大读出时间（工作速度）、工作温度、电压容差等。其中最大读出时间范围在 200~450ns 之间，在选用 12MHz 晶振的条件下，$\overline{PSEN}$负脉冲宽度最小只有 205ns。因此，要保证系统可靠工作，必须选用 200ns 的 EPROM。EPROM 的工作温度有 0~70°C 和 −40~85°C 两档。电压容差有 5(1 ± 5%)V 和 5(1 ±10%)V 两种。应根据应用系统的应用环境进行选择。

对 EPROM 的主要操作方式有：

1）编程方式：把程序代码（机器指令、常数）固化到 EPROM 中。

2）编程校验方式：读出 EPROM 中的内容，检验编程操作的正确性。

3）读出方式：CPU 从 EPROM 中读取指令或常数，是单片机应用系统中的工作方式。

4）维持方式：不对 EPROM 操作，数据端呈高阻。

5）编程禁止方式：适用于多片 EPROM 并行编程不同数据。

表 6-1 给出了 27256 不同操作方式下控制引脚的电平。

表 6-1　27256 不同操作方式下控制引脚的电平

引　脚 方　式	$\overline{CE}$ (20)	$\overline{OE}$ (22)	V_{PP} (1)	V_{CC} (28)	00~07 (11~13)(15~19)
读	VIL	VIL	V_{CC}	5V	数据输出
禁止输出	VIL	VIH	V_{CC}	5V	高　阻
维　持	VIH	任意	V_{CC}	5V	高　阻
编　程	VIL	VIH	V_{PP}	5V	数据输入
编程校验	VIH	VIL	V_{PP}	5V	数据输出
编程禁止	VIH	VIH	V_{PP}	5V	高　阻

不同公司生产的 EPROM 的编程电压不同，有 12.5V、21V、25V 等几种。

6.2.2　程序存储器扩展方法

内部有程序存储器的单片机扩展外部程序存储器时，$\overline{EA}$接高电平。CPU 取指令时，PC 值在内部程序存储器范围内时从内部取指令，PC 值大于内部程序存储器地址时从外部 EPROM 中取指令。对于 8031，其内部没有用户程序存储器，$\overline{EA}$接地，外接 EPROM，CPU 总是从外部 EPROM 中取指令。一般来说，外部程序存储器由一片 EPROM 组成，EPROM 片选信号可以直接接地。当$\overline{EA}$接地时，外部 EPROM 的地址从零地址开始；当$\overline{EA}$接高电平时，外部 EPROM 的地址紧跟在内部程序存储器地址后开始。图 6-5a 给出了 8031 单片机和 EPROM 27256 的接口方法。图 6-5b 是图 6-5a 的简便表示方法，着重刻画了 MCS-51 外部总线与所扩展芯片间的连接关系。后面对于较为复杂的接口电路，我们以简便表示方法为主。

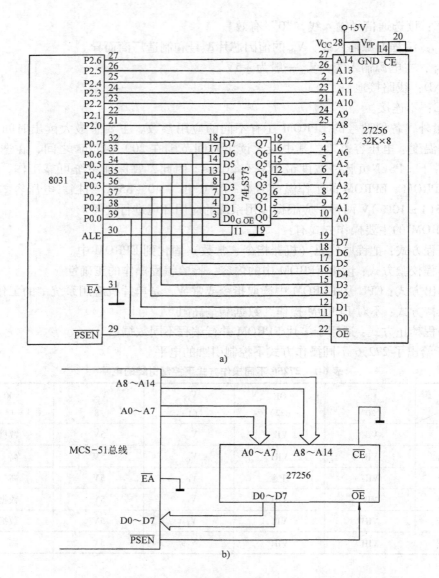

图 6-5 一片 27256 的 EPROM 扩展电路

a) 实际连线表示法 b) MCS-51 总线简便表示法

6.3 数据存储器扩展

MCS-51 系列单片机内已具有 128B 或 256B 的数据存储器 RAM，它们可以作为工作寄存器、堆栈、软件标志和数据缓冲器使用，CPU 对内部 RAM 具有丰富的操作指令。对大多数控制性应用场合，内部 RAM 已能满足系统对数据存储器的要求。对需要大容量数据缓冲器的应用系统（如数据采集系统），就需要在单片机的外部扩展数据存储器。

6.3.1 常用的数据存储器

数据存储器用于存储现场采集的原始数据、运算结果等，所以外部数据存储器应能随机读/写，通常采用半导体静态随机存取存储器 RAM 电路。E²PROM 电路也可用作外部数据存储器。

目前单片机系统常用的 RAM 电路有 6116（2KB）、6264（8KB）和 62256（32KB）。图 6-6 给出了它们的引脚图，引脚符号功能如下：

1）A0 ~ Ai：地址输入线，i = 10（6116），12（6264），14（62256）。

2）O0 ~ O7：双向三态数据线，有时用 D0 ~ D7 表示。

3）$\overline{CE}$：片选信号输入线，低电平有效。

4）$\overline{OE}$：读选通信号输入线，低电平有效。

5）$\overline{WE}$：写选通信号输入线，低电平有效。

6）V_{CC}：工作电源 +5V。

7）GND：线路接地。

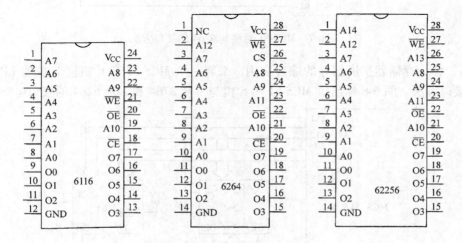

图 6-6 常用 RAM 电路引脚图

图中 6264 的 NC 为悬空脚，CS 为 6264 第二片选信号脚，高电平有效。CS = 1，$\overline{CE}$ = 0 选中。

以上三种芯片都是易失性的，一旦掉电，内部的所有信息都会丢失。近年来市场上出现了一种非易失性数据存储器产品 NVRAM，与以上芯片完全兼容，可在原有芯片插座上将对应的 NVRAM 直接插上替代，存取速度为 55ns 和 70ns，可以单字节读写，读写次数无限。内置锂电池，在无外部供电情况下，数据保存 10 年不丢失。产品分民品级、工业级和军品级三档。对应环境温度分别为 −20 ~ 70°C、−45 ~ 85°C 和 −55 ~ 125°C。电压容差为 4.2 ~ 5.5V。由于其优越的性能，该类产品得到了广泛的应用。

6.3.2 数据存储器扩展方法

对于 MCS-51 的扩展系统，经常需要扩展多片 RAM 和 I/O 口，由于 RAM 和 I/O 口均使用 $\overline{RD}$、$\overline{WD}$ 信号作为选通信号，故 RAM 和 I/O 口共占 64KB 的地址空间，因此 RAM、I/O 口的片选信号一般由高位地址译码产生，或者用线选法，即用某一位高位地址作为片选信号。图 6-7 给出了用线选法外接一片 6264 的接口方法，6264 的地址为 6000H ~ 7FFFH。由图 6-2 可见，MCS-51

访问外部数据存储器时$\overline{PSEN}$保持高电平，对外部 RAM 或 I/O 读/写时，外部EPROM的数据线呈高阻态。所以 MCS-51 可以同时扩展 64KB 程序存储器和 64KB 数据存储器。

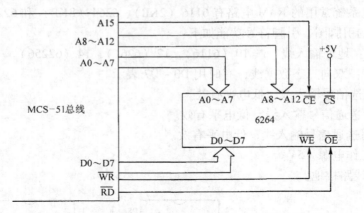

图 6-7　MCS-51 总线与 6264 的接口方法

最后，作为存储器扩展部分的综合应用，来看一个 MCS-51 单片机同时扩展 EPROM 和 RAM 的接口方法。图 6-8 给出了 MCS-51 单片机与 1 片 2764 和 1 片 6264 的接口电路。

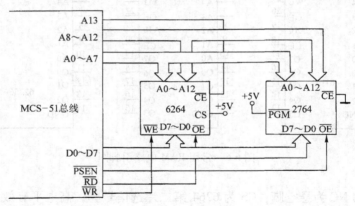

图 6-8　MCS-51 总线与 1 片 2764 及 1 片 6264 的接口方法

6.4　并行接口的扩展

MCS-51 系列的单片机大多具有四个 8 位并行 I/O 口（即 P0、P1、P2、P3），原理上这四个口均可用作双向并行 I/O 接口。但在实际应用系统中，单片机往往通过 P0 和 P2 口构成扩展总线，扩展 EPROM、RAM 或其他功能芯片，此时 P0 口和 P2 口就不能作为一般的 I/O 口使用，P3 口是双功能口，某些位又经常作为第二功能口使用，MCS-51 单片机可提供给用户使用的 I/O 口只有 P1 口和部分 P3 口。因此，在大部分的 MCS-51 单片机应用系统设计中都需要进行 I/O 口的扩展。

I/O 接口扩展有多种方法，采用不同的芯片，可以构成各种不同的扩展电路满足各种不同的需要。当所需 I/O 口较少时，可采用中小规模集成电路进行扩展，当所需 I/O 口较多时，则可采用专用接口芯片进行扩展，也可利用串行口进行并行 I/O 口的扩展。

无论是采用哪种方法，并行 I/O 口的并行扩展均应遵照"输入三态、输出锁存"的原则与总线相连。"输入三态"可保证在未被选通时，I/O 芯片的输出与数据总线隔离，防止总线上的数据出错，"输出锁存"则可使通过总线输出的信息得以保持，以备速度较慢的外设较长时间读取，或能长期作用于被控对象。

6.4.1 用 74 系列器件扩展并行 I/O 口

由于 TTL 或 MOS 型 74 系列器件的品种多、价格低，故常选用 74 系列器件作为 MCS-51 的并行 I/O 口。下面是常用电路的接口方法。

1. 用 74LS377（或 74HC377）扩展并行输出口

74LS377 是一种 8D 触发器，它的功能如图 6-9 所示，当它的接数允许端 $\overline{E}$ 为低电平且接数时钟 CLK 端电平正跳时，D0 ~ D7 端的数据被锁存到 8D 触发器中。

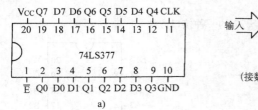
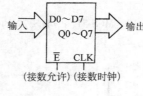
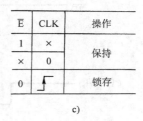

图 6-9　74LS377 的功能
a）引脚　b）结构　c）操作控制

MCS-51 单片机与 74LS377 的接口，应满足以下条件：

1）在单片机访问 74LS377 时，在 D0 ~ D7 上出现待输出数据，$\overline{E}$ 端出现低电平，CLK 端出现由低到高的正跳变信号。

2）此时使用 $\overline{WR}$ 作为选通信号的所有其他芯片的片选端必须保持为高电平。

3）在单片机不访问 74LS377 的时候，$\overline{E}$ 端和 CLK 端不能出现 1）中所列的情况。

将 74LS377 的 $\overline{E}$ 作为片选信号线，CLK 作为写选通线，即能满足上述要求。图 6-10 给出了 MCS-51 和 74LS377 的一种接口方法。在这种情况下，根据 6.1.2 中所介绍的芯片单元地址确定的原则。A15（P2.7）取 0，其余地址线均取 1，则 74LS377 的地址为 7FFFH。当执行以下三条指令时，在 74LS377 的有关引脚，就会出现图 6-11 所示的信号，把累加器 A 的内容锁存到 74LS377 中。

```
MOV    DPTR, #7FFFH    ; 指向 74LS377
MOV    A,     #data    ; 输出的数据先送 A
MOVX   @ DPTR, A       ; A 中数据通过 P0 口送往 74LS377
```

适宜作为并行输出口的芯片还有 74LS273、74LS373 等 8D 锁存器，但接口电路应稍作修改。

2. 用 74LS245 扩展并行输入口

74LS245 是一种三态门 8 总线收发器/驱动器，无锁存功能。当 DIR = 1 时，8 位数据从 A 端传送到 B 端。当 DIR = 0 时，数据传送方向则相反。使能信号 $\overline{G}$ = 0 时，允许传输；$\overline{G}$ = 1 时，禁止传输，输出为高阻态。74LS245 引脚分布如图 6-12 所示。根据输入三态的原则，可以把 DIR 作为片选线，将 $\overline{G}$ 作为读选通线，在执行以下两条指令时，在 74LS245 的有关引脚，就会出现图 6-13 所示的信号，把输入设备的数据通过 74LS245 传送到数据总线，送往累加器 A。

```
MOV     DPTR,    #7FFFH
MOVX    A,       @ DPTR
```

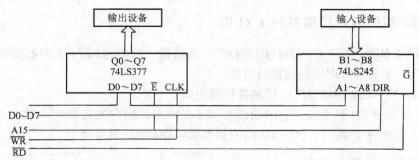

图 6-10　MCS-51 和 74LS377 的一种接口方法

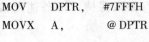

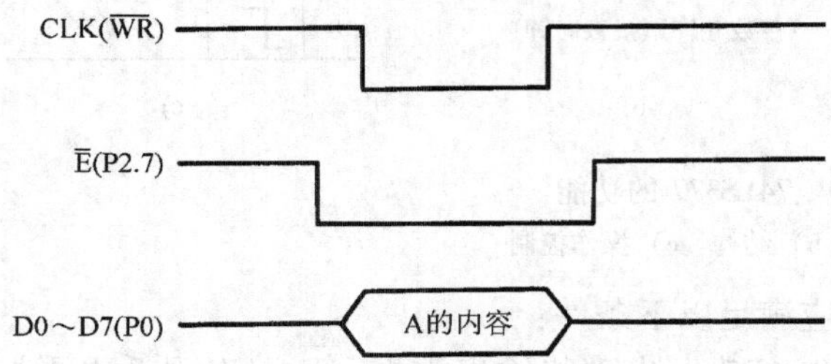

图 6-11　CPU 写 74LS377 时的有关信号波形

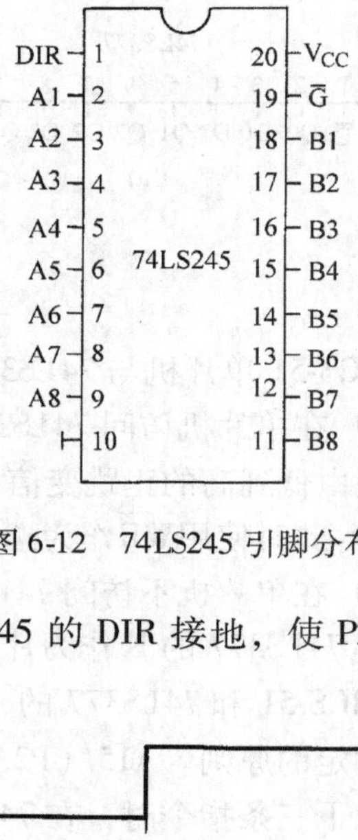

图 6-12　74LS245 引脚分布

需要说明的是，I/O 接口的方法不是唯一的。例如将 74LS245 的 DIR 接地，使 P2.7 与 $\overline{RD}$ 相或后连到 74LS245 的 $\overline{G}$，则也能实现相同的功能。

图 6-10 中地址线 A15 既接 74LS377 的 $\overline{E}$ 又接 74LS245 的 $\overline{G}$，使 74LS377 和 74LS245 的口地址都为 7FFFH，但由于 74LS377 是输出口，74LS245 是输入口，对 7FFFH 写操作写入 74LS377，读操作则读 74LS245。

适宜作为并行输入口的芯片还有 74LS244 等 8 位三态数据缓冲器。

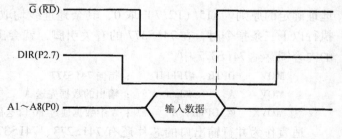

图 6-13　CPU 读 74LS245 时的有关信号波形

6.4.2　可编程并行 I/O 扩展接口 8255A

8255A 是 Intel 公司的一种通用的可编程并行接口电路，在单片机应用系统中被广泛用作可编程外部 I/O 扩展接口。

1. 8255A 的结构

在单片机应用系统中，8255A 与 MCS-51 单片机连接方式简单，其工作方式由程序设定。图 6-14 给出了 8255A 的逻辑结构框图和引脚图。

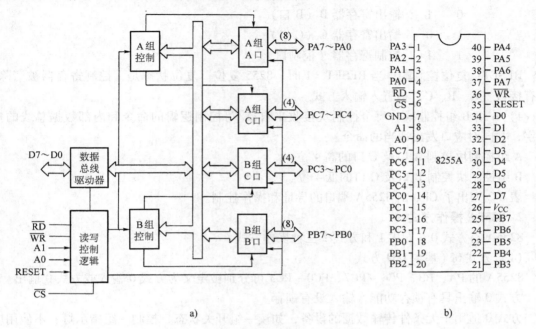

图 6-14 8255A 引脚图和逻辑框图

a）8255A 逻辑框图 b）8255A 引脚图

8255A 可编程并行 I/O 芯片由以下四个逻辑结构组成：

1）数据总线驱动器。这是双向三态的 8 位驱动器，用于和单片机的数据总线相连，以实现单片机与 8255A 芯片的数据传送。

2）并行 I/O 端口，A 口、B 口和 C 口。这三个 8 位 I/O 端口功能完全由编程决定，但每个口都有自己的特点。

A 口：具有一个 8 位数据输出锁存/缓冲器和一个 8 位数据输入锁存器。它是最灵活的输入输出寄存器，可编程作为 8 位输入输出或双向寄存器。

B 口：具有一个 8 位数据输出锁存/缓冲器和一个 8 位数据输入缓冲器（不锁存）。可编程作为 8 位输入或输出寄存器，但不能双向输入输出。

C 口：具有一个 8 位数据输出锁存/缓冲器和一个 8 位数据输入缓冲器（不锁存）。这个口通过方式控制字，可分为两个 4 位口使用。C 口除作输入、输出口使用外，还可以作为 A 口、B 口选通方式操作时的状态控制信号。

3）读/写控制逻辑。它用于管理所有的数据、控制字或状态字的传送，接收单片机的地址信号和控制信号来控制各个口的工作状态。

$\overline{CS}$：8255A 的片选引脚端。

$\overline{RD}$：读控制端。当 $\overline{RD}=0$ 时，允许单片机从 8255A 读取数据或状态字。

$\overline{WR}$：写控制端。当 $\overline{WR}=0$ 时，允许单片机将数据或控制字写入 8255A。

A0、A1：口地址选择。通过 A0、A1 可选中 8255A 的 4 个寄存器。口地址选择如下：

A1	A0	寄存器
0	0	输出寄存器 A（A 口）
0	1	输出寄存器 B（B 口）
1	0	输出寄存器 C（C 口）
1	1	控制寄存器（控制口）

RESET：复位控制端。当 RESET = 1 时，8255 复位。复位状态是：控制寄存器被清除，所有接口（A、B、C）被置入输入方式。

4）A 组 B 组控制块。每个控制块接收来自读/写控制逻辑的命令和内部数据总线的控制字，并向对应口发出适当的命令。

A 组控制块控制 A 口及 C 口的高 4 位。

B 组控制块控制 B 口及 C 口的低 4 位。

表 6-2 列出了 CPU 对 8255A 端口的寻址和操作控制。

2. 8255A 操作方式

8255A 有方式 0、方式 1 和方式 2 三种操作方式。

（1）方式 0（基本 I/O 方式）

8255A 的 PA、PB、PC4 ~ PC7、PC0 ~ PC3 可分别被定义为方式 0 输入或方式 0 输出。

方式 0 输出具有锁存功能，输入没有锁存。

方式 0 适用于无条件传输数据的设备，如读一组开关状态、控制一组指示灯，不使用应答信号，CPU 可以随时读出开关状态，随时把一组数据送指示灯显示。

图 6-15 是 8255A 方式 0 的输入/输出时序波形图。

表 6-2　CPU 对 8255A 端口的寻址和操作控制

CS	RD	WR	A1	A0	操　作
0	1	0	0	0	D0 ~ D7→PA 口
0	1	0	0	1	D0 ~ D7→PB 口
0	1	0	1	0	D0 ~ D7→PC 口
0	1	0	1	1	D0 ~ D7→控制口
0	0	1	0	0	PA 口→D0 ~ D7
0	0	1	0	1	PB 口→D0 ~ D7
0	0	1	1	0	PC 口→D0 ~ D7
1	×	×	×	×	D0 ~ D7 呈高阻
0	1	1	×	×	D0 ~ D7 呈高阻
0	0	0	×	×	非法操作
0	0	1	1	1	非法操作

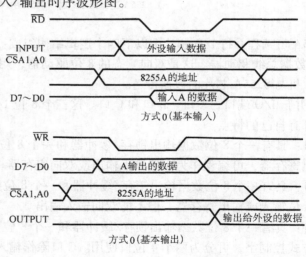

图 6-15　8255A 方式 0 的输入/输出时序波形图

（2）方式 1（应答 I/O 方式）

PA 口、PB 口定义为方式 1 时，PC 口的某些位为状态控制线，其余位作 I/O 线。

1）方式 1 输入和时序。若 PA 口、PB 口定义为方式 1 输入，则 8255A 的逻辑结构如图 6-16 所示，相应的状态控制信号的意义如下：

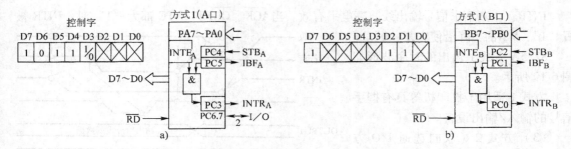

图 6-16 PA 口、PB 口定义为方式 1 输入线时 8255A 的逻辑结构

$\overline{STB}$：设备的选通信号输入线，低电平有效。$\overline{STB}$ 的下降沿将端口数据线上信息打入端口锁存器。

IBF：端口锁存器满标志输出线，IBF 和设备相连。IBF 为高电平表示设备已将数据打入端口锁存器，但 CPU 尚未读取。当 CPU 读取端口数据后，IBF 变为低电平，表示端口锁存器空。

INTE：8255A 端口内部的中断允许触发器。只有当 INTE 为高电平时才允许端口中断请求。$INTE_A$、$INTE_B$ 分别由 PC 的第 4、第 2 位置位/复位控制（见后面 8255A 控制字）。

INTR：中断请求信号线，高电平有效。当 $\overline{STB}$、IBF、INTE 都为"1"时，INTR 就置"1"，$\overline{RD}$ 的下降沿使它复"0"。

8255A 方式 1 的输入时序如图 6-17 所示。

2）方式 1 输出和时序。PA 口、PB 口定义为方式 1 输出时的逻辑组态如图 6-18 所示。涉及的状态控制信号的意义如下：

$\overline{OBF}$：输出锁存器满状态标志输出线。$\overline{OBF}$ 为低电平，表示 CPU 已将

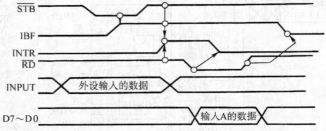

图 6-17 8255A 方式 1 的输入时序

数据写入端口，输出数据有效。设备从端口取走数据后发来的回答信号使 $\overline{OBF}$ 升为高电平。

$\overline{ACK}$：设备响应信号输入线。$\overline{ACK}$ 上出现设备送来的负脉冲，表示设备已取走了端口数据。

INTE：端口内部的中断允许触发器。INTE 为高电平时才允许端口中断请求。$INTE_A$ 和 $INTE_B$ 分别由 PC 口第 6 位、第 2 位置位/复位控制。

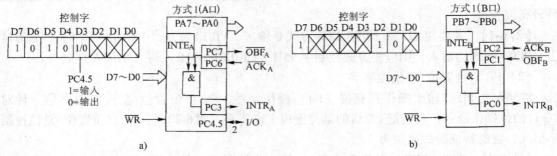

图 6-18 PA 口、PB 口定义为方式 1 输出时的逻辑组态

INTR：中断请求信号输出线，高电平有效。当$\overline{ACK}$、$\overline{OBF}$和INTE都为"1"时，INTR被置"1"，$\overline{WR}$的下降沿使它复"0"。

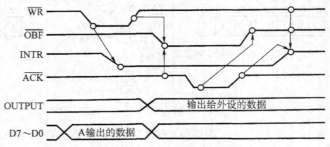

8255A方式1输出的时序波形如图6-19所示。

方式1适用于打印机等具有握手信号的输入/输出设备。

（3）方式2（双向选通I/O方式）

方式2是方式1输入和方式1输出的结合。方式2仅对PA口有意义。

图6-19　8255A方式1输出的时序波形

方式2使PA口成为8位双向三态数据总线口，既可发送数据又可接收数据。PA口方式2工作时，PB口仍可作方式0和方式1 I/O口，PC口高5位作状态控制线。

图6-20是8255A的PA口方式2时的逻辑组态，其中涉及的状态控制信号的意义同方式1。图6-21是PA口方式2的时序波形。

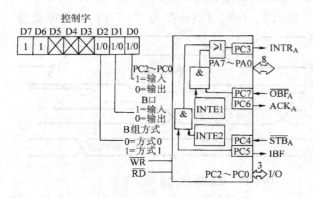

图6-20　PA口方式2的逻辑组态

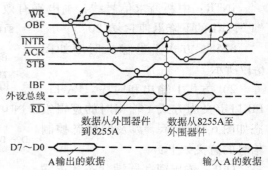

图6-21　PA口方式2的时序波形

3. 8255A的控制字

8255A有两种控制字，即方式控制字和PC口位置位/复位控制字。

（1）方式控制字

方式控制字控制8255A三个口的工作方式，其格式如图6-22a所示，方式控制字的特征是最高位为1。

【例6-1】　若要使8255A的PA口为方式0输入、PB口为方式1输出、PC4～PC7为输出、PC0～PC3为输入，则应将方式控制字95H（即10010101B）写入8255A控制口。

（2）PC口位置位/复位控制字

8255A的PC口输出操作具有位（bit）操作功能，PC口位置位/复位控制字是一种对PC口的位操作命令，直接把PC口的某位置成1或清零。图6-22b是PC口位置位/复位控制字格式，它的特征是最高位为0。

【例6-2】　若要使PC口的第2位置1，则应将控制字05H（即00000101B）写入8255A控制口。

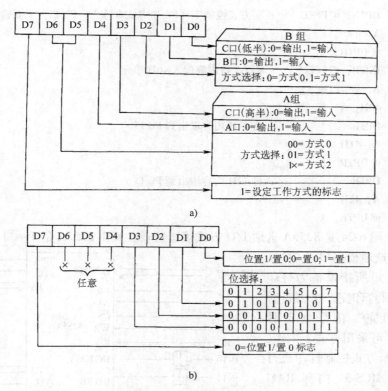

图 6-22　8255A 的控制字

a）方式控制字格式　b）PC 口位置位/复位控制字格式

4. 8255A 的应用

8255A 可以工作在三种工作方式，图 6-23 是 8255A 的一种接口逻辑。图中 8255A 的 $\overline{RD}$、$\overline{WR}$ 分别连 MCS-51 的 $\overline{RD}$、$\overline{WR}$；8255A 的 D0 ~ D7 接 MCS-51 的 P0 口；采用线选法寻址 8255A，P2.7（A15）接 8255 的 CS，MCS-51 的最低两位地址线连 8255A 的端口选择线 A1、A0，所以 8255A 的 PA 口、PB 口、PC 口、控制口的地址分别为 7FFCH、7FFDH、7FFEH、7FFFH。

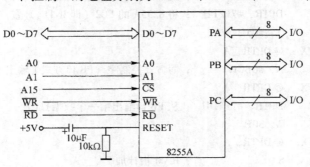

图 6-23　8255A 接口逻辑

【例 6-3】　假设图 6-23 中 8255A 的 PA 口接 8 只开关，PB 口和 PC 口接 16 只指示灯，如果要将开关状态读入 MCS-51 内部 RAM 40H 单元，将 MCS-51 内部 RAM 41H、42H 的内容送指示灯显示，则 8255A 的方式控制字为 90H（即 10010000B）。8255A 初始化和输入/输出程序如下：

```
    MOV     DPTR, #7FFFH      ; 写方式控制字（PA 口方式 0 输入，PB 口方式 0 输出）
    MOV     A, #90H
    MOVX    @ DPTR, A
    MOV     DPTR, #7FFCH      ; 将 PA 口内容读入 40H 单元
    MOVX    A, @ DPTR
    MOV     40H, A
    INC     DPTR              ; 将 41H 内容输出到 PB 口
    MOV     A, 41H
    MOVX    @ DPTR, A
    INC     DPTR              ; 将 42H 内容输出到 PC 口
    MOV     A, 42H
    MOVX    @ DPTR, A
```

【例 6-4】 图 6-24 是 8255A 选通 I/O 方式接口逻辑。其中 8255A 的 PA 口用作选通输入口，PB 口用作选通输出口。

若图中 PB 口所接设备为打印机，此打印机每打印完一个字符后会输出"打印完"信号（负脉冲），故 8255A 可采用方式 1 工作，CPU 可采用中断方式控制打印机打印。如果要把 MCS-51 内部 RAM 中 30H 开始的 32 个单元的字符输出打印，则可这样编程：

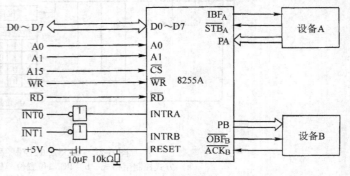

图 6-24　8255A 选通 I/O 方式接口逻辑

主程序：

```
MAIN:   MOV     8, #30H           ; RAM 首址→1 区 R0
        MOV     0FH, #20H         ; 长度→1 区 R7
        SETB    EA                ; 开中断
        SETB    EX1               ; 允许外中断，电平触发方式
        MOV     DPTR, #7FFFH      ; 将 8255A 的 PC2（即 INTE_B）置"1"
        MOV     A, #05H
        MOVX    @ DPTR, A
        MOV     A, #0BCH          ; 写方式控制字（PB 口方式 1 输出）
        MOVX    @ DPTR, A
        MOV     DPTR, #7FFDH      ; 从 PB 口输出第一个数据打印
        MOV     A, 30H
        MOVX    @ DPTR, A
        INC     8                 ; RAM 指针加 1
        DEC     0FH               ; 长度减 1
        …                         ; 执行其他任务
```

外中断 1 服务程序：

```
PINT1:  PUSH    ACC               ; 现场保护（A, DPTR 等进堆栈）
        PUSH    DPH
        PUSH    DPL
```

	PUSH	PSW	
	MOV	PSW, #8	; 当前工作寄存器区切换到 1 区
	MOV	A, @R0	; 从 PB 口输出下一个数据打印
	MOV	DPTR, #7FFDH	
	MOVX	@DPTR, A	
	INC	R0	; 修改指针、长度
	DJNZ	R7, BACK	
	CLR	EX1	; 长度为 0，关中断返回
	SETB	F0	; 置打印结束标志位 F0
BACK:	POP	PSW	; 现场恢复（A，DPTR 等退栈）
	POP	DPL	
	POP	DPH	
	POP	ACC	
	RETI		

6.4.3 带 RAM 和计数器的可编程并行 I/O 扩展接口 8155

8155 芯片内具有 256B RAM、2 个 8 位和 1 个 6 位的可编程 I/O 口、1 个 14 位减法计数器，与 MCS-51 单片机接口简单，故被广泛应用于单片机应用系统。

1. 结构与引脚功能

图 6-25 给出了 8155 的引脚分布和内部逻辑结构框图。

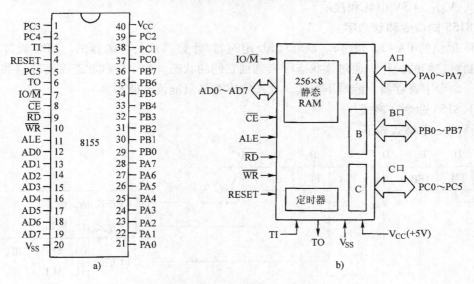

图 6-25 8155 引脚图和逻辑框图
a) 8155 引脚图 b) 8155 逻辑框图

8155 的引脚功能如下：

AD0 ~ AD7：双向地址/数据总线，分时传送单片机和 8155 之间的地址、数据、命令和状态信息。

ALE：地址锁存信号输入，在 ALE 下降沿将 AD0 ~ AD7 上的低 8 位地址、RAM/IO 口选择信息锁存。因此，MCS-51 单片机的 P0 口输出的低 8 位地址不需要再外接锁存器。

IO/$\overline{\text{M}}$：RAM/IO 口选择：IO/$\overline{\text{M}}$ = 0，单片机选择 8155 中的 RAM 读/写，AD0 ~ AD7 上地址为 RAM 单元地址；IO/$\overline{\text{M}}$ = 1，选择 8155 的寄存器或端口，地址分配见表 6-3。

表 6-3　8155 端口地址分配

$\overline{\text{CE}}$	IO/$\overline{\text{M}}$	A7	A6	A5	A4	A3	A2	A1	A0	所选端口
0	1	X	X	X	X	X	0	0	0	命令/状态寄存器
0	1	X	X	X	X	X	0	0	1	A 口
0	1	X	X	X	X	X	0	1	0	B 口
0	1	X	X	X	X	X	0	1	1	C 口
0	1	X	X	X	X	X	1	0	0	计数器低 8 位
0	1	X	X	X	X	X	1	0	1	计数器高 8 位
0	0	X	X	X	X	X	X	X	X	RAM 单元

$\overline{\text{CE}}$：片选信号，低电平有效。

$\overline{\text{RD}}$、$\overline{\text{WR}}$：读、写控制输入线，低电平有效。

RESET：输入一个大于 600ns 正脉冲时，8155 总清零，各 I/O 口定义为输入方式。

PA0 ~ 7：A 口 I/O 数据传送。

PB0 ~ 7：B 口 I/O 数据传送。

PC0 ~ 5：C 口 I/O 数据传送或 A、B 口选通方式时传送命令/状态信息。

TI、TO：14 位计数器输入、输出。

V_{CC}、V_{SS}：+5V 电源和接地。

2. 8155 的命令和状态字

8155 提供的 PA 口、PB 口、PC 口以及定时器/计数器都是可编程的。CPU 通过写命令字来控制对它们的操作，通过读状态字来判别它们的状态。命令字和状态字寄存器共用一个口地址，命令字寄存器只能写不能读。状态字寄存器只能读不能写。

（1）8155 命令字格式

8155 命令字格式如下：

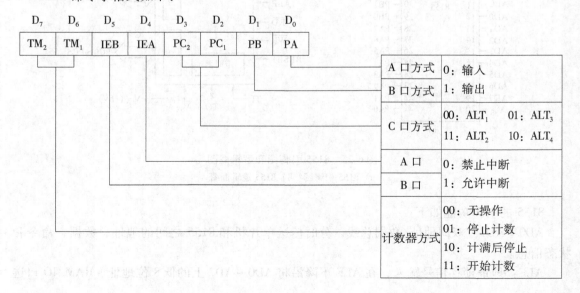

其中 ALT₁ 和 ALT₂ 为基本 I/O 方式，A、B、C 各口分别用作无条件输入或输出。ALT₃ 和 ALT₄ 为选通 I/O 方式，A、B 口分别用作选通输入或输出，C 口各线规定为 A、B 口的联络线。

图 6-26 给出了 8155 I/O 口的逻辑组态。

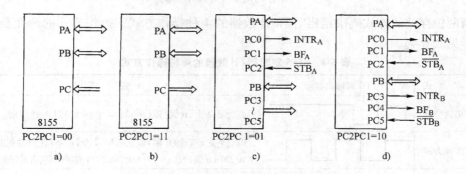

图 6-26　8155 I/O 的逻辑组态

a）ALT₁　b）ALT₂　c）ALT₃　d）ALT₄

（2）8155 状态字格式

8155 状态字格式如下：

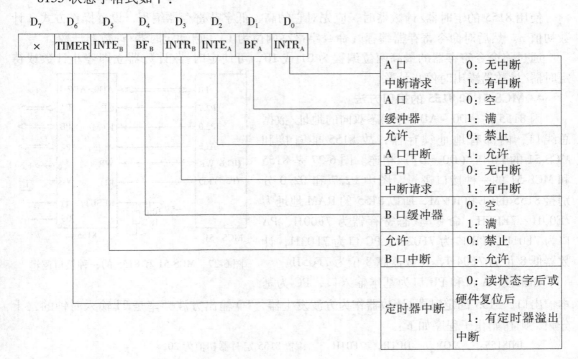

3. 8155 的定时器/计数器

8155 的定时器/计数器是一个 14 位的减法计数器。它的计数初值可设在 0002H ~ 3FFFH 之间。其计数速率取决于输入 TI 的脉冲频率。最高可达 4MHz。8155 内有两个寄存器存放操作方式码和计数初值。其存放格式如下：

高 字 节 寄 存 器　　　　　　　低 字 节 寄 存 器

D7	D6	D5	D4	D3	D2	D1	D0		D7	D6	D5	D4	D3	D2	D1	D0
M2	M1	T13	T12	T11	T10	T9	T8		T7	T6	T5	T4	T3	T2	T1	T0

方式码　　　　　　　　计数初值 n（0002H～3FFFH）

最高两位存放的方式码决定定时器/计数器的 4 种操作方式，操作方式的选择及相应的输出波形见表 6-4。

表 6-4　8155 定时器/计数器的 4 种操作方式

M2 M1	方　式	TO 脚输出波形	说　　明
0　0	单负方波		宽为 n/2 个（n 偶）或（n−1)/2 个（n 奇）TI 时钟周期
0　1	连续方波	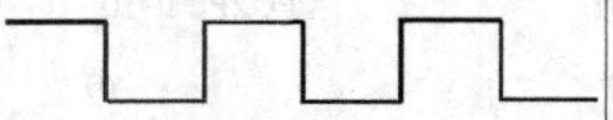	低电平宽 n/2 个（n 偶）或（n−1)/2 个（n 奇）TI 时钟周期；高电平宽 n/2 个（n 偶）或（n+1)/2 个（n 奇）TI 时钟周期，自动恢复初值
1　0	单负脉冲		计数溢出时输出一个宽为 TI 时钟周期的负脉冲
1　1	连续脉冲	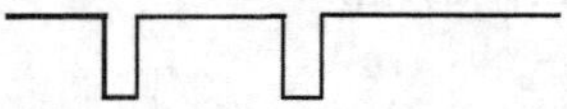	每次计数溢出时输出一个宽为 TI 时钟周期的负脉冲并自动恢复初值

使用 8155 的定时器/计数器时，应先对它的高、低字节寄存器编程，设置操作方式和计数初值 n。然后对命令寄存器编程（命令字最高两位为 1），启动定时器/计数器计数。

通过将命令寄存器的最高两位编程为 01 或 10，可使定时器/计数器立即停止计数或待定时器/计数器溢出时停止计数。

4. MCS-51 和 8155 的接口方法

因 8155 的 AD0～AD7 为三态双向的地址/数据总线口，内部有地址锁存器，故 8155 能直接和 MCS-51 的 P0 口（D0～D7）相连。图 6-27 是 8155 和 MCS-51 的一种接口逻辑。图中 P2.7 和 P2.0 分别接 8155 的 CE 和 IO/M，所以 8155 的 RAM 地址为 7E00H～7EFFH，命令/状态寄存器为 7F00H，PA 口为 7F01H，PB 口为 7F02H，PC 口为 7F03H，计数器低 8 位为 7F04H，计数器高 8 位为 7F05H。

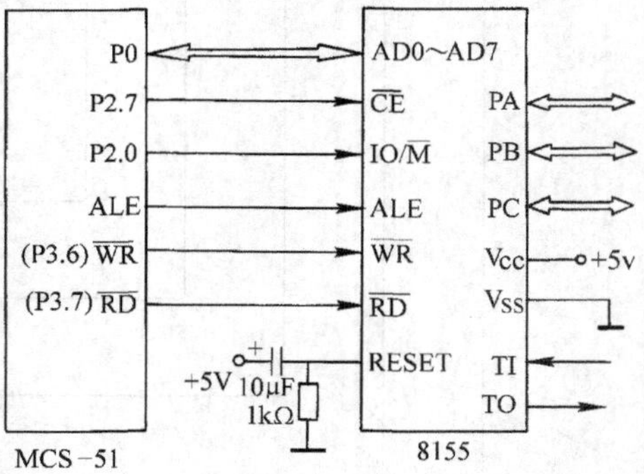

如果使 PA 口和 PB 口为基本输入口，PC 为基本输出口，8155 的定时器/计数器作为方波发生器，TO 输出方波频率是 TI 输入时钟的二十分频，则初始化子程序如下：

图 6-27　MCS-51 和 8155 的一种接口逻辑

```
INI8155:    MOV     DPTR, #7F04H    ; 置 8155 定时器初值为 20
            MOV     A, #20
            MOVX    @DPTR, A
            INC     DPTR            ; 置 8155 定时器为方式 1
            MOV     A, #40H
            MOVX    @DPTR, A
```

```
MOV     DPTR，#7F00H        ; PA 口、PB 口输入，PC 口输出
MOV     A，#0CCH
MOVX    @DPTR，A
RET
```

6.5 D-A 接口的扩展

在科学研究和生产过程中，测控对象的参数往往是温度、压力、流量、液位等非电量，通过传感器将非电量变换成连续变化的电信号，再将该模拟电信号离散化，转换成计算机能接受的数字量，这一过程称为模-数（A-D）转换。经过计算机处理的数字量，往往又需要转换成模拟量电压、电流信号以控制伺服电动机的转速，或调节阀的开度等。对测控对象实施控制，将计算机输出的数字量转换成模拟量的过程称为数-模（D-A）转换。微机测控系统的模拟量输入、输出通道如图 6-28 所示。

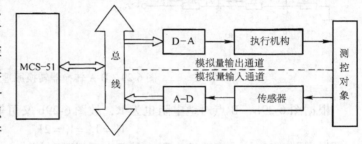

图 6-28 微机测控系统的模拟量输入、输出通道

实现数-模转换的功能部件称为 D-A 转换器，衡量 D-A 转换器性能的主要参数有：

1）分辨率，即输出的模拟量的最小变化量，n 位的 D-A 转换器分辨率为 2^{-n}。

2）满刻度误差，即输入为全 1 时输出电压与理想值之间的误差，一般为 $2^{-(n+1)}$。

3）输出范围。

4）转换时间，指从转换器的输入改变到输出稳定的时间间隔。

5）是否容易和 CPU 接口。

根据转换原理，D-A 转换可以分为脉冲调幅、调宽（PWM）和梯形电阻式等。其中梯形电阻式用得较普遍，它是通过内部的梯形电阻解码网络对基准电流分流来实现 D-A 转换的，转换分辨率高。

6.5.1 梯形电阻式 D-A 转换原理

这类 D-A 转换器常采用 R-2R 的电阻网络，其转换原理可以通过图 6-29 所示的 3 位二进制数 R-2R 电阻解码网络的 D-A 来说明。

这种 R-2R 电阻解码网络也叫 T 型解码网络。在这种网络中，有一个基准电源 V_{REF}，二进制数的每一位对应一个电阻 2R，一个由该位二进制值所控制的双向电子开关，二进制数位数的增加或减少，电阻网络和开关的数量也相应增加或减少。

在图 6-29 中，电子开关 Si（i = 0，1，2）的切换规律是 i 位的数码为 0 时，S1 接通左边 $\overline{Bi}$，数码为 1 时接通右边 Bi。当 3 位二进制数的各位均为 1 时，开关 S0、S1、S2 都接通右边 B0、B1、B2，此时的模拟量电流 ΣI 的值计算如下：

在图 6-29a 中，运算放大器的求和点 Σ 为虚拟地，因此 C 点对地电阻为 R，图 6-29b 与

图 6-29a 等效，同时可得下式：

$$I_0'' = I_0' = I_0$$

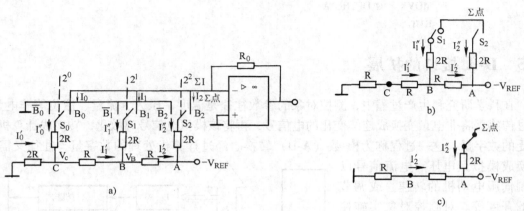

图 6-29   D-A 转换器转换原理

根据图 6-29b，B 点对地电阻也为 R，故图 6-29b 又可等效成图 6-29c，同时得到下式：

$$I_1'' = I_1' = I_1 = 2I_0$$

根据图 6-29c，A 点对地电阻也是 R，可得下列等式：

$$I_2'' = I_2' = 2I_1 = 4I_0$$

$$I_2'' = -\frac{V_{REF}}{2R}$$

因而得

$$\sum I = I_0 + I_1 + I_2$$

$$= \frac{-V_{REF}}{R}\left(\frac{1}{8} + \frac{1}{4} + \frac{1}{2}\right)$$

$$= \frac{-V_{REF}}{R} \cdot \frac{7}{2^3}$$

根据以上的分析计算，可推理得到 n 位二进制数的转换表达式

$$\sum I = \frac{-V_{REF}}{R} \cdot \frac{D}{2^n}$$

其中，D 为 n 位二进制数的和，因此，电流 $\sum I$ 和二进制数呈线性关系。根据此式和图 6-29a 得运算放大器的输出电压为

$$V_0 = -V_{REF}\frac{R_0}{R} \cdot \frac{D}{2^n}$$

可见，输出电压也和二进制数呈线性关系。调整运算放大器的反馈电阻 R_0 和基准电源 V_{REF}，就得到和 n 位二进制数成比例的输出电压。

D-A 芯片是将 R-2R 电阻网络、二进制数码控制的电子开关以及一些控制电路集成在一起的电路。

6.5.2   DAC0832

DAC0832 是美国数据公司的 8 位 D-A，片内带数据锁存器，电流输出，输出电流稳定时

间为 $1\mu s$，$+5\sim+15V$ 单电源供电，功耗为 20mW。

1. DAC0832 结构

DAC0832 的引脚分布和结构框图如图 6-30 所示。

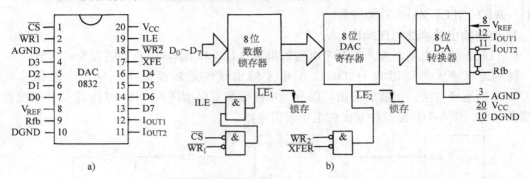

图 6-30 DAC0832 的引脚图和结构框图

a）DAC0832 引脚图 b）DAC0832 结构框图

DAC0832 的引脚功能如下：

1）D0 ~ D7：数据输入线，TTL 电平，有效时间应大于 90ns（否则锁存的数据会出错）。

2）ILE：数据锁存允许控制信号输入线，高电平有效。

3）$\overline{CS}$：片选信号输入线，低电平有效。

4）$\overline{WR1}$：数据锁存器写选通输入线，负脉冲有效（脉宽应大于 500ns）。

当 $\overline{CS}$ 为 "0"、ILE 为 "1"、$\overline{WR1}$ 为 "0" 至 "1" 跳变时，$\overline{LE1}$ 发生由 "1" 到 "0" 的跳变，D0 ~ D7 状态被锁存到输入锁存器。

5）$\overline{XFER}$：数据传输控制信号输入线，低电平有效。

6）$\overline{WR2}$：DAC 寄存器写选通输入线，负脉冲（脉宽应大于 500ns）有效。

当 $\overline{XFER}$ 为 "0" 且 $\overline{WR2}$ 为 "0" 至 "1" 跳变时，数据锁存器的状态被锁存到 DAC 寄存器中。

7）I_{OUT1}：电流输出线，当 DAC 寄存器为全 1 时 I_{OUT1} 最大。

8）I_{OUT2}：电流输出线，其值和 I_{OUT1} 值之和为一常数。

9）Rfb：反馈信号输入线，改变 Rfb 端外接电阻值可调整转换满量程精度。

10）V_{CC}：电源电压线，V_{CC} 范围为 $+5\sim+15V$。

11）V_{REF}：基准电压输入线，V_{REF} 范围为 $-10\sim+10V$。

12）AGND：模拟地，常用符号 ▽ 表示。

13）DGND：数字地，常用符号 ⊥ 表示。

2. DAC0832 工作方式

根据对 DAC0832 的数据锁存器和 DAC 寄存器的不同控制方法，DAC0832 有如下三种工作方式：

1）单缓冲方式。此方式适用于只有一路模拟量输出或几路模拟量非同步输出的场合，方法是控制数据锁存器和 DAC 寄存器同时接收数据，或者只用数据锁存器而把 DAC 寄存器接成直通方式（$\overline{WR2}=0$、$\overline{XFER}=0$）。

2）双缓冲方式。此方式适用于多个 DAC0832 同步输出的场合，方法是先分别使这些

DAC0832 的数据锁存器接收数据，再控制这些 DAC0832 同时传递数据到 DAC 寄存器以实现多个 D-A 转换同步输出。

3）直通方式。此方式适宜于连续反馈控制线路中，方法是使所有控制信号（$\overline{CS}$、$\overline{WR1}$、$\overline{WR2}$、ILE、$\overline{XFER}$）均有效。

3. 电流输出转换成电压输出

DAC0832 的输出是电流，有两个电流输出端（I_{out1} 和 I_{out2}），它们的和为一常数。

使用运算放大器可以将 DAC0832 的电流输出线性地转换成电压输出。根据运放和 DAC0832 的连接方法，运放的输出可以分为单极型和双极型两种。图 6-31a 是一种单极性电压输出电路，图 6-31b 是一种双极性电压输出电路。

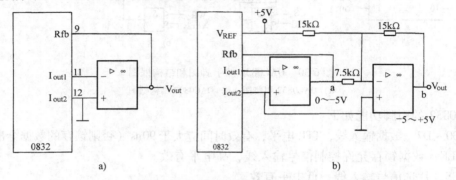

图 6-31　DAC0832 电压输出电路

a）单极性电压输出电路　b）双极性电压输出电路

4. DAC0832 与 MCS-51 的接口方法

由于 DAC0832 有数据锁存器、片选、读、写控制信号线，故可与 MCS-51 扩展总线直接接口。

图 6-32 是只有一路模拟量输出的 MCS-51 系统，单极型电压输出。其中 DAC0832 工作于单缓冲器方式，它的 ILE 接 +5V，$\overline{CS}$ 和 $\overline{XFER}$ 相连后由 MCS-51 的 P2.7 控制，$\overline{WR1}$ 和 $\overline{WR2}$ 相连后由 MCS-51 的 $\overline{WR}$ 控制。这样，MCS-51 对 DAC0832 执行一次写操作就把一个数据直接写入 DAC 寄存器，模拟量输出随之而变化。

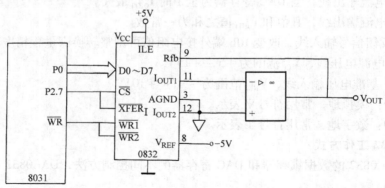

图 6-32　有一路模拟量输出的 MCS-51 系统

【例 6-5】　图 6-32 中电路，MCS-51 执行下面的程序后，运放的输出端产生一个锯齿型电压波：

```
MAIN:    MOV    DPTR, #7FFFH
         MOV    A, #0
LOOP:    MOVX   @DPTR, A
         INC    A
         AJMP   LOOP
```

6.6 A-D 接口的扩展

A-D 的种类很多，根据转换原理可以分为逐次逼近式、双积分式、并行式及计数器式。其中逐次逼近式和双积分式 A-D 转换器应用较普遍。

衡量 A-D 性能的主要参数是：

1）分辨率，即输出的数字量变化一个相邻的值所对应的输入模拟量的变化值。

2）满刻度误差，即输出全 1 时输入电压与理想输入量之差。

3）转换速率。

4）转换精度。

5）是否可方便地和 CPU 接口。

6.6.1 MC14433

MC14433 是一种三位半双积分式 A-D。其最大输入电压为 199.9mV 和 1.999V 两档（由输入的基准电压 V_R 决定），抗干扰性强、转换精度高达读数的 ±0.05% ±1 字，但转换速度较慢（在 50~150kHz 时钟频率范围每秒 4~10 次）。

1. MC14433 的结构

图 6-33 给出了 MC14433 的引脚图和逻辑结构框图。

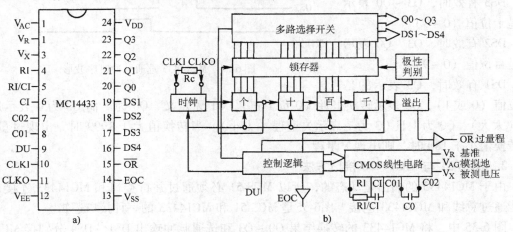

图 6-33 MC14433 的引脚图和逻辑结构框图

a) MC14433 引脚图 b) MC14433 逻辑框图

MC14433 的引脚功能如下：

1）V_{DD}：主电源，+5V。

2）V_{EE}：模拟部分的负电源，-5V。

3）V_{SS}：数字地。

4）V_R：基准电压输入线，为 200mV 或 2V。

5）V_X：被测电压输入线，最大为 199.9mV 和 1.999V。

6）V_{AG}：V_R 和 V_X 的地（模拟地）。

7）RI：积分电阻输入线，当 V_X 量程为 2V 时，RI 取 470kΩ；当 V_X 量程为 200mV 时，RI 取 27kΩ。

8）CI：积分电容输入线，CI 一般取 0.1μF 的聚丙烯电容。

9）RI/CI：RI 和 CI 的公共连接端。

10）C01，C02：接失调补偿电容 C0，值约 0.1μF。

11）CLKI，CLKO：外接振荡器时钟频率调节电阻 R_C，其典型值是 300kΩ；时钟频率随 R_C 值上升而下降。

12）EOC：转换结束状态输出线，EOC 是一个宽为 0.5 个时钟周期的正脉冲。

13）DU：更新转换控制信号输入线，DU 若与 EOC 相连，则每次 A-D 转换结束后自动启动新的转换。

14）$\overline{OR}$：过量程状态信号输出线，低电平有效，当 | V_X | > V_R 时，$\overline{OR}$ 有效。

15）DS4 ~ DS1：分别是个、十、百、千位的选通脉冲输出线。这 4 个正选通脉冲宽度为 18 个时钟周期，相互之间的间隔时间为 2 个时钟周期（见图 6-34）。

16）Q3 ~ Q0：BCD 码数据输出线，动态地输出千位、百位、十位、个位值，即：

DS4 有效时，Q3 ~ Q0 表示的是个位值（0 ~ 9）。

DS3 有效时，Q3 ~ Q0 表示的是十位值（0 ~ 9）。

DS2 有效时，Q3 ~ Q0 表示的是百位值（0 ~ 9）。

DS1 有效时，Q3 表示的是

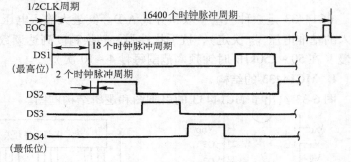

图 6-34　MC14433 选通脉冲时序波形

千位值（0 或 1）、Q2 表示转换极性（0 负 1 正）、Q1 无意义、Q0 为 1 而 Q3 为 0 表示过量程（太大）、Q0 为 1 且 Q3 为 1 表示欠量程（太小）。当转换值大于 1999 时，出现过量程，当转换值小于 180 时，则出现欠量程。

2. MCS-51 与 MC14433 接口方法

由于 MC14433 的输出是动态的，所以 MCS-51 必须通过并行接口和 MC14433 连接，而不能通过总线和 MC14433 连接。图6-35 是 MCS-51 和 MC14433 的一种接口逻辑。

图 6-35 中，将 MC14433 的转换结果 Q0 ~ Q3 和选通脉冲输出 DS1 ~ DS4 分别接 MCS-51 的 P1.0 ~ P1.3 和 P1.4 ~ P1.7；MC14433 的转换结束标志 EOC 一方面接更新转换控制输入脚 DU，以便自动启动新的转换；另一方面，由于 EOC 正脉冲宽度很小，负跳变与正跳变在时间上相隔很近，故可不经反相直接连到 MCS-51 的 $\overline{INT1}$ 引脚，向单片机提供中断请求信号。MC14433 所需的基准电压 V_R 由精密电源 MC1403 提供。

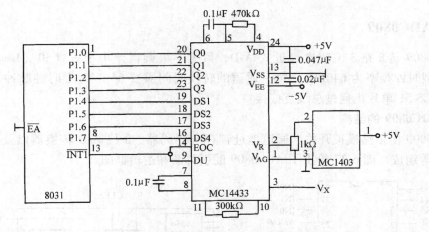

图 6-35 MCS-51 与 MC14433 的一种接口逻辑

MCS-51 以中断方式读取 MC14433 转换结果，相应程序流程图如图 6-36 所示。

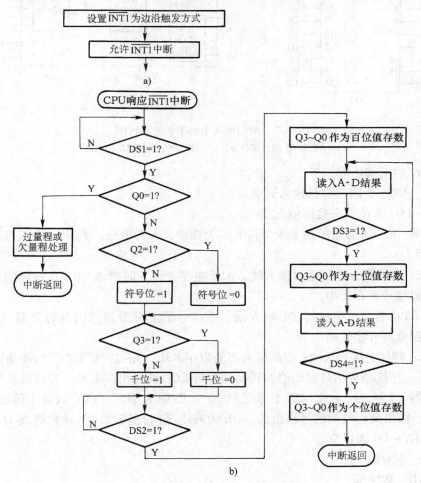

图 6-36 MC14433 A-D 转换程序流程图

a）主程序 b）$\overline{INT1}$ 中断服务程序

6.6.2 ADC0809

ADC0809 是 8 路 8 位逐次逼近式 A-D，最大不可调误差小于 ±1LSB（Least Significant Bit）。典型时钟频率为 640kHz。每一通道的转换时间需要 66～73 个时钟脉冲，约 100μs。可以和 MCS-51 单片机通过总线直接接口。

1. ADC0809 的结构

ADC0809 由多路模拟开关、通道地址锁存与译码器、8 位 A-D 转换器以及三态输出数据锁存器等组成。图 6-37 给出了 ADC0809 的引脚图和逻辑框图。

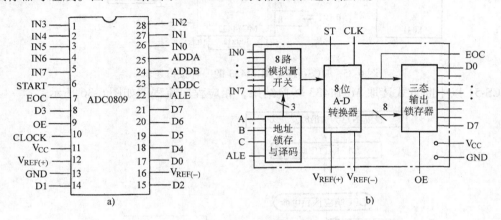

图 6-37　ADC0809 引脚图和逻辑框图

a）ADC0809 的引脚分布　b）ADC0809 的逻辑结构框图

ADC0809 的引脚功能如下：

1）IN0～IN7：8 路模拟量输入通道。

2）D7～D0：8 位三态数据输出线。

3）A、B、C：通道选择输入线，其中 C 为高位，A 为低位。其地址状态与通道的对应关系见表 6-5。

4）ALE：通道锁存控制信号输入线，ALE 电平正跳变时把 A、B、C 指定的通道地址锁存到片内通道地址寄存器中。

5）START：启动转换控制信号输入线，该信号的上升沿清除内部寄存器（复位），下降沿启动控制电路开始转换。

6）CLK：转换时钟输入线，CLK 的典型值为 640kHz，超过该频率时，转换精度会下降。

7）EOC：转换结束信号输出线，转换结束后 EOC 线输出高电平，并将转换结果打入三态输出锁存器。（复位）启动 0809 转换后约 10 个 CLOCK 周期，EOC 线输出低电平。

8）OE：输出允许控制信号输出线，OE 为高电平时把转换结果送数据线 D7～D0，OE 为低电平时 D7～D0 为浮空态。

9）V_{cc}：主电源 +5V。

10）GND：数字地。

11）V_{REF+}：基准电压输入线，典型值为 V_{REF+} = +5V。

12）V_{REF-}：基准电压输出线，典型值为 V_{REF-} = 0V。

2. MCS-51 单片机与 ADC0809 的接口方法

（1）启动 A-D 转换

ADC0809 的控制时序如图 6-38 所示。

表 6-5　ADC0809 地址状态与通道的对应关系

C	B	A	通道
0	0	0	0
0	0	1	1
0	1	0	2
0	1	1	3
1	0	0	4
1	0	1	5
1	1	0	6
1	1	1	7

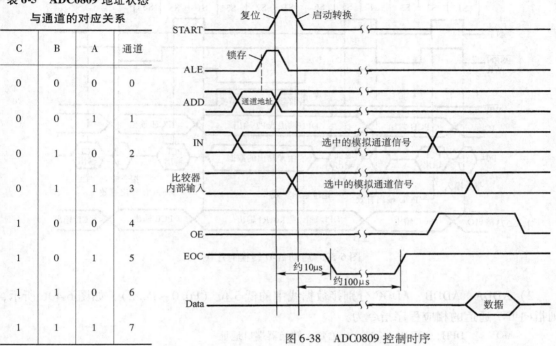

图 6-38　ADC0809 控制时序

从 ADC0809 的控制时序图可看到，要将特定模拟通道输入信号进行 A-D 转换，需满足以下条件：

①在 START 端需产生一个正脉冲，上升沿复位 ADC0809，下降沿启动 A-D 转换。

②在启动 A-D 转换之前，待转换的模拟通道的地址应稳定地出现在地址线上，同时需在 ALE 端产生一个正跳变，将地址锁存起来，使得在 A-D 转换期间，比较器内部输入始终是选中的模拟通道输入信号。

③在 A-D 转换结束之前，在 START 端和 ALE 端不能再次出现正脉冲信号。

用什么信号作为 START 端的复位和启动 A-D 转换信号，以及 ALE 端的地址锁存信号呢？我们自然地想到了 MCS-51 单片机的 $\overline{WR}$ 信号。将 $\overline{WR}$ 信号取反后送 ADC0809 的 START 端和 ALE 端，可满足条件①和②，将 $\overline{WR}$ 信号与某一仅在访问 ADC0809 时变低的片选线或非处理后，可进一步满足条件③。在这种接口方式下，启动 A-D 转换时序图如图 6-39 所示。从该图可看到，在 ADC0809 ALE 端地址锁存信号有效时，MCS-51 外部数据总线和地址总线上的信号都是稳定的，都可以作为 ADC0809 的地址信号。于是就形成了 ADC0809 与 MCS-51 单片机的 3 种硬件连接方法，如图 6-40 所示。3 种情况下，启动 A-D 转换的程序指令需作相应的变动。

1）ADDA、ADDB、ADDC 分别接地址锁存器提供地址的低 3 位，如图 6-40a 所示，指向 IN7 通道的相应程序指令为

```
MOV      DPTR, #0EFF7H    ; 指向 D-A 转换器和模拟通道的 IN7 地址
MOVX     @ DPTR, A        ; 启动 A-D 转换, A 中可以是任意值
```

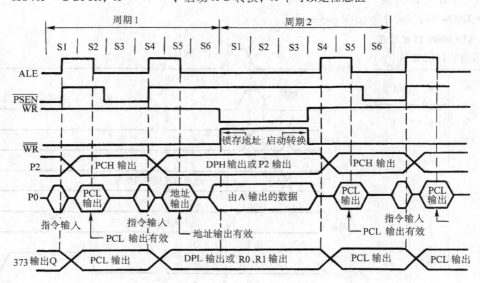

图 6-39 启动 A-D 转换时序图

2）ADDA、ADDB、ADDC 分别接数据线中的低 3 位（P0.0 ~ P0.2），如图 6-40b 所示，则指向 IN7 通道的相应程序指令为

```
MOV      DPH, #0E0H       ; 送 D-A 转换器端口地址
MOV      A, #07H          ; IN7 地址送 A
MOVX     @ DPTR, A        ; 送地址并启动 A-D 转换
```

3）ADDA、ADDB、ADDC 分别接高 8 位地址中的低 3 位（P2.0 ~ 2.2），如图 6-40c 所示，则指向 IN7 通道的相应程序指令为

```
MOV      DPTR, #0E700H
MOVX     @ DPTR, A
```

（2）确认 A-D 转换完成

为了确认转换结束，可以采用无条件、查询和中断三种数据传送方式。

1）无条件传送方式。转换时间是转换器的一项已知和固定的技术指标。例如，ADC0809 转换时间为 128μs，可在 A-D 转换启动后，调用一个延时足够长的子程序，规定时间到，转换也肯定已经完成。

2）查询方式。ADC0809 的 EOC 端高电平，表明 A-D 转换完成，查询测试 EOC 的状态，即可确知转换是否完成。需注意 ADC0809 从复位到 EOC 变低约需 10μs 时间，查询时应首先确定 EOC 已变低，再变高，才说明 A-D 转换完成。

3）中断方式。把表明转换完成的状态信号（EOC）作为中断请求信号，以中断方式进行数据传送。

（3）转换数据的传送

不管使用上述哪种方式，一旦确认转换完成，即可通过指令传送在三态输出锁存器中的结果数据。对于如图 6-40 所示的硬件连接，只要对可使 P2.4 = 0 的端口地址做读操作，即

可在 OE 端产生一个正脉冲，把转换数据送上数据总线，供单片机接收。例如：

```
MOV    DPH，#0EFH
MOVX   A，@DPTR
```

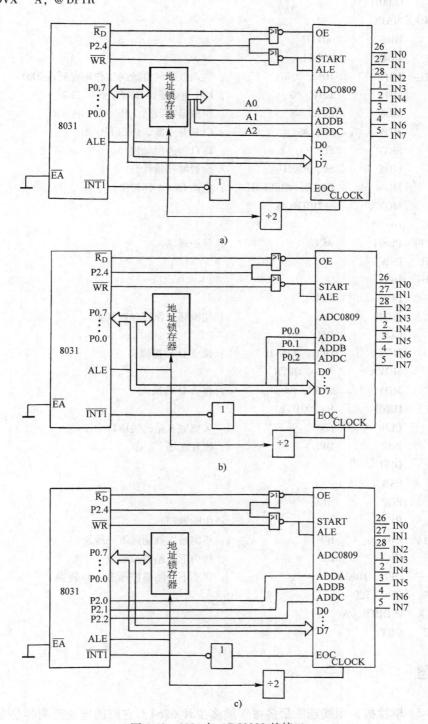

图 6-40   8031 与 ADC0809 的接口

【例 6-6】 图 6-40a 电路中，对 IN0 ~ IN7 上模拟电压巡回采集一遍数字量，并送入内部 RAM 以 50H 为起始地址的输入缓冲区的有关程序如下：

```
        ORG     0000H
        STMP    MAIN
                ORG     0013H
                LJMP    P1NT1
MAIN:   MOV     10H, #50H           ; 输入数据区首址送工作寄存器区 2R0
        MOV     12H, #0             ; IN0 地址送工作寄存器区 2R2
        MOV     17H, #8             ; 模拟量路数送工作寄存器区 2R7
        MOV     1E, #84             ; CPU 开中断，INT1 开中断
        SETB    IT1                 ; INT1 为边沿触发
        MOV     SP, #50H            ; 设置堆栈指针
        MOV     DPTR, #0EFF8H       ; 启动 IN0 A-D 转换
        MOVX    @ DPTR, A
        …
PINT1:  PUSH    ACC                 ; 保护现场
PUSH    PSW
PUSH    DPH
        PUSH    DPL
        SETB    RS1                 ; 切换到工作寄存器区 2
        CLR     RS0
        MOV     DPH, #0EFH          ; 读 A-D 转换值
        MOVX    A, @ DPTR
        MOV     @ R0, A             ; 存 A-D 转换值
        DJNZ    R7, OUT1
        CLR     EX₁                 ; 采集完 8 路，关INT1中断
OUT:    POP     DPL                 ; 恢复现场
POP     DPH
POP     PSW
        POP     ACC
        RETI                        ; 中断返回
OUT1:   INC     R0                  ; 指向输入数据区下一地址
        INC     R2                  ; 指向下一路模拟通道
MOV     DPH, #0EFH                  ; 启动下一路模拟通道 A-D 转换
MOV     DPL, R2
MOVX    @ DPTR, A
SJMP    OUT
```

6.7 习题

1. MCS-51 单片机，用线选法最多可扩展多少片 6264？它们的地址范围各是多少？试画出其逻辑图。

2. MCS-51 单片机用地址译码法最多可扩展多少片 6264？它们的地址范围各是多少？试画出其逻辑图。

3. 一个 8032 扩展系统，扩展了一片 27256、一片 62256、一片 74LS377、一片 74LS245、一片 8255、一片 0809 和一片 0832，试画出其逻辑图，并写出各器件的地址范围。

4. 在一个 89C51 扩展系统中，P2 口接 I/O 设备，P0 口作扩展总线口使用，扩展一片 8255 和一片 0832，试画出其逻辑图，并编写一个初始化子程序，使 8255 的 PA、PC 口为方式 0 输出，P0 口以方式 0 输入。

5. 在图 6-30 所示系统中，试编制一个程序，使 0832 输出一个幅度为 4V 的三角波形。

6. 在图 6-30 所示系统中，晶振频率为 12MHz，利用程序存储器中 0E00H ~ 0FFFH 表格内的 512B 数据，通过 D-A 转换，产生频率约为 1Hz 的周期波形。试编制有关程序。

7. 在一个 8031 扩展系统中，以中断方式通过外接并行口 8255 读取 MC14433 的 A-D 转换结果，存入内部 RAM 20H ~ 21H，试画出有关逻辑图，并编制读取 A-D 结果的中断服务程序。

8. 设计一个 ADC0809 与 8031 的接口电路。要求采用中断方式读取 A-D 转换结果，并编写相应的程序，将 8 个模拟通道的转换结果分别存放在内存 50H ~ 57H 中。

9. 试画出 8031 扩展一片 74LS373 芯片作为并行输出口的逻辑图。

第7章 单片机系统的串行扩展

7.1 MCS-51 系统的串行扩展原理

目前，对控制系统微型化的要求越来越高，便携式的智能化仪器需求量越来越大。为了使仪器微型化，首先要设法减少仪器所用芯片的引脚数。因此，过去常用的并行总线接口方案由于需要较多的引脚数而不得不舍弃，转而采用只需少量引脚数的串行总线接口方案。SPI（Serial Peripheral Interface）和 I²C（Inter-Integrated Circuit）就是两种常用的串行总线接口。SPI 三线总线只需 3 根引脚线就可与外部设备相连，而 I²C 两线总线则只需两根引脚线就可与外部设备相连。

7.1.1 SPI 三线总线

1. SPI 总线概述

SPI 实际上是一种串行总线接口标准。SPI 方式可允许同时同步发送和接收 8 位数据，它工作时传输速率最高可达几十兆位/秒。SPI 用以下 3 个引脚来完成通信：

1）串行数据输出 SDO（Serial Data Out）。

2）串行数据输入 SDI（Serial Data In）。

3）串行时钟 SCK（Serial Clock）。

另外挂接在 SPI 总线上的每个从机还需一根片选控制线。

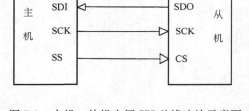

2. SPI 总线的结构与工作原理

SPI 总线有主机、从机的概念。主机的发送与从机的接收相连，主机的接收与从机的发送相连，主机产生的时钟信号输出到从机的时钟引脚上，除了以上 3 根通信线外，一般从机还需一根片选控制线。图 7-1 为两台设备采用 SPI 总线连接的示意图。

图 7-1 主机、从机之间 SPI 总线连接示意图

由于 SPI 的数据输出线（SDO）和数据输入线（SDI）是分开的，因此允许主机、从机之间发送和接收同时进行，至于数据是否有效，取决于应用软件。当主机发出片选控制信号以后，数据的传输节拍由主机的 SCK 信号控制。图 7-2 为 SPI 通信的时序图。对具有 SPI 功能的单片机，时序图中的 SDO 和 SCK 的波形由硬件自动产生，数据的接收也是由硬件自动完成的。主机的 SS 信号有效后，选中从设备，在 SCK 的上升沿，主机发送数据，SCK 的下降沿，主机接收数据。而对

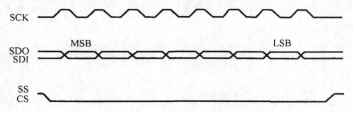

图 7-2 SPI 通信的时序图

没有 SPI 功能的单片机，则时序图中的 SDO 和 SCK 的波形要由软件产生，数据的接收也要由软件来完成。

7.1.2 I²C 公用双总线

1. I²C 总线概述

I²C 也是一种串行总线的外设接口，它采用同步方式串行接收或发送信息，两个设备在同一个时钟下工作。与 SPI 不同的是 I²C 只用两根线：

1）串行数据 SDA（Serial Data）。

2）串行时钟 SCL（Serial Clock）。

由于 I²C 只有一根数据线，因此其发送信息和接收信息不能同时进行。信息的发送和接收只能分时进行。I²C 串行总线工作时传输速率最高可达 400kbit/s。

2. I²C 的结构与工作原理

I²C 总线上所有器件的 SDA 线并接在一起，所有器件的 SCL 线并接在一起，且 SDA 线和 SCL 线必须通过上拉电阻连接到正电源。图 7-3 为 I²C 总线器件电气连接图。

I²C 总线的数据传输协议要比 SPI 总线复杂一些，因为 I²C 总线器件没有片选控制线，所以 I²C 总线数据传输的开始必须由主器件产生通信的开始条件（SCL 高电平时，SDA 产生负跳变）；通信结束时，由主器件产生通信的结束条件（SCL 高电平时，SDA 产生正跳变）。SDA 线上的数据在 SCL 高电平期间必须保持稳定，否则会被误认为开始条件

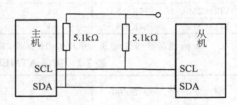

图 7-3　I²C 总线器件电气连接图

或结束条件，只有在 SCL 低电平期间才能改变 SDA 线上的数据。图 7-4 为 I²C 总线的数据传输波形图。

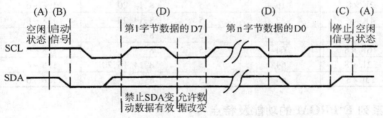

图 7-4　I²C 总线的数据传输波形图

7.2 单片机的外部串行扩展

串行外围器件由于具有体积小、价格低、占用 I/O 口线少等优点，正在越来越多的领域中得到广泛应用。下面分别介绍串行 E²PROM、串行输入输出接口和串行 A-D 转换器。

7.2.1 串行扩展 E²PROM

串行 E²PROM 具有体积小（通常为 8 脚封装）、价格低、占用 I/O 口线少、寿命长（能

重复使用 100 000 次及 100 年数据不丢失)、抗干扰能力强、不易被改写等优点。随着当今智能化仪表趋于小型化，再加真正需要预设的数据位、控制位、保密位等数据并不占据太多的存储空间，串行 E^2PROM 正被广泛应用于多功能的智能化仪表中。表 7-1 列出了美国 AT-MEL 公司 I^2C 总线的 AT24C 系列串行 E^2PROM，表 7-2 列出了美国 ATMEL 公司 SPI 总线的 AT25 系列串行 E^2PROM，为读者选择不同容量、不同接口总线及了解有关串行 E^2PROM 的详细性能提供参考。

表 7-1　美国 ATMEL 公司 AT24C 系列串行 E^2PROM

型　号	容量/bit	页缓冲区/B	写速度/(ms/pg)①	引脚数	工作电压/V	总线
AT24C01	128×8	4	10	8	$1.8 \sim 6$	I^2C
AT24C02	256×8	8	10	8, 14	$1.8 \sim 6$	I^2C
AT24C04	512×8	16	10	8, 14	$1.8 \sim 6$	I^2C
AT24C08	$1K \times 8$	16	10	8, 14	$1.8 \sim 6$	I^2C
AT24C16	$2K \times 8$	16	10	8, 14	$1.8 \sim 6$	I^2C
AT24C32	$4K \times 8$	32	10	8, 14	$1.8 \sim 6$	I^2C
AT24C64	$8K \times 8$	32	10	8, 14	$1.8 \sim 6$	I^2C
AT24C128	$16K \times 8$	64	10	8, 14	$1.8 \sim 6$	I^2C
AT24C256	$32K \times 8$	64	10	8	$1.8 \sim 6$	I^2C
AT24C512	$64K \times 8$	64	10	8	$1.8 \sim 6$	I^2C

① ms/pg 是毫秒/页的意思，单片机的存储器 2KB 称为 1 页。

表 7-2　美国 ATMEL 公司 AT25 系列串行 E^2PROM

型　号	容　量/bit	页缓冲区/B	写速度/(ms/pg)	引脚数	工作电压/V	总线
AT25010	128×8	8	5	8	$1.8 \sim 6$	SPI
AT25020	256×8	8	5	8	$1.8 \sim 6$	SPI
AT25040	512×8	8	5	8	$1.8 \sim 6$	SPI
AT25080	$1K \times 8$	16	5	8,14,20	$1.8 \sim 6$	SPI
AT25160	$2K \times 8$	16	5	8,14,20	$1.8 \sim 6$	SPI
AT25320	$4K \times 8$	32	5	8,14,20	$1.8 \sim 6$	SPI
AT25640	$8K \times 8$	32	5	8,14,20	$1.8 \sim 6$	SPI
AT25128	$16K \times 8$	64	5	8	$1.8 \sim 6$	SPI
AT25256	$32K \times 8$	64	5	8,14,16,20	$1.8 \sim 6$	SPI
AT251024	$1M \times 8$	64	5	8	$1.8 \sim 6$	SPI

1. AT24C 系列 E^2PROM 的功能及特点

AT24C 系列为美国 ATMEL 公司推出的串行 CMOS 型 E^2PROM，具有功耗小、宽电压范围等优点。工作电流约 3mA，静态电流随电源电压不同为 $30 \sim 110\mu$A，存储容量有 128×8bit、256×8bit、512×8bit、$1K \times 8$bit、$2K \times 8$bit、$4K \times 8$bit、$8K \times 8$bit、$16K \times 8$bit、$32K \times 8$bit 和 $64K \times 8$bit 等多种规格，图 7-5 为 AT24C 系列串行 E^2PROM 的引脚图。图中 A0、A1、A2 为器件地址引脚，V_{SS} 为地，V_{CC} 为正电源，$\overline{WC}$ 写保护，SCL 为串行时钟线，SDA 为串行数据线。

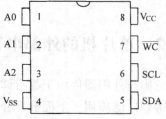

图 7-5　AT24C 系列串行 E^2PROM 的引脚图

2. AT24C 系列 E^2PROM 接口及地址选择

AT24C 系列 E^2PROM 采用 I^2C 总线，I^2C 总线上可挂接

多个接口器件，在 I^2C 总线上的每个器件应有唯一的器件地址，按 I^2C 总线规则，器件地址为 7 位二进制数，它与 1 位数据方向位构成一个器件寻址字节。器件寻址字节的最低位（D0）为方向位（读/写）；最高 4 位（D7～D4）为器件型号地址（不同的 I^2C 总线接口器件的型号地址由厂家给定，AT24C 系列 E^2PROM 的型号地址皆为 1010）；其余 3 位（D3～D1）与器件引脚地址 A2A1A0 相对应。器件地址格式：1010　A2A1A0

对于 E^2PROM 的片内地址，AT24C01 和 AT24C02 由于芯片容量可用一个字节表示，故读写某个单元前，先向 E^2PROM 写入一个字节的器件地址，再写入一个字节的片内地址。而 AT24C04、AT24C08 和 AT24C16 分别需要 9 位、10 位和 11 位片内地址，所以 AT24C04 把器件地址中的 D1 作为片内地址的最高位，AT24C08 把器件地址中的 D2D1 作为片内地址的最高两位，AT24C16 把器件地址中的 D3D2D1 作为片内地址的最高三位。凡在系统中把器件的引脚地址用作片内地址后，该引脚在电路中不得使用，作悬空处理。AT24C32、AT24C64、AT24C128、AT24C256 和 AT24C512 的片内地址采用两个字节。

3. AT24C 系列 E^2PROM 的读写操作原理

下列读写操作中 SDA 线上数据传送状态标记注释如下：

S 为开始信号（SCL 高电平时，SDA 产生负跳变），由主机发送。

P 为结束信号（SCL 高电平时，SDA 产生正跳变），由主机发送。

addr、addr_H 和 addr_L 为地址字节，指定片内某一单元地址，由主机发送。

data 为数据字节，由数据发送方发送。

0 为肯定应答信号，由数据接收方发送。

1 为否定应答信号，由数据接收方发送。

主机控制数据线 SDA 时，在 SCL 高电平期间必须保持 SDA 线上的数据稳定，否则会被误认为从机开始条件或结束条件。主机只能在 SCL 低电平期间改变 SDA 线上的数据。主机写操作期间，用 SCL 的上升沿写入数据；主机读操作期间，用 SCL 的下降沿读出数据。

从 AT24C 系列 AT24C01～AT24C16 中读 n 个字节的数据格式：

S	1010 A2 A1 A0 0	addr	0	S	1010 A2 A1 A0 1	0	data1	0

data2	0	⋯	datan	1	P

从 AT24C 系列 AT24C32～AT24C512 中读 n 个字节的数据格式：

S	1010A2A1A0 0	Addr_H	0	Addr_L	0	S	1010A2A1A0 1	0	data1	0

data2	0	⋯	datan	1	P

向 AT24C 系列 AT24C01～AT24C16 中写 n 个字节的数据格式（n≤页长，且 n 个字节不能跨页）：

S	1010 A2 A1 A0 0	addr	0	data1	0	data2	0	⋯	datan	0	P

向 AT24C 系列 AT24C32 ~ AT24C512 中写 n 个字节的数据格式（n≤页长，且 n 个字节不能跨页）：

S	1010A2A1A0 0	addr _ H	0	Addr _ L	0	data1	0	data2	10	⋯	datan	0	P

4. AT24C 系列 E^2PROM 与 MCS-51 单片机的数据交换

图 7-6 为一片 AT24C 系列 E^2PROM 与 MCS-51 单片机的连接电路图。若有多片 E^2PROM 与 MCS-51 单片机相连，则各 E^2PROM 的器件地址引脚接线要不同。

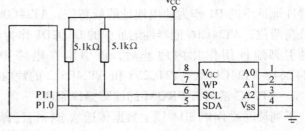

7.2.2 串行扩展 I/O 接口

MCS-51 单片机的并行 I/O 接口与外部 RAM 是统一编址的，即扩展并行 I/O 接口要占用单片机的外部 RAM 的空间。若用串行的方法扩展 I/O 接口，则可以节省系统的硬件开销，是一种经济、实用的方法。下面分别介绍串行输入接口和串行输出接口。

图 7-6　AT24C 系列 E^2PROM 与 MCS-51 单片机的连接电路图

1. 串行输入接口 74LS165

74LS165 是一个 8 位并行输入，串行输出的接口电路。其内部结构如图 7-7 所示。PL 为数据锁存端，当 $\overline{PL}$ 为低电平时锁存数据；CP_1 和 CP_2 为移位脉冲输入端；Q7 为数据输出端；D_S 为数据输入端；CP 的上升沿移出数据。74LS165 作为串行输入接口可以单片使用，也可级联使用。级联使用的电路如图 7-8 所示。

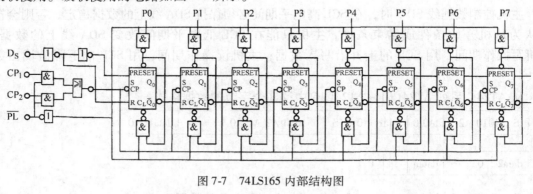

图 7-7　74LS165 内部结构图

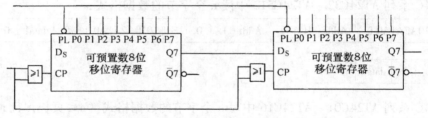

图 7-8　74LS165 级联使用的电路连接图

2. 串行输出接口 74LS164

74LS164 是一个串行输入，8 位并行输出的接口电路。其内部结构如图 7-9 所示。$\overline{MR}$ 为清零端，当 $\overline{MR}$ 为低电平时清零；A 和 B 为数据输入端；CP 端为移位脉冲输入端，CP 的上升沿移入数据。74LS164 作为串行输出接口可以单片使用，也可级联使用。级联使用的电路连接如图 7-10 所示。

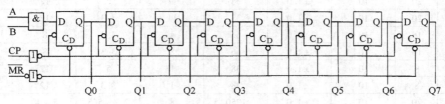

图 7-9 74LS164 内部结构图

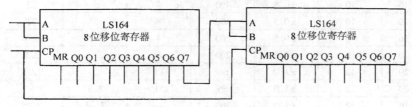

图 7-10 74LS164 级联使用的电路连接图

7.2.3 串行扩展 A-D 转换器

随着对智能化仪表微型化的要求越来越高，串行 A-D 转换器件由于具有体积小、价格低、占用 I/O 口线少等优点而被广泛应用。美国的模拟器件公司（ADI）、MAXIM 公司和德州仪器（TI）公司等许多公司纷纷推出能满足不同用户要求的串行 A-D 转换器件。表 7-3 列出了美国 TI 公司系列串行输出 A-D 转换器件。

表 7-3 美国 TI 公司的串行输出 A-D 转换器

型号	引脚	分辨率/bit	线性误差 /LSB[1]	采样率 / (KSPS)[2]	输入通道	电源电压 /V	最大功耗 /mW	总线
TLC0831	8	8	±1.0	31	1	5	12.5	SPI
TLC0832	8	8	±1.0	22	2	5	26	SPI
TLC0834	14	8	±1.0	20	4	5	12.5	SPI
TLC0838	20	8	±1.0	20	8	5	12.5	SPI
TLV0832	8	8	±1.0	44.7	2	3.3	26	SPI
TLV0838	20	8	±1.0	37.9	8	3.3	51	SPI
TLC540	20	8	±0.5	75	11	5	12	SPI
TLC541	20	8	±0.5	40	11	5	12	SPI
TLC542	20	8	±0.5	25	11	5	10	SPI
TLC545	28	8	±0.5	76	19	5	12	SPI
TLC546	28	8	±0.5	40	19	5	12	SPI
TLC548	8	8	±0.5	45.5	1	5	12	SPI
TLC549	8	8	±0.5	40	1	5	12	SPI

（续）

型号	引脚	分辨率/bit	线性误差/LSB[①]	采样率/（KSPS）[②]	输入通道	电源电压/V	最大功耗/mW	总线
TLC1541	20	10	±1.0	32	11	5	12	SPI
TLC1542	20	10	±1.0	38	11	5	12	SPI
TLC1543	20	10	±1.0	38	11	5	12	SPI
TLV1543	20	10	±1.0	38	11	3.3	12	SPI
TLV1544	16	10	±1.0	66	4	3.3	8	SPI
TLV1548	16	10	±1.0	66	8	3.3	8	SPI
TLC1549	8	10	±1.0	38	1	5	12	SPI
TLV1549	8	10	±1.0	38	1	3.3	12	SPI
TLV1570	20	10	±1.0	1250	8	2.7~5.5	8~40	SPI
TLV1572	8	10	±1.0	1250	1	2.7~5	25	SPI
TLC1514	16	10	±0.5	400	4	5	22	SPI
TLC1518	20	10	±0.5	400	8	5	22	SPI
TLV1504	16	10	±0.5	200	4	3.3	2.7	SPI
TLV1508	20	10	±0.5	200	8	3.3	2.7	SPI
TLC2543	20	12	±1.0	66	11	5	12.5	SPI
TLV2543	20	12	±1.0	66	11	3.3	8	SPI
TLV2544	16	12	±1.0	200	4	2.7~5.5	8.25	SPI
TLV2548	20	12	±1.0	200	8	2.7~5.5	8.25	SPI
TLC2558	20	12	±1.0	200	8	5		SPI

① LSB：最低有效位。

② KSPS：采样速率的单位，表示千次/s。

1. 11 通道 12 位串行模数转换器 TLC2543 引脚及内部结构介绍

TLC2543 是德州仪器公司生产的 12 位开关电容型逐次逼近模-数转换器，最大转换时间为 10μs，11 个模拟输入通道，3 路内置自测试方式，采样率为 66KSPS，线性误差为 ±1LSBmax，有转换结束输出 EOC（转换结束信号），具有单、双极性输出，可编程的 MSB（最高有效位）或 LSB（最低有效位）前导，可编程选择输出数据长度。它具有三个控制输入端，采用简单的 3 线 SPI 串行接口，可方便地与微机进行连接，是 12 位数据采集系统的最佳选择器件之一。图 7-11 和图 7-12 分别是 TLC2543 的引脚排列图和内部结构图。TLC2543 有两种封装形式。表 7-4 是 TLC2543 的引脚功能说明。

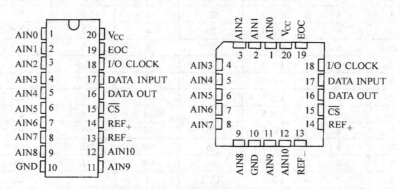

图 7-11　TLC2543 引脚分布图

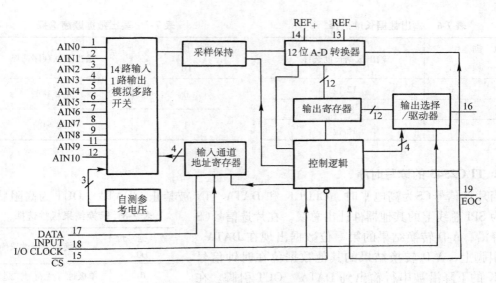

图 7-12　TLC2543 的内部结构图

表 7-4　TLC2543 的引脚功能说明

引脚号	名　称	I/O	说　明
1～9, 11, 12	AIN0～ANI10	I	11 个模拟信号输入端
13	REF_	I	负基准电压端（通常接 GND）
14	REF_+	I	正基准电压端（通常接 V_{CC}）
15	$\overline{CS}$	I	片选输入端
16	DATA OUT	O	串行数据输出端
17	DATA INPUT	I	串行数据输入端
18	CLOCK	I	串行时钟输入端
19	EOC	O	模-数转换结束端
10	GND		电源接地端
20	Vcc		电源正端

2. TLC2543 的工作方式和输入通道的选择

TLC2543 是一个多通道和多工作方式的模-数转换器件，其工作方式和输入通道的选择是通过向 TLC2543 的控制寄存器写入一个 8 位的控制字来实现的。这个 8 位的控制字由 4 部分组成：D7 D6 D5 D4 选择输入通道，D3 D2 选择输出数据长度，D1 选择输出数据顺序，D0 选择转换结果的极性。八位控制字的各位的含义见表 7-5～表 7-8。主机以 MSB 为前导方式将控制字写入 TLC2543 的控制寄存器，每个数据位都是在 CLOCK 序列的上升沿被写入控制寄存器。

表 7-5　输入通道选择

数　据　位				输入通道选择	数　据　位				输入通道选择
D7	D6	D5	D4		D7	D6	D5	D4	
0	0	0	0	AIN0	1	0	0	0	AIN8
0	0	0	1	AIN1	1	0	0	1	AIN9
0	0	1	0	AIN2	1	0	1	0	AIN10
0	0	1	1	AIN3	1	0	1	1	（VREF_+ + VREF_ ）/2
0	1	0	0	AIN4	1	1	0	0	VREF_
0	1	0	1	AIN5	1	1	0	1	VREF_+
0	1	1	0	AIN6	1	1	1	0	软件断电
0	1	1	1	AIN7					

表 7-6	输出数据长度选择	
数 据 位		输出数据长度选择
D3	D2	
X	0	12 位
0	1	8 位
1	1	16 位

表 7-7	输出数据顺序选择
数 据 位	输出数据顺序选择
D1	
0	MSB 导前
1	LSB 导前

3. TLC2543 的读写时序

当片选信号 $\overline{CS}$ 为高电平时，CLOCK 和 DATA_IN 被禁止、DATA_OUT 为高阻状态，以便为 SPI 总线上的其他器件让出总线。在片选信号 $\overline{CS}$ 的下降沿，A-D 转换结果的第一位数据出现在 DATA_OUT 引脚上，A-D 转换结果的其他数据位在时钟信号 CLOCK 的下降沿被串行输出到 DATA_OUT 引脚。在片选信号 $\overline{CS}$ 下降沿以后，时钟信号 CLOCK 的前 8 个上升沿将 8 位控制字从 DATA_IN 引脚串行输入到

表 7-8	转换结果极性选择
数 据 位	转换结果极性选择
D0	
0	单极性（无符号二进制）
1	双极性（二进制补码）

TLC2543 的控制寄存器。在片选信号 $\overline{CS}$ 下降沿以后，经历 8 个（或 12 个/或 16 个）时钟信号完成对 A-D 转换器的一次读写。本次写入的控制字在下一次转换中起作用，本次读出的结果由上次输入的控制字决定。A-D 转换可由 $\overline{CS}$ 的下降沿触发，也可由 CLOCK 信号触发。图 7-13 是由 $\overline{CS}$ 的下降沿触发 A-D 转换、输出数据长度为 8 位、以 MSB 导前的读写时序图。图 7-14 是由 CLOCK 信号触发 A-D 转换、输出数据长度为 8 位、以 MSB 导前的读写时序图。图 7-15 是由 $\overline{CS}$ 的下降沿触发 A-D 转换、输出数据长度为 12 位、以 MSB 导前的读写时序图。图 7-16 是由 CLOCK 信号触发 A-D 转换、输出数据长度为 12 位、以 MSB 导前的读写时序图。图中的（A11 A10 A9 A8）A7 … A0 为（12）8 位的 A-D 转换结果，B7 B6 … B0 为控制字。

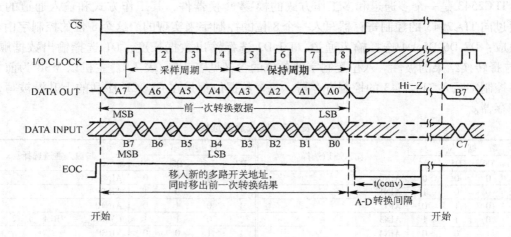

图 7-13　$\overline{CS}$ 的下降沿触发 A-D 转换、输出数据长度为 8 位、
以 MSB 导前的读写时序图

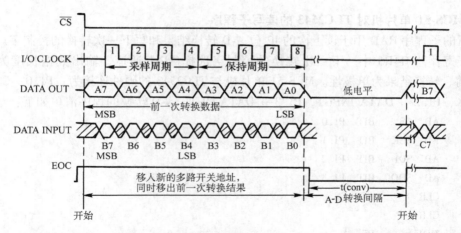

图 7-14 CLOCK 信号触发 A-D 转换、输出数据长度为 8 位、以 MSB 导前的读写时序图

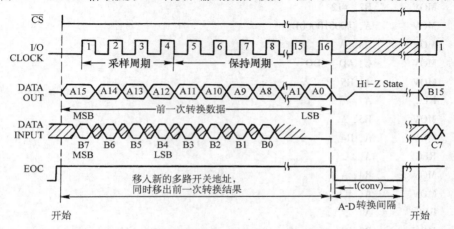

图 7-15 $\overline{CS}$ 的下降沿触发 A-D 转换、输出数据长度为 12 位、以 MSB 导前的读写时序图

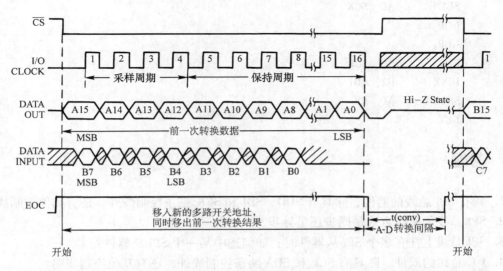

图 7-16 CLOCK 信号触发 A-D 转换、输出数据长度为 12 位、以 MSB 导前的读写时序图

4. MCS-51 单片机对 TLC2543 的读写子程序

以下的子程序 RAD 用于读上次的 12 位 A-D 转换结果和写下一次转换的控制字。转换结果存放于寄存器 R4R5 中。下一次转换的控制字选择 AIN1 通道、输出数据长度为 12 位、MSB 导前、转换结果为单极性。MCS-51 单片机与 TLC2543 的硬件连接为：P1.0→$\overline{CS}$，P1.1→CLOCK，P1.2→DATA INPUT，P1.3→DATA OUT。A-D 转换的程序清单如下：

```
        AD _ CS    BIT  P1.0
        AD _ SCK   BIT  P1.1
        AD _ SDI   BIT  P1.2
        AD _ SDO   BIT  P1.3
RAD：   CLR        AD _ CS
        CLR        A
        MOV        R5, A
        MOV        R2, #12
        MOV        A, #00010000B
        MOV        R3, A
AD1：   MOV        C, AD _ SDO
        MOV        A, R5
        RLC        A
        MOV        R5, A
        MOV        A, R4
        RLC        A
        MOV        R4, A
        MOV        A, R3
        RLC        A
        MOV        R3, A
        MOV        AD _ SDI, C
        SETB       AD _ SCK
        NOP
        NOP
        CLR        AD _ SCK
        DJNZ       R2, AD1
        SETB       AD _ CS
        RET
```

7.3 习题

1. 具有 SPI 总线的器件，除具有 SDO、SDI 和 SCK 三条控制线外，还有其他控制线吗？
2. SPI 总线的通信方式是同步还是异步？
3. SPI 总线上挂有多个 SPI 从器件时，如何选中某一个 SPI 从器件？
4. I^2C 总线的器件，除具有 SCL 和 SDA 两条控制线外，还有其他控制线吗？
5. I^2C 总线的通信方式是同步还是异步？

6. I^2C 总线上挂有多个 I^2C 器件时，如何选中某一个 I^2C 器件？

7. 串行输入接口与 CPU 连接时，除 SDI 和 SCK 控制线外还需其他控制线吗？

8. 串行 E^2PROM AT24C01 地址线 A2A1A0 的电平为 110，向 AT24C01 的 02 单元写入数据 55H，画出完成上述操作 SCL 和 SDA 的波形图（包括开始和停止信号）。

9. 串行 E^2PROM AT24C01 地址线 A2A1A0 的电平为 110，从 AT24C01 的 02 单元读出数据，画出完成上述操作 SCL 和 SDA 的波形图（包括开始和停止信号）。

10. MCS-51 单片机与 TLC2543 串行 A-D 连接，P1.0 接 $\overline{CS}$、P1.1 接 CLOCK、P1.2 接 DATA_OUT、P1.3 接 DATA_IN。$\overline{CS}$ 的下降沿触发 A-D 转换、输出数据长度为 8 位、以 MSB 导前。从 A-D 读出转换结果，下一次对通道 2 进行转换，画出完成上述操作 P1.1 和 P1.3 的波形图。

第8章 单片机的人机接口

无论是单片机控制系统还是单片机测量系统，都需要一个人机对话装置，这种人机对话装置通常采用键盘和显示器。键盘是单片机应用系统中人机对话常用的输入装置，而显示器是单片机应用系统中人机对话常用的输出装置。

8.1 键盘接口

键盘由若干个按键开关组成，键的多少根据单片机应用系统的用途而定。键盘由许多键组成，每一个键相当于一个机械开关触点，当键按下时，触点闭合；当键松开时，触点断开。单片机接收到按键的触点信号后作相应的功能处理。因此对于单片机系统来说键盘接口信号是输入信号。

8.1.1 键盘的工作原理和扫描方式

键盘的结构有两大类，一类是独立式，另一类为矩阵式。

独立式按键的每个键都有一根信号线与单片机电路相连，所有按键有一个公共地或公共正端，每个键相互独立互不影响。如图 8-1 所示，当按下键 1 时，无论其他键是否按下，键 1 的信号线都由 1 变 0；当松开键 1 时，无论其他键是否按下，键 1 的信号线都由 0 变 1。

矩阵式键盘的按键触点接于由行、列母线构成的矩阵电路的交叉处，每当一个键按下时，通过该键将相应的行、列母线连通。若在行、列母线中把行母线逐行置 0（一种扫描方式），那么列母线就用来作信号输入线。矩阵式键盘原理图如图 8-2 所示。

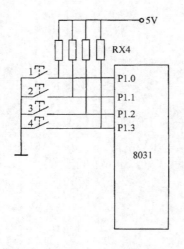

图 8-1 独立式按键原理

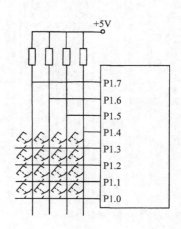

图 8-2 矩阵式键盘原理

针对以上这两大类键盘又存在 3 种扫描方式：程序控制扫描方式、定时扫描方式及中断扫描方式。

程序控制扫描方式就是在主程序中用一段专门的扫描和读键程序来检查有无键按下，并确定键值。

定时扫描方式就是利用单片机内的定时器来产生定时中断，然后在定时中断的服务程序中扫描和读键，检查有无键按下，并确定键值。

中断扫描方式就是当有键按下时由相应的硬件电路产生中断信号，单片机在中断服务程序中扫描和读键，再次检查有无键按下，并确定键值。

8.1.2 键盘的接口电路

独立式按键只适用于键的个数较少的应用系统，电路较简单。下面主要从实际应用的角度分析键盘的接口电路，并介绍两种常用电路（即用 8155 和 8255 可编程 I/O 接口组成的键盘接口电路）。通过这两种常用电路的分析可以掌握键盘的接口电路。

1. 用 8155 实现的键盘接口电路

8155 作为单片机应用系统常用的可编程 I/O 接口得到了广泛应用。对于单片机系统来说，用 8155 作为键盘的接口，无须再专门增加芯片。图 8-3 为用 8155 实现的矩阵式键盘接口电路。

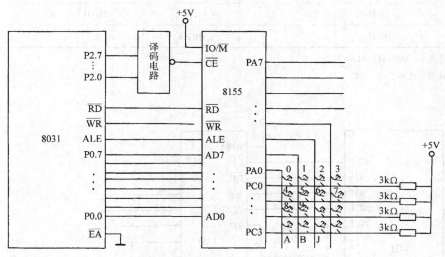

图 8-3 用 8155 实现的矩阵式键盘接口电路

由图看出，8155 的 A 口作为输出口，输出键盘的扫描信号，C 口作为输入口，用来接收键盘读入的信号。按下的键不同，产生的键值也不同，一个键只对应于一个键值，可以由表 8-1 来说明。事实上对应于每一种输出状态，只要按下一个键，就可以得到一个键的编码值，这个值对于不同的键是不同的，具有唯一性。

2. 用 8255 实现的键盘接口电路

与 8155 相类似，8255 作为单片机应用系统常用的可编程 I/O 接口也得到了广泛的应用，同样对于单片机系统来说，若系统已用到 8255，在 8255 资源足够时，作为键盘的接口无须再专门增加芯片。图 8-4 为用 8255 实现的矩阵式键盘接口电路。

表 8-1　扫描与键值编码表

键号	C 口值	A 口值			
		0F7H	0FBH	0FDH	0FEH
		键		值	
0	0EH				0EEH
1	0EH			0DEH	
2	0EH		0BEH		
3	0EH	7EH			
4	0DH				0EDH
5	0DH			0DDH	
6	0DH		0BDH		
7	0DH	7DH			
8	0BH				0EBH
9	0BH			0DBH	
A	07H				0E7H
B	07H			0D7H	
J	07H		0B7H		

注：1. 键值 = (A&0FH) * 16 + C。
　　2. 编码方法不是唯一的。

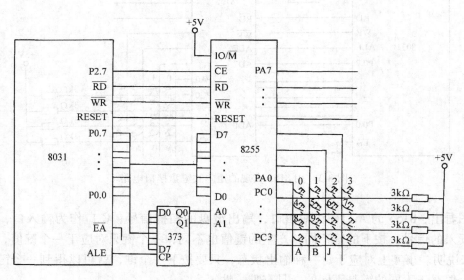

图 8-4　用 8255 实现的矩阵式键盘接口电路

　　图中 8255 的 A 口工作于方式 0 输出，C 口工作于方式 0 输入，单片机从 A 口输出数据，从 C 口输入数据。扫描时，单片机先使 8255 的 A 口的各位 PA0 ~ PA7 均为低电平，再读 C

口（PC0 ~ PC3）。若 C 口的各位不全为高电平，则先延时 10ms（去抖动），然后再读 C 口，

此时，若 C 口各位仍不全为高电平，说明确实有键按下，接下来就确定按下键的位置，其过程为：先置 PA0 = 0，PA1 ~ PA7 均为 1，再读 C 口，由 C 口低电位便可确定按下键的位置。例如，若在 PA0 = 0 时 PC1 = 0，那么是 0 号键按下。扫描结束时，按下键的位置信息存于某个存储单元中，其中高 4 位是键所在行号，用二进制码表示，低 4 位是键所在列的号码。行号和列号的最小值为 00H，行号最大值为 80H，列号最大值为 08H。行号和列号可合并为一个字节，即 00H ~ 88H。

对于超过 4 × 4 的键盘可以先用查表等方法将行号和列号分别编码成 0 ~ 7，然后再合并成一个字节即可。

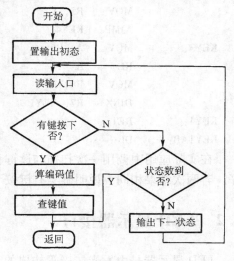

图 8-5　扫描和读键程序框图

8.1.3　键盘输入程序设计方法

从三种键盘扫描方式来看，键盘输入程序的核心为扫描和读键程序。对于任意一种键盘输入程序，其扫描和读键程序框图如图 8-5 所示。

下面以 8155 为例按图 8-5 编写程序如下：

1. 8155 的初始化

```
SET8155:    MOV     DPTR, #7FFCH；7FFCH 为 8155 的命令口地址
            MOV     A, #03H
            MOVX    @DPTR, A
```

2. 扫描与读键程序

```
KEYBOARD:   MOV     R7, #7H
            MOV     R6, #1H
KEY1:       MOV     A, R6
            CPL     A
            MOV     DPTR, #7FFDH    ；7FFDH 为 A 口地址
            MOVX    @DPTR, A        ；扫描状态送 A 口
            MOV     DPTR, #7FFFH    ；7FFFH 为 C 口地址
            MOVX    A, @DPTR        ；读键
            ANL     A, #0FH
            CJNE    A, #0FH, KEY2   ；有键按下，从 KEY2 往下执行
            AJMP    KEY3            ；无键按下，准备返回
KEY2:       XCH     A, R5
            MOV     A, R6
            CPL     A
            SWAP    A
            ADD     A, R5           ；得到键的编码值
            MOV     DPTR, #KEYTAB
```

```
                MOVC    A, @ A + DPTR          ; 得到键值
                MOV     R5, A
                AJMP    KEY4
    KEY3：       MOV     A, R6
                RL      A
                MOV     R6, A
                DJNZ    R7, KEY1
    KEY4：       RET
    KEYTAB：     DB……                             ; 由键的编码查键值的数据表
```

在实际应用中调用一次扫描与读键程序后，要间隔 10ms 左右再调用一次扫描与读键程序。若两次结果相同，说明确实有键按下；若两次结果不同，说明有干扰或按键有抖动。

8.2 LED 显示器接口

LED 显示器是由发光二极管构成的字段组成的显示器，有 8 段（含小数点·段）和 16 段（"米"字）管两大类，如图 8-6 所示，这种显示器又有共阳极和共阴极之分。共阴极 LED 显示器的发光二极管的阴极连接在一起，可以接地，也可以用来作逐位扫描控制。

当一个或几个发光二极管的阳极为高电平时，相应的段被点亮即显示。同样，共阳极 LED 显示器的阳极连接在一起，也可以实现显示。

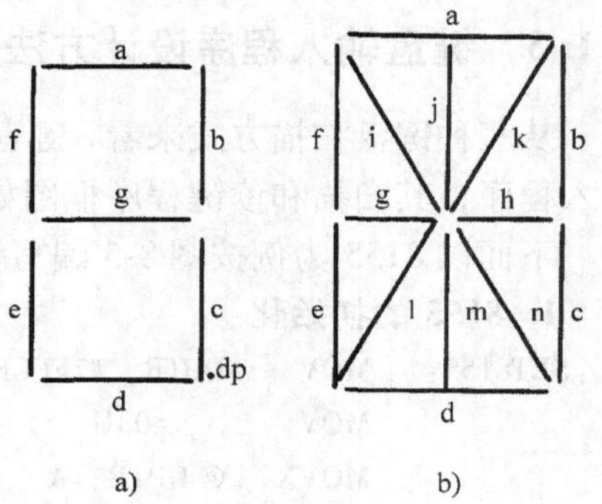

图 8-6 8 段和 16 段 LED 显示器
a) 8 段 LED 显示器 b) 16 段 LED 显示器

8.2.1 LED 显示器的工作原理

显示器有静态显示和动态显示两种方式。所谓静态显示就是需要显示的字符的各字段连续通电，所显示的字段连续发光。所谓动态显示就是所需显示字段断续通以电流，在需要多个字符同时显示时，可以轮流给每一个字符通以电流，逐次把所需显示的字符显示出来。

下面来分析静态显示和动态显示两种方式：

1. 静态显示电路

单片机可用本身的静态端口（P1 口）或扩展的 I/O 端口直接与 LED 电路连接，也可利用本身的串行端口 TXD 和 RXD 与 LED 电路连接。由于 TXD、RXD 可运行在工作方式 0，这样可方便地连接移位寄存器，如图 8-7 所示。

图 8-7 中 74LS164 为移位寄存器。P3.3 用于显示器的输入控制，显示程序先将其置 "1"，然后再进行显示数据的输入。

2. 动态显示电路

动态显示控制的基本原理是，单片机依次发出段选控制字和对应哪一位 LED 显示器的位选控制信号，显示器逐个循环点亮。适当选择扫描速度，利用人眼 "留光" 效应，使得看上去好像这几位显示器同时在显示一样，而在动态扫描显示控制中，同一时刻，实际上只

有一位 LED 显示器被点亮，如图 8-8 所示。

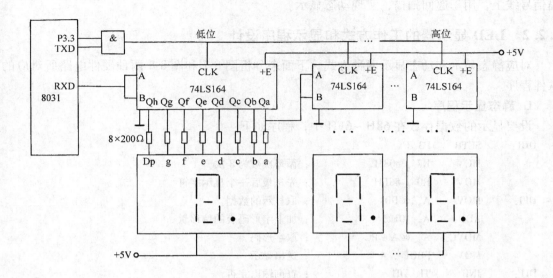

图 8-7　串行静态显示电路

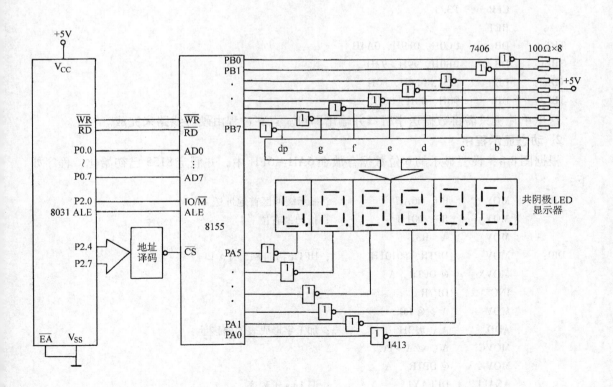

图 8-8　8155 作动态显示控制的原理图

在这里采用共阴极 LED 电路连接，各位的阴极没有连在一起而是分别接到相应的位扫描信号线上，用于巡回扫描，实现动态显示。

8.2.2　LED 显示器的工作方式和显示程序设计

对应静态显示和动态显示两种方式，下面来分析图 8-7 和图 8-8 两种硬件电路所对应的软件程序。

1. 静态显示程序

设要显示的数据存放在 68H ~ 6FH 中，程序如下：

```
DIR：   SETB    P3.3
        MOV     R7，#08H         ；循环次数为 8 次
        MOV     R0，#6FH         ；先送最后一个显示字符
DI0：   MOV     A，@R0           ；取显示的数据
        ADD     A，#0EH          ；加上字形码表的偏移量
        MOVC    A，@A+PC         ；取字形码
        MOV     SBUF，A          ；送出显示
DI1：   JNB     TI，DI1          ；查询输出完否？
        CLR     TI
        DEC     R0
        DJNZ    R7，DI0
        CLR     P3.3
        RET
TBT：   DB      0C0H，0F9H，0A4H
TBL1：  DB      0B0H，99H，92H
TBL2：  DB      82H，0F8H，80H
TBL3：  DB      90H，00H，00H
```

这里单片机只需将数据送串行口并输出即可。点亮过程由硬件线路来完成。

2. 动态显示程序

根据图 8-8，设要显示的 6 位数据存放在 6AH ~ 6FH 中，并假定 8155 已初始化，程序如下：

```
DIR：   MOV     R0，#6AH         ；显示缓冲区首地址送 R0
        MOV     R3，#01H         ；指向最右位
        MOV     A，R3
DI0：   MOV     DPTR，#0101H     ；DPTR 指向 8155 PA 口
        MOVX    @DPTR，A
        INC     DPTR
        MOV     A，@R0
        ADD     A，#12H          ；加上字形码表的偏移量
        MOVC    A，@A+PC
        MOVX    @DPTR，A
        ACALL   DELAY1           ；调 1ms 子程序
        INC     R0
        MOV     A，R3
```

```
        JB          ACC. 6，DI1              ; 查 6 个显示位扫完否?
        RL          A
        MOV         R3，A
        AJMP        DI0
DI1：    RET
CODE：   DB 3FH，06H，5BH，4FH，66H，6DH
        DB 7DH，07H，7FH，6FH，77H，7CH
        DB 39H，5EH，79H，71H，73H，3EH
        DB 31H，6EH，1CH，23H，40H，03H
        DB 18H，00H，00H，00H
DELAY1： MOV R7，#02H
DE1：    MOV R6，#0FFH
DE2：    DJNZ R6，DE2
        DJNZ        R7，DE1
        RET
```

8.3   LCD 显示器接口

LCD 本身不能发光，它靠调制外界光达到显示目的。其不像主动型显示器件那样，靠发光刺激人眼实现显示，而是单纯依靠对外界光的不同反射形成的不同对比度来达到显示的目的，所以称为被动型显示。被动型显示适合人眼视觉，不易引起疲劳，这个优点在大信息量、高密度、快速变换、长时间观察时尤其重要。此外，被动显示还不怕光冲刷。所谓光冲刷，是指当环境光较亮时，被显示的信息被冲淡，从而显示不清晰。而被动型显示，由于它是靠反射外部光达到显示的目的，所以，外部光越强，反射的光也越强，显示的内容也就越清晰。

如今，液晶显示不仅可以用于室内，在阳光等强烈照明环境下也可以显示得很清晰。对于黑暗中不能观看的缺点，只要配上背光源，也可以解决。

8.3.1   LCD 显示器的工作原理

液晶显示器的主要材料是液态晶体（简称液晶）。它在特定的温度范围内，既具有液体的流动性，又具有晶体的某些光学特性，其透明度和颜色随电场、磁场和光照度等外界条件变化而改变。因此，用液晶做成显示器件，就可以把上述外界条件的变化反映出来从而形成显示的效果。

液晶可制成分段式和点阵式数码显示屏，分段式显示屏的结构是在玻璃上喷上二氧化锡透明导电层，刻出八段作正面电极，将另一块玻璃上对应的字形作背电极，然后封装成间隙约 $10\mu m$ 的液晶盒，灌注液晶后密封而成。若在液晶屏的正面电极的某段和背电极间，加上适当大小的电压，则该段所夹持的液晶产生"散射效应"，显示出字符来。

用液晶制成的显示器是一种被动式显示器件，液晶本身并不发光，而是借助自然光或外来光源显示数码。

8.3.2 LCD 显示器的接口电路和显示程序设计

对于 8 段和 16 段（"米"字）的字符式 LCD，在控制方法上与 LED 有很多的相似之处。在应用中大家可以参照 LED 的方法来编程。

这里主要介绍点阵式 LCD。点阵式 LCD 既可以显示数码又可以显示图形和汉字。我们结合使用较多的并有代表性的集成控制器 SED1335 与单片机的连接方法和软硬件来讲解。

1. LCD 显示器的接口电路

液晶显示控制器 SED1335 是同类控制器中功能最强的。其特点是：

1）有较强功能的 I/O 缓冲器。

2）指令功能丰富。

3）四位数据并行发送，最大驱动能力为 640×256 点阵。

SED1335 的电路原理图如图 8-9 所示。

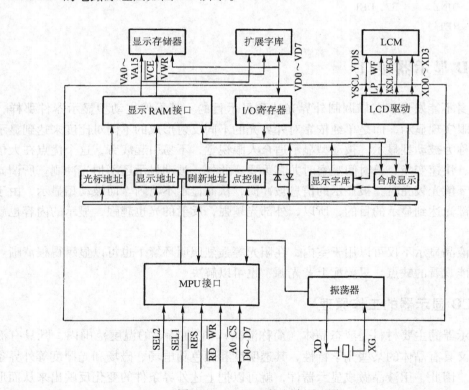

图 8-9 SED1335 的电路原理图

SED1335 的硬件结构可以分成 MPU（微处理器）接口部、内部控制部和驱动 LCM 的驱动部。这三部分的功能、特点及所属的引脚功能，将在下面一节中详细讨论。

为了方便接收来自 MPU 系统的指令与数据，并产生相应的时序及数据控制液晶显示模块的显示，这次设计采用了 SED1335 液晶显示控制板，它是用于 MPU 系统与液晶显示模块之间的控制接口板，适配所有的 SED1335 外置控制器型液晶显示模块。

SED1335 接口部分具有功能较强的 I/O 缓冲器。如图 8-10 所示，用户可以方便地和成品显示板连接。

对于 SED1335 功能表现在两个方面：

1）MPU 访问 SED1335 不需判其"忙"，SED1335 随时准备接收 MPU 的访问，并在内部时序下及时地把 MPU 发来的指令、数据传输就位。

2）SED1335 在接口部设置了适配 8080 系列和 M6800 系列 MPU 的两种操作时序电路，通过引脚的电平设置进行选择。选择方法见表 8-2 和表 8-3。

2. LCD 显示程序设计

SED1335 有 13 条指令，多数指令带有参数，参数值由用户根据所控制的液晶显示模块的特征和显示的需要来设置。

指令表见表 8-4。

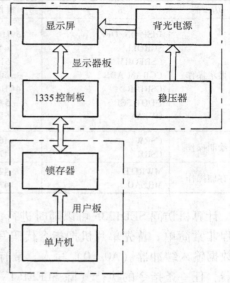

图 8-10 LCD 显示器与用户单片机板的连接

表 8-2 SED1335 接口部所属的引脚状态与功能表

符　号	状　态	名　　　称	功　　　　　能
DB0 ~ DB7	三态	数据总线	可直接挂在 MPU 数据总线上
/CS	输入	片选信号	当 MPU 访问 SED1335 时，将其置为低电平
A0	输入	I/O 缓冲器选择信号	A0 = 1 写指令代码和读数据 A0 = 0 写数据，参数和读忙标志
/RD	输入	读操作信号 使能信号	适配 8080 系列 MPU 接口 适配 6800 系列 MPU 接口
/WR	输入	写操作信号 读、写选择信号	适配 8080 系列 MPU 接口 适配 6800 系列 MPU 接口
/RES	输入	硬件复位信号	当重新启动 SED1335 时还需用指令 SYSTEM SET
SEL1，SEL2	输入		接口时序类型选择信号见表 8-3

表 8-3 接口时序类型选择信号表

SEL1	SEL2	方式	/RD	/WR
0	0	8080 系列	/RD	/WR
1	0	51 系列	E	R/W
—	1	无效		

表 8-4 SED1335 的指令表

功　能	指　　　令	操作码	说　　　明	参　　数
系统控制	SYSTEM SET SLEP IN	40H 53H	初始化，显示窗口设置 空闲操作	8 —

（续）

功　能	指　令	操作码	说　明	参　数
显示操作	DISP ON/OFF	59H/58H	显示开/关，设置显示方式	1
	SCROLL	44H	设置显示区域，卷动	10
	CSRFORM	5DH	设置光标形状	2
	CGRAM ADR	50H	设置 CGRAM 起始地址	2
	CSRDIR	4CH-4FH	设置光标移动方向	—
	HDOT SCR	5AH	设置点单元卷动位置	1
	OVLAY	5BH	设置合成显示方式	1
绘制操作	CSRW	46H	设置光标地址	2
	CSRR	47H	读出光标地址	2
存储操作	MWRITE	42H	数据写入显示缓冲区	若干
	MREAD	43H	从显示缓冲区读数据	若干

计算机访问 SED1335 可以随时进行，不必判别 SED1335 的当前工作状态，所以其操作流程非常简单。首先单片机把指令代码写入指令缓冲器内（A0 = 1），指令的参数则随后通过数据输入缓冲器（A0 = 0）写入。带有参数的指令代码的作用之一就是选通相应参数的寄存器，任一条指令的执行（除 SLEEP IN、CSRDIR、CSRR 和 MREAD 外）都产生在附属参数的输入完成之后。当写入一条新的指令时，SED1335 将在旧的指令参数组运行完成之后等待新的参数的到来。单片机可用写入新的指令代码来结束上一条指令参数的写入。此时已写入的新参数与余下的旧参数有效地组成新的参数组，需要注意的是，虽然参数可以不必全部写入，但所写的参数顺序不能改变，也不能省略。对于双字节的参数作如下的处理：

CSRW，CSRR 指令：双字节的参数可以依次逐一修改，MPU 可以仅改变或检查第一个参数（低字节）的内容。

SYSTEM SET，SCROLL，CGRAM ADR 等指令：双字节参数必须依顺序完整地写入。该参数仅在第二字节写入后才有效。

SYSTEM SET 中 APL 和 APH 虽然作为双字节参数，但可作为两个单字节参数处理。

下面通过一个典型应用介绍编程：

（1）初始化参数的设置

初始化子程序的作用为根据液晶显示器的结构对液晶模块进行设置，特别是 SYSTEM SET 和 SCROLL，必须设置正确。在子程序后面给出了一些型号的液晶显示模块初始化参数，这里以 DMF-50081/50174/MGLS320240A/B 为例。

初始化子程序如下：

```
INTR:    MOV    DPTR, #WC_ADD        ; 设置写指令代码地址
         MOV    A, #40H              ; SYSTEM SET 代码
         MOVX   @DPTR, A             ; 写入指令代码
         MOV    COUNT1, #00H         ; 设置计数器 COUNT1 = 0
INTR1:   MOV    DPTR, #SYSTAB        ; 设置指令参数表地址
         MOV    A, COUNT1            ; 取参数
         MOVC   A, @A + DPTR
         MOV    DPTR, #WD_ADD        ; 设置写参数及数据地址
         MOVX   @DPTR, A             ; 写入参数
         INC    COUNT1               ; 计数器加一
```

```
        MOV     A, COUNT1
        CJNE    A, #08H, INTR1          ; 循环, P1 ~ P8 参数依次写入
        MOV     DPTR, #WC _ ADD
        MOV     A, #44H                 ; SCROLL 代码
        MOVX    @ DPTR, A               ; 写入指令代码
        MOV     COUNT1, #00H            ; 设置计数器 COUNT1 = 0
INTR2:  MOV     DPTR, #SCRTAB           ; 设置指令参数表地址
        MOV     A, COUNT1               ; 取参数 1
        MOVC    A, @ A + DPTR
        MOV     DPTR, #WD _ ADD         ; 设置写参数及数据地址
        MOVX    @ DPTR, A               ; 写入参数
        INC     COUNT1                  ; 计数器加一
        MOV     A, COUNT1
        CJNE    A, #0AH, INTR2          ; 循环, P1 ~ P10 参数依次写入
```

在初始化子程序中，一般还会设置显示画面水平移动方向 HDOT SCR（左或右）、设置画面重叠显示方式及属性 OVLAY 等参数。这里要注意的是，写参数时的指令顺序不能变，也不能省略。当指令没有参数时，则只需写入指令代码即可，举例如下：

```
MOV     DPTR, #WC _ ADD
MOV     A, #4FH                         ; CSRDIR 代码（下移）
MOVX    @ DPTR, A
```

DMF-50081/50174 的 SYSTEM SET 参数：

SYSTAB：DB 37H, 87H, 0FH, 27H, 30H, 0F0H, 28H, 00H   ; P1 ~ P8
SCRTAB：DB 00H, 00H, 0F0H, 00H, 40H, 0F0H, 00H, 80H, 00H, 00H   ; P1 ~ P10

（2）光标的设置

设置光标时，主要是设置下面的几个指令代码：

① CSRFORM   5DH

该指令设置了光标的显示方式及其形状，有两个参数。

② CSRW   46H

该指令设置了光标地址 CSR。该地址有两个功能：一是作为显示屏上光标显示的当前位置；二是作为显示缓冲区的当前地址指针。如果光标地址值超出了显示屏所对应的地址范围，光标将消失。光标地址在读写数据操作后将根据 CSRDTR 指令的设置自动修改。光标地址不受卷动操作的影响。该指令带有 2 个参数。

③ DISP ON/OFF   59H/58H

该指令设置了显示的各种状态。它们有显示开关的设置、光标显示状态的设置和各显示区显示状态的设置。

举例如下：

```
MOV     DPTR, #WC _ ADD
MOV     A, #5DH                         ; CSRFORM 代码
MOVX    @ DPTR, A
MOV     DPTR, #WD _ ADD
MOV     A, #05H                         ; 光标的水平点列数
```

```
      MOVX    @ DPTR, A
      MOV     A, #02H                          ; 光标垂直点列数及光标显示方式
      MOVX    @ DPTR, A
      MOV     DPTR, #WC _ ADD
      MOV     A, #46H                          ; CSRW 代码
      MOVX    @ DPTR, A
      MOV     DPTR, #WD _ ADD
      MOV     A, #00H                          ; CSRL
      MOVX    @ DPTR, A
      MOV     A, #00H                          ; CSRH
      MOVX    @ DPTR, A
      MOV     DPTR, #WC _ ADD
      MOV     A, #59H                          ; DISP ON/OFF 代码
      MOVX    @ DPTR, A
      MOV     DPTR, #WD _ ADD
      MOV     A, #0FH                          ; 一区、光标开显示
      MOVX    @ DPTR, A
```

（3）写字方法

可以通过一个应用例子来说明液晶显示的使用方法。

①编码格式

在该显示 RAM 区中每个字节的数据直接被送到液晶显示模块上，每个位的电平状态决定显示屏上一个点的显示状态，"1"为显示，"0"为不显示。所以图形显示 RAM 的一个字节对应显示屏上的 8×1 点阵。

②写入方法

字库内有 1 倍字、2 倍字和 3 倍字三种类型的字体。它们各自的写入方法如下：

1 倍字的字模为 16×16 点阵，一个字有 32B，其排列顺序是：前 16B 为汉字左半部分（自上而下写入），后 16B 是汉字右半部分（自上而下写入）。

2 倍字的字模为 32×32 点阵，一个字由 128B 组成。排列顺序是：前 32B 为左上角部分（排列顺序与 16×16 点阵字模相同），接着是右上角，然后是左下角和右下角（相当于写 4 个 1 倍字）。

3 倍字的字模也是类似的（相当于写 9 个 1 倍字），48×48 点阵，228B，先是水平方向 3 个 1 倍字，再换行，如此循环。

③汉字参数

每个汉字有 4 个参数：倍率（BL）、X 坐标（XL）、Y 坐标（Y）和汉字代码（COD），可以根据它们在任意位置显示字库内的任意汉字。需要注意的是，1 倍字在 X 坐标方向占 2B，2 倍字占 4B，3 倍字占 6B，这就要求用户在设置 X 坐标时要注意字间距，并且 X 最大不能超过 28H。设置 Y 参数时，1 倍字之间是 16 点行，也就是 10H 的行间距，2 倍字是 20H，3 倍字是 30H，Y 最大不能超过 240H。演示程序可以见下面的例子。

考虑到可以利用串口来传送参数，高 2 位作为识别码：00 - BL，01 - XL，10 - Y，11 - COD，其他 6 位作为参数数值。若一组 4 个数据中有几个相同的识别码，则"ERRO"。要

注意的是：本来 Y 参数的范围可以是 240 点行，但由于现在只有 6 位作为它的赋值，也就是说，它的范围现在降低为 63 点行，这就大大浪费了显示空间。所以把送入的数据经判断为 Y 参数后，把 6 位数值扩大 4 倍再作为真正的显示屏上的 Y 坐标。

（4）汉字显示程序

下面是一个汉字演示子程序，可以改变参数显示汉字。

```
DISPLAY：  MOV    BL, #02H      ; 倍率
           MOV    XL, #10H      ; X 坐标
           MOV    Y, #30H       ; Y 坐标
           MOV    COD, #00H     ; 汉字代码
           LCALL  DISPLAY1
           MOV    BL, #03H      ; 倍率
           MOV    XL, #14H      ; X 坐标
           MOV    Y, #50H       ; Y 坐标
           MOV    COD, #04H     ; 汉字代码
           LCALL  DISPLAY1
           MOV    BL, #01H      ; 倍率
           MOV    XL, #1AH      ; X 坐标
           MOV    Y, #80H       ; Y 坐标
           MOV    COD, #04H     ; 汉字代码
           LCALL  DISPLAY1
           RET
```

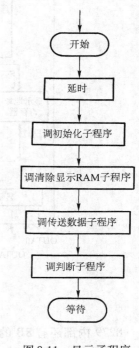

图 8-11　显示子程序流程图

（5）主程序

主程序是很简单的，只是几个子程序的调用，流程图如图 8-11 所示。

用以上方法可以方便地将所选的内容显示到显示屏上，有较强的通用性。

8.4　8279 专用键盘显示器

8279 是 Intel 公司为 8 位微处理机设计的通用键盘/显示器接口芯片，其功能有：

1）接收来自键盘的输入数据，并作预处理。

2）数据显示的管理和数据显示器的控制。

单片机采用 8279 管理键盘和显示器，可减少软件程序，从而减轻了主机的负担。

8279 一般可管理 64 个键，最多可管理 256 个键。

8.4.1　8279 的内部原理

8279 的内部原理图如图 8-12 所示。

8279 内部设置有 16×8bit 显示用 RAM，每个单元寄存 1 个字符的 8 位显示代码，能将 16 个数据分时送到 16 个显示器并显示出来。通过软件设置也可进行 8 个或 4 个数据显示。

8279 芯片可为显示数据 RAM 输出同步扫描信号。通过命令字可选择显示器的 4 种工作方式，即左端输入、右端输入、8 位字符显示和 16 位字符显示。

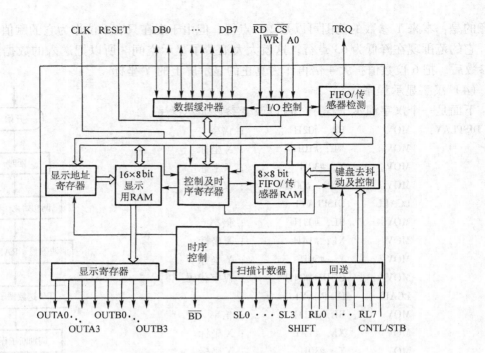

图 8-12 8279 的内部原理图

8279 内部还有 8B 的键盘 FIFO RAM（先入先出堆栈），每按一次键 8279 便自动进行编码，并送 FIFO RAM 中。

8.4.2 8279 的引脚分析

为了方便应用 8279 设计键盘显示器电路，有必要了解芯片的引脚，下面对 8279 的主要引脚进行分析，如图 8-13 所示。

1. 输出输入信号

1）DB0 ~ DB7：双向数据总线，用于传送命令字和数据。

2）RL0 ~ RL7：键盘回送线，平时保持高电平，只有当某一个键闭合时变低，在选通输入方式下，这些输入端亦可用作 8 位输入线。

3）SL0 ~ SL3（扫描线）：输出为键盘扫描线及显示位控输出线，可对这些线进行编码（16 选 1 码输出（4 选 1）），在编码工作方式下，扫描线输出是高电平有效，在译码工作方节 1，扫描线输出是低电平有效。

4）OUTA0 ~ OUTA3，OUTB0 ~ OUTB3：显示寄存器输出线，其输出的数据与扫描线可看作一个 8 位的输出口。

5）SHIFT（换档信号）：输入，高电平有效。该信号线用来扩充键开关的功能，可以用作键盘的上、下档功能键，在传感器方式和选通方式中，SHIFT 无效。

6）CNTL/STB（控制/选通）：输入，高电平有效，在键盘工作方式时，作为控制功能键使用；在选通方式时，该信号的上升沿可以将来自 RL0 ~ RL7 的数据存入 FIFO 存储器；在传感器方式中，无效。

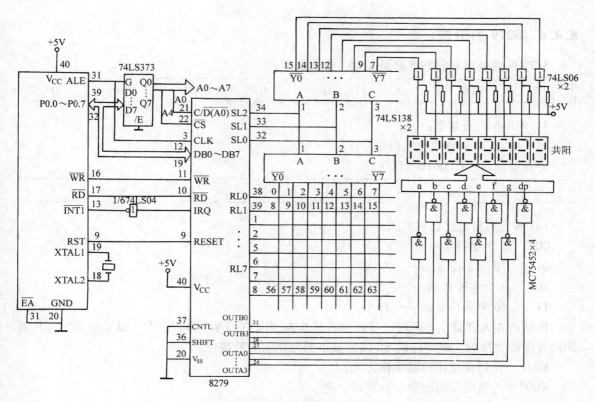

图 8-13 8279 实际应用

7）BD（消隐显示）：输出，低有效。该输出信号在数字切换显示或使用显示消隐命令时，将显示消隐。

2. 控制信号

1）$\overline{RD}$（读信号）和$\overline{WR}$（写信号）：输入，低有效，使 8279 数据缓冲器向外部总线发送数据或从外部总线接收数据。

2）CLK：外部时钟输入信号，8279 设置定时器将外部时钟变为内部时钟，其内部基频＝外部时钟/定标器值。C/$\overline{D}$（A_0）为缓冲器地址线，当 C/$\overline{D}$ = 1 时，信息的传送地址为片内命令字寄存器，C/$\overline{D}$ = 0 时，则传送的信息将作为数据与 16 × 8bit 显示数据存储器或 FIFO RAM 进行交换，其传送方向由$\overline{RD}$或$\overline{WR}$确定。

3）A0：缓冲器地址线。

4）IRQ：中断请求线，高电平有效。在键盘工作方式下，若 FIFO/传感器 RAM 中有数，则 IRQ 变高，经反相后向单片机请求中断。

8.4.3 8279 的键盘显示器电路

下面从应用的角度来分析图 8-13 所示 8279 的键盘显示器电路。电路中键盘为 8 × 8 键盘，8 个 8 段数码管。SL0、SL1、SL2 同时作为键盘扫描和显示器位扫描。键值由 RL0 ~ RL7 输入，显示器位信号由 OUTA0 ~ OUTA3、OUTB0 ~ OUTB3 输出。8031 的 ALE 直接和 8279 的 CLK 端连接。8279 的 IRQ 通过反向器后送 8031 的外部中断 INT 端连接。

8.4.4　8279 的设置

8279 的命令字和状态字都是 8 位，格式如下：

D7	D6	D5	D4	D3	D2	D1	D0

8279 共有八条命令：

（1）键盘/显示方式设置命令

命令特征位：D7D6D5 = 000。

0	0	0	D	D	K	K	K

DD 两位用来设定显示方式：

00	8 个字符显示——左入
01	16 个字符显示——左入
10	8 个字符显示——右入
11	16 个字符显示——右入

所谓的左入就是在显示时，显示字符是从左面向右面逐个排列。右入就是显示字符从右面向左面逐个排列。所对应的 SL 编码最小的为显示的最高位。

KKK 三位用来设定键盘工作方式：

K000	编码扫描键盘——双键锁定
K001	译码扫描键盘——双键锁定
K010	编码扫描键盘——N 键轮回
K011	译码扫描键盘——N 键轮回
K100	编码扫描传感器矩阵
K101	译码扫描传感器矩阵
K110	选通输入，编码显示扫描
K111	选通输入，译码显示扫描

双键锁定和 N 键轮回是两种不同的多键同时按下保护方式。双键锁定为两键同时按下提供保护，如果有两键同时被按下，则只有其中的一键弹起，而另一键在按下位置时，才能被认可。N 键轮回为 N 键同时按下提供保护，当有若干个键同时按下时，键盘扫描能根据它们的次序，依次将它们的状态送入 FIFO RAM。

（2）时钟编程命令

命令特征位：D7D6D5 = 001。

0	0	1	P	P	P	P	P

将来自 CLK 的外部时钟进行 PPPPP 分频，分频范围为 2~31。

（3）读 FIFO/传感器 RAM 命令

命令特征位：D7D6D5 = 010。

0	1	0	AI	X	A	A	A

该命令字只在传感器方式时使用，在 CPU 读传感器 RAM 之前，必须用这条命令来设定将要读出的传感器 RAM 地址。命令字中的 AI 为自动增量特征位。若 AI = 1，则每次读出传感器 RAM 后，地址将自动增量（加1），使地址指针指向顺序的下一个存储单元。这样，下一次读数便从下一个地址读出，而不必重新设置读 FIFO/传感器 RAM 命令。

在键盘工作方式中，由于读出操作严格按照先入先出的顺序，因此不必使用这条命令。

（4）读显示 RAM 命令

命令特征位：D7D6D5 = 011。

0	1	1	AI	A	A	A	A	A

在 CPU 读显示 RAM 之前，该命令字用来设定将要读出的显示 RAM 的地址，四位二进制代码 AAAA 用来寻址显示 RAM 中的一个存储单元。如果自动增量特征位 AI = 1，则每次读出后，地址自动加1，使下一次读出顺序指向下一个地址。

（5）写显示 RAM 命令

命令特征位：D7D6D5 = 100。

1	0	0	AI	A	A	A	A	A

与前面命令字位相同。

（6）显示禁止写入/消隐命令

命令特征位：D7D6D5 = 101。

1	0	1	X	IW	IW	BL	BL

IW 用来掩蔽 A 组和 B 组（D3 对应 A 组，D2 对应 B 组）。例如，当 A 组的掩蔽位 D3 = 1 时，A 组的显示 RAM 禁止写入。这样从 CPU 写入显示器 RAM 的数据不会影响 A 的显示。此种情况通常在双四位显示时使用。因为两个四位显示器是相互独立的，为了给其中一个四位显示器输入数据，而又不影响另一个四位显示器，必须对另一组的输入实行掩蔽。

BL 位是消隐特征，若 BL = 1，则执行此命令后，对应组的显示输出被消隐。若 BL = 0，则恢复显示。

（7）清除命令

命令特征位：D7D6D5 = 110。

1	1	0	CD	CD	CD	CF	CA

该命令字用来清除 FIFO RAM 和显示 RAM。D4D3D2 三位（CD）用来设定清除显示 RAM 的方式，其意义见表 8-5。

表 8-5 D4D3D2 的意义

D4	D3	D2	清　除　方　式
1	0	X	将显示 RAM 全部清零
1	1	0	将显示 RAM 置 20H（即 A 组 = 0010 B 组 = 0000）
1	1	1	将显示 RAM 全部置 1
0			不清除（若 CA = 1，则 D3、D2 仍有效）

D1（CF）位用来清空 FIFO 存储器。D1 = 1 时，执行清除命令后，FIFO RAM 被清空，使中断 IRQ 复位。同时，传感器 RAM 的读出地址也被清零。

D0（CA）位是总清的特征位，它兼有 CD 和 CF 的联合有效。在 CA = 1 时，对显示 RAM 的清除方式由 D3D2 的编码决定。

清除显示 RAM 大约需要 100μs 的时间。在此期间，FIFO 状态字的最高位 Du = 1，表示显示无效。CPU 不能向显示 RAM 写入数据。

（8）结束中断/错误方式设置命令

命令特征位 D7D6D5 = 111。

1	1	1	E	X	X	X	X

这个命令有两个不同的应用：

1）作为结束中断命令。在传感器工作方式中，每当传感器状态出现变化时，扫描检测电路将其状态写入传感器 RAM，并启动中断逻辑，使 IRQ 变高，向 CPU 请求中断，并且禁止写入传感器 RAM。此时，如传感器 RAM 读出地址的自动递增特征没有置位（AI = 0），则中断请求 IRQ 在 CPU 第一次从传感器 RAM 读出数据时就被清除。若自动递增特征已置位（AI = 1），则 CPU 对传感器 RAM 的读出并不能清除 IRQ，而必须通过给 8279 写入结束中断/错误方式设置命令才能使 IRQ 变低。

2）作为特定错误方式的设置命令。在 8279 已被设定为键盘扫描 N 键轮回方式以后，如果 CPU 又给 8279 写入结束中断/错误方式设置命令（E = 1），则在 8279 的消振周期内，若发现有多个键被同时按下，则 FIFO 状态字中的错误特征位 S/E 将置位，并产生中断请求信号和阻止写入 FIFO RAM。错误特征位 S/E 在读出 FIFO 状态字时被读出，而在执行 CF = 1 的清除命令时被复位。

8279 的 FIFO 状态字主要用于键盘和选通工作方式，以指示 FIFO RAM 中的字符数和是否有错误发生，其字位意义如下：

Du	S/E	O	U	F	N	N	N

Du：Du = 1 显示无效。

S/E：传感器信号结束/错误特征码。

对于状态字的 S/E 位，当 8279 工作在传感器工作方式时，若 S/E = 1，表示传感器的最后一个传感信号已进入传感器 RAM。当 8279 工作在特殊错误方式时，若 S/E = 1，表示出现了多键同时按下的错误。

O：O = 1 出现溢出错误。

U：U = 1 出现不足错误。

F：F = 1 表示 FIFO RAM 已满。

NNN：FIFO RAM 中的字符数。

8.4.5 8279 的应用程序介绍

为了进一步了解 8279 的应用，下面来看几个简单程序。

1. 8279 初始化程序

```
SET8279： MOV     R0, #0EDH        ；命令字口地址送 R0
         MOV     A, #25H
         MOVX    @ R0, A
         MOV     A, #0A0H
         MOVX    @ R0, A
         MOV     A, #10H
         MOVX    @ R0, A
         MOV     A, #90H          ；写显示 RAM, 从 0 地址开始地址自动加 1
         MOVX    @ R0, A
         MOV     A, #40H
         MOVX    @ R0, A
         SJMP    $
```

2. 显示子程序：

```
DISPLAY： MOV     R7, #08H         ；显示字符指针长度
         MOV     R1, #060H
         MOV     R0, #0ECH
DIS01：   MOV     A, @ R1          ；显示字符送 8279
         MOVX    @ R0, A
         INC     R1
         DJNZ    R7, DIS01        ；没显示完循环显下一个
         RET
```

3. 键盘中断服务子程序

```
INT01： PUSH  PSW
       PUSH  ACC
       MOV   R0, #0EDH
       MOV   A, #40H
       MOVX  @ R0, A
       MOV   R0, #0ECH
       MOVX  A, @ R0            ；读入一个键值
       ANL   A, #03FH
       MOV   R6, A
       LCALL KEYCODE            ；调用键代码处理子程序，获得键码
       POP   ACC
       POP   PSW
       RETI
```

这里 KEYCODE 为一键代码处理子程序，只要用查表指令就可获得键的代码。

8.5　习题

1. 针对图 8-1 独立式按键，编写一个子程序，功能为查询出按键的状态值，并存入 R3 中。

2. 根据图 8-2 矩阵式键盘原理图，编写一个键入子程序。

3. 在 8031 的串行口上扩展一片 74LS164 作为 3×8 键盘的扫描口，P1.0～P1.2 作为键输入口。试画出该部分接口逻辑，并编写出相应的键输入子程序。

4. 在一个 8031 系统中扩展一片 8255，8255 外接 6 位显示器。试画出该部分的接口逻辑，并编写出相应的显示子程序。

5. 试画出 2 位共阳极显示器和 8031 的接口逻辑，并编写一个显示子程序，将 30H 单元显示数据送显示器显示。

6. 在 8031 的串行口上扩展两片 74LS164，一片作为 8 位显示器的扫描口、一片作为段数据口。试画出显示器的接口逻辑，并编制出显示子程序。

7. 根据 8.1.3 节中的程序建立键值表 KEYTAB：DB……，使之满足图 8-3 的键盘接口电路。

8. 根据图 8-8，用 8155 作动态显示控制的原理图。编写一个完整的键盘扫描和动态显示的子程序。

9. 用 8279 作键盘扫描及显示与用 8155 或 8255 相比有何优点？

10. 能否开发一个通用的接口板放在 1335 和用户系统之间，使用户不作大的改动将用户的原有系统改成 1335 控制的图形式液晶显示？

第9章　MCS-51 单片机系统的开发与应用

单片机广泛应用于实时控制、智能仪器、仪表通信和家用电器等领域，所涉及的内容非常广泛，是计算机科学、电子学、自动控制等基础知识的综合应用。由于单片机应用系统的多样性，其技术要求也各不相同，因此设计方法和开发的步骤不完全相同。本章针对大多数应用场合，讨论单片机应用系统的研制过程，并简单地介绍单片机系统设计的例子。

9.1　单片机应用系统的研制过程

单片机的应用系统由硬件和软件所组成。硬件指单片机、扩展的存储器、扩展的输入输出设备等部分；软件是各种工作程序的总称。硬件和软件只有紧密配合、协调一致，才能提高系统的性能价格比。从一开始设计硬件时，就应考虑相应的软件设计方法，而软件设计是根据硬件原理和系统的功能要求进行的。整个开发过程中两者互相配合、相互协调，以利于提高系统的功能与设计的效率。

单片机应用系统的研制过程包括总体设计、硬件设计与加工、软件设计、联机调试、产品定型等几个阶段，但它们不是绝对分开的，有时是交叉进行的。图 9-1 描述了单片机应用系统研制的一般过程。

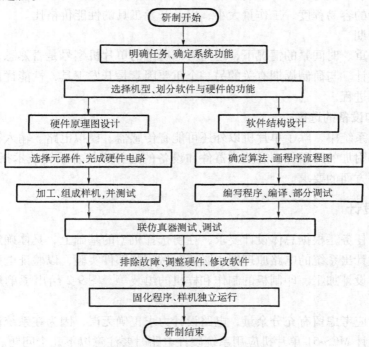

图 9-1　单片机应用系统研制过程

9.1.1 总体设计

1. 确定系统技术指标

单片机系统的研制是从确定系统需求、系统功能技术指标开始的。在着手进行系统设计之前，必须对应用对象的工作过程进行深入的调查和分析，根据系统的应用场合、工作环境、具体用途提出合理的、详尽的功能技术指标，这是系统设计的依据和出发点，也是决定产品用途的关键。

不论是老产品的改造还是新产品的设计，都应对产品的可靠性、通用性、可维护性、先进性等方面进行综合考虑，参考国内外同类产品的有关资料，使确定的技术指标合理而且符合国际标准。应该指出，技术指标在开发过程中还应作适当的调整。

2. 单片机的选择

选择单片机型号的出发点有以下几个方面：

（1）市场货源

系统设计者只能在市场上能够提供的单片机中选择，特别是作为产品大批量生产的应用系统，所选的单片机型号必须有稳定、充足的货源。目前国内市场上常见的有 Intel、Motorola、PHILIP、NEC 等公司的单片机产品。

（2）单片机性能

应根据系统的功能要求和各种单片机的性能，选择最容易实现系统技术指标的型号，而且能达到较高的性能价格比。单片机性能包括片内硬件资源、运行速度、可靠性、指令系统功能、体积和封装形式等方面。影响性能价格比的因素除单片机的性能价格比以外，还包括硬件和软件设计的容易程度、工作量大小，以及开发工具的性能价格比。

（3）研制周期

在研制任务重、时间紧的情况下，还需考虑所选的单片机型号是否熟悉，是否能马上着手进行系统的设计。与研制周期有关的另一个重要因素是开发工具，性能优良的开发工具能加快系统的研制进程。

3. 元器件和设备的选择

一个单片机系统中，除了单片机以外还可能有传感器、模拟电路、输入输出设备、执行机构和打印机等附加的元器件，这些元器件和设备的选择应符合系统技术指标，比如精度、速度和可靠性等方面的要求。

9.1.2 硬件设计

硬件设计的任务是根据总体设计要求，在所选择机型的基础上，具体确定系统中所要使用的元器件，设计出系统的电路原理图，必要时做一些部件实验，以验证电路的正确性，然后是工艺结构的设计加工、印制板的制作和样机的组装等。图 9-2 给出了单片机硬件设计的过程。

在设计时，应考虑留有充分余量，电路设计力求正确无误，因为在系统调试中不易修改硬件结构。在设计 MCS-51 单片机应用系统硬件电路时要注意以下几个问题。

1. 程序存储器

国内较早应用的单片机，其片内不带程序存储器 ROM/PROM（如 Intel 8031、8032

等），如果选择该类型号，则必须扩展外部程序存储器（如 2764、27128 等）。但随着集成电路的发展，目前应用较广泛的单片机其内部都集成了 EPROM（如 AT89C52、AT89C55 等），一般情况下都无须扩展程序存储器，这大大提高了系统的可靠性。

2. 数据存储器和 I/O 接口

对于数据存储器的需求量，各个系统之间差别比较大。对于常规测量仪器和控制器，片内 RAM 已能满足要求。若需扩展少量的 RAM，宜选用带有 RAM 的接口芯片（如 81C55），这样既扩展了 I/O 接口，又扩展了 RAM。对于数据采集系统，往往要求有较大容量的 RAM 存储器，这时 RAM 电路的选择原则是尽可能地减少 RAM 芯片的数量，即应选择容量大的 RAM 存储器。

MCS-51 单片机应用系统一般都要扩展 I/O 接口，I/O 接口在选择时应从体积、价格、负载和功能等方面考虑。选用标准可编程的 I/O 接口电路（如 8255），可使接口功能完善、使用方便，对总线负载小，但有时它们的 I/O 线和接口的功能没有充分利用，造成浪费。对不需要联络信号的简单 I/O 接口，若用三态门电路或锁存器作为 I/O 口，则比较简便、口线利用率高、带负载能力强、可靠性高，但对总线负载大，必要时需要增加总线驱动器。故应根据系统总的输入输出要求来选择接口电路。

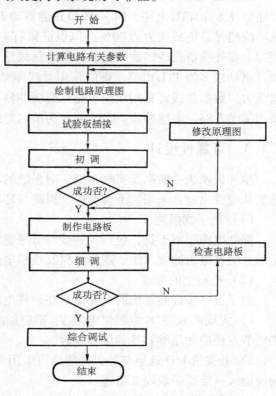

图 9-2 单片机硬件设计的过程

模拟电路应根据系统对它的速度和精度等要求来选择，同时还需要和传感器等设备的性能相匹配。由于高速高精度的模-数转换器件价格十分昂贵，因此应尽量降低对 A-D 的要求。

3. 地址译码电路

地址译码电路通常采用全译码、部分译码或线选法，选择时应考虑充分利用存储空间和简化硬件逻辑等方面的问题。一般来讲，在接口芯片少于 6 片时，可以采用线选法；接口芯片超过 6 片而又不很多时，可以采用部分译码法；当存储器和 I/O 芯片较多时，可选用专用译码器 74LS138 或 74LS139 实现全译码。MCS-51 系列单片机有充分的存储空间，片外可扩展 64KB 程序存储器和 64KB 数据存储器，所以在一般的控制应用系统中，应主要考虑简化硬件逻辑。

4. 地址锁存器

由访问外部存储器的时序可知，在 ALE 下降沿 P0 口输出的地址是有效的。因此，在选用地址锁存器时，应注意 ALE 信号与锁存器选通信号的配合，即应选择高电平触发或下降沿触发的锁存器。例如，8D 锁存器 74LS373 为高电平触发，ALE 信号应直接加到其使能端 G。若用 74LS273 或 74LS377 作地址锁存器，由于它们是上升沿触发的，故 ALE 信号要经过一个反相器才能加到其时钟端 CLK。

5. 总线驱动

MCS-51 系列单片机的外部扩展功能很强，但 4 个 8 位并行口的负载能力是有限的。P0 口能驱动 8 个 TTL 电路，P1 ~ P3 口只能驱动 3 个 TTL 电路。在实际应用中，这些端口的负载不应超过总负载能力的 70%，以保证留有一定的余量。如果满载，会降低系统的抗干扰能力。在外接负载较多的情况下，如果负载是 MOS 芯片，因负载消耗电流很小，影响不大。如果驱动较多的 TTL 电路，则应采用总线驱动电路，以提高端口的驱动能力和系统的抗干扰能力。数据总线宜采用双向 8 路三态缓冲器 74LS245 作为总线驱动器；地址和控制总线可采用单向 8 路三态缓冲器 74LS244 作为单向总线驱动器。

9.1.3 可靠性设计

单片机系统一般都是实时系统，对系统的可靠性要求比较高。提高系统可靠性的关键还是应从硬件出发：采用抗干扰措施，提高对环境适应能力；提高元器件质量等。

（1）抗干扰措施

抑制电源噪声干扰，包括安装硬件低通滤波器、缩短交流引进线长度、电源的容量留有余地、完善电源滤波系统、逻辑电路和模拟电路合理布局等。

（2）电路上的考虑

为了进一步提高系统的可靠性，在硬件电路设计时，应采取一系列抗干扰措施：

1）大规模 IC 芯片电源供电端 V_{CC} 都应加高频滤波电容，根据负载电流的情况，在各级供电节点还应加足够容量的耦合电容。

2）开关量 I/O 通道与外界的隔离可采用光耦合器件，特别是与继电器、晶闸管等连接的通道，一定要采取隔离措施。

3）可采用 CMOS 器件提高工作电压（如 + 15V），这样干扰门限也相应提高。

4）传感器后级的变送器应尽量采用电流型传输方式，因电流型比电压型抗干扰能力强。

5）电路应有合理的布线及接地方法。

6）与环境干扰的隔离可采用屏蔽措施。

（3）提高元器件可靠性

选用质量好的元器件，并进行严格老化、测试和筛选。设计时技术参数留有一定的余量，提高印制板和组装的工艺质量。

（4）采用多种容错技术

通信中采用奇偶校验、累加和校验和循环校验等措施，使系统能及时发现通信错误，通过重新执行命令纠正错误。另外，当系统复位执行初始化程序时，应区分是上电初次复位还是 Watchdog 复位，以便作不同处理，使由于死机产生的复位对系统的影响减至最小等。

9.1.4 软件设计

单片机系统的软件设计和在 PC 等现成系统机上的应用软件设计有所不同。后者是在操作系统等支持下的纯软件设计，而且有许多现成的软件模块可以调用。单片机系统的软件设计是在裸机条件下进行的，而且随应用系统不同而不同。但一个优秀的应用软件应具有下列特点：

1）软件结构要清晰、简单、流程合理。

2）各功能程序应实现模块化、子程序化。

3）程序存储区、数据存储区要规划合理，既能节约存储器容量，又使操作方便。

4）运行状态要实现标志化。各个功能程序运行状态、运行结果以及运行要求都设置状态标志以便查询，程序的转移、运行和控制都可根据状态标志条件来控制。

为了提高系统运行的可靠性，在应用软件中应设置自诊断程序，在系统工作前先运行自诊断程序，用以检查系统各特征参数是否正常。图9-3给出了单片机软件设计的过程。

1. 问题定义和建立数学模型

问题定义阶段是要明确软件所要完成的任务，确定输入输出的形式，对输入的数据进行哪些处理，以及如何处理可能发生的错误。

软件所要完成的任务在总体设计时有总的规定，现在要结合硬件结构，进一步明确所要处理的每个任务的细节，确定具体的实施方法。

首先要定义输入输出，确定数据的传输方式，同时必须明确对输入数据进行哪些处理，描述出各个输入变量和各个输出变量之间的数学关系，这就是建立数学模型，进而确定算法。数学模型的正确程度是系统性能好坏的决定性因素之一。

2. 软件结构设计

合理的软件结构是设计出一个性能优良的单片机系统软件的基础，必须给予足够的重视。

系统的整个工作可以分解为若干个相对独立

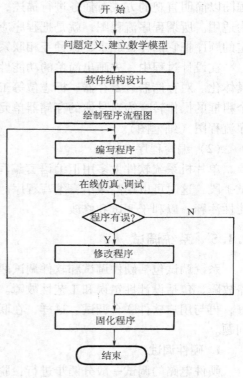

图9-3　单片机软件设计的过程

的操作，根据这些操作的关系，设计出一个合理的软件结构，使 CPU 并行地有条不紊地完成各个操作。

对于简单的单片机系统，通常采用顺序设计方法，这种软件由主程序和若干个中断服务程序所构成。根据系统中各个操作的特性，指定哪些操作由中断服务程序完成，哪些操作由主程序完成，并指定各个中断的优先级。

中断服务程序对实时事件请求作必要的处理，使系统能实时并行地完成各个操作。中断处理程序包括现场保护、中断处理、现场恢复和中断返回四个部分。中断的发生是随机的，它可能在任意地方打断主程序的运行，无法预知这时的程序状态，因此中断程序需保护主程序的现场状态，现场保护的内容由中断服务程序所使用的资源决定。

中断处理是中断服务程序的主体，它由中断所要完成的功能所确定。如输出或读入一个数据等。

现场恢复与现场保护是对应的，中断返回使 CPU 回到被该中断所打断的地方继续执行原来的程序。

主程序是一个顺序执行的无限循环的程序，顺序查询各个事件标志（一般由中断程序置"1"，亦称为激活，如打印机打印完一组数据，实时的一秒时间到等），以完成日常事务的处理。

3. 程序设计

（1）绘制程序流程图

通常在编写程序之前先绘制程序流程图。程序流程图在前几章中已有很多例子。程序流程图以简明直观的方式对任务进行描述，并能很容易地据此编写出程序，故对初学者来说尤为适用。所谓程序流程图，就是把程序应完成的各种分立操作，表示在不同的框中，并按一定的顺序把它们连接起来，这种互相联系的框图称为程序流程图，也称为程序框图。

在设计过程中，先画出简单的功能性流程图（粗框图），然后对功能流程图进行扩充和具体化。对存储器、寄存器、标志位等工作单元作具体的分配和说明，把功能流程图中每一个粗框的操作转变为对具体的存储器单元、工作寄存器或 I/O 口的操作，从而绘出详细的程序流程图（细框图）。

（2）编写程序

单片机系统软件大多用汇编语言编写，有些开发工具提供 C 语言等高级语言编译和调试手段，这时可以用高级语言编写程序。程序应该用标准格式编写和输入，必要时作若干功能性注释，以利于调试和修改。

9.1.5 系统调试

系统调试包括硬件调试和软件调试两项内容。硬件调试的任务是排除应用系统的硬件电路故障，包括设计性错误和工艺性故障。一般来说，硬件系统的样机制造好后，需单独调试好，再与用户软件联合调试。这样，在联合调试时若碰到问题，则一般均可以归结为软件的问题。

1. 硬件调试

硬件电路的调试一般分两步进行：脱机检查和联机调试，即硬件电路检查和硬件系统诊断。

（1）脱机检查

脱机检查在开发系统外进行，主要检查电路制作是否准确无误。例如用万用表或逻辑测试笔逐步按照原理图检查样机中各器件的电源、各芯片引脚端连接是否正确，检查数据总线、地址总线和控制总线是否有短路等故障。有时为了保护芯片，先对芯片插座的电位（或电源）进行检查，确定无误后再插入芯片检查：检查各芯片是否有温升异常，上述情况都正常后，就可进入硬件的联机调试。需要注意的是，在加电状态下，不能插拔任何集成电路芯片。

（2）联机调试

联机调试是在开发机上进行的，用开发系统的仿真插座代替应用系统中的单片机。

分别接通开发机和样机的电源，加电以后，若开发机能正常工作，说明样机的数据总线、地址总线和控制总线无短路故障，否则应断电仔细检查样机线路，直至排除故障为止。

在联机状态下，使用开发系统对样机可进行全面检查。目标系统中常见故障有：元器件质量低劣；开发系统或目标系统接地不好，电压波动大；单片机负载过重；线路短接或短路；设计工艺错误等。可通过以下手段来解决：

1）测试扩展数据存储器。将一批数据写入目标系统扩展的外部数据存储器，然后再读出数据存储器中的内容。若对任意区域数据存储器读出和写入内容一致，则表示该存储器无故障，否则应根据读写结果分析故障原因。可能的原因有数据存储器芯片损坏；芯片插入不可靠；读/写操作有错位；工作电源没有加上，地址线、数据线和控制线有错位、开路、短路等。

2）测试 I/O 口和 I/O 设备。I/O 口的类型较多，有只能读入的输入口、只能写入的输出口，以及可编程的 I/O 接口等。对于输入口，可用读命令来检查读入结果是否和所连设备状态相同；对于输出口，可写数据到输出口，观察和所连设备的状态是否相同；对于可编程的接口，先将控制字写入控制寄存器，再用读/写命令来检查对应状态。

如果 I/O 接口不正常，需进一步检查 I/O 接口以及 I/O 接口所连的外设是否正常。

3）测试晶体振荡电路和复位电路。在联机状态下，当用目标系统中晶体振荡电路工作时，开发系统应能正常工作，否则就要检查目标系统振荡电路的故障。复位目标系统可测试复位电路是否有故障或者复位电路的电阻、电容参数选择是否正确。

通过以上几种方法，可以基本上排除目标系统中的硬件故障。

2. 软件调试

基本上排除了目标系统的硬件故障以后，就可进入软件的综合调试阶段，其任务是排除软件错误，解决硬件遗留下的问题。常见的软件错误类型有：

(1) 程序失控

这种错误的现象是当以断点或连续方式运行时，目标系统没有按规定的功能进行操作或什么结果也没有，这是由于程序转移到没有预料到的地方或在某处死循环所造成的。这类错误的原因有：程序中转移地址计算错误、堆栈溢出、工作寄存器冲突等。

(2) 中断错误

1）CPU 不响应中断。这种错误的现象是用连续方式运行时不执行中断服务子程序的规定操作，当用断点方式运行时，不进入设在中断入口或中断服务程序处的断点。错误的原因有：中断控制器（IP）初值设置不正确，使 CPU 没有开放中断或不允许某个中断源请求；或者对片内的定时器串行口等特殊功能寄存器和扩展的 I/O 口编程有错误，造成中断没有被激活；或者某一中断服务程序不是以 RETI 指令作为返回主程序的指令，CPU 虽已返回到主程序，但内部中断状态寄存器没有被清除，从而不响应中断；或外部中断源的故障使外部中断请求无效。

2）CPU 循环响应中断，使 CPU 不能正常地执行主程序或其他的中断服务程序。这种错误多发生在外部中断中。若外部中断以电平触发方式请求中断，当中断服务程序没有有效清除外部中断源或由于硬件故障使中断源一直有效，从而使 CPU 连续响应该中断。

3）输入输出错误。这类错误包括输入输出操作杂乱无章或根本不动作。错误原因有：输入输出程序没有和 I/O 硬件协调好（如地址错误、写入的控制字和规定的 I/O 操作不一致等）；时间上没有同步；硬件中存在故障。

4）结果不正确。目标系统基本上能正常操作，但控制有误或输出结果不正确。这类错误大多是由于计算程序中的错误引起的。

经过硬件和软件单独调试后，即可进入硬件、软件联合调试阶段，找出硬件、软件之间不能匹配的地方，反复修改和调试。实验室调试工作完成以后，即可组装成机器，移至现场进行运行。现场调试通过以后，可以把程序固化于 EPROM 中，然后，再试运行几个月，观察有没有偶然的错误发生。若试运行正常，则系统开发完成。

9.2 磁电机性能智能测试台的研制

9.2.1 系统概述

双缸摩托车上的磁电机有一个发电线圈和两个点火线圈，为摩托车提供前灯照明电压，并通过放电器为发动机的两个气缸提供点火信号，其质量直接影响到摩托车的运行性能。目前，磁电机性能测试普遍使用人工观察和判断的方法。通常采用标准针状放电器替代火花塞检测点火装置产生电火花的能力，用刻度盘加指针的方法来测取点火提前角，精度低，且效率不高。为此研制了磁电机性能智能测试台，对双缸摩托车用磁电机的多项参数进行自动测试。测试内容、条件及标准如下：

1. 点火线圈高压绝缘介电强度测试

在放电器极距为 11mm，磁电机转速为 6000r/min 时，放电器应能产生每秒不少于 50 次的火花。

2. 连续点火性能测试

磁电机在放电器极距为 6mm 时，最低连续点火转速为 280r/min，最高连续点火转速为 13 000r/min，每次运行 20s，不能有缺火现象。

3. 照明及充电性能测试

直流负载用 (2.2 ±0.05) Ω 无感等效电阻，磁电机转速为 2400r/min 时，直流负载电压大于 13.5V；磁电机转速为 6800r/min 时，负载电压应小于 28V。

4. 点火提前角与自动进角测试

点火提前角是磁电机的点火信号超前于摩托车活塞上死点的角度。

磁电机转速为 280 ~ 13 000r/min 的范围内，点火提前角应能从 15° ±2°随转速升高而自动连续进角到 41° ± 2°。280 ~ 1 300r/min 范围内点火提前角应为 15° ± 2°，6000 ~ 13 000r/min 范围内点火提前角为 41° ±2°。

对测试系统的功能和性能指标要求是：

1）能按上述测试条件，对磁电机进行测试。

2）测试精度为：①点火提前角 ±1°；②点火次数 ±1 次；③输出电压 ±0.2V。

3）测试速度为 180s/只。

4）测试过程自动进行，参数数字显示，合格性指示，测试结果打印输出。

9.2.2 测试系统硬件设计

对磁电机性能的测试条件、内容进行概括，测试系统应具有以下基本功能：

1）作为测试条件的放电器极距和磁电机转速应能加以控制。

2）需要检测的参数有磁电机的转数、点火次数、点火角和磁电机输出电压。

3）有关参数需要显示和打印。

根据上述要求设计磁电机性能智能测试台控制系统，硬件结构如图 9-4 所示。控制系统的核心为 8 位单片微型计算机 8031。图 9-4 中 17 位 LED 显示器分别用于显示 5 位磁电机转速值和左右两缸的各 4 位点火次数值及 2 位点火提前角值。8279 最多只能管理 16 位 LED 显示器，故用 8155 的 1 位 I/O 控制显示转速最高位的第 17 位 LED 显示器，使其在转速高于 10 000r/min 时显示 1，低于时则不显示。键盘用于输入一些必要的命令。指示灯指示 6 个测试项目中左、右缸参数的合格性，若某项目中某缸参数不合格，则相应指示灯点亮，同时蜂鸣器响告警提示。微型打印机 μP40 与 8031 之间按并行方式连接，用于打印输出单台检验结果。2764 与 6264 分别为 8031 扩展的片外程序存储器和数据存储器。

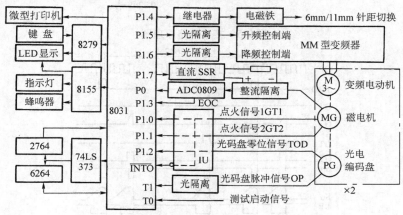

图 9-4　磁电机性能智能测试系统硬件结构图

8031 通过继电器吸合电磁铁，结合机械限位，实现 6mm 与 11mm 放电器极距的切换控制。

磁电机由变频电动机驱动，变频器选用西门子公司的 MM 型变频器。通过适当设置，变频器可将两个外接端子作为升频控制端和降频控制端使用。8031 通过光电隔离电路在对应端施加高电平，即可使变频器升频或降频，从而控制电动机的转速。变频电动机的驱动端连接磁电机，非驱动端连接光电编码盘，编码盘脉冲信号 OP 经光电隔离送 8031 计数器 T1 外部输入端，计数器 T0 设置成定时器方式。T0、T1 均作转速检测之用。T0 的事件脉冲输入端 P3.4 用于输入检测启动信号。

测试磁电机输出电压时，8031 输出控制信号使直流固态继电器 SSR 输出"触点"导通，使磁电机输出电压经整流后给 2.2Ω 无感电阻供电，模拟车灯点亮的工况。同时，磁电机输出电压经隔离、整流，送模-数转换器 ADC0809。模-数转换结束信号 EOC 送 8031 查询，该信号为高电平时，表明模-数转换结束，允许 8031 从 ADC0809 读取数字化的电压值。

磁电机的两个点火信号及光电编码盘的零位信号 TOD 经接口电路 IU 送往 8031。接口电路的原理图如图 9-5 所示。接口电路的主要作用是对磁电机点火信号和光电编码盘零位信号进行采样、隔离、放大整形和加宽等处理，送 8031 有关 I/O 口供检测，并产生复合负脉冲信号送 8031 外部中断口 $\overline{INT0}$，使得以上任一信号到来时都能引起 CPU 中断。接口电路的工作原理不再赘述，电路中有关节点电压波形如图 9-6 所示。

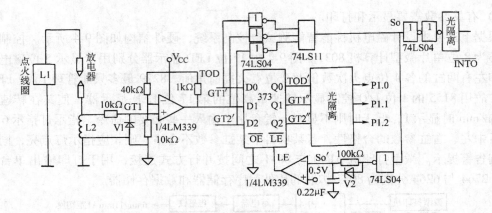

图 9-5　接口电路原理图

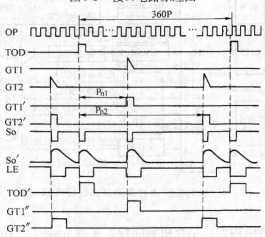

图 9-6　接口电路中有关节点电压波形

为提高测试效率，测试台上装有 2 套磁电机驱动电动机和光电编码盘。当一台电动机投入自动检测时，另一台可进行磁电机拆装，为下一台磁电机的测试做好准备。2 套设备的接线通过接触器、继电器及接插件切换。

9.2.3　测控算法

1. 点火提前角的测试

摩托车在运行过程中，活塞的往复运动转化为曲轴的旋转运动。活塞往复运动 1 次，曲轴旋转 1 周，磁电机飞轮也旋转 1 周。活塞在气缸中的位置与磁电机飞轮与定子的相对位置是对应的。在测试台上，光电编码盘光栅片与磁电机飞轮同轴，两者间存在确定关系。

图 9-7 表示了磁电机转子上某一特定点在旋转时的一些特殊位置。从该图可清楚地看到，点火提前角 δ 是跳火点提前于相应气缸上止点的角度。我们选用的光电

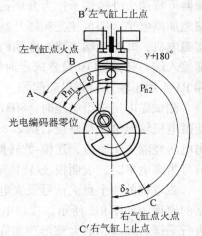

图 9-7　磁电机转子上某一特定点
在旋转时的一些特殊位置

编码盘是每圈 360 脉冲的，每脉冲对应 1°。故点火提前角 δ 对应于跳火点至相应气缸上止点光电编码盘发出的脉冲数。光电编码盘与磁电动机的相对位置一旦调整好，则光电编码盘零位超前于左右气缸上止点的角度 γ 就为定值。由于左、右气缸上止点互差 180°，故光电编码盘零位超前于右气缸上止点 γ + 180°。设从光电编码盘零位到左气缸跳火点之间光电编码盘发出脉冲数为 P_{n1}，编码盘零位到右气缸跳火点之间编码盘发出脉冲数为 P_{n2}，则：

左气缸点火提前角 $\delta_1 = \gamma - P_{n1}$

右气缸点火提前角 $\delta_2 = \gamma + 180° - P_{n2}$

2. 连续点火性能

连续点火性能是通过比较编码盘零位信号 TOD 脉冲与点火信号 GT_1'、GT_2' 脉冲个数测定的。编码盘与磁电机正常运行时，每转一圈，TOD、GT_1' 及 GT_2' 均应出现一个正脉冲。因此在有关测试项目中各设定一个 TOD 脉冲数，并用 TOD 脉冲来启动程序对 GT_1'、GT_2'、TOD 脉冲计数。当接收到设定的 TOD 脉冲数时，停止计数，并将接收到的 GT_1' 和 GT_2' 脉冲数与之比较，若相等则表明无缺火现象，连续点火性能符合要求；若少于 TOD 脉冲数，则表示有缺火现象，连续点火性能不符合要求。

3. 磁电机输出电压

在测量磁电机输出电压时，为消除干扰，采样电路采取了隔离措施，从而存在死区和非线性。为消除这一不利因素，在 2764 中根据磁电机模拟量输出电压与 8031 数字量采样电压的关系设置一张转换表。测试时利用 8031 的查表功能将数字量采样电压值恢复为与模拟量输出电压相对应的数字量，然后再作进一步处理。

4. 转速的测量与控制

在测量磁电机的以上性能参数时，转速仅是测试的条件，并不是要求测试的参数，故精度要求不高。本系统中采用 M 法，即用计数器计取规定时间内的主轴输出脉冲个数来反映转速值的高低。定时器 T0 定时 100ms，T1 设置为计数器方式，计取光电编码盘输出脉冲数，设 T1 计数值为 P_{T1}'，则有

$$转速 \ \overline{n} = (P_{T1}/360)/(0.1/60) = 10\,P_{T1}/6$$

该转速为 100ms 内的转速平均值，存在 50ms 的检测时滞，在升降速阶段将引起较大误差。为此采用超前插值的办法对其进行修正。

令时刻 (n−1)T ~ nT 间转速平均值为 $\overline{N_n}$，nT ~ (n+1)T 间的转速平均值为 $\overline{N_{n+1}}$，设电动机的转速是线性变化的，则 (n+1)T 时刻的转速瞬时值为

$$N_{n+1} = \overline{N_n} + (\overline{N_n} - \overline{N_{n+1}})/2$$

电动机转速由变频器控制。变频电动机的负载仅是磁电机，在一定的电源频率下，转速比较稳定，工作在开环状态即可得到较好效果。在改变频率调速时才需要闭环结构。单片机控制变频器的频率有两种方法。一种方法是通过扩展 D-A 转换器，将控制信号加到变频器的频率给定端，改变变频器的频率。这种方法硬件较为复杂，且不易实现单片机与变频器的隔离。要达到 0.1Hz 的频率精度，需使用 11 位 D-A 转换器。本系统使用另一种方法，由单片机输出控制信号使变频器升频端或降频端加上高电平，使变频器升频或降频。这种方法硬件简单，易于实现单片机与变频器的隔离。在这种调速方式下，变频器的频率不会突变，电动机的同步转速总是略高于异步转速。因此，只需当检测到转速偏差进入允许范围时，使变频器相应端子的高电平撤除、频率不再改变，就能使转速在允许范围内保持下来。但应注意

当转速偏差较小时，若加速度太大，则可能引起超调。此时可在升（降）频端施加间歇控制信号，可显著降低加速度，抑制超调。采用这种方法可使转速误差限制在 ±（1% 给定转速 + 10r/min）范围内。

5. 顺序控制的实现

磁电机的性能参数须在 280 ~ 13000r/min 的转速范围内的 6 个转速下分 6 个项目进行测试。在进入各测试项目前，必须先调整转速和三针极距。测试结束后，转速应自动下降为零。因此测试过程分 13 步进行。测控步骤及相关内容见表 9-1。本系统是运用控制字的概念来识别控制/测试内容的。所定义的单字节控制字各位的含义如图 9-8 所示。例如，若控制字为 00100010 22H，则表示在三针极距 11mm 条件下测点火次数。

表 9-1　测控步骤及相关内容

顺 序	内　　容	时间 /s	设定转速 /(r/min)	转数 /r	控制字
1	调速、三针极距调为 6mm	5	280		01H
2	测点火次数、点火提前角	20	280	94	06H
3	调速	6	1300		01H
4	测试点火提前角	4	1300		04H
5	调速	7	2400		01H
6	测试输出电压	4	2400		80H
7	调速、三针极距为 11mm	8	6000		21H
8	测试每秒最少点火次数	30	6000		22H
9	调速、三针极距为 6mm	5	6800		01H
10	测试点火提前角、输出电压	4	6800		0CH
11	调速	9	13000		01H
12	测试点火次数、点火提前角	10	13000	2000	06H
13	调速	15	0		10H

控制字与完成相应任务所需的时间、设定转速及转数等参数一起按顺序排列在 EPROM 中。

控制系统在每完成一项任务后，8031 就从 EPROM 中读入新的控制字，再顺序读入设定时间、设定转速及设定转数等参数。8031 根据新的控制字和设定参数，执行新的任务。

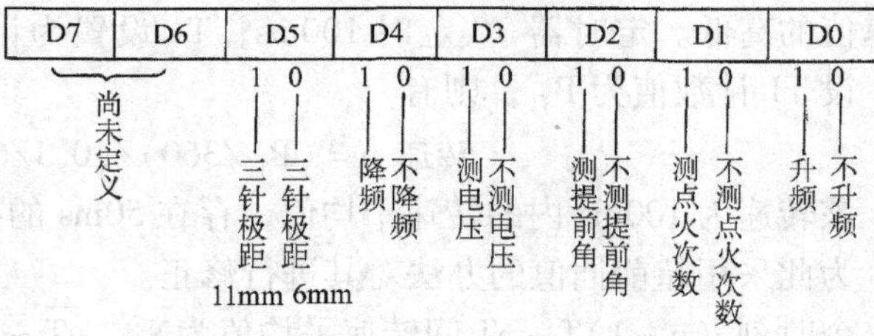

6. 点火信号测试的软件抗干扰算法

磁电机性能智能测试台在工作

图 9-8　控制字各位的含义

时，其放电器、变频器及电磁铁、接触器等均是很强的干扰源，其所在的车间也存在着电动机、电焊机等强干扰源，因此试验台是在一个充满电磁污染的环境中工作的。这些电磁干扰除了影响微机系统的正常运行外，对点火信号的测试影响尤为厉害，若不采取抗干扰措施，测试的结果将是毫无意义的。本系统除了在硬件上采取了隔离、整形、加宽等措施外，在软件上根据有效信号与干扰信号的特征，采取了以下抗干扰算法：

1）任一时刻 TOD、GT₁、GT₂ 信号中只能有 1 个有效。若检测到 2 个以上信号有效，则循环检测，直到只剩 1 个信号有效为止。

2）有效信号较宽，干扰信号较窄。采取连续检测多次的办法，若结果相同，则多为有效信号，否则为干扰信号。

3）TOD 脉冲间应相隔 360 个 OP 脉冲。若 OP 脉冲数少于 358 个，则将 TOD 信号线上的脉冲丢弃。

4）每两个 TOD，脉冲间只能各有一个真实的 GT_1 信号和 GT_2 信号。若在该区间同一点火信号超过一个，则丢弃。

5）对同一只磁电机，在任一转速下点火提前角基本上是恒定的。因此采取两个步骤进行软件滤波：

①开辟一个 RAM 区形成点火提前角数据链。若该链中数据均较为接近，则认为数据已稳定；否则用新值更新数据链。

②数据稳定后采取限幅滤波。若新值与数据平均值的偏差小于等于 2，则用数据平均值±1 对新值进行限幅；若偏差大于 2，则将新数据丢弃。

6）对检测到的干扰信号进行计数，超过一定量时，应通过改进硬件加强抗干扰措施。

9.2.4 程序设计

磁电机性能智能测试台的程序结构如图 9-9 所示。程序由主程序、$\overline{INT0}$ 中断服务程序和 T0 中断服务程序三部分组成。

主程序中初始化部分主要包括对 8031 单片机内部的特殊功能寄存器及 RAM 设置初值，对外部扩展的可编程 I/O 接口进行设置。自检部分主要对部分电路进行故障自检。复位后直接设置一个降速环节的作用是在测试过程中一旦出现异常可通过按复位按钮实现迅速停车。在进行某些项目的测试时，程序将对磁电机输出电压进行测量。在全部项目结束后，程序将打印测试结果。

定时器 T0 每 100ms 定时溢出产生中断请求。其中断服务程序主要实现转速控制与顺序控制。每次测试过程由测试启动信号启动，启动过程包括使启动标志位置 1 和进行有关初始化。当所有项目完成后，使启动标志位复位，结束本次测试。测试过程中各任务间的切换是通过时间控制或转数控制实现的。在当前任务中所设定的时间或转数计满时，相应控制模块置 1 任务完成标志位，判任务完成程序检测到该标志后即进行任务的切换。每个测试项目结束后，程序均进行合格性判别，对不合格者点亮相应发光二极管提示。产品的合格性是各个项目合格性的逻辑与。

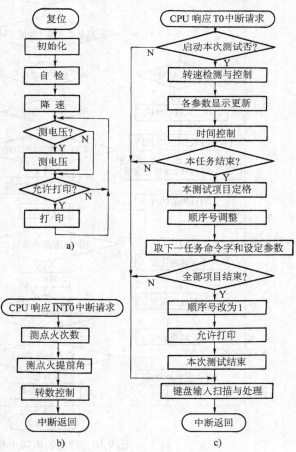

图 9-9 磁电机性能智能测试系统程序结构图
a）主程序　b）$\overline{INT0}$ 中断服务程序　c）T0 中断服务程序

$\overline{\text{INT0}}$外部中断源程控为跳变触发方式。从图 9-6 可看到，每当 TOD、GT1′或 GT2′信号有效时，S0 点随着$\overline{\text{INT0}}$引脚处的信号即发生由高变低的负跳变，该外部中断源即向 CPU 提出中断请求。$\overline{\text{INT0}}$中断服务程序包括测点火次数模块和测点火提前角模块。细化的程序流程图如图 9-10 所示，图中较为详细地表示了各种软件抗干扰算法的实现过程。其中左机组处理程序与右机组处理程序的差别仅在于 γ 取值不同，GT2 信号处理程序与 GT1 信号处理程序的差别仅在于点火提前角 δ = γ + 180° − P_{n2}，故均用简化框图表示。

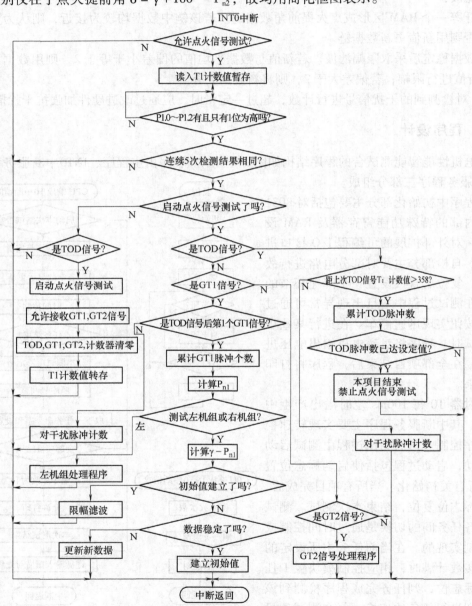

图 9-10　细化的$\overline{\text{INT0}}$中断服务程序流程图

9.2.5　实验结果

经理论分析和实验论证，本测试系统的点火次数误差为零，点火提前角误差范围为

±1°,磁电机输出电压误差范围为 ±0.2V。完成一次完整的测试所需时间为 127s。一经启动测试,整个测试过程会自动进行,测试过程中动态显示参数和合格性指示,测试结束后自动打印测试结果,完全符合设计要求。该测试系统使原先测试方法采用的定性分析质变为定量分析,极大地提高了磁电机性能参数的测试精度。另外由于可同时测试左右缸 2 路点火信号,且测试台上配备了左右 2 套机组,因而明显地提高了工作效率。自动化的测试手段也大幅度地减轻了检验人员的劳动强度。

9.3 水产养殖水体多参数测控仪

9.3.1 系统概述

近年来,我国的水产养殖业蓬勃发展,已逐步从传统的池塘养殖走向工厂化养殖。而工厂化水产养殖中重要的一个环节就是对水体环境因子,如温度、溶解氧、pH 值、透明度及大气压等参数的自动监控,这将有效改善鱼类的生态环境,提高集约化养殖程度。

本系统以单片机为核心,采用 RS485 协议组建分布式控制网络,利用计算机自动检测养殖水池的温度、溶氧含量及浑浊度等各环境因子,通过对增氧机、电磁阀等执行机构的控制,可以把各项环境因子调整到合适的范围,使鱼类生长在最适宜环境条件下,系统还可以自动对大量现场数据和曲线进行分析,实现参数的自校正和自适应控制,真正达到低成本、高效益的现代化水产养殖要求。在相关模型和软件支持下,工控机和下位机均能在发生池水缺氧,温度、酸碱度不适等异常情况时自动发出报警信号。

9.3.2 水体多参数测控仪的基本组成及工作原理

本测控仪以 ATMEL 公司生产的八位单片微处理器 AT89C52 为核心,外加扩展接口、E^2PROM、看门狗电路、信号调理电路、隔离驱动电路和通信接口电路等构成。其硬件结构框图如图 9-11 所示。

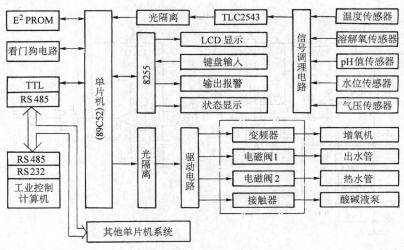

图 9-11 监控系统硬件结构图

9.3.3　硬件设计

1. 传感器选型

要有效地控制水池的各个环境参数，首先要准确测得当前时刻的各个环境参数，也就是能否按照用户需求使各环境参数快速跟随的首要条件是要获得准确的当前值。本着实用、经济、标准、耐用的选型原则，本系统传感器配置如下：

1）温度与 pH 值传感器：采用了配以热导率较大的不锈钢保护钢管的铂电阻元件、玻璃电极和参比电极组合在一起的塑壳可充式复合电极（上海雷磁 E-201-C 型复合电极）。

2）溶解氧传感器：原电池式薄膜电极（青岛昱昌科技有限公司的 YC-DO-1 溶解氧传感器）。

3）水位传感器：全温度补偿低压力传感器；恒流供电，$0 \sim 70\text{mV}$；电压线性输出；精度：$\pm 0.05\%$。

4）气压传感器：JQYB-1A 型气压变送器，$0 \sim 110\text{kPa}$，DC24V 供电，$0 \sim 5\text{V}$ 输出，精度：$\pm 0.05\%$，北京昆仑海岸传感技术中心生产。

2. 调理电路设计

（1）温度信号调理电路

温度传感器为 PT100，它为电阻信号，必须进行 R-V 变换，由 PT100、R_1、R_2、R_3 构成前端桥式电路，温度的变化将使温度传感器阻值发生改变，从而使该电桥平衡遭到破坏，产生一个对外输出电压 V_o。由于环境温度控制在 $0 \sim 50℃$，所以温度传感器最高可能达到的阻值约为 120Ω，因此前端桥式电路的输出 V_o 的最大值约为

$$V_o = 5 \times \left(\frac{120}{2400 + 120} - \frac{100}{2400 + 100} \right) V \approx 0.0404V \tag{9-1}$$

为了保证其输出信号与 A-D 转换器的输入信号要求相匹配，必须对此电压值进行调理放大。采用图 9-12 所示运算放大器电路可以实现这一目的。根据运算放大器规则，设图 9-12 中运算放大器的各引脚对地电压分别用其引脚编号表示，则前端桥式电路的输出 V_o 可以表示为

$$V_o = u_5 - u_3 \tag{9-2}$$

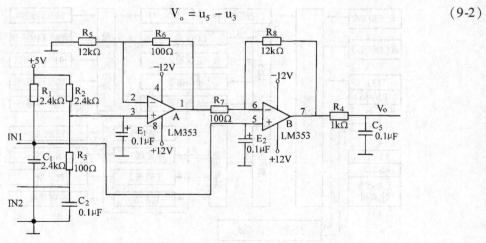

图 9-12　温度信号调理电路

对运算放大器电路可以列写出如下方程：

$$\begin{cases}\left(\dfrac{1}{R_5}+\dfrac{1}{R_6}\right)u_3-\dfrac{1}{R_6}u_1=0\\[2mm]\left(\dfrac{1}{R_7}+\dfrac{1}{R_8}\right)u_5-\dfrac{1}{R_7}u_1=\dfrac{1}{R_8}u_7\end{cases}\tag{9-3}$$

分析发现，要使式（9-3）中能够利用式（9-2），则必须保证下式成立：

$$\begin{cases}R_6=R_7\\R_5=R_8\end{cases}\tag{9-4}$$

本设计中选取各电阻阻值满足式（9-4）的要求，具体阻值在图9-12中已经标出。

此时将式（9-3）中两个方程相减得到

$$\left(\dfrac{1}{R_7}+\dfrac{1}{R_8}\right)V_o=\dfrac{1}{R_8}u_7\tag{9-5}$$

则该运算放大器电路对前端桥式电路的输出电压 V_o 的放大倍数为

$$\beta_0=\dfrac{u_7}{V_o}=\dfrac{R_8+R_7}{R_7}=\dfrac{12000+100}{100}=121\tag{9-6}$$

因此温度信号的最终输出电压范围为（0~0.0404V）×121 即 0~4.88V，在A-D转换器所要求的输入信号范围 0~5V 之内。电阻 R_4 和电容 C_5 构成一阶滤波电路；在运算放大器的信号输入端加电容 E_3 和 E_4，可以有效防止高频干扰。

（2）pH值调理电路

由于pH值传感器是双极性输出，而且输出信号在 -1.2~$+1.2$mV之间，需要对此信号进行调理放大，再输入到A-D转换器，本系统采用如图9-13所示的调理电路。差动输入端 V_+ 和 V_- 分别是两个运算放大器（A1、A2）的同向输入端，因此输入阻抗很高，采用对称电路结构，而且被测信号直接加到输入端上，从而保证了较强的抑制共模信号的能力。A3实际上是一差动跟随器，其增益近似为1，测量放大器的放大倍数由下式确定：

$$A_v=\dfrac{V_o}{V_+-V_-}\tag{9-7}$$

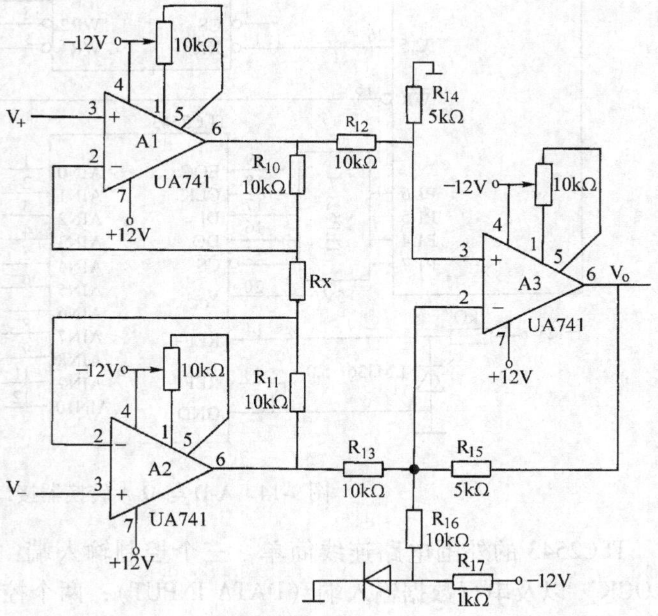

图9-13 pH值调理电路

其中，在A3的反向输入端附加了一个2.5V的稳压管，目的是将双极性的pH值调理为单极性输出，从而满足A-D转换器 0~5V 的输入电压要求。

故调理电路的输出电压为

$$V_o=\dfrac{R_{15}}{R_{13}}\left(1+\dfrac{R_{10}+R_{11}}{R_X}\right)(V_+-V_-)+2.5V\tag{9-8}$$

这种调理电路，只要运算放大器 A1 和 A2 性能对称（只要输入阻抗和电压增益对称），其漂移将大大减小，且具有高输入阻抗和高共模抑制比，对微小的差模电压很敏感，并适用于测量远距离传输过来的信号，因而十分适合与微小信号输出的传感器配合使用。

3. A-D 与 D-A 转换电路

（1）A-D 转换器 TLC2543

A-D 转换采用了德州仪器的 TLC2543 芯片，它具有 11 个模拟输入通道、12 位分辨率，而且与 CPU 连接采用 SPI 串行接口方式，在有效提高分辨率的前提下减少了接口的数量、简化了设计、优化了系统。

由于 MCS-51 系列单片机不具有 SPI 或相同能力的接口，为了便于与 TLC2543 接口，采用软件合成 SPI 操作；为减少数据传送速率受微处理器的时钟频率的影响，尽可能选用较高时钟频率。接口电路如图 9-14 所示。

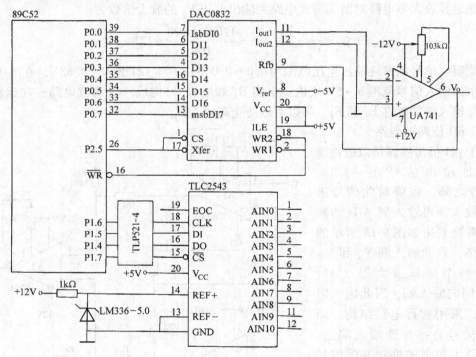

图 9-14　A-D 与 D-A 转换器接口电路图

TLC2543 的外围电路连线简单，三个控制输入端：$\overline{CS}$（片选）、输入/输出时钟（I/O CLOCK）以及串行数据输入端（DATA INPUT）；两个控制输出端：串行数据输出端（DATA OUTPUT）、转换结束（EOC）。片内的 14 通道多路器可以选择 11 个输入中的任何一个或 3 个内部自测试电压中的一个，采样-保持是自动的，转换结束，EOC 输出变高。

TLC2543 的主要特性如下：

1）11 个模拟输入通道。

2）66KSPS 的采样速率。

3）最大转换时间为 10μs。

4）SPI 串行接口。

5）线性度误差最大为 ±1LSB。

6）低供电电流（1mA 典型值）。

7）掉电模式电流为 4μA。

TLC2543 的引脚排列如图 9-15 所示。引脚功能说明如下：

AIN0 ~ AIN10：模拟输入端，由内部多路器选择。对 4.1MHz 的 I/O CLOCK，驱动源阻抗必须小于或等于 50Ω。

$\overline{CS}$：片选端，$\overline{CS}$ 由高到低变化将复位内部计数器，并控制和使能 DATA OUT、DATA INPUT 和 I/O CLOCK。$\overline{CS}$ 由低到高的变化将在一个设置时间内禁止 DATA INPUT 和 I/O CLOCK。

DI（DATA INPUT）：串行数据输入端，串行数据以 MSB 为前导并在 I/O CLOCK 的前 4 个上升沿移入 4 位地址，用来选择下一个要转换的模拟输入信号或测试电压，之后 I/O CLOCK 将余下的几位依次输入。

DO（DATA OUT）：A-D 转换结果三态输出端，在 $\overline{CS}$ 为高时，该引脚处于高阻状态；当 $\overline{CS}$ 为低时，该引脚由前一次转换结果的 MSB 值置成相应的逻辑电平。

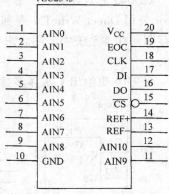

图 9-15 TLC2543 引脚图

EOC：转换结束端。在最后的 I/O CLOCK 下降沿之后，EOC 由高电平变为低电平并保持到转换完成及数据准备传输。

I/O CLOCK：时钟输入/输出端。

V_{CC}、GND：电源正端、地。

REF +、REF −：正、负基准电压端。通常 REF + 接 V_{CC}，REF − 接 GND。最大输入电压范围取决于两端电压差。

（2）D-A 转换器 DAC0832

D-A 转换器选用了 DAC0832，其具体用法在前面内容中已经叙述，在此不再重复。

4. 单片机系统

单片机采用美国 ATMEL 公司生产的 AT89C52 单片机。该芯片不仅具有 MCS-51 系列单片机的所有特性，而且片内集成有 8KB 的电擦除闪烁存储器（FLASH ROM），价格低，是目前性能价格比较高的单片机芯片之一。

AT89C52 的工作频率为 6 ~ 40MHz，本系统利用单片机的内部振荡器外加石英晶体构成时钟源，为了工作可靠，晶体振荡频率选为 11.0592MHz。

在设计中，考虑到测控仪 I/O 接口的需要，比如报警指示、按钮输入等需要，扩展了一片 8255，以增加可使用的 I/O 的数量。

图 9-16 为水体多参数测控仪的单片机电路。

5. 看门狗及复位电路

本部分电路直接选用 Xicor 公司的 X25045 芯片。它把三种常用的功能：看门狗定时器、电压监控和 E^2PROM 组合在单个封装之内，这种组合降低了系统成本并减少了对电路板空间的要求。另外 X25045 与 CPU 的连接方式采用模拟串行外设接口（SPI），因此也节约了系统的口资源。

该电路由三个信号构成：定时脉冲提供定时器时钟信号源、清除信号复位定时器、RE-SET 信号产生复位系统。在工作时，假定工作软件循环周期为 T，如果设定定时器定时长度为 T1（T1 < T），这样 CPU 在每个工作循环周期都对定时器进行一次清零操作，只要系统正常工作，定时器永远都不会溢出，也就不会使系统复位；否则，当系统出现故障时，在可选超时周期之后，X25045 看门狗将以 RESET 信号作出响应。

X25045 芯片还有一个显著的特点是它内部的闪烁存储器 512 × 8 的 E²PROM，它采用Xicor 公司 Direct WriteTM 专利技术，提供不少于 100 000 次的使用寿命和最小 100 年的数据保存期，在本系统中，用它来保存系统设定的参数值，以保证数据正常使用和不会因掉电而丢失。

图 9-16 也给出了水体多参数测控仪的 μP 监控看门狗电路硬件接线图。

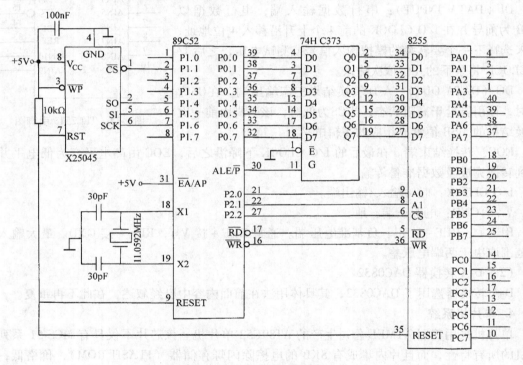

图 9-16　单片机系统与看门狗电路

6. 通信接口电路

为了便于组成网络，实现多个养殖水池的监控，每个水体测控仪设计了通信口，采用RS485 收发器，它采用平衡发送和差分接收来实现通信，广泛应用于总线结构。在发送端，驱动器将 TTL 电平信号转换成差分信号输出；在接收端，接收器将差分信号还原成 TTL 信号，因此具有抑制共模干扰的能力，加上接收器具有高的灵敏度，能检测低达 200mV 的电压，故传输信号能在千米以外得到回复。

图 9-17 是水体多参数测控仪的通信接口电路，其中单片机的 P1.0 口用来控制通信状态（发送/接收）。

7. 控制面板电路

为了便于现场监控和现场调试，本系统增加相应的人机交互界面。控制面板电路如图

9-18 所示，它不仅可以从 LCD 上获得直观的数据显示，也可以通过按键（6 个）进行参数的设定与修改，大大增加了该系统的适用范围。

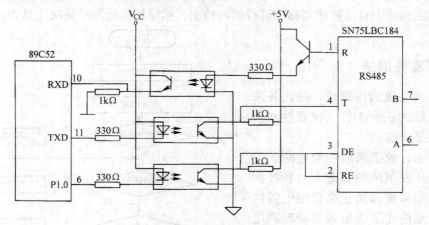

图 9-17　通信接口电路

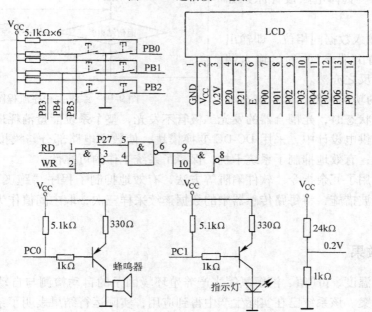

图 9-18　控制面板电路

控制面板与主板通过接插件连接起来，另外可在面板上再增加一些提示用的发光二极管、蜂鸣器（见图 9-18）等，以指示系统目前所处的状态，尤其当系统监控的各个参数超出预设值，处于危险状态时，能获得全方位的报警提示。

9.3.4　软件设计

为了优化程序结构，提高运行效率，下位机的软件开发采用了模块化结构，即把各模块程序作为子程序封装起来，对外仅提供入口与出口参数，这样既减少了开发人员的重复性劳动，缩短了软件开发周期，又改善了软件的通用性。

软件主要包含数据采样模块、数据处理模块、实时控制模块、数据通信模块、按键处理模块和数据存储模块。图9-19为主程序的流程图。为每个子程序或中断服务程序设定了状态标志，在主程序中对这些状态标志进行循环检测，然后根据检测结果决定是否执行相应处理程序。

9.3.5 可靠性措施

为了提高系统的可靠性，防止外来干扰影响系统的正常工作，在硬件和软件上都采取了措施。

在硬件上，除了采取一般的防止干扰措施外，还在系统的状态入口和控制端口采用光电隔离以防止来自继电器的干扰，有效地防止了雷电等的瞬时高电压损坏接口电路。具体电路设计原则如下：

1）输出和输入数据同相位，即输出端为高电平（输出端 = 1）时，输入端也应为高电平，反之亦然。

2）使系统的功耗最低，即系统在不工作或处于监听状态时，光耦合器的发光二极管不发光，整个系统能量消耗最低。

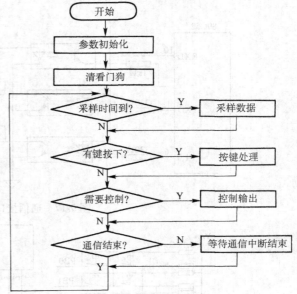

图9-19 系统主程序流程图

另外在系统供电设计中，采用 DC-DC 变换模块，使数字电路部分与模拟电路部分电源分开供电等处理；有效地抑制了系统干扰，保障了系统工作的可靠性。

软件上，采用了冗余指令、软件陷阱等方法，有效地抑制了程序"跑飞"。另外，采样程序也采用了滤波措施，将每路传感器中的数据连续采样三次，取中间值作为该传感器的数值（中值滤波）。

9.3.6 运行效果

本系统针对温度、pH 值、溶解氧等水产养殖环境因子的自动检测与自动控制提出了一套较为完善的方案。该系统已在实际生产中得到应用，实际运行结果表明了系统的设计及软件开发是合理可行的，且具有易管理、高可靠性、高效益、易扩展的特点，解决并实现了水体的活性循环，达到了安全、优质、高产的科学管理目的，有效地把各项环境因子控制在较为合适的范围内，从而保证了鱼类在最适宜的生态环境中生长，真正实现了低成本、高效益的现代化水产养殖。

通过对众环境因子的监控，可以实现：

1）节约能源。通过对养殖环境中溶氧量的监控，来实现对增氧机的控制，可避免目前普通水产养殖场鱼池中增氧机 24h 连续工作，节约电能。经测算，采用增氧量监控后，每台增氧机每天可节约电能 30~40kW·h。

2）缩短养殖周期，降低成本，提高产量。通过对养殖环境的连续监控，使鱼类生长在适宜的环境下，促进其快速生长。据估计：对环境因子的监控，可使养殖周期缩短至原周期

的 $\frac{1}{6} \sim \frac{1}{2}$，单位面积产量比高产鱼塘提高 20~80 倍。

3）可以大大减轻工人的劳动强度，提高劳动生产率。

4）可以使水产养殖环境不受地域、时域的限制，有利于实现水产养殖的工厂化。

9.4 课程设计：单片机温度控制实验装置的研制

为了加强实践性环节，使学生较好地掌握单片机的使用方法，宜增设一个综合性的"单片机原理"课程设计。为满足课程设计的需要，研制了一个简单的单片机温度控制实验装置。

9.4.1 系统的组成及控制原理

单片机温度控制实验装置的系统框图如图9-20所示。该系统主要由单片机及扩展电路、固态继电器（Solid State Relay，SSR）、加热元件、R/V 变换电路、感温元件、铝块和 PC 等组成。其中单片机及扩展电路包括 8255、ADC0809、键盘、LED 显示器、RS232/TTL 电平转换电路及其他电路。

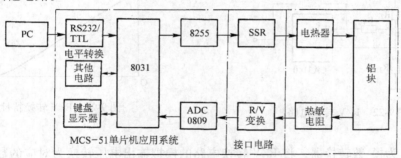

图 9-20 单片机温度控制实验装置的系统框图

单片机通过串行口与 PC 进行通信。PC 中的汇编语言控制程序经编译成机器码后下载到单片机。

SSR 为过零触发固态继电器，内部由双向晶闸管构成电子触点。其使用特点为当输入端加高电平控制信号时，只有在交流电压的过零点附近才能使双向晶闸管触发导通（电子触点闭合）。一旦触发导通后，即使撤除控制信号，也必须在电流过零时才会关断。因此该器件能对交流电进行控制的最小周期为半个周波，即 10ms。本系统采用周波控制法来实现温度控制。以某一时间间隔（例如 200ms）为 1 个控制周期 T_c，调整每个控制周期中加到固态继电器输入端的控制信号 u_c 的宽度 t_p，即可改变加到电热丝上的电压 u_o 和平均功率。周波控制的有关波形如图9-21所示。

采用周波控制法的突出优点是可消除晶闸管移相电路产生的高次谐波，避免对单片机系统产生强烈干扰，此外硬件电路比较简单。由于 SSR 中采用的是电子触点，故比簧片式继电器使用寿命长得多。

电热丝为普通电烙铁用电热丝，用 2 根，固定在铝块的左右两侧深孔内，使铝块加温。

热敏电阻为负温度系数热敏电阻，其阻值随周围的温度升高而减小。热敏电阻嵌入铝块

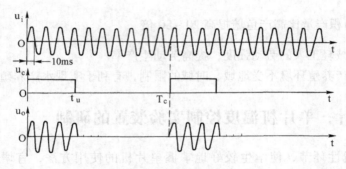

图 9-21 周波控制波形图

内部来感知铝块温度，通过 R/V 转换电路，将铝块温度转化为对应的电压。R/V 转换电路如图 9-22 所示。为简化硬件，采用了单电源运算放大器 CA3140。在选择适当的参数后，可得到图 9-23 所示的转换特性。该特性是单调函数，且中间段有较好的线性度，便于单片机作进一步处理。

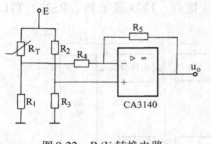

图 9-22 R/V 转换电路

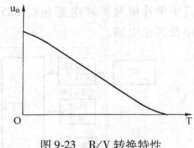

图 9-23 R/V 转换特性

ADC0809 为模-数转换器，将 R/V 转换电路的模拟输出电压转换为对应的数字量，送单片机。

数字量温控装置使用前，首先应通过实验方法测定模-数转换器输出值（数字量）与铝块温度之间的关系表，并写入程序存储器。使用时，单片机通过模-数转换值查表，即可将该数字量还原为对应的温度值。一方面送显示器显示，另一方面将根据该温度检测值，以及通过键盘设定的温度给定值，按某种控制算法计算并控制经 8255 并行 I/O 口输出的 SSR 的信号宽度，控制电热丝的加热功率，从而控制铝块的温度跟随温度给定值。

9.4.2 控制系统软件编制

控制系统应用软件程序包括 2 部分：主程序和 T_0 中断服务程序。T_0 设定 10ms 定时中断一次，对测量结果进行采样。程序结构如图 9-24 所示。

调节周期根据铝块的热容量及电热丝的加热功率确定。本装置中调节周期定为 0.5s。

9.4.3 课程设计的安排

课程设计时间为 1~1.5 周。主要任务是编制和调试单片机温度控制系统软件。要求可通过键盘设定温度给定值，使铝块温度保持在某温度范围内。具体内容包括：

1）熟悉单片机温控系统硬件结构和温控原理。了解常用的温控算法。

2）编制测温程序。A-D 转换值在 LED 显示器上显示，铝块温度由插入铝块深孔中的温度计读数反映。实测铝块在升温和降温过程中的温度 A-D 转换关系表。

3）编制单片机温控程序，在 PC 上编译成机器码后，经串行口下载到单片机，并调试。温控程序包括 9.4.2 节中所列全部内容。有关指导性要求为：

① A-D 转换值变换为铝块温度值的处理方法，推荐使用查表法。

② 滤波程序，推荐使用冒泡排序取中值法和限幅滤波法。

③ 温控算法，推荐使用模糊控制算法、PID 算法、大林算法等。

课程设计的成绩根据温控系统的实际效果和口试答辩情况评定。

9.4.4 教学效果

该课程设计综合性强，涉及微机原理、单片机及接口技术、程序设计方法、自控原理及计算机控制技术等多门课程的知识，是将多种知识融会贯通的实践性教学环节。而且通过该环节的训练，以使学生了解设计一个完整的单片机控制系统的全过程，掌握了设计、调试计算机控制系统的基本方法，受到了基本工程训练，提高了动手能力。

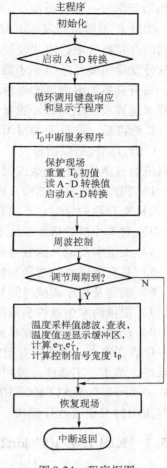

图 9-24　程序框图

9.5　单片机的 C 语言程序开发

对于 8051 单片机，现在有 4 种语言支持，即 Basic、PL/M、汇编和 C 语言。

Basic 语言通常附在 PC 上，是初学编程的第一种语言，非常易学。一个变量名定义后即可在程序中作为变量使用，程序中的错误根据解释行就可以找到，而不是当程序执行完之后才能显现出来。Basic 语言由于采用逐行解释，每一行必须在执行时转换成机器码，需要花费许多时间，因此速度很慢，不能做到实时性。为简化使用变量，Basic 语言中所有变量都使用浮点值，像 1 + 1 这样简单的运算也是浮点算术操作，因而程序复杂且执行时间长。即使是编译 Basic，也不能解决浮点运算问题。8052 单片机片内固化有解释 Basic 语言，Basic 适用于要求编程简单而对编程效率或运行速度要求不高的场合。

PL/M 是 Intel 从 8088 微处理器开始为其系列产品开发的编程语言。它很像 Pascal 语言，是一种结构化语言，但它使用关键字去定义结构。PL/M 编译器像许多其他汇编器一样可产生紧凑的代码。PL/M 属于"高级汇编语言"，可详细控制代码的生成。但对于 8051 系列单片机，PL/M 不支持复杂的算术运算、浮点变量，也没有丰富的库函数支持，因此学习 PL/

M 相当于学习一种新语言。

8051 汇编语言与其他汇编语言相似，指令系统比第一代微处理器要强一些。8051 具有不同的存储器区域，因此较复杂。例如，懂得汇编语言指令就可使用片内 RAM 作变量，因为片外变量需要几条指令才能设置累加器和数据指针进行存取。要求使用浮点和启用函数时，只有具备汇编语言的编程经验才能避免编写出庞大的、效率低的程序，这需要考虑简单的算术运算或使用先算好的查表法。

C 语言是一种源于编写 UNIX 操作系统的语言，是一种结构化的语言，可产生紧凑代码。C 语言结构是以括号 ｛｝ 而不是以字和特殊符号表示的语言。C 语言不通过汇编语言就可以进行许多机器级函数控制。与汇编语言相比，C 语言有如下优点：

1）程序有规范的结构，可分为不同的函数。

2）寄存器的分配、不同存储器的寻址及数据类型等细节可由编译器管理。

3）对单片机的指令系统不要求了解，仅要求对 8051 的存储器结构有初步了解。

4）关键字及运算函数可用近似人的思维过程方式使用。

5）具有将可变的选择与特殊操作组合在一起的能力，改善了程序的可读性。

6）编程及程序调试时间显著缩短，从而提高了效率。

7）提供的库包括许多标准子程序，具有较强的数据处理能力。

8）已编好的程序可容易地移植到子程序，因为 C 语言具有方便的模块化编程技术。

C 语言作为一种非常方便的语言而得到广泛的支持，C 语言程序本身并不依赖于机器硬件系统，基本上不做修改就可根据单片机的不同而较快地移植过来。下面将详细介绍 Keil IDE μVision2 和 WAVE6000 IDE 两个常用的集成开发环境以及通信、键盘、显示和主程序结构等实用的 C 语言程序模块。

9.5.1　Keil IDE μVision2 集成开发环境

Keil IDE μVision2 集成开发环境是 Keil Software Inc/Keil Elektronik GmbH 开发的基于 8051 内核的微处理器软件开发平台，内嵌多种符合当前工业标准的开发工具，可以完成项目建立和管理、编译、连接、目标代码的生成、软件仿真和硬件仿真等完整的开发流程，尤其是 C 编译工具在产生代码的准确性和效率方面达到了较高的水平，而且可以附加灵活的控制选项，在开发大型项目时非常理想。由于 Keil 本身是一个软件，还不能直接进行硬件仿真，因此必须挂接类似 TKS、伟福等仿真器才可以进行硬件仿真。下面将详细介绍 Keil IDE μVision2 集成开发环境的使用。

1. 项目的开发流程

使用 Keil 软件工具时，项目的开发流程基本上与使用其他软件的项目开发流程一样，即

1）建立项目。

2）为项目选择目标器件。

3）设置项目的配置参数。

4）打开/建立程序文件。

5）编译和链接项目。

6）纠正程序中的书写和语法错误并重新编译连接。

7）对程序中某些纯软件的部分使用软件仿真验证。

8）使用硬件仿真器对应用程序进行硬件仿真。

9）将生成的 HEX 文件烧写到 ROM 中运行测试。

一个完整的 8051 工具集的框图可以很好地说明整个开发流程，如图 9-25 所示。图中每部分描述如下：

（1）μVision2 IDE

μVision2 IDE 包括一个项目管理器、一个功能丰富并有交互式错误提示的编辑器、选项设置、生成工具以及在线帮助。可以使用 μVision2 创建源文件并组成应用项目加以管理。μVision2 可以自动完成编译汇编链接程序的操作，使编程者可以只专注于开发工作的效果。

（2）C51 编译器和 A51 汇编器

由 μVision2 IDE 创建的源文件可以被 C51 编译器或 A51 汇编器处理生成可重定位的 object 文件，Keil C51 编译器遵照 ANSI C 语言标准支持 C 语言的所有标准特性。另外，还增加了几个可以直接支持 8051 结构的特性。Keil A51 宏汇编器支持 8051 及其派生系列的所有指令集。

（3）LIB51 库管理器

LIB51 库管理器可以从由汇编器和编译器创建的目标文件建立目标库，这些库是按规定格式排列的目标模块，可在以后被链接器所使用。当链接器处理一个库时，仅仅使用库中程序使用了的目标模块，而不是全部加以引用。

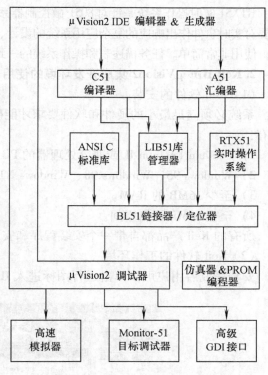

图 9-25　51 单片机项目开发工具集

（4）BL51 链接器/定位器

BL51 链接器使用从库中提取出来的目标模块和由编译器、汇编器生成的目标模块，创建一个绝对地址目标模块。绝对地址目标文件或模块包括不可重定位的代码和数据，所有的代码和数据都被固定在具体的存储器单元中。绝对地址目标文件可以用于：

1）编程 EPROM 或其他存储器设备。

2）由 μVision2 调试器对目标进行调试和模拟。

3）使用在线仿真器进行程序测试。

（5）μVision2 软件调试器

μVision2 软件调试器能进行快速、可靠的程序调试，调试器包括一个高速模拟器，可以使用它模拟整个 8051 系统，包括片上外围器件和外部硬件，从器件数据库选择器件时，这个器件的属性会被自动配置。

（6）μVision2 硬件调试器

μVision2 硬件调试器提供了几种在实际目标硬件上测试程序的方法：

1）安装 MON51 目标监控器到目标系统，并通过 Monitor-51 接口下载程序。

2）使用高级 GDI 接口将 μVision2 硬件调试器与仿真器的硬件系统相连接，通过 μVision2 的人机交互环境指挥连接的硬件完成仿真操作。

（7）RTX51 实时操作系统

RTX51 实时操作系统是针对 8051 微控制器系列的一个多任务内核，RTX51 实时内核简化了需要对实时事件作出响应的复杂应用系统的设计、编程和调试。这个内核完全集成在 C51 编译器中，使用非常简单。任务描述表和操作系统的一致性由 BL51 链接器/定位器自动进行控制。

2. Keil IDE μVision2 集成开发环境的使用

（1）Keil 软件的安装

系统必须满足最小的硬件和软件要求才能确保编译器以及其他程序功能正常，系统必须具有：

1）Pentium Pentium-II 或兼容处理器的 PC。

2）Windows 95、Windows 98、Windows NT 4.0 或以上操作系统。

3）至少 16MB 的 RAM。

4）至少 20MB 硬盘空间。

所有的 Keil 产品都自带一个安装程序和安装说明，非常易于安装。

（2）Keil 软件的工作环境

安装完成后用户可以单击运行图标进入 IDE 环境，软件界面如图 9-26 所示，包括菜单

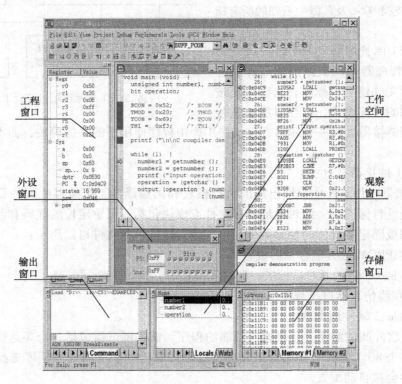

图 9-26 Keil 软件界面

栏、可以快速选择命令按钮的工具栏、一些源代码文件窗口、对话框窗口，以及信息显示窗口。μVision2 允许同时打开几个源程序文件。

菜单栏为用户提供了各种操作菜单，例如，编辑器操作、项目维护、开发工具选项设置、程序调试窗体、选择和操作，以及在线帮助。工具栏按钮可以快速执行 μVision2 命令，快捷键（可以自己配置）也可以执行 μVision2 命令，μVision2 的菜单项和命令工具栏图标、默认快捷键的功能说明如下：

1）文件菜单和文件命令（File）如图 9-27 所示。通过该菜单可以完成文件的打开、关闭、保存和打印等功能。

2）编辑菜单和编辑器命令（Edit）如图 9-28 所示。通过该菜单可以完成文件的复制、粘贴、剪切、撤销和文字查找等功能。在 μVision2 中可以按下 <Shift> 键和相应的方向键来选择文字，例如 <Ctrl + →> 组合键是将光标移到下一个单词，而 <Ctrl + Shift + →> 组合键是选中从光标的位置到下一个单词开始前的文字，也可以用鼠标选择文字。

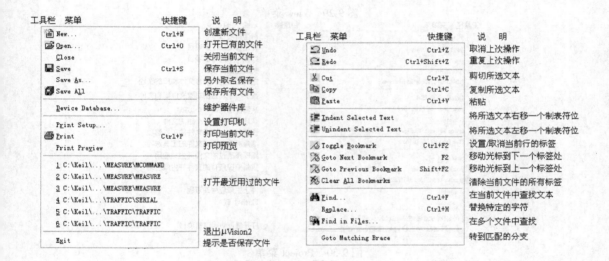

图 9-27　File 菜单　　　　　　　　　　图 9-28　Edit 菜单

3）视图菜单（View）如图 9-29 所示。通过该菜单可以完成显示或隐藏项目窗口、打开源文件窗口、显示或隐藏存储器窗口、显示或隐藏代码窗口、显示或隐藏变量窗口、显示或隐藏工具箱、显示或隐藏串口窗口等功能。

4）项目菜单和项目命令（Project）如图 9-30 所示。通过该菜单可以完成创建和打开项目窗口，调整项目文件，改变目标、组或文件的工具选项，编译源文件等功能。

5）调试菜单和调试命令（Debug）如图 9-31 所示。通过该菜单可以完成启动或停止 μVision 2 调试模式、单步执行程序、停止运行程序、设置或取消断点、跟踪记录、性能分析、编辑调试程序和调试配置文件等功能。

工具栏 菜单	快捷键	说　明
✔ Status Bar		显示/隐藏状态栏
✔ File Toolbar		显示/隐藏文件菜单工具栏
Build Toolbar		显示/隐藏编译菜单工具栏
✔ Debug Toolbar		显示/隐藏调试菜单工具栏
Project Window		显示/隐藏项目窗口
Output Window		显示/隐藏输出窗口
Source Browser		打开文件浏览器窗口
Disassembly Window		显示/隐藏反汇编窗口
Watch & Call Stack Window		显示/隐藏观察和调用堆栈窗口
Memory Window		显示/隐藏存储器窗口
Code Coverage Window		显示/隐藏代码覆盖窗口
Performance Analyzer Window		显示/隐藏性能分析窗口
Symbol Window		显示/隐藏字符变量窗口
Serial Window #1		显示/隐藏串口 1 的观察窗口
Serial Window #2		显示/隐藏串口 2 的观察窗口
Toolbox		显示/隐藏工具箱
Periodic Window Update		程序运行时周期性刷新调试窗口
✔ Workbook Mode		显示/隐藏窗口框架模式
✔ Include Dependencies		显示/隐藏包含从属项
Options...		设置颜色、字体、快捷键和编辑器的选项

图 9-29　View 菜单

工具栏 菜单	快捷键	说　明
New Project...		创建新项目
Import μVision1 Project...		转化 μVision1 的项目
Open Project		打开一个已有的项目
Close Project		关闭当前的项目
File Extensions, Books and Environment		定义工具链、包含文件和库的路径
Targets, Groups, Files...		维护一个项目的对象文件组和文件
Select Device for Target 'Simulator'		从器件库选择一个 CPU
Remove Item		从项目中删除一个组或文件
Options for Target 'Simulator'		设置对象、组或文件的工具选项
Clear Group and File Options		清除对象、组或文件的工具选项
Build target	F7	编译修改过的文件并生成应用
Rebuild all target files		重新编译所有的文件并生成应用
Translate C:\Keil\C51\EXAMPLES\HELLO\HELLO.C		编译当前文件
Stop build		停止生成应用的过程
Flash Download		Flash 下载
✔ 1 C:\Keil\C51\EXAMPLES\HELLO\HELLO.Uv2		打开最近使用过的项目
2 D:\孙月平\其他学习资料\单片机教材\下载资料\CKENIV\CKENIV\lesson30csde\lesson.Uv2		

图 9-30　Project 菜单

工具栏 菜单	快捷键	说　明
Start/Stop Debug Session	Ctrl+F5	开始/停止调试模式
Go	F5	运行程序,直到遇到一个中断
Step	F11	单步执行程序,遇到子程序则进入
Step Over	F10	单步执行程序,跳过子程序
Step Out of current Function	Ctrl+F11	执行单步跳出当前函数
Run to Cursor line	Ctrl+F10	程序运行到光标所在行
Stop Running	Esc	停止程序运行
Breakpoints...		打开断点对话框
Insert/Remove Breakpoint		设置/取消当前行的断点
Enable/Disable Breakpoint		使能/禁止当前行的断点
Disable All Breakpoints		禁止程序中所有的断点
Kill All Breakpoints		取消程序中所有的断点
Show Next Statement		显示下一条可执行的指令
Enable/Disable Trace Recording		使能/禁止程序运行跟踪记录
View Trace Records		显示程序运行过的指令
Memory Map...		打开存储器映像对话框
Performance Analyzer...		打开设置性能分析的窗口
Inline Assembly...		对某一个行重新汇编,可以修改汇编代码
Function Editor (Open Ini File)...		编辑调试函数和调试配置文件

图 9-31　Debug 菜单

6）Flash 操作菜单（Flash）如图 9-32 所示。通过该菜单可以完成 Flash 的擦除和下载功能。

7）外围器件菜单（Peripherals）如图 9-33 所示。通过该菜单可以完成复位 CPU、对片内外器件配置的设置等功能。

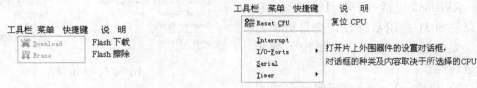

工具栏	菜单	快捷键	说明
LOAD	Download		Flash 下载
ERA	Erase		Flash 擦除

图 9-32　Flash 菜单

工具栏	菜单	快捷键	说明
RST	Reset CPU		复位 CPU
	Interrupt		打开片上外围器件的设置对话框，对话框的种类及内容取决于所选择的CPU
	I/O-Ports		
	Serial		
	Timer		

图 9-33　Peripherals 菜单

8）工具菜单（Tools）如图 9-34 所示。通过该菜单可以配置和运行 Gimpel PC-Lint、Siemens Easy-Case 和用户程序，执行 Customize Tools Menu… 可以将用户程序添加到菜单中。

工具栏	菜单	快捷键	说明
	Setup PC-Lint...		配置 Gimpel Software 的 PC-Lint 程序
	Lint		用 PC-Lint 处理当前编辑的文件
	Lint All C-Source Files		用 PC-Lint 处理项目中所有的 C 源代码文件
	Setup Easy-Case...		配置 Siemens 的 Easy-Case 程序
	Start/Stop Easy-Case		运行/停止 Siemens 的 Easy-Case 程序
	Show C:\Keil\C51\EXAMPLES\HELLO\HELLO.C(32)		用 Easy-Case 处理当前编辑的文件
	Customize Tools Menu...		添加用户程序到工具菜单中

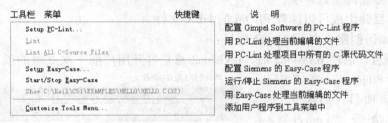

图 9-34　Tools 菜单

9）软件版本控制系统菜单（SVCS）如图 9-35 所示。通过该菜单可以配置和添加软件版本控制系统（Software Version Control System）命令。

工具栏	菜单	快捷键	说明
	Configure Version Control...		配置软件版本控制系统的命令

图 9-35　SVCS 菜单

10）视窗菜单（Window）如图 9-36 所示。通过该菜单可以完成层叠所有窗口、横向或纵向排列窗口（不层叠）、将激活的窗口拆分成几个窗格、激活选中的窗口等功能。

工具栏	菜单	快捷键	说明
	Cascade		层叠所有窗口
	Tile Horizontally		水平排列文件窗口（不层叠）
	Tile Vertically		垂直排列文件窗口（不层叠）
	Arrange Icons		在窗口的下方排列图标
	Split		把当前的文件窗口拆分成几个窗格
	Close All		关闭所有窗口
	1 C:\Keil\C51\EXAMPLES\HELLO\HELLO.C		激活指定的窗口对象
	2 Disassembly		
	3 Serial #1		

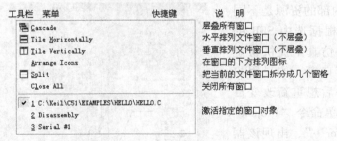

图 9-36　Window 菜单

11）帮助菜单（Help）如图 9-37 所示。通过该菜单可以完成打开在线帮助、显示 μVision2 的版本号和许可信息功能。

（3）创建一个项目

下面通过 μVision2 的创建模式建立一个示例程序，并生成和维护项目的一些选项，包括文件输出选项、C51 编译器的关于代码优化的配置、μVision2 项目管理器的属性设置等。

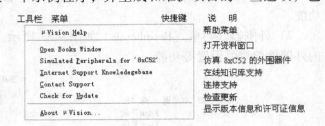

图 9-37　Help 菜单

μVision2 包括一个项目管理器，它可以使 8051 应用系统设计变得更加简单。要创建一个应用，需要按下列步骤进行操作：

1）启动 μVision2，新建一个项目文件并从器件库中选择一个 CPU。

2）新建一个源文件并把它加入到项目中。

3）为器件增加并配置启动代码。

4）设置目标硬件工具选项。

5）编译项目并生成可以编程 PROM 的 HEX 文件。

下面介绍如何创建一个 μVision2 项目：

1）建立项目。启动 μVision2 后，μVision2 总是打开用户前一次处理的项目，可以执行菜单命令"Project"→"Close Project"关闭该项目，要建立一个新项目可以执行"Project"→"New"命令，出现对话窗口如图 9-38 所示，输入项目名并选择该项目存放路径。

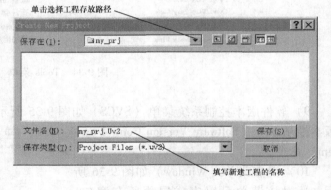

图 9-38　新建项目对话窗口

2）为项目选择目标器件。在项目建立后，μVision2 会立即弹出器件选择窗口，如图 9-39 所示。器件选择的目的是告诉 μVision2，生产 8051 芯片的公司和型号，因为不同型号的 8051 芯片内部的资源是不同的。μVision2 可以根据选中 SFR 的预定义，在软硬件仿真中提供易于操作的外设浮动窗口等。如果用户在选择完目标器件后想重新改变目标器件，可执行菜单命令"Project"→"Select Device for…"，出现该器件选择对话窗口后重新加以选择。由于不同厂家类似产品的许多型号性能是相同或相近的，因此如果用户的目标器件型号在 μVision2 中找不到，可以选择其他公司生产的相

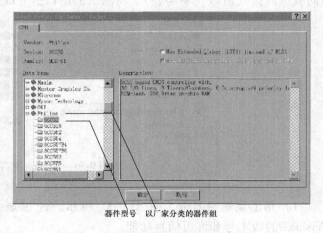

图 9-39　器件选择窗口

近型号的产品。

3）建立/编辑程序文件。到现在，用户已经建立了一个空白的项目文件，并为项目选择好了目标器件，但是这个项目里没有任何程序文件，程序文件的添加必须人工进行。如果程序文件在添加前还没有创建，用户必须建立它。可通过以下步骤建立程序文件：

①单击菜单"File"→"New"后在文件窗口会出现 Text1 的新文件窗口，如果多次单击"File"→"New"，则会出现 Text2、Text3 等多个新文件窗口。现在，在 Keil 中有了一个名字为 Text1 的新文件框架，还需要把它保存起来并为它命名。单击菜单"File"→"Save As"，出现对话窗口，在文件名栏输入文件的正式名称，如 main.c。注意文件的后缀，因为 μVision2 要根据后缀判断文件的类型从而自动进行处理。∗.c 是一个 C 语言程序，如果用户想建立的是一个汇编程序，则输入文件名称 ∗.asm。需要注意的是，文件要保存在同一个项目目录中而不要放置在其他的目录中，否则容易造成项目管理混乱。

②在 μVision2 中文件的编辑方法同其他文本编辑器相同，用户可以执行输入、删除、选择、复制和粘贴等基本功能。程序编辑窗口如图 9-40 所示。

```
H:\Project1\main.c

#include <reg51f.h>     /* special function registers for 8051RD+ device */

/*********************/
/* main program */
/*********************/
void main (void)  {      /* execution starts here                        */
  unsigned char i;

  while (1)  {           /* an embedded application never stops           */
    for (i = 0x01; i <= 0x80; i <<= 1)  {
      P1 = i;            /* Write new value to P1                         */
    }
  }
}
```

图 9-40　程序编辑窗口

③创建了源文件后，可以把它加入到项目中。μVision2 提供了几种方法把源文件加入到

项目中。例如，可以右键单击"Project"→"Files"菜单中的文件组，弹出快捷菜单，选择"Add Files…"选项打开一个标准的文件对话框，如图 9-41 所示，从对话框中选择刚刚生成的文件 main.c。

4）对项目进行设置。在项目建立以后还需要对项目进行设置，项目的设置分软件设置和硬件设置。软件设置主要用于程序的编译和链接，也有一些参数用于软件仿真；硬件设置主要针对仿真器，用于硬

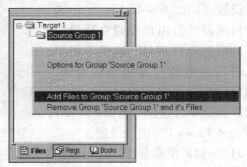

图 9-41　工程添加文件菜单

件仿真。对于软件和硬件的设置用户都应该仔细选择，不恰当的配置会使用户的一些操作无法完成。使用鼠标右键单击项目名 Target 1，出现选择菜单，如图 9-42 所示。选择菜单上的"Option for Target Target 1"后出现项目的配置窗口，一个项目的配置分成 8 部分：

①Target：用户最终系统的工作模式的设定，它决定用户系统的最终框架。

②Output：项目输出文件的设定，例如是否输出最终的 HEX 文件以及格式设定。

③List：列表文件的输出格式设定。

④C51：使用 C51 处理的一些设定。

⑤A51：使用 A51 处理的一些设定。

⑥BL51 Location：链接时用户资源的物理定位。

⑦BL51 MISC：BL51 的一些附加设定。

⑧Debug：硬件和软件仿真的设定。

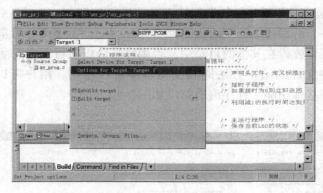

图 9-42　选择工程设置

在项目的 8 种设定中，Target C51 和 Debug 最为重要，其余的设定在一般的项目设计中不需要特别改动，使用 μVision2 的默认设定即可，对于一般使用的用户可以只关心 Target C51 和 Debug 设定，其余的设定使用默认设定。

①Target 设置

设置界面如图 9-43 所示。已选择的目标器件是用户在建立项目时选择的目标器件型号，这里不能更改。若需要更改可关闭当前窗体，在项目窗口中单击项目名 Target 1，出现浮动菜单后选择"Select Device for Target Target 1"进行设置。

a）存储器模式选择：存储器模式有 3 种可以选择：

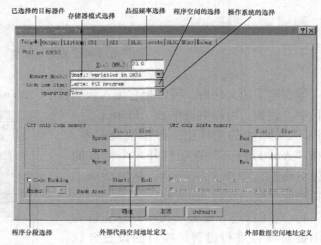

图 9-43　Target 设置界面

- Small：没有指定区域的变量默认放置在 data 区域内。

- Compact：没有指定区域的变量默认放置在 pdata 区域内。

- Larger：没有指定区域的变量默认放置在 xdata 区域内。

存储器模式的作用主要是对以下描述的变量定义起作用：一个变量声明 unsigned char

Temp1，根据用户设置存储器模式的不同，编译器会在 data（8051 内部可直接寻址数据空间）或 pdata（外部一个 256B 的 xdata 页）或 xdata 外部数据空间分配，但是如果用户在变量声明时指定了空间类型，例如 data unsigned char Temp1，则存储器模式的选择对 Temp 变量没有约束作用，Temp 总被安排在 data 空间。

b）晶振频率选择：晶振的选择主要是在软件仿真时起作用，μVision2 将根据输入频率来决定软件仿真时系统运行的时间和时序，这个设置在硬件仿真时完全没有作用。

c）程序空间的选择：选择用户程序空间的大小。

d）操作系统的选择：是否选用操作系统。

e）程序分段选择：是否选用程序分段，这种功能一般用户不会使用到。

f）外部代码空间地址定义：这个选项主要用在当用户使用了外部程序空间，但在物理空间上又并不连续时，通过这个选项最多有 3 个起始地址和结束地址的输入，μVision2 在链接定位时将把程序安排在有效的程序空间内。这个选项一般只用于外部扩展的程序，因为 MCU 的内部程序空间多数都是连续的。

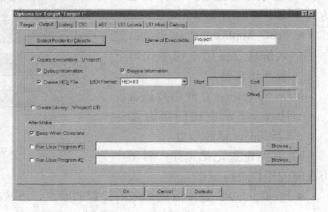

图 9-44　Output 设置界面

g）外部数据空间地址定义：这个选项用于外部数据空间的定义。

②Output 设置

Output 设置界面如图 9-44 所示。当"Options for Target"→"Output"中的输出 HEX 文件使能时，μVision2 每进行一次 Build 都生成 HEX 文件。如果定义了"Options for Target"→"Output"中的"Run User Program #1"选项时，在生成操作完成后，将自动运行此处定义的操作，如编程 PROM 器件。

③C51 的设置

C51 设置界面如图 9-45 所示。

a）代码优化等级：C51 在处理用户的 C 语言程序时能自动对程序做出优化，用于减少代码量或提高速度。经验证明，调试初期选择优化等级 2（Data overlaying）是比较明智的，因为根据程序的不同，选择高级

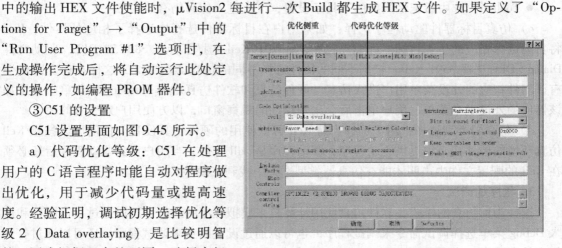

图 9-45　C51 设置界面

别的优化等级有时会出现错误。注意：在例子 my_ prj 项目中，请选择优化等级 2，在用户程序调试成功后再提高优化等级改善程序代码。

b）优化侧重

● Favor speed：优化时侧重优化速度。

228

- Favor size：优化时侧重优化代码大小。
- Default：不规定，使用默认优化。

④Debug 设置

Debug 设置界面如图 9-46 所示，它分成两部分：软件仿真设置（左边）和硬件仿真设置（右边）。软件仿真和硬件仿真的设置基本一样，只是硬件仿真设置增加了仿真器参数设置。将两种仿真方法结合起来使用可以快速地对程序进行验证。

a）启动运行选择：选择在进入仿真环境中的启动操作。

- Load Application at Start：进入仿真后将用户程序代码下载到仿真器。
- Go till main：在使用 C 语言设计时，下载完代码则直接运行到 main 函数位置。

b）仿真配置记忆选择：对用户仿真时的操作进行记忆。

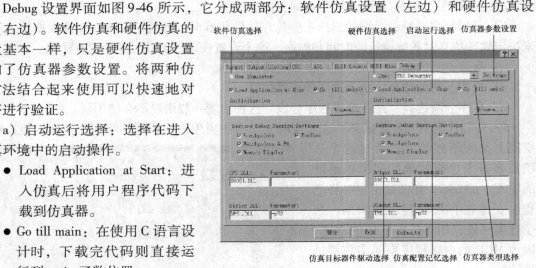

软件仿真选择　　　　硬件仿真选择　启动运行选择　仿真器参数设置

仿真目标器件驱动选择　仿真配置记忆选择　仿真器类型选择

图 9-46　工程设置 Debug 界面

- Breakpoints：选中后记忆当前设置的断点，下次进入仿真后该断点设置存在并有效。
- Watchpoints：选中后记忆当前设置的观察项目，下次进入仿真仍有效。
- Memory Display：选中后记忆当前存储器区域的显示，下次进入仿真仍有效。
- Toolbar：选中后记忆当前的工具条设置，下次进入仿真仍有效。

c）仿真目标器件驱动程序选择：如果用户在目标器件选择中选择了相应的器件，Keil将自动选择相应的仿真目标器件驱动程序，在图中 Keil 选择了标准 S80C51. DLL，驱动文件 Dialog . DLL 选择 p591 Keil。根据不同的器件选择不同的仿真驱动 DLL，这样在仿真时就会有该器件相应的外设菜单用户进入仿真。硬件仿真和软件仿真后在 Peripherals 菜单中会添加该器件的外设观察菜单，用户单击后会出现浮动的观察窗口，以方便用户观察和修改。

d）仿真器类型选择：用于选择当前 Keil 可以使用的硬件仿真设备。任何可以挂接 Keil 仿真环境的硬件都必须提供驱动程序，驱动程序是 . dll 文件。当用户得到驱动程序后还必须在 Keil 的配置文件中声明才能在仿真器类型选择中找到该硬件。

3. 程序的调试

选择当前仿真的模式，软件仿真使用计算机来模拟程序的运行，可以通过单击图标和进入 Debug 菜单选择调试命令来调试程序，也可以通过设置断点来调试程序，还可以通过打开相应的观察窗口来查看 Watch 窗口、CPU 寄存器窗口、Memory 窗口、Toolbox 窗口、Serials 窗口和反汇编窗口等，通过这些工具可以方便地调试应用程序，用户不需要建立硬件平台就可以快速地得到某些运行结果，但是在仿真某些依赖于硬件的程序时，软件仿真则无法实现。硬件仿真是最准确的仿真方法，因为它必须建立起硬件平台，通过"PC→硬件仿真器→用户目标系统"进行系统调试，具体使用可参考相应硬件仿真器的使用说明。

9.5.2 WAVE6000 IDE 集成开发环境

WAVE6000 IDE 集成开发环境是南京伟福实业公司开发的调试软件，它支持汇编语言和 C 语言，具有强大的项目管理、变量观察和编译等功能，具体特点如下：

1）WAVE6000 IDE 环境，中/英文界面可任选，用户源程序的大小不再有任何限制。它有丰富的窗口显示方式，可多方位、动态地展示仿真的各种过程，使用极为便利。

2）双工作模式：软件模拟仿真（不用仿真器也能模拟运行用户程序）和硬件仿真。

3）真正集成调试环境：集成了编辑器、编译器和调试器，源程序编辑、编译、下载和调试全部可以在一个环境下完成。可仿真 MCS-51 系列、MCS-196 系列和 Microchip PIC 系列 CPU。为了跟上形势，现在很多工程师需要面对和掌握不同的项目管理器、编辑器和编译器。它们由不同的厂家开发，相互不兼容，使用不同的界面，学习使用都很困难。伟福 Windows 调试软件提供了一个全集成环境，统一的界面，包含一个项目管理器、一个功能强大的编辑器、汇编 Make、Build 和调试工具并提供一个与第三方编译器的接口。由于风格统一，从而大大节省了精力和时间。

4）项目管理功能：现在单片机软件越来越大，也越来越复杂，维护成本也很高，通过项目管理可化大为小，化繁为简，便于管理。项目管理功能也使得多模块、多语言混合编程成为可能。

5）多语言多模块混合调试：支持 ASM（汇编）、PLM 和 C 语言多模块混合源程序调试，在线直接修改、编译和调试源程序。如果源程序有错，可直接定位错误所在行。

6）直接点屏观察变量：在源程序窗口，单击变量就可以观察此变量的值，方便快捷。

7）功能强大的变量观察：支持 C 语言的复杂类型，树状结构显示变量。

8）强大的书签、断点管理功能：书签、断点功能可快速定位程序，为编写、查找、比较程序提供帮助。

9）类似 IE 的前进、后退定位功能：可以在项目内跨模块地定位光标前一次或后一次位置，为比较、分析程序提供帮助。

10）类似 Delphi 的界面操作：类似 Delphi 的集成调试环境，灵活多变的窗口"融合"（Docking）功能，可以方便地将窗口平排，或以页面方式排列，任由用户自己安排。桌面整洁，操作灵活。

11）方便实用、功能多样的源程序编辑窗口：①窗口分隔功能可将源程序窗口分成两个完全独立的编辑窗口，而所编辑的内容却是同一程序，为分析、比较检查大程序提供方便；②语法相关彩色显示，使得编写程序轻松，观察程序醒目，且用户可自己定义所喜好的颜色，享受个性化编程带来的快乐；③书签功能提供多达 9 个书签，使得分析、比较、检查大程序时从容不迫；④寻找配对符号功能帮助用户在复杂程序嵌套中找到配对的符号，例如可以找与'｛'相对的'｝'，或为'（'找到相对的'）'；⑤多行程序的同进同退功能，可以使得程序错落有致、优美、整洁。

12）外设管理功能：外设管理可以在调试程序时，观察到端口、定时器、串行口中断、外部中断相关的寄存器的状态，更可以完成这些外设的初始化程序，包括 C 语言和汇编语言，而用户所做的只是填表和定义外设所要完成的功能。

13）功能独特的反汇编功能：伟福独创的控制文件方式的反汇编功能，可以帮助将机器码反汇编成工整的汇编语言，通过控制文件，用户可以定义程序中数据区、程序区和无用数据区，还可将一些数据、地址定义成符号，便于阅读，还可帮助用户迅速恢复丢失的源程序。

1. Windows 版本软件安装

1）将光盘放入光驱，光盘会自动运行，出现安装提示。

2）选择"安装 Windows"软件。

3）按照安装程序的提示，输入相应内容。

4）继续安装，直至结束。

若光驱自动运行被关闭，用户可以打开光盘的 \ ICESSOFT \ E2000W \ 目录（文件夹），执行 SETUP. EXE，按照安装程序的提示，输入相应的内容，直至结束。在安装过程中，如果用户没有指定安装目录，安装完成后，会在 C 盘建立一个 C：\ WAVE6000 目录（文件夹），结构如下：

目录	内容
C：\ WAVE6000	
BIN	可执行程序及相关配置文件
HELP	帮助文件和使用说明
SAMPLES	样例和演示程序

2. 编译器安装

伟福仿真系统已内嵌汇编编译器（伟福汇编器），同时留有第三方编译器接口，方便用户使用高级语言调试程序。

51 系列 CPU 编译器的安装步骤为：

1）进入 C：盘根目录，建立 C：\ COMP51 子目录（文件夹）。

2）将第三方的 51 编译器复制到 C：\ COMP51 子目录（文件夹）下。

3）将"主菜单→仿真器→仿真器设置→语言"对话框的"编译器路径"中指定路径为"C：\ COMP51"。

如果用户将第三方编译器安装在硬盘的其他位置，可在"编译器路径"指明其位置。例如"C：\ KEIL \ C51 \ "。

3. WAVE6000 IDE 开发环境的菜单

WAVE6000 IDE 开发环境软件主界面如图 9-47 所示。它包含文件菜单、编辑菜单、搜索菜单、项目菜单、执行菜单、窗口菜单、外设菜单、仿真器设置菜单和帮助菜单。

1）文件菜单如图 9-48 所示。通过该菜单可以完成打开文件、关闭文件、保存文件、新建文件、打开项目、关闭项目、保存项目、新建项目、调入目标文件、保存目标文件、反汇编、打印和退出等功能。

2）编辑菜单如图 9-49 所示。通过该菜单可以完成撤消键入、重复键入、复制、粘贴、剪切和全选等编辑功能。

3）搜索菜单如图 9-50 所示。通过该菜单可以完成查找、替换、转到指定行和转到当前 PC 所在行等功能。

4）项目菜单如图 9-51 所示。通过该菜单可以完成编译源文件、加入模块文件和加入包含文件等功能。

图 9-47　WAVE6000 IDE 开发环境软件主界面

菜单	快捷键	说明
打开文件(O)	F3	打开用户程序，进行编辑
保存文件(S)	F2	保存用户程序
新建文件(N)		建立一个新的用户程序
另存为(A)...		将用户程序存成另外一个文件
重新打开	▶	重新打开最近打开过的文件及项目
打开项目...		打开一个用户项目
保存项目...		将用户项目存盘
新建项目...		新建一个任务项目
关闭项目		关闭当前项目
项目另存为...		将项目换名存盘
复制项目...		将项目的所有模块复制到其他地方
调入目标文件...		装入用户已编译好目标文件 BIN 或 HEX 格式
保存目标文件...		将用户编译生成的目标文件存盘
反汇编...		将可执行的代码反汇编成汇编语言程序
打印(P)...		打印用户程序
退出(X)		退出系统，并提示存盘

图 9-48　文件菜单

菜单	快捷键	说明
撤消键入(U)		取消上一次操作
重复键入(R)		恢复被取消的操作
剪切(T)	Ctrl+X	剪切选定的内容
复制(C)	Ctrl+C	复制选定的内容
粘贴(P)	Ctrl+V	粘贴选定的内容
全选(L)		选定当前窗口所有内容

图 9-49　编辑菜单

菜单	快捷键	说明
查找(F)...	Ctrl+F	在当前窗口中查找符号、字串
在文件中查找(I)...		可以在指定的一批文件中查找某个关键字
替换(R)...		把当前窗口相应文字替换成指定的文字
查找下一个(N)	Ctrl+L	查找文字符号下一个出现的地方
转到指定行(G)...	Ctrl+G	将光标转到程序的某一行
转到指定地址/标号(A)...	Ctrl+A	将光标转到指定地址或标号所在的位置
转到当前 PC 所在行(P)	Ctrl+P	将光标转到PC所在的程序位置

图 9-50　搜索菜单

5）执行菜单如图 9-52 所示。通过该菜单可以完成全速运行程序、跟踪、单步、复位、设置 PC、设置断点和取消断点等功能。

菜单	快捷键	说明
编译(M)	F9	编译当前窗口的程序
全部编译(B)		全部编译项目中所有的程序
装入OMF文件(O)		直接装入编译好的调试信息
加入模块文件...		在当前项目中添加一个模块
加入包含文件...		在当前项目中添加一个包含文件

图 9-51　项目菜单

菜单	快捷键	说明
全速执行(R)	Ctrl+F9	全速运行程序
跟踪(T)	F7	跟踪程序执行，观察程序运行状态
单步(P)	F8	单步执行程序，不跟踪到程序内部
执行到光标处(C)	F4	从当前PC位置全速执行到光标所在的行
暂停		暂停正在全速执行的程序
复位(R)	Ctrl+F2	终止调试过程，程序将被复位
设置PC	Ctrl+F3	将程序指针PC设置到光标所在行
自动跟踪/单步(A)		模仿用户连续按F7或F8键单步执行程序
添加观察项...	Ctrl+F5	添加观察变量或表达式
设置/取消断点(B)	Ctrl+F8	将光标所在行设为断点，若原先为断点则取消
清除全部断点(C)		清除程序中所有的断点，让程序全速执行

图 9-52　执行菜单

6）窗口菜单如图 9-53 所示。通过该菜单可以完成刷新和打开项目窗口、信息窗口、观察窗口、CPU 窗口、数据窗口、逻辑分析窗口等功能。

7）外设菜单如图 9-54 所示。通过该菜单可以完成设置或观察端口、定时器、串口和中断等功能。注意：该菜单需执行"帮助→安装 MPASM→复制"操作后才会在软件界面中出现。

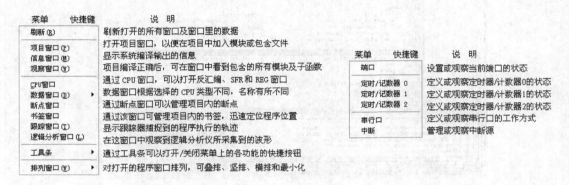

图 9-53　窗口菜单　　　　　　　　　　　　图 9-54　外设菜单

8）仿真器设置菜单如图 9-55 所示。通过该菜单可以完成仿真器设置、跟踪器/逻辑分析仪设置、文本编辑器设置等功能。

9）帮助菜单如图 9-56 所示。通过该菜单可以完成打开该软件的使用手册、设置中/英文菜单、安装 MPASM 汇编器等功能。

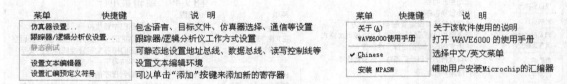

图 9-55　仿真器设置菜单　　　　　　　　　　图 9-56　帮助菜单

10）工具条 1 如图 9-57 所示。通过单击该工具条的快捷操作图标可以完成常用的编辑文件、保存文件和程序调试等功能。

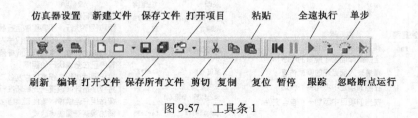

图 9-57　工具条 1

11）工具条 2 如图 9-58 所示。通过单击该工具条的快捷操作图标可以完成打开调试用的辅助窗口，如跟踪窗口、观察窗口、断点窗口、数据窗口、CPU 窗口和逻辑分析仪窗口等功能。

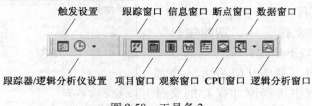

触发设置　跟踪窗口　信息窗口　断点窗口　数据窗口

跟踪器/逻辑分析仪设置　项目窗口　观察窗口　CPU窗口　逻辑分析窗口

图 9-58　工具条 2

4. WAVE6000 IDE 软件的基本操作

（1）建立新程序文件

执行菜单命令"文件"→"新建文件"，出现一个文件名为 NONAME1 的源程序窗口，在此窗口中输入程序，如图 9-59 所示。

1）伟福文本编辑器。伟福文本编辑器具有与 C 语言、汇编语言、PLM 语言语法相关的彩色显示功能，使编写程序更加轻松。用户可按照自己的喜好设置颜色，享受个性化编程带来的乐趣；可以在编辑窗口中设置断点、书签，用于快速定位程序，对于编写、分析、比较、检查复杂的程序非常有帮助；可以在程序中查找、替换字串；在编辑窗口中，可以查找配对符号，如找到' { '相对的' } '或找到与'（'相对的'）'，并且将中间的部分加亮显示，以便在复杂的嵌套中确定程序的块结构；

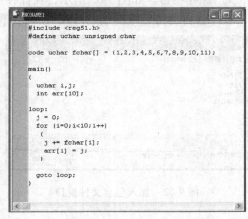

图 9-59　文本编辑区

可以在编辑窗口中对多行程序同进同退，帮助编写优美、整洁的程序；窗口分隔功能可将源程序窗口分成两个或三个完全独立的编辑窗口，而所编辑的内容却是同一程序，为分析、比较检查大程序提供方便。

2）分隔多窗口。源程序编辑窗口可以分隔成两个或三个窗口，用于观察同一程序的不同位置，各个分窗口的横、竖滚动条可以独立控制。在编辑窗口的上方按下鼠标左键，就会出现一条红色的窗口分割线，拖动红线大于一定距离后松开鼠标左键，就可以分隔窗口。若想关闭分窗口，在窗口分界线上按下鼠标左键，拖动出现的红线到上、下边小于一定距离后松开，就会关闭分窗口。若想再创建一个分窗口，可在窗口左边上方按下鼠标左键，拖动红线可创建新窗口。

（2）保存程序

选择菜单命令"文件"→"保存文件"或"文件"→"另存为"，指定文件所要保存的位置，例如 C：\ WAVE6000 \ SAMPLES 文

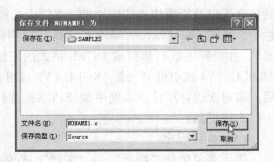

图 9-60　保存文件窗口

件夹，如图 9-60 所示，输入文件名 NONAME1.c 后保存文件。文件保存后，程序窗口上文件名变成 NONAME1.c。

（3）建立新的项目

执行菜单命令"文件"→"新建项目"，新建项目会自动执行以下步骤：

1）加入模块文件。如图 9-61 所示，在加入模块文件的对话框中选择刚才保存的文件 NONAME1.c，单击打开按钮。如果是多模块项目，可以同时选择多个文件。

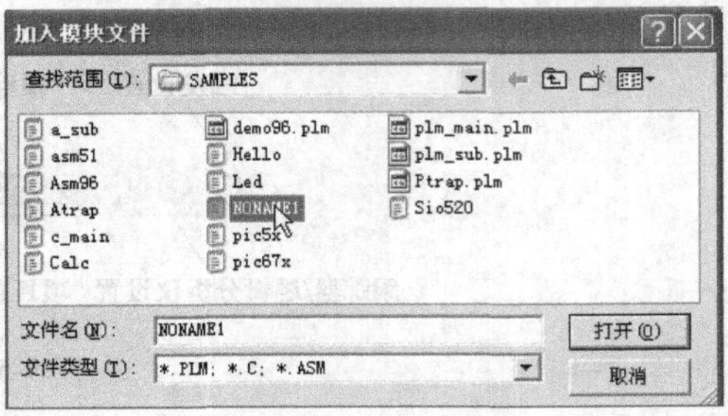

图 9-61　加入模块文件窗口

2）加入包含文件。如图 9-62 所示，在加入包含文件对话框中选择所要加入的包含文件(可多选)。如果没有包含文件,可单击取消按钮。

3）保存项目。如图 9-63 所示，在保存项目对话框中输入项目名称。NONAME1 无须加后缀，软件会自动将后缀设成".PRJ"。单击保存按钮将项目存在与源程序相同的文件夹下。

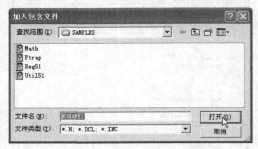

图 9-62　加入包含文件窗口

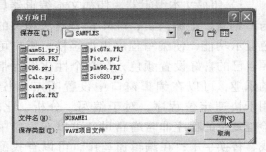

图 9-63　保存项目窗口

项目保存好后，如果项目是打开的，可以看到项目中的"模块文件"已有一个模块"NONAME1.C"，如果项目窗口没有打开，可以执行菜单命令"窗口"→"项目窗口"来打开项目窗口。可以通过仿真器设置快捷键或双击项目窗口第一行选择仿真器和要仿真的单片机。

（4）设置项目

执行菜单命令"设置"→"仿真器设置"或单击"仿真器设置"快捷图标或双击项目窗口的第一行来打开"仿真器设置"对话框，在"仿真器"栏中，选择仿真器类型和配置的仿真头以及所要仿真的单片机，本例中选择伟福软件模拟器，如图 9-64 所示。在"语言"栏中，如图 9-65 所示，"编译器选择"根据程序选择，如果为汇编程序则选择"伟福汇编器"，如果程序是 C 语言或 INTEL 格式的汇编语言，可根据安装的 Keil 编译器版本，选择"Keil C（V4 或更低）"或"Keil C（V5 或更高）"，单击"好"按键确定。当仿真器设置好后，可再次保存项目。本例中编译器路径选择为"C：\ Keil \ C51 \"，编译器选择"Keil C（V5 或更高）"。

（5）编译程序

执行菜单命令"项目"→"编译"或单击编译快捷图标或按 < F9 > 键，编译项目。在编译过程中，错误信息会在信息窗口中显示出来，双击错误信息，可以在源程序中定位所在行。纠正错误后，再次编译直到没有错误。在编译之前，软件会自动将项目和程序存盘。在编译没有错误后，就可调试程序了。

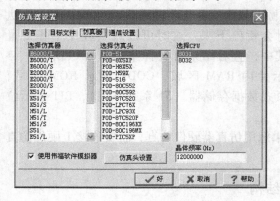

图 9-64　仿真器设置窗口

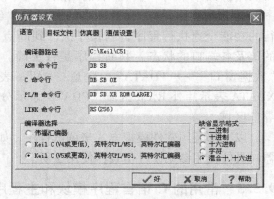

图 9-65　编译设置窗口

（6）调试程序

执行菜单命令"执行"→"跟踪"或单击跟踪快捷图标或按〈F7〉键进行单步跟踪调试程序，单步跟踪就逐条指令地执行程序，若有子程序调用，也会跟踪到子程序中去，如图 9-66所示。可以观察程序每步执行的结果，"◊"所指的就是下次将要执行的程序指令。由于条件编译或高级语言优化的原因，不是所有的源程序都能产生机器指令。源程序窗口最左边的"o"代表此行为有效程序，此行产生了可以执行的机器指令。程序单步跟踪到循环赋值程序中，在程序行的"j"符号上单击就可以观察"j"的值，观察一下"i"的值，可以看到"i"在逐渐增加。因为当前指令要执行 10 次才到下一步，可以用"执行到光标处"的功能，将光标移到程序想要暂停的地方，执行菜单命令"执行"→"执行到光标处"或〈F4〉键或执行弹出菜单的"执行到光标处"命令，程序全速执行到光标所在行。如果下次不想单步调试子程序里的内容，按〈F8〉键单步执行就可以全速执行子程序调用，而不会逐条地跟踪子程序了。

图 9-66　调试窗口

将光标移到源程序窗口的左边灰色区，光标变成手指圈形状，单击左键设置断点，也可以用弹出菜单的"设置/取消断点"命令或用〈Ctrl + F8〉组合键设置断点。断点有效时图标为"红圆绿勾"，无效断点的图标为"红圆黄叉"。断点设置好后，就可以用全速执行的功能全速执行程序，当程序执行到断点时会暂停下来，这时可以观察程序中各变量的值及各端口的状态，判断程序是否正确。其中，查看结果可选择菜单命令"窗口"→"数据窗口"→"DATA"，注意：DATA 表示片内 RAM 区域，CODE 表示 ROM 区域，XDATA 表示片外 RAM 区域，PDATA 表示分页式数据存储器（51 系列不用），BIT 表示位寻址区域。

以上都是用软件模拟方式来调试程序，如果想用仿真器硬件仿真，就要连接上硬件仿真器。具体使用参见硬件仿真器使用手册。

9.5.3 常用的 C 语言程序模块和主程序结构

1. 行列式键盘和 8051 的接口程序模块

程序模块说明：P1 口作为键盘接口，4 × 4 键盘，P1.0 ~ P1.3 口作为键盘的行扫描输出线，P1.4 ~ P1.7 口作为列检测输入线。该程序模块及注释如下：

```c
#include < reg51. h >
void ysms(void);
unsigned char jpscan(void);


void main(void)
{
unsigned char jp;
for( ; ;)
  {
  jp = jpscan( );
  ysms( );
  }
}


void ysms(void)                    /*延时子程序*/
{
 unsigned char i;
 for( i = 250;i > 0;i -- );
}


unsigned char jpscan(void)         /*键盘扫描函数*/
{
 unsigned char hkey, lkey;
 P1 = 0xf0;                        /*发全 0 行扫描码,列线输入*/
 if( ( P1&0xf0)! = 0xf0)           /*若有键盘按下*/
   {
```

```
      ysms();                              /*延时去抖动*/
    hkey = 0xfe;                           /*逐行扫描初值*/
    while((hkey&0x10)! = 0)
      {
      P1 = hkey;                           /*输出行扫描码*/
      if((P1&0xf0)! =0xf0)                 /*本行有键盘按下*/
        {
        lkey = (P1&0xf0)|0x0f;
        return((~hkey)+(~lkey));           /*返回特征字节码*/
        }
      else
        hkey = (hkey << 1)|0x01;           /*行扫描码左移一位*/
      }
    }
  return(0);                               /*无键按下，返回值为0*/
}
```

2. 七段数码显示和 8051 的接口程序模块

程序模块说明：单片机的 P0.0 ~ P0.7 口作为 LED 的段选码口，P1.0 ~ P1.3 作为 4 位 LED 的位选码口，动态共阳极 LED 显示。该程序模块及注释如下：

```
#include  < absacc. h >
#include  < reg51. h >
unsigned char idata disbuf[4] = {0,8,10,15};          /*数据显示缓冲区*/
unsigned char code duanma[16] = {0x3f,0x06,0x5b,0x4f,0x66,0x6d,0x7d,0x07,0x7f,0x6f,0x77,0x7c,
                    0x39,0x5e,0x79,0x71};
                                                      /*0 ~ f 的段码值*/
void ysms(void)                                       /*延时子程序*/
{
 unsigned char i;
 for(i =250; i >0; i -- );
}
void display(unsigned char idata *p)                  /*显示子程序*/
{
 unsigned char k, weima = 0x01;
 for(k = 0; k ++ ; k <4)                              /*4 位 LED 动态显示*/
 {
 P1 | = weima;                                        /*通过 P1 口选择 1 位 LED 显示*/
 P0 = ~ duanma[ ( *(p + k))% 16];                     /*通过 P0 口送入段码值*/
 ysms();                                              /* 延时 10ms*/
 weima <<= 1;                                         /*选择下一位 LED*/
 }
 }
void main (void)
```

238

```
        }
    while(1)
    display(disbuf);                                    /*显示缓冲区中的数据*/
}
```

3. 通过接口芯片 8279 来完成键盘数据读取和 LED 显示功能的程序模块

程序模块说明：8279 的端口地址为：数据口 0DFFEH，命令/状态口 0DFFFH，晶振频率为 6MHz，ALE 信号频率为 1MHz，分频次数为 10。该程序模块及注释如下：

```
#include <absacc. h>
#include <reg51. h>
#define COM XBYTE[0xdfff]                    //命令/状态口
#define DAT XBYTE[0xdffe]                    //数据口
#define uchar unsigned char
uchar code table[ ] = {0x3f, 0x06, 0x5b, 0x4f, 0x66, 0x6d, 0x7d, 0x07, 0x7f, 0x6f, 0x77, 0x7c,
                       0x39, 0x5e, 0x79, 0x71};
                                             //0~f 的段码值
uchar idata diss[8] = {0, 1, 2, 3, 4, 5, 6, 7};
sbit clflag = ACC^7;
uchar keyin( );
uchar deky( );
void disp(uchar idata *d);

void main(void)
{
    uchar i;
    COM = 0xd1;                              //总清除命令
    do{ACC = COM;}
    while(clflag == 1);                      //等待清除结束
    COM = 0x00; COM = 0x2a;                  //键盘、显示方式和时钟分频控制字
    while(1)
    {
    for(i = 0; i < 8; i ++ )
        {
    disp (diss);                            //显示缓冲区内容
    diss [i] = keyin( );                     //键盘输入到显示缓冲
        }
    }
}

void disp(uchar idata *d)                     //显示子程序
{
    uchar i;
    COM = 0x90;                              //自动地址增量写显示 RAM 命令
    for(i = 0; i < 8; i ++ )
```

```
        }
        COM = i + 0x80;
        DAT = table[ * d];
        d ++;
    }
}

uchar keyin(void)                    //取键值子程序
{
    uchar i;
    while (deky() ==0);              //无键按下等待
    COM = 0x40;                      //读 FIFO RAM 命令
    i = DAT; i& = 0x3f;              //读键盘数据低 6 位
    return(i);                       //返回键值
}

uchar deky(void)                     //判断 FIFO 有键按下子程序
{
    uchar k;
    k = COM;
    return(k&0x0f);                  //非零, 有键按下
}
```

4. 串行通信的程序模块

程序模块说明: 采用中断方式接收和发送串行数据。该程序模块及注释如下:

```
#include  < reg51. h >
#include  < stdio. h >
#define XTAL 11059200               //晶振频率 11.0592MHz
#define baudrate 9600               //9600bit/s 通信波特率
char idata recvbuf[10];             //定义 10B 的数据接收缓冲区
char idata sendbuf[10];             //定义 10B 的数据发送缓冲区
char idata recvcount,sendcount;     //定义接收和发送数据的个数
void com_isr(void) interrupt 4 using 1  //通信中断子程序
{
if(RI)                              //接收数据
    {
    recvbuf[recvcount ++] = SBUF;   //读取字符送接收缓冲区
if(recvcount >9)                    //数据缓冲区是 10B 环形的
recvcount = 0;
    RI = 0;                         //清零中断请求标志
if(TI)                              //发送数据
    {
    TI = 0;                         //清零中断请求标志
    if(sendcount < 10)              //若发送缓冲区内的数据未发完则继续发送
    SBUF = sendbuf[sendcount ++];
else                                //若发送缓冲区内的数据已发完则退出
```

```
    }
      sendcount = 0;                        //清零 sendcount
    return;                                 //返回
    }
    }
    }
    }


void com_init( void)                        //初始化串行口和 UART 波特率子程序
    {
    PCON| = 0x80;                           //设置 SMOD = 0x80,波特率加倍
    TMOD| = 0x20;                           //置定时器 1 为方式 2
    TH1 = ( unsigned char)(256 - ( XTAL/(16L * 12L *  baudrate)));
    TR1 = 1;                                //启动定时器 1
    SCON = 0x50;                            //串行口方式 1,允许串行接收
    ES = 1;                                 //允许串行中断
    }


void main( void)                            //用户主程序
    {
    com_init( );                            //初始化串行口和 UART 波特率
    EA = 1;                                 //开总中断
    while(1)
    {
    SBUF = sendbuf[ sendcount ++ ];         //启动发送数据
    / * 用户程序 * /

    }
    }
```

5. ADC0809 的数据采集程序模块

程序模块说明:8 位 A-D 数据采集芯片 ADC0809 的 8 通道数据采集。该程序模块及注释如下:

```
#include  < absacc. h >
#include  < reg51. h >
#define IN0 XBYTE[ 0x7ff8 ]                 //设置 AD0809 的通道 0 地址
#define uchar unsigned char
sbit ad_busy = P3^3;                        //EOC 状态
void ad0809(uchar idata * p)                //采样结果放指定指针中的 A-D 采集子程序
    {
    uchar i;
    uchar xdata * ad_adr;
    ad_adr = & IN0;
    for( i = 0;i < 8;i ++ )                  //处理 8 个通道
```

```
    {
     * ad_adr = 0;                              //启动转换
    i = i;                                       //延时等待 EOC 变低
    i = i;
    while( ad_busy == 0);                        //查询等待转换结束
    p[i] = * (ad_adr ++ );                       //存转换结果并切换成下一通道
    }
}


void main( void)
{
    static uchar idata ad[10];                   //定义存放采样结果的10B 数组
    ad0809( ad);                                 //采样 AD0809 通道的数值
}
```

6. DAC0832 的接口程序模块

程序模块说明: D-A 转换 DAC0832 的单缓冲接口,若外接一个运放,可以在其输出端获得一个锯齿波电压信号。该程序模块及注释如下:

```
#include  < absacc. h >
#include  < reg51. h >
#define DA0832 XBYTE[0xfffe]                     //设置 DAC0832 的地址
#define uchar unsigned char
#define uint unsigned int
void stair( void)
{
    uchar i;
    while(1)
    {
    for( i = 0; i <= 255; i ++ )                  //形成锯齿波输出值,最大255
    DA0832 = i;                                   //D-A 转换输出

    }
}
```

7. 常用主程序结构

单片机的结构化程序由若干个模块组成,其中每个模块中包含着若干个基本结构,而每个基本结构中可以有若干条语句,归纳起来 C 语言有以下 3 种基本的程序结构:

(1) 顺序结构

顺序结构是一种最基本、最简单的编程结构。在这种结构中,程序由低地址向高地址按照顺序执行程序代码。如图 9-67 所示,程序先执行 a 操作,再执行 b 操作。

(2) 选择结构

选择结构让 CPU 具有了基本的智能功能,即选择决策功能。在选择结构中,程序首先对一个条件语句进行测试,当条件为真时,执行一条支路上的程序;当条件为假时,执行其他支路程序,如图 9-68 所示。常见的选择语句有 if, else if 语句。

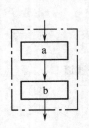

图 9-67　顺序程序结构

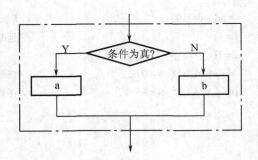

图 9-68　选择程序结构

从选择结构可以推广出另一种选择结构：多分支程序结构，它又可以分为串行多分支和并行多分支程序结构。

1）串行多分支程序结构。如图 9-69 所示，在串行多分支程序结构中，以单选择结构中的某一分支方向为串行多分支方向（以条件为假作为串行方向）继续进行选择结构的操作；若条件为真，则执行另外的操作。最终程序在多个选择中选择一种且仅一种操作执行，并且无论选择哪个操作，程序都从同一个程序出口退出。串行多分支结构由若干条 if, else if 语句嵌套而成：

if(条件 1 为真)
{ 操作 a }
else if(条件 2 为真)
{ 操作 b }
…
else if(条件 n 为真)
{ 操作 n }

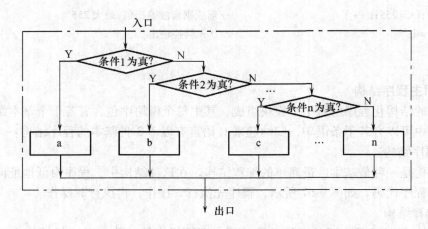

图 9-69　串行多分支程序结构

2）并行多分支程序结构。如图 9-70 所示，在并行多分支程序结构中，根据 X 值的不同，选择 a，b，c，…，n 等操作中的一种且仅一种来执行。并行多分支程序结构常用的语句为 switch-case：

switch（表达式）

{

case 常量表达式 1：

{操作 1}

break；

case 常量表达式 2：

{操作 2}

break；

…

case 常量表达式 n：

{操作 n}

break；

default：

{操作 n +1}

break；

}

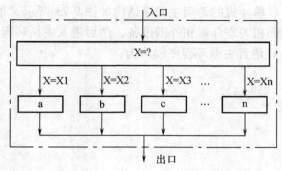

图 9-70　并行多分支程序结构

（3）循环结构

所有的分支程序结构都使程序一直向前执行（除非用了 goto 等跳转语句），而使用循环程序结构可以使分支流程程序重复执行。

循环结构又可分成"当"（while/for）型循环程序结构和"直到"（do while）型循环程序结构。

1）"当"型循环程序结构。如图 9-71 所示，在这种程序结构中，当判断条件为真时，反复执行操作 a，直到条件不为真时才停止循环。常用的语句为：

while（表达式）

{

操作 a

}

或者：for（表达式 1；表达式 2；表达式 3）

{

操作 a

}

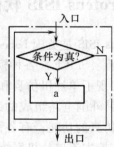

图 9-71　"当"型循环程序结构

2）"直到"型循环程序结构。如图 9-72 所示，在这种程序结构中，先执行操作 a，再判断条件，当条件为真时，再反复执行操作 a，直到条件不为真时才停止循环。常用的语句为：

do

{

操作 a

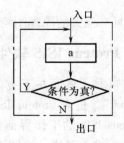

图 9-72　"直到"型循环程序结构

```
    }
while (表达式);
```

单片机的常用主程序结构如图 9-73 所示。单片机先执行各种初始化程序，包括初始化内部相关寄存器和外围设备，然后进入主循环程序。主循环程序是个死循环程序结构，常见的 C 语言主循环程序模块为：

```
/ *              * /
while(1)
{

/ *              * /

}
for( ;;)
{

/ *              * /

}
```

图 9-73　单片机的一般主程序结构

在主循环程序中反复执行用户服务程序。因为任何复杂的程序都是由顺序、选择和循环这 3 种基本程序结构组成的，所以用户程序可用这 3 种程序结构来编写，通过模块化编程，可以方便简捷地处理任何复杂的问题。

9.6　Proteus ISIS 软件简介

Proteus ISIS 是英国 Labcenter Electronics 公司开发的电路分析与实物仿真软件。它可以仿真、分析（SPICE）各种模拟器件和集成电路，该软件的特点是：

1）实现了单片机仿真和 SPICE 电路仿真相结合。具有模拟电路仿真、数字电路仿真、单片机及其外围电路组成的系统仿真；RS232 动态仿真、I^2C 调试器、SPI 调试器、键盘和 LCD 系统仿真的功能；有各种虚拟仪器，如示波器、信号发生器等。

2）支持主流单片机系统的仿真。目前支持的单片机类型有 8051 系列、AVR 系列、PIC 系列、Z80 等系列以及各种外围芯片。

3）提供软件调试功能。具有全速、单步、设置断点等调试功能，同时可以观察各个变量、寄存器等的当前状态；同时支持第三方的软件编译和调试环境，如 Keil μVision3 等软件。

4）具有强大的原理图绘制功能。

9.6.1　Proteus ISIS 软件的工作界面

单击屏幕主界面左下方的"开始"→"程序"→"Proteus 7 Professional"→"ISIS 7 Professional"，进入 Proteus ISIS 集成环境工作界面，如图 9-74 所示。

Proteus ISIS 的工作界面包括预览窗、原理图编辑窗、对象列表（选择）窗、标题栏、主菜单、标准工具栏、绘图工具栏、状态栏、对象选择按钮、预览对象方位控制按钮和仿真控制按钮等。

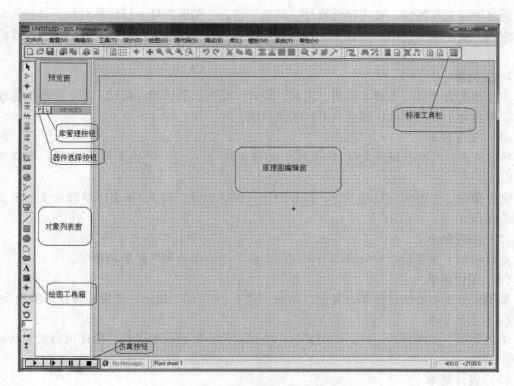

图 9-74　Proteus ISIS 集成环境工作界面

1. 窗口

（1）预览窗

该窗口可进行预览选中的元器件和整个原理图编辑。在预览窗口上单击鼠标左键，将会有一个矩形绿框，标示出在编辑窗口中显示的区域。其他情况下，预览窗口显示将要放置的对象的预览。

（2）原理图编辑窗

该窗口内完成电路原理图的编辑和绘制。ISIS 中坐标系统的基本单位是 10nm，坐标原点默认在编辑区的中间，原理图的坐标值能够显示在屏幕右下角的状态栏中。

编辑窗口内有点状的栅格，可以通过主菜单"查看"→"网格"命令，在打开和关闭间切换。点与点之间的间距由 Snap 命令捕捉的设置决定，可以使用"查看"→"光标"命令，选中后，将会在捕捉点显示一个小的或大的交叉十字。

视图的缩放与移动：

1）用鼠标左键单击预览窗中想要显示的位置，这将使编辑窗口显示以鼠标单击处为中心的内容。

2）在编辑窗口内移动鼠标，会使显示平移。

3）用鼠标指向编辑窗口按鼠标的滚动键，使编辑窗缩小或放大，会以鼠标指针位置为中心重新显示。

（3）对象选择窗

通过对象选择按钮，来选择元器件、终端、仪表、图形符号、标注等对象，并置入对象选择窗内，供绘图时使用。在该窗中有两个按钮："P"为器件选择按钮，"L"为库管理按钮。

2. 主菜单

主菜单包含文件、查看、编辑、工具、设计、绘图、源代码、调试、库、模板、系统和帮助。单击每个主菜单项，都会有下拉子菜单项。

（1）文件菜单

ISIS 的文件类型有设计文件（.dsn）、部分文件（.sec）、模块文件（.mod）和库文件（.LIB）。

文件菜单下主要实现新建设计、打开设计、保存设计、导入/导出区域部分文件及退出系统等操作。

（2）查看菜单

查看菜单下主要包括对原理图编辑窗的定位、图的缩放和网格的调整等。

（3）编辑菜单

编辑菜单下主要实现剪切、复制、粘贴、置于上/下层、撤销、重做和查找等编辑功能。

（4）工具菜单

工具菜单下实现自动连线、实时标注、全局标注、属性设置工具、编译网格表和材料清单等。

（5）设计菜单

设计菜单下实现编辑设计/页面属性、设定电源范围、新建页面、删除页面、上/下一页和转到某页等。

（6）绘图菜单

绘图菜单下实现编辑图表、仿真图表、查看日志、导出/清除数据和一致性分析（所有图表）等功能。

（7）源代码菜单

源代码菜单下实现添加/删除源文件、设定代码生成工具、设置外部文本编辑器和全部编译功能。

（8）调试菜单

调试菜单下实现开始/重启调试、暂停仿真、停止仿真、执行、单步运行、跳进/跳出函数、跳到光标处、设置诊断选项和使用远程调试监控等功能。

（9）库菜单

库菜单下实现选择元件/符号、制作元件/符号、封装工具、分解、编译到库中、自动放置库文件、检验封装和库管理器等功能。

（10）模板菜单

模板菜单下实现模板的各种设置（如图形颜色/风格、文本风格、连接点等）。

（11）系统菜单

系统菜单下实现设置系统环境、检查更新、设置快捷键、设置仿真选项、设置图纸大小和设置路径等功能。

（12）帮助菜单

帮助菜单下有 ISIS 帮助、Proteus VSM 帮助、Proteus VSM SDK 和样例设计等功能。

3. 标准工具栏

标准工具栏中每一个按钮对应一个菜单命令，方便快捷地使用。具体见表 9-2。

表 9-2　标准工具栏快捷命令

：新建一个设计文件		：显示网格	
：打开一个设计文件		：显示手动原点	
：保存当前设计		：以鼠标所在点为中心居中	
：将一个局部文件导入到设计中		：放大图；	：缩小图
：把当前选中对象存成一个部分文件		：查看局部图；	：查看整个图
：打印当前文件		：撤销上一次操作；	：恢复上一次操作
：选择打印区域		：剪切选中对象板；	：从剪贴板中复制
：刷新显示		：复制选中对象到剪贴板	
：复制选中的块对象		：自动布线器	
：移动选中的块对象		：搜索选中器件	
：旋转选中的块对象		：属性设置工具	
：删除选中的块对象		：显示设计浏览器	
：从库中选元器件		：移除/删除页面；	：新建页面
：创建器件		：生成元件列表	
：封装工具		：生成电气规则检查报告	
：释放器件		：生成网表并传输到 ARES	

4. 绘图工具箱

绘图工具箱提供不同的操作模式工具。根据不同的工具图标决定当前显示的内容，对象类型有元器件、终端、引脚、标注、图形符号和图标等，见表 9-3。

表 9-3　绘图工具箱快捷按钮

：选择模式；	：元件模式	：2D 图形直线模式
：结点模式；	：连线标号模式	：2D 图形框体模式

（续）

▤：文本/脚本模式；＋：总线模式	●：2D 图形圆形模式
⬚：子电路模式；▤：终端模式	◗：2D 图形弧线模式
⏵：器件引脚模式；⬚：图表模式	⬢：2D 图形闭合路径模式
▭：录音机模式；◎：激励源模式	A：2D 图形文本模式
⩘：电压探针模式；⫽：电流探针模式	⑤：2D 图形符号模式
▣：虚拟仪器模式	＋：2D 图形标记模式

有几种重要模式：

▶：选择模式，在元器件布局和布线时。

⏵：元件模式，选择放置元器件。

▤：终端模式，为电路添加各类终端，如电源、地、输入/输出等。

＋：总线模式，在电路中画总线。

LBL：连线标号模式，为连线添加标签，常常与总线配合使用，如果两点有相同的标签，那么即使没有实际连线，在电路上也是连接的。

▤：文本模式，为电路图添加文本。

5. 仿真工具栏

Proteus ISIS 软件进行仿真时用到按钮有：▶ 运行程序，▶| 单步运行程序，‖ 暂停程序运行，■ 停止运行程序。

9.6.2 Proteus ISIS 环境下的电路图设计

Proteus ISIS 平台下进行单片机系统原理图的设计流程如图 9-75 所示。

下面以实例"在单片机 8031 下实现 LED 灯的控制"来详细介绍电路原理图的设计步骤。

实验任务：利用 51 单片机的 P1 口接 8 个彩色发光二极管，控制其轮流点亮。主要器件：单片机 8031、8 个彩色发光二极管和排电阻。图 9-76 所示为电路原理设计图。

1. 新建一个设计文件

1）单击主菜单中"文件"→"新建设计"栏（或单击按钮 ▯），会弹出如图 9-77 所示的窗口，在该窗口中提供有多个设计模板，单击要使用的模板，再单击"确定"，就建立了一个相应模板的空白文件。如果没选择系统会选择默认的"DEFAULT"模板。

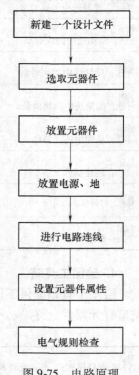

图 9-75　电路原理图设计流程

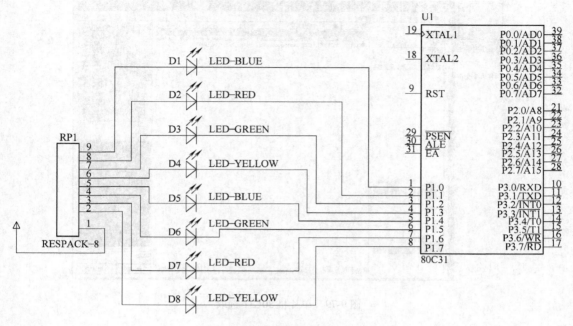

图 9-76　电路原理设计图

2）单击主菜单中"文件"→"保存文件"栏（或单击按钮 █），选择存盘路径，输入文件名"ledcontrol"将此文件保存好，系统为文件自动添加后缀为".DSN"。

3）设定当前图纸大小，默认为 A4。如要改变，可单击"系统"下"设置图纸大小"，弹出如图 9-78 所示的窗口，选择图纸的尺寸。

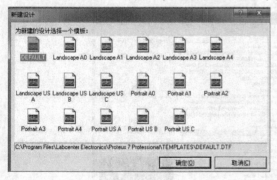

图 9-77　新建设计文件

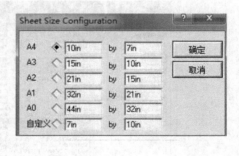

图 9-78　设置图纸参数

2. 元器件的选取

本例中选用的元器件有单片机 8031、彩色发光二极管和排电阻等。

单击器件选择按钮 P，弹出如图 9-79 所示的对话框，在"关键字"一栏中输入器件名称"8031"，再通过选择类别、子类别、制造商进行筛选，在对象库中查找并找到匹配的元器件，显示查找结果，通过选择选中器件所在行，单击确定，完成元器件选取。

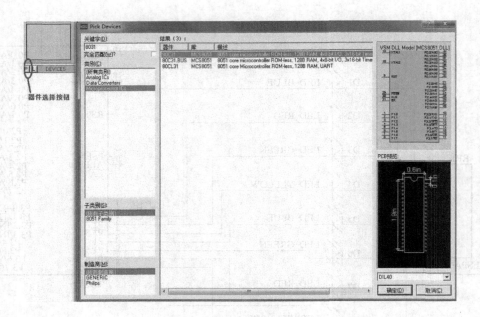

图 9-79　单片机 80C31 选取

选中的 80C31 加入 ISIS 对象选择窗口中，按此方法完成对 "LED"（发光二极管）、"RES"（电阻）等元器件的选取，如图 9-80 和图 9-81 所示。被选中的元器件将全部添加到 ISIS 对象选择窗口中，如图 9-82 所示。任意单击某一个器件对象，在预览窗中将显示该器件 PCB 封装图片。

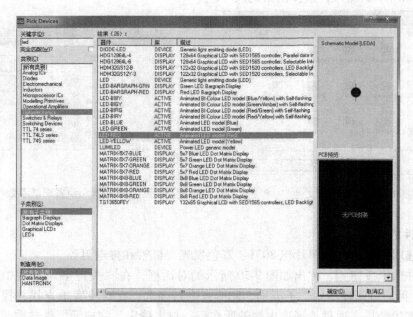

图 9-80　发光二极管选取

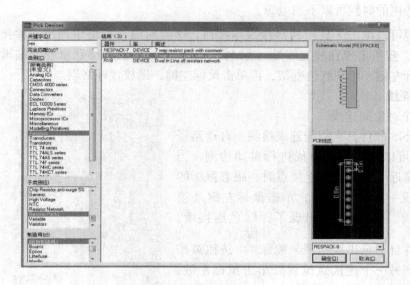

图 9-81 排电阻选取

3. 元器件的操作

（1）放置元器件

单击按钮，在对象选择窗口中选取要放置的元器件，蓝条出现在此元件名上，把鼠标移至原理图编辑窗合适位置上，单击鼠标左键，出现红色元器件框架，再单击鼠标左键，则放置好元器件。

（2）移动、旋转元器件

移动放置的器件，将鼠标移到该器件上，单击鼠标右键，器件变红。

方法一：在标准工具栏上复制图标被点亮，单击此按钮，拖动鼠标，再单击鼠标左键，完成移动器件。

方法二：按住鼠标左键并拖动鼠标，将器件移到位置后松开鼠标，完成移动器件。移动时器件端相连的线随其一起移动。

旋转器件，将鼠标移到该器件上，单击鼠标右键，器件变红，弹出如图 9-83 所示的菜单，进行顺/逆时针旋转、180°旋转等。利用转向按钮进行放置对象的方向调整。

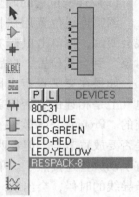

图 9-82 对象选择
窗及预览窗显示

（3）复制元器件

先单击鼠标右键，选中要复制的器件，此时在标准工具栏上复制图标被点亮，单击此按钮，拖动鼠标，单击鼠标左键，器件就被复制了一次，再移动鼠标，单击鼠标左键完成二次复制，如此反复，直到再次按下鼠标右键，再单击鼠标左键，完成复制。对于复制器件系统会自动递增命名编号，加以区分。

4. 放置终端（电源、地）

Proteus ISIS 中许多的器件默认都已经添加好了 VCC 和 GND 引脚，隐藏不显示。如单片机芯片，在使用的时候可以不加电源。

放置电源可以单击工具箱的 ⊟ 接线端按钮，这时对象选择窗中列出一些接线终端，如图 9-84 所示，蓝条出现在放置终端（如 POWER）上，把鼠标移到原理图编辑窗合适位置上，单击鼠标左键，出现红色框架，再单击鼠标左键，则放置好终端。

5. 电路连线

（1）两个对象间连线

Proteus ISIS 软件具有智能连线检测、自动路径功能 WAR，可以在画线的时候进行自动检测，当鼠标的指针靠近一个对象的连接点时，跟着鼠标的指针就会出现一个"□"号，单击鼠标左键（第一个连接点），移动鼠标，出现了深绿色连接线。

如果想让软件自动定出线路径，确保 [图标] 按钮被按下，只需要到另一个连接点位置处单击鼠标左键，系统就自动连好线。

如果想自行走线路径，只需在拐点处点单击鼠标左键即可，拐点处导线走线只能是直角。在走线过程的任何时刻，都可以按 ESC 或者单击鼠标的右键来放弃画线。

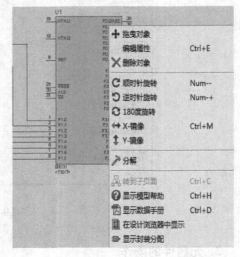

图 9-83　移动、旋转对象

（2）连线位置的调整及添加连接点（节点）

调整连线位置用鼠标左键单击连线，击中的连线会变红，再单击鼠标右键出现菜单，单击"拖曳对象"到合适位置，最后用鼠标左键单击连线。

如果在交叉点有电路节点，则认为两条导线在电气上是相连的，否则就认为它们在电气上是不相连的。Proteus ISIS 软件在画导线时能够智能地判断

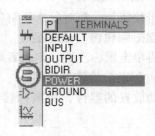

图 9-84　终端列表

是否要放置节点。但在两条导线交叉时是不放置连接点的，这时要想两个导线电气相连，只有手动放置连接点了。单击工具箱的节点模式按钮 ✛，当把鼠标指针移到编辑窗口，指向一条导线的时候，会出现一个"×"号，单击左键就能放置一个节点。节点的大小、形状可通过主菜单中"模板"→"设置连接点"栏设置。

（3）画总线和总线分支线

画总线：为了简化原理图，可以用一条导线代表数条并行的导线，这就是总线。单击工具箱的总线模式按钮 ✚，移动鼠标到起始处，单击鼠标左键，移动鼠标绘出一条总线，在需要拐弯处单击鼠标左键（走直角），在总线的终点处双击鼠标左键，完成画总线。

画总线分支线：总线分支是与总线一般成 45°角的一组平行的斜线，如图 9-85 所示。先用画总线方法画一条总线，然后在自动布线按钮松开时，单击第一个连接点（如 373 的 D0），水平移动鼠标，在希望拐弯处单击鼠标左键，再向上移动鼠标，再与总线 45°处相交时单击鼠标左键，绘制出了一条总线分支。其他 7 条平行的分支的绘制，只需要在 D1 ~ D7 起始点处分别双击鼠标左键，就完成复制总线分支。

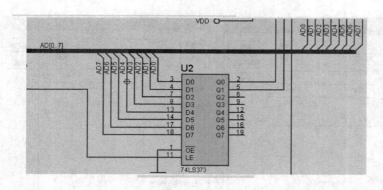

图 9-85　总线分支图例

（4）放置线标签

与总线相连的导线必须要放置线标，这样具有相同标签的导线将是导通的。

单击连接线标按钮 LBL ，再将鼠标移至要放置线标的导线上，单击鼠标左键出现如图 9-86 所示的对话框，在标号栏输入（如"AD0"），最后单击确定按钮。

6. 设置元器件属性

Proteus 库中的元器件都具有文本属性，这些属性可通过编辑对话框修改。将鼠标放置在元器件上双击鼠标左键，会出现编辑元件属性框，在窗口中修改相应的属性。如图 9-87a、b 所示分别是芯片 74LS373 和晶振的属性。

7. 电气规则检查

电路设计完成后，进行电气检查，看看有无错误。通过单击快捷键电气检查按钮 或通过主菜单中"工具"→"电气规则检查"，会出现检查结果窗口。如果电气规则检查没有错误，则在报告单中会给出 "Netlist generated OK" 和 "No ERC errors found" 的信息，用户可以进行下一步骤；否则，检测报告单中会给出相应的错误信息，根据这些信息

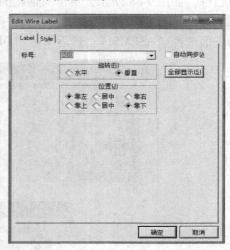

图 9-86　编辑线标

在电路原理图中找到错误并改正，重复此步骤，直至没有错误出现。

经过以上几个步骤设计出图 9-76 所示的电路图，下面进行单片机仿真。

9.6.3　Proteus 下单片机仿真

1. 单片机程序的编译

单片机程序的编辑、编译通常有两种方法：一种利用自带编译器 Proteus VSM （虚拟仿真模型）；另一种使用第三方集成编译环境平台如 Keil μVision3 等。

（1）Proteus VSM 下单片机程序的创建和编译

在 ISIS 中添加编写的程序，单击菜单栏"源代码"→"添加/删除源程序"，出现一个

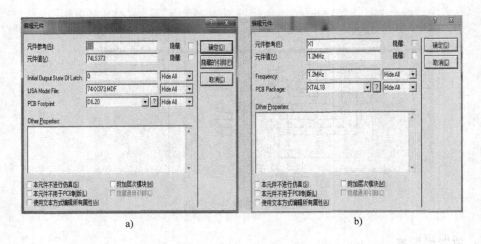

图 9-87　元件属性框

a）芯片 74LS373 属性　b）晶振的属性

对话框，如图 9-88 所示，单击对话框的"NEW"按钮，在出现的对话框找到设计好的文件（如 led. asm），单击打开；如没有文件则直接输入文件名，进行创建；在"代码生成工具"的下面选择"ASEM51"，然后单击"OK"按钮，设置完毕后就可以编译了。

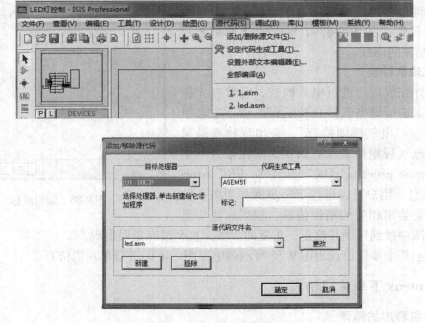

图 9-88　添加/删除源代码

单击菜单栏的"源代码"→"新建文件名"可以进行输入、修改和保存源代码，如图 9-89 所示。

单击菜单栏的"源代码"→"设定代码生成工具",出现如图 9-90 所示对话框。图中列出了代码生成工具、编译规则等项,代码生成工具为 ASEM51,生成的目标代码文件扩展名为 . HEX。

单击菜单栏的"源代码"→"全部编译",出现编译结果的对话框,如图 9-91 所示。如果有错误,对话框中会提示是哪一行出现了问题,但是单击出错的提示,光标不能自动跳到出错地方。编译成功后生成目标代码文件,即在单片机上可执行的二进制文件(. HEX 格式)。

(2) Keil μVision3 下单片机程序的创建和编译

1) 新建工程。

启动 Keil 软件,单击菜单 "Project"→ " New Project"新建一个工程,弹出如图 9-92 所示对话框,选择工程放置的文件夹,给这个工程取个名字,不需要填

图 9-89 源代码编辑器

写后缀(. uv2),单击"保存",弹出如图 9-93 所示 CPU 选择框,可以找到并选中需要的单片机型号(如选中"Atmel"下的单片机型号 AT80C31)。

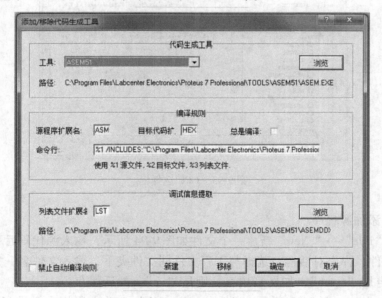

图 9-90 代码生成工具设置

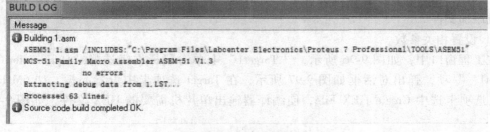

图 9-91 程序编译结果

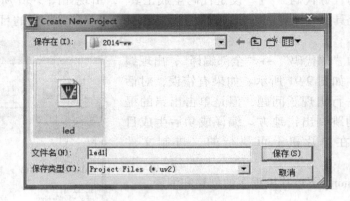

图 9-92　新建工程对话框

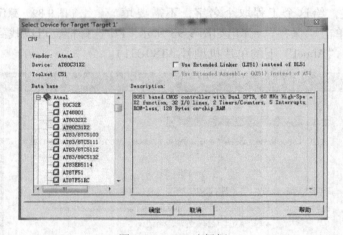

图 9-93　CPU 选择框

2）建立、添加源程序。

单击菜单"File"→"New"新建一个文件如图 9-94 所示，输入源代码后单击"File"→"Save"保存文件，弹出对话框，选择与工程文件同文件夹下，输入文件名，如是汇编语言，要带后缀名一定是".asm"，如是 C 语言，则是".c"，然后保存。

在工程窗口中，如图 9-95 所示，"Source Group1"上单击鼠标右键选择"Add Files to Group 'Source Group 1'"，出现文件选择对话框，单击"Add"按钮，再单击"Close"按钮完成添加文件。

3）设置相关参数。

在工程窗口中，如图 9-96 所示，"Target1"上单击鼠标右键选择"Options for Target 'Target1'"项，弹出对话框如图 9-97 所示，在 Target 选项卡中设置晶振，如 6MHz；在 Output 选项卡选中 Create HEX File，使编译器输出单片机需要的 HEX 文件，如图 9-98 所示。

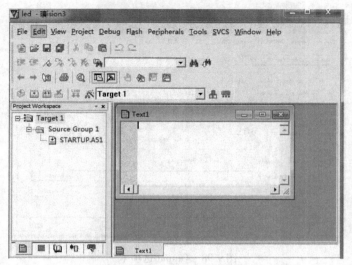

图 9-94　新建文件对话框

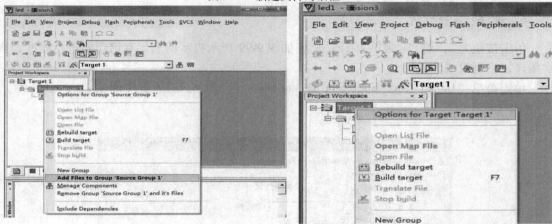

图 9-95　添加文件对话框

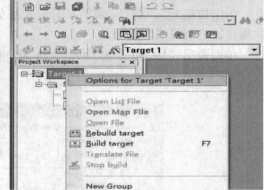

图 9-96　选项设置

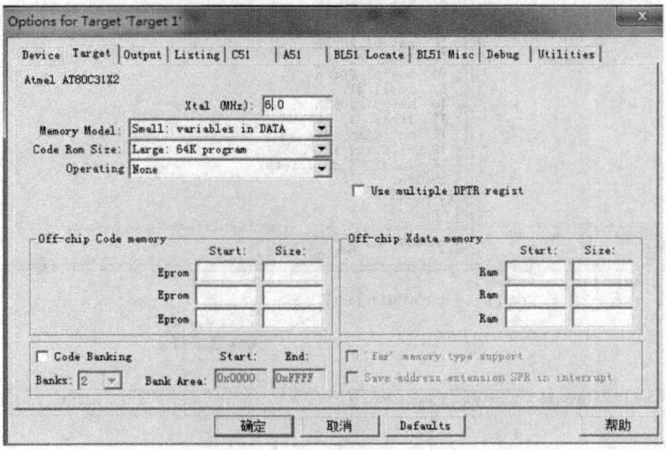

图 9-97　Target 选项卡

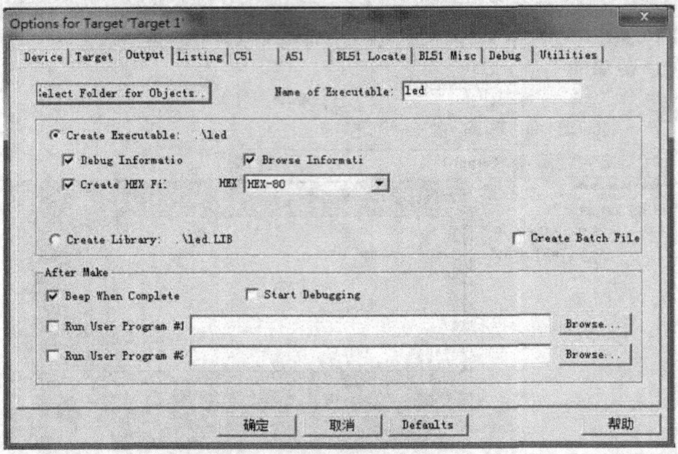

图 9-98　Output 选项卡

4）编译、调试文件。

单击按钮，对当前文件编译，出现如图 9-99 所示提示信息，有错误要进行修改，再次编译，直到没错为止。

单击菜单"Debug"→"Start/Stop Debug Session"命令，进入程序调试。

图 9-99　编译程序框

2. Proteus 下单片机仿真

加载".HEX"文件到电路图的单片机中,就可以仿真了。操作如下:

双击电路图中使用的单片机(如80C31),出现如图9-100所示的对话框,在"Program File"栏,通过选择路径找到已编译正确的文件后缀.HEX(如led.HEX),再在"Clock Frequency"栏设置系统运行时钟(如6MHz),仿真系统将以6MHz的时钟频率运行。单击仿真按钮 ▶ ,程序会全速运行,观察仿真现象、效果。8个彩色发光二极管会轮流点亮:仿真时要单步运行,单击按钮 ▶| ;要暂停运行程序,单击按钮 ‖ ;停止运行程序,单击按钮 ■ 。

在单步模拟调试状态下,单击菜单栏的"Debug",下拉菜单:单击"Simulation Log"会出现和模拟调试有关的信息;单击"8051 CPU SFR Memory"会出现特殊功能寄存器窗口;单击"8051 CPU Internal(IDATA)Memory"出现数据寄存器窗口;单击"Watch Window",无论是在单步调试状态还是在全速调试状态,Watch Window 的内容都会随着寄存器的变化而变化,单击右键选择"添加项目(按名称)"栏添加常用的寄存器,例如双击P1,P1就显示在 Watch Window 窗口中,如图9-101和图9-102所示。

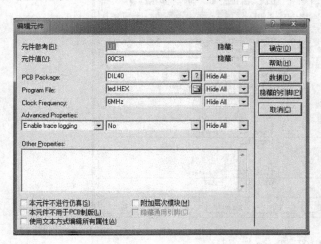

图 9-100　单片机加载目标代码文件

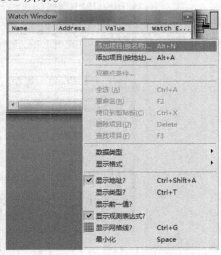

图 9-101　Watch Window 窗右击菜单项

图 9-102　Watch Window 窗添加 P1 状态项

3. Proteus 与 Keil μVision3 联调

在 Keil μVision3 中编写好汇编或 C51 程序，经过调试、编译最终生成".HEX"文件后，在 Proteus 中把".HEX"文件载入到虚拟单片机中，然后进行软硬件联调。如果要修改程序，需再回到 Keil μVision3 中修改，编译重新生成".HEX"文件，重复上述过程，直至调试成功。对于较为复杂的程序，可以通过 Proteus 与 Keil μVision3 两软件进行联调。

1）首先需要安装 vudgi. exe 文件（可从相关网站下载）。

2）在 Proteus ISIS 中单击菜单栏"调试"→"使用远程调试监控"。

3）在 Keil μVision3 中打开程序工程文件，单击菜单"Project"→"Options for Target"，出现如图 9-103 所示的对话框，在 Debug 选项卡中勾选"Use"复选框，并在下拉菜单中选择"Proteus VSM Simulator"，"Setting"中的 Host 与 Port 使用默认值，如图 9-104 所示。

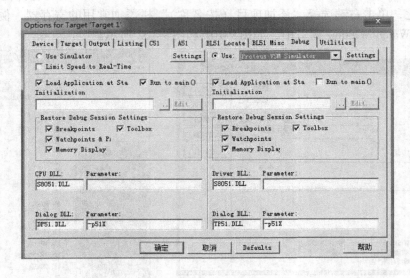

图 9-103　Target 选项卡

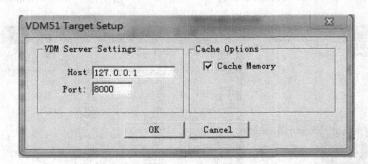

图 9-104　VDM 设置

4）在 Keil μVision3 中全速运行程序时，Proteus 中的单片机系统也会自动运行。这样就可以有效地利用 Keil μVision3 软件中的丰富的调试手段来进行 Proteus 软硬件联调仿真。

9.7 习题

1. 研制单片机应用系统通常分哪几个步骤？各步骤的主要任务是什么？

2. 为了提高单片机应用系统的可靠性，硬件和软件设计中应注意哪些问题？

3. 磁电机性能多参数的自动测试是如何实现的？顺序控制是如何实现的？

4. 分析水产养殖水体多参数监控系统硬件结构图中各部分的功能。

5. 分析温度控制系统的工作原理，根据图 9-23 中的 R/V 转换特性曲线，大致设计温度数据表和查表程序。

6. 单片机的主程序与中断服务子程序的结构有什么区别？

7. 单片机 C 语言的主要优点是什么？

8. 对于多条件选择程序，使用何种程序语句较为方便？

9. 在 Keil 软件中应该怎样设置才能使项目程序成功编译后自动生成可烧写 HEX 文件并且进入硬件仿真调试状态？

10. 在 WAVE6000 软件中如果想使用第三方 C51 编译器，该如何设置？

11. 如果使用 WAVE 硬件仿真器，而编程调试软件想采用 Keil 软件，该如何配置？

12. 利用 Proteus 软件实现如下电路设计及仿真：

1）用 AT89C51 的定时器和 6 位八段数码管，设计一个电子时钟。显示格式为由左向右分别是：时、分、秒。

2）用 AT89C51 及相关外围电路实现步进电动机驱动控制。

第 10 章 嵌入式系统及 ARM 处理器

10.1 嵌入式系统的概念

嵌入式系统是随着计算机技术、微处理器技术、电子技术、通信技术和集成电路技术的发展而发展起来的。嵌入式系统已成为计算机技术和计算机应用领域的一个重要组成部分。

嵌入式系统有多种定义方法，这些定义方法有的是从嵌入式系统的应用角度定义的，有的是从嵌入式系统的组成来定义的，也有的是从其他方面进行定义的，下面给出两种定义方法。

第一种定义方法：嵌入式系统是以应用为中心、计算机技术为基础，软、硬件可裁剪，适应应用系统对功能、可靠性、成本、体积和功耗等严格要求的专用计算机系统。

第二种定义方法：把基于处理器（通用处理器和嵌入式处理器）的设备称为计算机，把计算机分成两大部分，即通用计算机和嵌入式计算机。嵌入式系统也称为嵌入式计算机，因此嵌入式系统被定义为非通用计算机系统。这个定义是从计算机的分类方面进行的。

计算机在其后漫长的历史进程中，始终是供养在特殊的机房中，实现数值计算的大型昂贵设备。直到 20 世纪 70 年代，随着微处理器的出现，计算机才出现了历史性的变化。以微处理器为核心的微型计算机以其体积小、价格低、可靠性高特点，迅速走出机房。基于高速数值计算能力的微型机，表现出的智能化水平引起了控制专业人士的兴趣，要求将微型机嵌入到一个对象体系，实现对象体系的智能化控制。例如，将微型计算机经电气加固、机械加固，并配置各种外围接口电路，然后安装到大型舰船中构成自动驾驶仪或轮机状态监测系统。这样一来，计算机便失去了原来的形态与通用的功能。为了区别于原有的通用计算机系统，人们把嵌入到对象体系中，实现对象体系智能化控制的计算机称作嵌入式计算机系统。因此，嵌入式系统诞生于微型机时代，嵌入式系统的嵌入性本质是将一台计算机嵌入到一个对象体系中，这些是理解嵌入式系统的基本出发点。

因此，嵌入式系统应定义为："嵌入到对象体系中的专用计算机系统"。"嵌入性""专用性"与"计算机系统"是嵌入式系统的 3 个基本要素。对象系统则是指嵌入式系统所嵌入的宿主系统。

根据 IEEE 的定义，嵌入式系统是用来控制或监视机器、装置或工厂等大规模系统的设备。可以看出，此定义是从应用方面考虑的。嵌入式系统是软件和硬件的综合体，还可以涵盖机电等附属装置。

国内一般定义为：嵌入式系统是以应用为中心，以计算机技术为基础，软、硬件可裁剪，从而能够适应实际应用中对功能、可靠性、成本、体积和功耗等严格要求的专用计算机系统。

简言之，一个嵌入式系统就是一个硬件和软件的集合体，它包括硬件和软件两部分。硬件包括嵌入式处理器/控制器/数字信号处理器（Digital Signal Processor，DSP）、存储器及外设器件、输入输出（I/O）端口、图形控制器等。软件部分包括操作系统软件（嵌入式操作系统）和应用程序（应用软件），应用的领域不同，应用程序（应用软件）千差万别。有时设计人员把这两种软件组合在一起：应用软件控制着系统的运作和行为；而嵌入式操作系统控制着应用程序编程与硬件的交互作用。嵌入式系统有时还包括其他一些机械部分，如机电一体化装置、微机电系统等，这是为完成某种特定的功能而设计的，有时也称其为嵌入式设备，它是指具有计算机功能，但又不称为计算机的设备或器材。

嵌入式系统几乎应用于所有电器设备：个人数字助理（PDA）、手机、机顶盒、汽车控制系统、微波炉控制器、电梯控制器、安全系统、自动售货机控制器、医疗仪器、立体音响和自动取款机等。即使是一台通用的计算机，也包括嵌入式系统。它的外部设备也都包含了嵌入式微处理器的成分，如硬盘、软驱、显示器、键盘、鼠标、声卡、网卡及打印机等都是由嵌入式处理器控制的。

嵌入式系统是面向用户、面向产品、面向应用的，如果独立于应用自行发展，则会失去市场。因此，大多数嵌入式系统的开发者往往不是计算机专业的人才，而是各个行业的技术人员，例如开发数字医疗设备，往往是生物医学工程技术人员和计算机专业的技术人员一起来参与完成。

10.2　嵌入式系统的组成

嵌入式系统通常由嵌入式处理器、外围设备、嵌入式操作系统和应用软件等几大部分组成。

10.2.1　嵌入式处理器

嵌入式处理器是嵌入式系统的核心部件。嵌入式处理器与通用处理器的最大不同点在于其大多工作在为特定用户群设计的系统中。它通常把通用计算机中许多由板卡完成的任务集成在芯片内部，从而有利于嵌入式系统设计趋于小型化，并具有高效率、高可靠性等特征。

大的硬件厂商都推出了自己的嵌入式处理器，现今市面上有一千多种嵌入式处理器芯片，其中使用最为广泛的有 ARM、STM、MIPS、PowerPC 和 MC68000 等。

10.2.2　外围设备

外围设备是指在一个嵌入式系统中，除了嵌入式处理器以外，用于完成存储、通信、调试和显示等辅助功能的其他部件。根据其功能，外围设备可分为以下 3 类。

存储器：包括静态易失性存储器（SRAM）、动态存储器（SDRAM）和非易失性存储器（Flash、E^2PROM）。其中，Flash 以可擦写次数多、存储速度快、容量大及价格低等优点，在嵌入式领域得到了广泛的应用。

接口：应用最为广泛的包括并口、RS232 串口、IrDA 红外接口、SPI 总线接口、I^2C 总线接口、USB 通用串行总线接口和 Ethernet 网口等。

人机交互：包括 LCD、键盘和触摸屏等人机交互设备。

10.2.3 嵌入式操作系统

在大型嵌入式应用系统中，为了使系统开发更方便、快捷，需要一种稳定、安全的软件模块集合，用以完成任务调度、任务间通信与同步、任务管理、时间管理和内存管理等，即嵌入式操作系统。嵌入式操作系统的引入大大提高了嵌入式系统的性能，方便了应用软件的设计，但同时也占用了宝贵的嵌入式系统资源。一般在比较大型或需要多任务的应用场合才考虑使用嵌入式操作系统。

嵌入式操作系统常常有实时要求，所以嵌入式操作系统往往又是"实时操作系统"。由于早期的嵌入式系统几乎都用于控制的，因而或多或少都有些实时要求，所以以前的"嵌入式操作系统"实际上就是"实时操作系统"的代名词。近年来，由于手持式计算机和掌上电脑等设备的出现，也出现了许多不带实时要求的嵌入式系统。另外，由于 CPU 速度的提高，一些原先需要在"实时"操作系统上才能实现的应用，现在已可以在常规的操作系统下实现了。在这样的背景下，"嵌入式操作系统"和"实时操作系统"就成了不同的概念和名词。

10.2.4 应用软件

嵌入式系统的应用软件是针对特定的实际专业领域，基于相应的嵌入式硬件平台，并能完成用户预期任务的计算机软件。用户的任务可能有时间和精度的要求。有些应用软件需要嵌入式操作系统的支持，但在简单的应用场合下可以不需要专门的操作系统。

由于嵌入式应用系统对成本十分敏感，因此，为减少系统成本，除了精简每个硬件单元的成本外，应尽可能地减少应用软件的资源消耗，尽可能地优化资源配置。

应用软件是实现嵌入式系统功能的关键，嵌入式系统软件与通用计算机软件有所不同，嵌入式应用软件的特点如下：

1. 软件要求固态化存储

为了提高执行速度和系统可靠性，嵌入式系统中的应用软件一般都固化在 Flash 或 E^2PROM 存储器中。

2. 软件代码要求高质量、高可靠性

半导体技术的发展使处理器速度不断提高，也使存储器容量不断增加。但在大多数应用中，存储空间仍然是宝贵的，并存在实时性的要求。为此，对编程技巧和编译工具的要求更高，以减少程序二进制代码的长度，提高执行速度。

3. 系统软件的高实时性是基本要求

在多任务嵌入式系统中，对重要性各不相同的任务进行统筹兼顾的合理调度是保证每个任务及时执行的关键，单纯通过提高处理器速度是无法完成的。这种任务调度只能由优化编写的系统软件来完成，因此，系统软件的高实时性是基本要求。

4. 多任务实时操作系统成为嵌入式应用软件的必需

随着嵌入式应用的深入和普及，实际应用环境越来越复杂，嵌入式软件也越来越复杂。支持多任务的实时操作系统已成为嵌入式应用软件必需的系统软件。

典型嵌入式系统的硬件和软件基本组成如图 10-1 和图 10-2 所示。

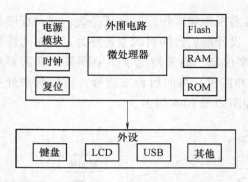

图 10-1　典型嵌入式系统基本组成—硬件

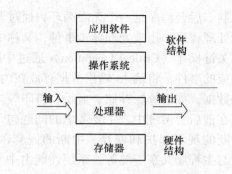

图 10-2　典型嵌入式系统基本组成—软件

10.3　嵌入式系统的分类

嵌入式系统可按照嵌入式微处理器的位数、实时性、软件结构以及应用领域等进行分类。

1.　按照嵌入式微处理器的位数分类

按照嵌入式微处理器字长的位数，嵌入式系统可分为 4 位、8 位、16 位、32 位和 64 位。其中，4 位、8 位、16 位嵌入式系统已经获得了大量应用，32 位嵌入式系统正成为主流发展趋势，而一些高度复杂和要求高速处理的嵌入式系统已经开始使用 64 位嵌入式微处理器。

2.　按照实时性分类

实时系统是指系统执行的正确性不仅取决于计算的逻辑结果，还取决于结果产生的时间。根据嵌入式系统是否具有实时性，可将其分为嵌入式实时系统和嵌入式非实时系统。

大多数嵌入式系统都是嵌入式实时系统。根据实时性的强弱，实时系统又可进一步分为硬实时系统和软实时系统。

硬实时系统是指系统对响应时间有严格要求，如果响应时间不能满足，就会引起系统崩溃或致命错误，如飞机的飞控系统。软实时系统是指系统对响应时间有一定要求，如果响应时间不能满足，不会导致系统崩溃或出现致命错误，如打印机、自动门。可以认为两者的区别在本质上属于客观要求和主观感受的区别。

3.　按照嵌入式软件结构分类

按照嵌入式软件的结构分类，嵌入式系统可分为循环轮询系统、前后台系统和多任务系统。

（1）循环轮询系统

循环轮询（Polling Loop）是最简单的软件结构，程序依次检查系统的每个输入条件，如果条件成立就执行相应处理。其流程图如图 10-3 所示。

（2）前后台系统

前后台（Foreground/Background）系统属于中断驱

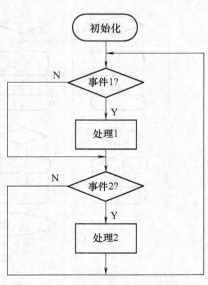

图 10-3　循环轮询流程图

动机制。后台程序是一个无限循环，通过调用函数实现相应操作，又称任务级。前台程序是中断处理程序，用来处理异步事件，又称中断级。设计前后台的目的主要是为了将时间性很强的关键操作（Critical Operation）通过中断服务来保证。通常情况下，中断只处理需要快速响应的事件，将输入/输出数据存放在内存的缓冲区里，再向后台发信号，由后台来处理这些数据，如运算、存储、显示和打印等。其流程图如图 10-4 所示。

在前后台系统中，主要考虑的问题包括中断的现场保护和恢复、中断的嵌套、中断与主程序共享资源等。系统性能由中断延迟时间、响应时间和恢复时间来描述。

一些不复杂的小系统比较适合采用前后台系统的结构来设计程序。甚至在某些系统中，为了省电，平时让处理器处于停机状态（Halt），所有工作都依靠中断服务来完成。

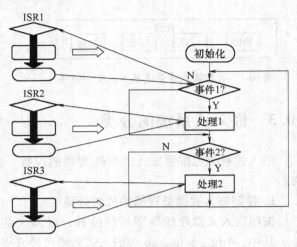

图 10-4　前后台系统流程图

（3）多任务系统

对于较复杂的嵌入式系统而言，存在许多互不相关的过程需要计算机同时处理，在这种情况下就需要采用多任务（Multitasking）系统。采用多任务结构设计软件有利于降低系统的复杂度，保证系统的实时性和可维护性。

多任务系统的软件由多个任务、多个中断服务程序以及嵌入式操作系统组成。任务是顺序执行的，并行性通过操作系统完成。操作系统主要负责任务切换、任务调度、任务间以及任务与中断服务程序之间的通信、同步、互斥、实时时钟管理和中断管理等。其流程图如图10-5 所示。

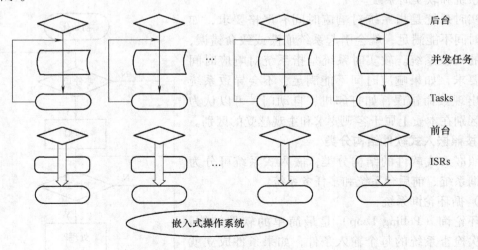

图 10-5　多任务系统流程图

多任务系统的特点包括如下内容：

1）每个任务都是一个无限循环的程序，等待特定的输入，从而执行相应的处理。

2）这种程序模型将系统分成相对简单、相互合作的模块。

3）不同的任务共享同一个 CPU 和其他硬件，嵌入式操作系统对这些共享资源进行管理。

4）多个顺序执行的任务在宏观上看是并行执行的，每个任务都运行在自己独立的 CPU 上。

在单处理器系统中，任务在宏观上看是并发的，但在微观上看实际是顺序执行的。在多处理器系统中，可以让任务同时在不同的处理器上执行，因此在微观上看任务也是并发的。多处理器系统可分为单指令多数据流（SIMD）系统和多指令多数据流（MIMD）系统。MIMD 系统又可分为紧耦合（Tightly-coupled）系统和松耦合（Loosely-coupled）系统。紧耦合系统是指多个处理器之间通过共享内存空间的方式交换信息，松耦合系统是指多个处理器之间通过通信线路进行连接和交换信息。

表 10-1 对这三种系统的优、缺点进行了比较。

表 10-1 三种嵌入式系统的优、缺点

系统分类	优 点	缺 点
循环轮询系统	编程简单，没有中断，不会出现随机问题	应用领域有限，不适合有大量输入/输出的服务，程序规模增大后不便于调试
前后台系统	可并发处理不同的异步事件，设计简单，无须学习操作系统的相关知识	对于复杂系统，其主程序设计复杂，可靠性降低。实时性只能通过中断来保证，一旦主程序介入处理事件，其实时性难以保证。中断服务程序与主程序之间共享、互斥的问题需要自身解决
多任务系统	复杂的系统被分解成相对独立的多个任务，降低了系统的复杂度。可以保证系统的实时性 系统模块化，可维护性高	需要引入新的软件设计方法；需要对每个共享资源进行互斥，任务间存在竞争 嵌入式操作系统的使用将会增加系统开销

从上述分析可以看出，循环轮询系统适合于实时性要求不高、非常简单的系统；前后台系统适合于小型、较简单的系统；多任务系统适合于大型、复杂、实时性要求较高的嵌入式系统。目前，多任务系统已经广泛应用于 32 位嵌入式系统。

4. 按照应用领域分类

按照应用领域分类，嵌入式系统可分为信息家电类、消费电子类、医疗电子类、移动终端类、通信类、汽车电子类、工业控制类、航空电子类和军事电子类等。

10.4 嵌入式处理器的分类

10.4.1 嵌入式微处理器

嵌入式微处理器（Embedded Micro-Processor Unit, EMPU）的基础是通用计算机中的 CPU。在应用中，将微处理器装配在专门设计的电路板上，只保留和嵌入式应用有关的母板功能，这样可以大幅度减小系统体积和功耗。为了满足嵌入式应用的特殊要求，虽然嵌入式微处理器在功能上和标准微处理器基本是一样的，但一般在工作温度、抗电磁干扰及可靠性等方面都做了各种增强。

和工业控制计算机相比，嵌入式微处理器具有体积小、重量轻、成本低及可靠性高的优点，但是在电路板上必须包括 ROM、RAM、总线接口及各种外设等器件，从而降低了系统的可靠性，技术保密性也较差。嵌入式微处理器及其存储器、总线和外设等安装在一块电路板上，称为单板计算机，如 STD-BUS、PC104 等。近年来，德国、日本的一些公司又开发出了类似"火柴盒"式名片大小的嵌入式计算机系列 OEM 产品。

嵌入式处理器目前主要有 Am186/88、386EX、SC-400、Power PC、68000、MIPS 和 ARM 系列等。

10.4.2　嵌入式微控制器

嵌入式微控制器（Micro-Controller Unit，MCU）又称单片机，顾名思义，就是将整个计算机系统集成到一块芯片中。嵌入式微控制器一般以某一种微处理器内核为核心，芯片内部集成 ROM/EPROM、RAM、总线、总线逻辑、定时/计数器、WatchDog、I/O、串行口、脉宽调制输出、A-D、D-A、Flash RAM 和 E^2PROM 等各种必要功能和外设。为适应不同的应用需求，一般一个系列的单片机具有多种衍生产品，每种衍生产品的处理器内核都是一样的，不同的是存储器和外设的配置及封装。这样可以使单片机最大限度地和应用需求相匹配，功能不多不少，从而减少功耗和成本。

与嵌入式微处理器相比，微控制器的最大特点是单片化，体积大大减小，从而使功耗和成本下降，可靠性提高。微控制器是目前嵌入式系统工业的主流。微控制器的片上外设资源一般比较丰富，适合于控制，因此称为微控制器。

嵌入式微控制器目前的品种和数量最多，比较有代表性的通用系列包括 8051、P51XA、MCS-251、MCS-96/196/296、C166/167、MC68HC05/11/12/16、68300 和数目众多的 ARM 芯片等。目前 MCU 占嵌入式系统约 70% 的市场份额。

10.4.3　嵌入式 DSP 处理器

DSP 处理器对系统结构和指令进行了特殊设计，使其适合于执行 DSP 算法，编译效率较高，指令执行速度也较高。在数字滤波、FFT 及谱分析等方面 DSP 算法正在大量进入嵌入式领域，DSP 应用正从在通用单片机中以普通指令实现 DSP 功能，过渡到采用嵌入式 DSP 处理器（Embedded Digital Signal Processor，EDSP）。

嵌入式 DSP 处理器比较有代表性的产品是 Texas Instruments 的 TMS320 系列和 Motorola 的 DSP56000 系列。TMS320 系列处理器包括用于控制的 C2000 系列、用于移动通信的 C5000 系列，以及性能更高的 C6000 和 C8000 系列。DSP56000 目前已经发展成为 DSP56000、DSP56100 和 DSP56200 和 DSP56300 等几个不同系列的处理器。另外 PHILIPS 公司近年也推出了基于可重置嵌入式 DSP 结构，采用低成本、低功耗技术制造的 R. E. A. L DSP 处理器，其特点是具备双 Harvard 结构和双乘/累加单元，应用目标是大批量消费类产品。

10.4.4　嵌入式片上系统

随着 EDI 的推广和 VLSI 设计的普及化及半导体工艺的迅速发展，在一个硅片上实现一个更为复杂的系统的时代已来临，这就是 SoC（System on Chip）。各种通用处理器内核将作为 SoC 设计公司的标准库，和许多其他嵌入式系统外设一样，成为 VLSI 设计中一种标准的器件，用标准的 VHDL 等语言描述，存储在器件库中。用户只需定义出其整个应用系统，仿真通过后就可以将设计图交给半导体工厂制作样品。这样除个别无法集成的器件以外，整个嵌入式系统大部分均可集成到一块或几块芯片中去，应用系统电路板将变得很简洁，对于减小体积和功耗、提高可靠性非常有利。

SoC 可以分为通用和专用两类。通用系列包括 Infineon 的 TriCore、Motorola 的 M-Core、某些 ARM 系列器件、Echelon 和 Motorola 联合研制的 Neuron 芯片等。专用 SoC 一般专用于某个或某类系统中，不为一般用户所知。一个有代表性的产品是 PHILIPS 的 SmartXA，它将 XA 单片机内核和支持超过 2048 位复杂 RSA 算法的 CCU 单元制作在一块硅片上，形成一个可加载 JAVA 或 C 语言的专用的 SoC，可用于公众互联网（如 Internet）安全方面。

10.5　嵌入式处理器的技术指标

1. 功能

嵌入式处理器的功能主要取决于处理器所集成的存储器的数量和外部设备接口的种类。集成的外部设备越多，功能越强大，设计硬件系统时需要扩展的器件就越少。所以，选择嵌入式处理器时尽量选择集成所需要的外部设备尽量多的处理器，并且综合考虑成本因素。

2. 字长

字长指参与运算的数的基本位数，决定了寄存器、运算器和数据总线的位数，因而直接影响硬件的复杂程度。处理器的字长越长，它包含的信息量越多，能表示的数值有效位数也越多，计算精度也越高。通常处理器可以有 1、4、8、16、32、64 位等不同的字长。对于字长短的处理器，为提高计算精度，可采用多字长的数据结构进行计算，即变字长计算。当然，此时的计算时间要延长，多字长数据要经过多次传送和计算。处理器字长还与指令长度有关，字长长的处理器可以有长的指令格式和较强的指令系统功能。

3. 处理速度

处理器执行不同的操作所需要的时间是不同的，因而对运算速度存在不同的计算方法，早期采用每秒钟执行多少条简单的加法指令来定义，目前普遍采用在单位时间内各类指令的平均执行条数，即根据各种指令的使用频度和执行时间来计算。其计算公式为

$$t_g = \sum_{i=1}^{n} P_i t_i$$

式中，n 为处理器指令类型数；P_i 为第 i 类指令在程序中使用的频度；t_i 为第 i 类指令的执行时间；t_g 为平均指令执行时间。取其倒数即得到该处理器的运算速度指标，其单位为每秒百万条指令，表示为 MIPS。

还可以有多种指标来表示处理器的执行速度。

1）MFLOPS：每秒百万次浮点运算，这个指标用于进行科学计算的处理器。例如，一般工程工作站的指标大于 2MFLOPS。

2）主频又称时钟频率，单位为 MHz。用脉冲发生器为 CPU 提供时钟脉冲信号。时钟频

率的倒数为时钟周期，是 CPU 完成某个基本操作的最短时间单位。因此，主频在一定程度上反映了处理器的运算速度。例如，80386 的主频为 16 ~ 50MHz，80486 的主频为 25 ~ 66MHz。

3）CPI（Cycles Per Instruction）：每条指令周期数，即执行一条指令所需的周期数。当前，在设计 RISC 芯片时，尽量减少 CPI 值来提高处理器的运算速度。

需要指出，并非主频越高的处理器的处理速度越快，有的处理器的处理速度可达到 1MIPS/MHz 甚至更高，这样的处理器通常采用流水线技术；有的处理器的处理速度可能是 0.1MIPS/MHz，这样的处理器通常比较简单，有时称为单片机。

4. 工作温度

从工作温度方面考虑，嵌入式处理器通常分为民用、工业用、军用和航天等几个温度级别。一般地，民用温度范围是 0 ~ 70℃，工业用的温度范围是 - 40 ~ 85℃，军用的温度范围是 - 55 ~ 125℃，航天的温度范围更宽。选择嵌入式处理器时需要根据产品的应用选择相应的处理器芯片。

5. 功耗

嵌入式处理器通常给出几个功耗指标，如工作功耗、待机功耗等。许多嵌入式处理器还给出功耗与工作频率之间的关系，表示为 mW/Hz 或 W/Hz，在其他条件相同的情况下，嵌入式处理器的功耗与频率之间的关系近似一条理想的直线；有些处理器还给出电源电压与功耗之间的关系，便于设计工程师选择。

6. 寻址能力

嵌入式处理器的寻址能力取决于处理器地址线的数目，处理器的处理能力与寻址能力有一定的关系，处理能力强的处理器其地址线的数量多，处理能力低的处理器其地址线的数量少。8 位处理器的寻址能力通常是 64KB，32 位处理器的寻址能力通常是 4GB，16 位处理器的寻址能力如 80186 系列是 1MB。

对于嵌入式微控制器而言，寻址能力的意义不大，因为嵌入式微控制器通常集成了程序存储器和数据存储器，一般不能进行扩展。

7. 平均故障间隔时间

平均故障间隔时间（Mean Time Between Failures，MTBF）是指在相当长的运行时间内，机器工作时间除以运行期间内故障次数。它是一个统计值，用来表示嵌入式系统的可靠性。MTBF 值越大，表示可靠性越高。

8. 性能价格比

这是一种用来衡量处理器产品的综合性指标。这里所讲的性能，主要指处理器的处理速度、主存储器的容量和存取周期、I/O 设备配置情况、计算机的可靠性等；价格则指计算机系统的售价。性能价格比要用专门的公式计算。计算机的性能价格比值越高，表示该计算机越受欢迎。

9. 工艺

工艺指标指半导体工艺和设计工艺两个方面。目前大多数的嵌入式处理器采用 MOS 工艺。另外，大多数的嵌入式处理器是静态设计，所谓静态设计，指的是它的电路组成没有动态电路，因此它的工作主频可以低至 0，即直流；高至最高工作频率之间的任何频率上。工作在直流时，只消耗微小的电流，这样设计者可以根据功耗的要求选择嵌入式处理器的工作频率。

10. 电磁兼容性指标

实际上，通常所说的电磁兼容性指标指的是系统级的电磁兼容性指标，取决于器件的选择、电路的设计、工艺、设备的外壳等。虽然如此，嵌入式处理器本身也具有电磁兼容性特性。嵌入式处理器本身的电磁兼容性指标主要由半导体厂商的工艺水平决定。现在嵌入式处理器的设计和制造通常是由不同的公司合作完成的，设计公司只完成设计工作，半导体制造商完成流片和封装、测试工作。因此，选择嵌入式处理器时，需要调研芯片是由哪个公司集成的。

嵌入式处理器的性能，不能专门强调某一方面的性能指标，还要看整个处理器系统的综合性能。例如，整个系统的硬件、软件配置情况，包括指令系统的功能、外部设备配置情况、操作系统的功能、程序设计语言，以及其他支撑软件和必要的应用软件等。

10.6　如何选择嵌入式处理器

10.6.1　选择处理器的总原则

一般根据所需的功能、处理速度和存储器寻址能力来选择合适的处理器。以下是选择处理器的一般原则：

1）如果应用只包含最少的处理工作和少数的 I/O 功能，可以使用 8 位微控制器。如数码手表、空调、电冰箱、录像机等，都使用微控制器。因为微控制器附带了片上存储器和串行接口，硬件成本将是最低的。例如，数码手表可以使用一个带有片上 ROM 的 8 位微控制器来实现，输入可以由一系列按钮组成，而输出是 LCD 显示屏。

2）如果计算和通信的要求使应用需要嵌入式操作系统，就应该使用一个 8 位或 32 位的处理器。像电信交换机、路由器和协议转换器这样的设备就是使用这种类型的处理器来实现的。大多数过程控制系统也被归入这一类。

3）如果应用涉及信号处理和数学计算，比如音频编码、视频信号处理或者图像处理，就需要选择一个 DSP。计算密集的系统，比如那些包含视频编码或者图像分析的系统，可能需要一个浮点 DSP。像音频编码、调制解调器等这些应用，可以使用定点 DSP 来开发。

4）如果应用在很大程度上是面向图形的，并且要求响应时间要快，可能需要使用一个 64 位处理器，比如那些用在桌面计算机上的处理器（64 位处理器广泛用于图形加速器和视频游戏播放器）。工业计算机和用在工业自动化中的单板机（Single Board Computer，SBC）也使用 64 位处理器。

在每一种类型（8 位微控制器，16 位、32 位和 64 位微处理器以及 DSP）中，都有很多厂商可供选择，包括 AMD 公司、AnalogDevices 公司、ATMEL 公司、ARM 公司、Hitachi（日立）公司、Lucent Technologies（朗讯）公司、Motorola 公司、National Semiconductors（国家半导体）公司、NEC 公司、Siemens 公司和 Texas Instruments（德州仪器）公司。要在这些厂商中进行选择，需要考虑的不仅仅是价格和性能（因为它们大部分都差不多），还要考虑的因素包括客户支持、培训、设计支持和开发工具的成本。

一旦确定了处理器，就需要确定外部设备。这些外部设备包括静态 RAM、EPROM、闪存、串行和并行通信接口、网络接口、可编程定时器/计数器、状态 LED 指示和应用的专门硬件电路。

嵌入式系统中的存储器既可以是内部存储器，又可以是外部存储器。内部存储器与处理器在同一块硅芯片上。对于包含微控制器和 DSP 的小型应用，这些存储器就足够了；否则，需要使用外部存储器。如果存储器在设备内部，就会减少程序的交换，而且访问数据和指令会非常快。外部存储器若作为一个单独的芯片位于处理器的外面，会增加程序的交换，从而降低执行速度。

在这个阶段准确地计算出存储器需求是非常困难的。通常，在主机系统上开发嵌入式软件，并根据应用和操作系统所占用的内存，计算出需要的存储器。

一旦完成了硬件设计，硬件工程师就可以使用处理器的汇编语言编写硬件初始化代码，这些代码是用来测试存储器芯片和外部设备的。

10.6.2 选择嵌入式处理器的具体方法

下面列出选择嵌入式处理器可以采取的一些步骤和遵循的原则。

1. 够用原则

通常嵌入式处理器很少升级，因此设计嵌入式系统时，为嵌入式处理器的处理能力留出很大的余量是很不经济的。通常给出小量的余量即可。

2. 成本原则

选择嵌入式处理器所考虑的成本不仅仅包括处理器本身，还包括主要电路的成本、印制电路板的成本，特别是设计成本敏感型的产品更是如此。

例如，设计一个基于以太网的嵌入式系统产品，可以选择集成了以太网接口的嵌入式处理器；也可以选择没有以太网接口的嵌入式处理器，外接以太网控制器。进行成本比较时，前者的成本包括处理器的成本，后者的成本包括嵌入式处理器、以太网接口和增加的电路板的面积成本。对两者进行比较，综合选择和决策。

3. 参数选择

参数选择通常比较复杂，首先确定设计者对处理器的需求，然后可以设计一个表格，表格上面列出满足条件的处理器的特性和价格，通常包括下面的内容：

1）处理器的类型，如 RISC、CISC、DSP 等。

2）处理速度，以 MIPS 表示。

3）寻址能力。

4）总线宽度。

5）片上集成的存储器情况。

6）片上集成的 I/O 接口的种类和数量。这一项通常很多，特别是 32 位的嵌入式处理器，集成了大量的外设接口。另外，需列出外设接口的参数。

7）工作温度。

8）封装。

9）操作系统的支持、开发工具的支持等。

10）调试接口。

11）行业用途。

12）功耗特性，通常以 mW/Hz 表示。

13）电源管理功能。

14）价格，通常是给出批量的价格，单片或样片的价格没有多大的意义。

15）行业的使用情况，这一点很重要。通过调研在某个行业中通常使用哪一种处理器，尽可能选择行业中有成功使用案例的嵌入式处理器，一方面有了成功的案例可供参考，另一方面技术支持好一些。当然，也不排除做"第一个吃螃蟹的人"。

下面给出表格的格式，见表 10-2 所列。

表 10-2 嵌入式处理器的主要特征参数比较表

特性	ARM	PowerPC	Coldfire	…
字长				
速度				
片上存储器				
中断				
DMA				
以太网				
支持存储器				
功耗				
行业用途				
价格				
…				

设计者需要准确地填写表格的内容。

现在的嵌入式处理器非常多，每一种嵌入式处理器的用户手册少的有几百页，多的达上千页。因此设计者在选择嵌入式处理器时，不可能也设必要阅读所有的用户手册。比较正规的嵌入式处理器的用户手册通常在开头部分有处理器的主要特性介绍，大约有几页。正确选择嵌入式处理器的方法是只阅读这几页，把其中的主要特性参数填写到表 10-1 中即可。

表格完成之后，需要对表格中的各项参数进行评估和决策。

注意：选择处理器是一件细致的工作，如果选择的处理器最终被证明不理想，会造成巨大的损失。当然，处理器的选择没有唯一的答案，设计者需要综合考虑，选择适合产品设计要求和自己最熟悉的嵌入式处理器。

10.7　ARM 处理器基础

ARM 处理器核因其卓越的性能和显著优点，已成为高性能、低功耗、低成本嵌入式处理器核的代名词，得到了众多半导体厂家和整机厂商的大力支持。世界上几乎所有的半导体公司都获得了 ARM 公司的授权，并结合自身的产品发展，开发出具有自己特色的、基于 ARM 核的嵌入式 SoC 系统芯片。

10. 7. 1　ARM 处理器系列

ARM 微处理器目前包括下面几个系列：

1）ARM7 系列。

2）ARM9 系列。

3）ARM9E 系列。

4）ARM10 系列。

5）SecurCore 系列。

6）Intel 的 StrongARM。

7）Intel 的 Xscale。

除了具有 ARM 体系结构的共同特点以外，每一个系列的 ARM 微处理器都有其各自的特点和应用领域。其中，ARM7、ARM9、ARM9E 和 ARM10 产品系列为 4 个通用处理器系列，为特定目的而设计，每一个系列提供一套相对独特的性能来满足不同应用领域的需求。SecurCore 系列专门为安全要求较高的应用而设计。

1. ARM7 微处理器系列

ARM7 系列微处理器为低功耗的 32 位 RISC 处理器，最适合对价位和功耗要求较高的消费类应用。ARM7 微处理器系列具有如下特点：

1）具有嵌入式 ICE – RT 逻辑，调试开发方便。

2）极低的功耗，适合对功耗要求较高的应用，如便携式产品。

3）能够提供 0.9MIPS/MHz 的三级流水线结构。

4）代码密度高并兼容 16 位的 Thumb 指令集。

5）对操作系统的支持广泛，包括 WindowsCE、Linux、PalmOS 等。

6）指令系统与 ARM9 系列、ARM9E 系列和 ARM10 系列兼容，便于用户的产品升级换代。

7）主频最高可达 130MHz，高速的运算处理能力能胜任绝大多数的复杂应用。

ARM7 系列微处理器的主要应用领域为工业控制、Internet 设备、网络和调制解调器设备、移动电话等多种多媒体和嵌入式应用。ARM7 TDMI 是目前使用最广泛的 32 位嵌入式 RISC 处理器，属于低端 ARM 处理器核。ARM7 TDMI 是从最早实现了 32 位地址空间编程模式的 ARM6 核发展而来的，可以稳定地在低于 5V 的电源电压下可靠工作，并且增加了 64 位乘法指令，支持片上调试、Thumb 指令集、嵌入式 ICE 片上断点和观察点。

ARM7 TDMI 的名称含义为：

ARM7：32 位 ARM 体系结构 4T 版本，ARM6 32 位整型核的 3V 兼容的版本；T：支持 16 位压缩指令集 Thumb；D：支持片上调试（Debug）；M：内嵌硬件乘法器（Multiplier）；I：嵌入式 ICE，支持片上断点和调试点。

ARM7 TDMI-S（ARM7 TDMI）的可综合（Synthesizable）版本（软核），最适用于可移植性和灵活性要求较高的现代电子设计；ARM7 20T 是在 ARM7 TDMI 处理器核的基础上增加了一个 8KB 的指令和数据混合的 Cache。外部存储器和外围器件通过 AMBA 总线主控单元访问，同时还集成了写缓冲器以及全性能的内存管理单元（Memory Management Unit，MMU）。ARM7 20T 最适合于有低功耗和小体积要求的应用；ARM7 EJ 是 Jazelle 和 DSP 指令集的最小和最低功耗的实现。

2. ARM9 微处理器系列

ARM9 系列微处理器是在高性能和低功耗特性方面最佳的硬件宏单元。ARM9 将流水线级数从 ARM7 的 3 级增加到 5 级，并使用指令与数据存储器分开的哈佛（Harvard）体系结构。在相同工艺条件下，ARM9 TDMI 的性能近似为 ARM7 TDMI 的 2 倍。

ARM9 主要具有以下特点：

1）5 级整数流水线，指令执行效率更高。

2）提供 1.1MIPS/MHz 的哈佛结构。

3）支持 32 位 ARM 指令集和 16 位 Thumb 指令集。

4）支持 32 位的高速 AMBA 总线接口。

5）全性能的 MMU，支持 WindowsCE、Linux、PalmOS 等多种主流嵌入式操作系统。

6）MPU 支持实时操作系统。

7）支持数据 Cache 和指令 Cache，具有更高的指令和数据处理能力。

ARM9 系列微处理器主要应用于引擎管理、无线设备、仪器仪表、安全系统、机顶盒、高端打印机、PDA、网络电脑、数字照相机和数字摄像机等。

3. ARM9E 微处理器系列

ARM9E 系列微处理器为综合处理器。处理器内核提供了微控制器、DSP、Java 应用系统的解决方案，极大地减少了芯片的面积和系统的复杂程度。ARM9E 系列微处理器提供了增强的 DSP 处理能力，很适合于那些需要同时使用 DSP 和微控制器的应用场合。

ARM9E 系列微处理器的主要特点如下：

1）支持 DSP 指令集，适合于需要高速数字信号处理的场合。

2）提供 1.1MIPS/MHz 的 5 级整数流水线和哈佛结构，指令执行效率更高。

3）支持 32 位 ARM 指令集和 16 位 Thumb 指令集。

4）支持 32 位的高速 AMBA 总线接口。

5）支持 VFP9 浮点运算协处理器。

6）全性能的 MMU，支持 WindowsCE、Linux、PalmOS 等多种主流嵌入式操作系统。

7）MPU 支持实时操作系统。

8）支持数据 Cache 和指令 Cache，具有更高的指令和数据处理能力。

9）主频最高可达 300MHz。

ARM9E 系列微处理器广泛应用于硬盘驱动器和 DVD 播放器等海量存储设备、语音编码器、调制解调器和软调制解调器、PDA、店面终端、智能电话、MPEG/MP3 音频译码器、语音识别与合成，以及免提连接、巡航控制和反锁刹车等自动控制解决方案。

4. ARM10 微处理器系列

ARM10 系列微处理器属于 ARM 处理器核中的高端处理器核，具有高性能、低功耗的特点。由于采用了新的体系结构，与 ARM9 器件相比较，在同样的时钟频率下，ARM10 的性能提高了近 50%。同时，ARM10 系列微处理器采用了两种先进的节能方式，使其功耗极低。

ARM10 系列微处理器的主要特点如下：

1）支持 DSP 指令集，适合于需要高速数字信号处理的场合。

2）6 级整数流水线，指令执行效率更高。

3）支持 32 位 ARM 指令集和 16 位 Thumb 指令集。

4）支持 32 位的高速 AMBA 总线接口。

5）支持 VFP10 浮点运算协处理器。

6）全性能的 MMU，支持 WindowsCE、Linux、PalmOS 等多种主流嵌入式操作系统。

7）支持数据 Cache 和指令 Cache，具有更高的指令和数据处理能力。

8）主频最高可达 400MHz。

9）内嵌并行读/写操作部件。

ARM 各种各样的向量浮点（Vector Floating Point，VFP）协处理器为 ARM10 系列的处理器核增加了全浮点操作。通过把 ARM VFP 包括进 SoC 设计中，以及使用专门的计算工具（如 MATLAB 和 MATRIXx）来直接进行系统建模和生成应用代码，可以得到更快的开发速度和更可靠的性能。此外，ARM VFP 的向量处理能力还为图像方面的应用提供了更多的性能。

ARM10 系列微处理器专为数字机顶盒、管理器（Organizer）和智能电话等高效手提设备而设计，并为复杂的视频游戏机和高性能打印机提供高级的整数和浮点运算能力。

5. SecurCore 微处理器系列

SecurCore 系列微处理器专为安全需要而设计，提供了完善的 32 位 RISC 技术的安全解决方案，具有特定的抗篡改（Resist Tampering）和反工程（Reverse Engineering）特性。因此，SecurCore 系列微处理器除了具有 ARM 体系结构的各种主要特点外，在系统安全方面还具有如下的特点：

1）带有灵活的保护单元，以确保操作系统和应用数据的安全。

2）采用软内核技术，防止外部对其进行扫描探测。

3）可集成用户自己的安全特性和其他协处理器。

SecurCore 系列微处理器主要应用于一些对安全性要求较高的应用产品及应用系统，如电子商务、电子政务、电子银行业务、网络和认证系统等领域。

SecurCore 系列微处理器包含 SecurCoreSC100、SecurCoreSC110、SecurCoreSC200 和 SecurCoreSC210 四种类型，以适用于不同的应用场合。

6. StrongARM 微处理器系列

1995 年，ARM、Apple 和 DEC 公司联合声明将开发一种应用于 PDA 的高性能、低功耗、基于 ARM 体系结构的 StrongARM 微处理器。当时的 Digital 公司的 Alpha 微处理器是一个工作频率非常高的 64 位 RISC 微处理器，1998 年 Intel 公司接管 Digital 半导体公司到现在，采用了同样的技术，并且进一步考虑了功耗效率，设计了 StrongARMSA-110，并成为高性能嵌入式微处理器设计的一个里程碑。StrongARMSA-110 处理器是采用 ARM 体系结构，高度集成的 32 位 RISC 微处理器，它融合了 Intel 公司的设计和处理技术以及 ARM 体系结构的电源效率，采用在软件上兼容 ARMv4 体系结构，同时采用具有 Intel 技术优点的体系结构。

StrongARM 的主要特点有：

1）具有寄存器前推的 5 级流水线。

2）除了 64 位乘法、多寄存器传送和存储器/寄存器交换指令外，其他所有普通指令均是单周期指令。

3）低功耗的伪静态操作。

4）不论处理器的时钟频率有多高，乘法器均每周期计算12位，用1~3个时钟周期计算两个3位操作数的乘法。对于数字信号处理性能要求很高的应用来说，StrongARM的高速乘法器有很大的潜力。

5）使用系统控制协处理器来管理片上MMU和Cache资源，并且集成了JTAG边界扫描测试电路以支持印制板连接测试。

Intel StrongARM处理器是便携式通信产品和消费类电子产品的理想选择，已成功应用于康柏的iPAQ H3600 Pocket PC、惠普的Jonada Handheld PC和Java技术支持的Palmtop掌上电脑等多种产品中。

7. Xscale 处理器

Intel Xscale处理器基于ARMv5TE体系结构，是一款全性能、高性价比、低功耗的处理器。它提供了从手持互联网设备到互联网基础设施产品的全面解决方案，支持16位的Thumb指令和DSP指令集。基于Xscale技术开发的系列微处理器，由于超低功率与高性能的组合使其适用于广泛的互联网接入设备，在因特网的各个应用环节中表现出了令人满意的处理性能。

Xscale处理器是Intel目前主要推广的一款ARM微处理器。该处理器架构经过专门设计，核心采用了Intel公司先进的0.18pm工艺技术制造，处理速度是Intel StrongARM处理速度的2倍，其内部结构也有了相应的变化。目前，StrongARM处理器已经停产，Xscale处理器成为它的替代产品。Xscale的主要特点有：

1）数据Cache的容量从8KB增加到32KB。

2）指令Cache的容量从16KB增加到32KB。

3）微小数据Cache的容量从512B增加到2KB。

4）为了提高指令的执行速度，超级流水线结构由5级增至7级。

5）新增乘法/加法器MAC和特定的DSP型协处理器CP0，以提高对多媒体技术的支持。

6）动态电源管理，使时钟频率可达1GHz，功耗低至1.6W，并能达到1200MIPS。

Intel Xscale微处理器结构对于诸如数字移动电话、个人数字助理和网络产品等都具有显著的优点。

10.7.2   ARM 处理器体系结构

1. ARM 体系结构的基本版本

ARM公司自成立以来，在32位嵌入式处理器开发领域中不断取得突破，ARM指令集体系结构从开发出来至今，也已经发生了重大的变化，未来将会继续发展。到目前为止，ARM体系的指令集功能形成了多种版本；同时，各版本中还发展了一些变种，这些变种定义了该版本指令集中不同的功能。在应用时，不同的处理器设计中采用了相适应的体系结构。

为了精确表述在每个ARM实现中所使用的指令集，迄今为止，将其定义成6种主要版本，分别用版本号1~6表示。这6种版本的ARM指令集体系结构如下：

（1）版本v1

ARM体系结构版本v1对第一个ARM处理器进行描述，从未用于商用产品。版本V1的地址空间是 26 位，仅支持 26 位寻址空间，不支持乘法或协处理器指令。基于该体系结构的 ARM 处理器应用在 BBC 微计算机中，虽然这种微型计算机制造得很少，但它标志着 ARM 成为第一个商用单片 RISC 微处理器。

版本 v1 包括下列指令：

1）基本的数据处理指令（不包括乘法指令）。

2）基于字节、字和半字的加载/存储（Load/Store）指令。

3）分支（Branch）指令，包括设计用于子程序调用的分支与链接指令。

4）软件中断指令（SWl），用于进行操作系统调用。

版本 v1 现已废弃不用。

（2）版本 v2

以 ARMv2 为核的 Acorn 公司的 Archimedes（阿基米德）和 A3000 批量销售，它使用了 ARM 公司现在称为 ARM 体系结构版本 v2 的体系结构。版本 V2 仍然只支持 26 位的地址空间，但包含了对 32 位结果的乘法指令和协处理器的支持。

版本 v2a 是版本 v2 的变种，ARM3 是第一片具有片上 Cache 的 ARM 处理器芯片，它采用了版本 v2a。版本 v2a 增加了称为 SWP 和 SWPB 的原子性加载和存储指令（合并了 Load 和 Store 操作的指令），并引入了协处理器 15 作为系统控制协处理器来管理 Cache。

版本 v2（2a）在 v1 的基础上进行了扩展，即

1）增加了乘法和乘加指令。

2）增加了支持协处理器的指令。

3）对于快速中断（FIQ）模式，提供了两个以上的影子寄存器。

4）增加了 SWP 指令和 SWPB 指令。

版本 v2 现已废弃不用。

（3）版本 v3

ARM 作为独立的公司，在 1990 年设计的第一个微处理器 ARM6 采用的是版本 v3 的体系结构。版本 v3 作为 IP 核、独立的处理器（ARM60）、具有片上高速缓存、MMU 和写缓冲的集成 CPU（用于 Apple Newton 的 ARM600、ARM610）所采纳的体系结构而被大量销售。

版本 v3 的变种版本有版本 v3G 和版本 v3M。版本 v3G 不与版本 v2a 向前兼容；版本 v3M 引入了有符号和无符号数的乘法和乘加指令，这些指令产生全部 64 位结果。

版本 v3 将寻址范围扩展到了 32 位：程序状态信息由过去存于寄存器 R15 中转移到一个新增的当前程序状态寄存器 CPSR（Current Program Status Register）中；再者，还增加了程序状态保存寄存器 SPSR（Saved Program Status Register），以便当异常情况出现时保留 CPSR 的内容；并在此基础上，增加了未定义和异常中止模式，以便在监控模式下支持协处理器仿真和虚拟存储器。

版本 v3 较以前的版本发生了如下的变化：

1）地址空间扩展到 32 位，除了 3G 外的其他版本向前兼容，支持 26 位的地址空间。

2）分开的当前程序状态寄存器 CPSR 和程序状态保存寄存器 SPSR。

3）增加了两种异常模式，使操作系统代码可以方便地使用数据来访问中止异常、指令预取中止异常和未定义指令异常。

4）增加了两个指令（MRS 和 MSR），以允许对新增的 CPSR 和 SPSR 寄存器进行读/写。

5）修改了用于从异常（Exception）返回的指令的功能。

（4）版本 v4

v4 是第一个具有全部正式定义的体系结构版本，它增加了有符号、无符号半字和有符号字节的加载/存储指令，并为结构定义的操作预留一些 SWI 空间；引入了系统模式（使用用户寄存器的特权模式），并将几个未使用指令空间的角落作为未定义指令使用。

在 v4 的变种版本 v4T 中，引入了 16 位 Thumb 压缩形式的指令集。

与版本 v3 相比，版本 v4 作了以下扩展：

1）增加了有符号、无符号的半字和有符号字节的 Load 和 Store 指令。

2）增加了 T 变种，处理器可以工作于 Thumb 状态，在该状态下的指令集是 16 位的 Thumb 指令集。

3）增加了处理器的特权模式。在该模式下，使用的是用户模式寄存器。

版本 v4 不再强制要求与 26 位地址空间兼容，而且还清楚地指明了哪些指令将会引起未定义指令异常。

（5）版本 v5

版本 v5 通过增加一些指令以及对现有指令的定义略作修改，对版本 v4 进行了扩展。

版本 v5 主要由两个变种版本 v5T 和 v5TE 组成。ARM10 处理器是最早支持版本 v5T（很快也会支持 v5TE 版本）的处理器。版本 v5T 是版本 v4T 的扩展集，加入了 BLX、CLZ 和 BRK 指令。为了简化那些同时需要控制器和信号处理功能的系统设计任务，版本 v5TE 在版本 v5T 的基础上增加了信号处理指令集，并首先在 ARM9E-S 可综合核中实现。

版本 v5 主要有如下扩展：

1）提高了 T 变种中 ARM/Thumb 之间切换的效率。

2）让非 T 变种和 T 变种一样，使用相同的代码生成技术。

3）增加了一个计数前导零（Count Leading Zeroes，CLZ）指令，该指令允许更有效的整数除法和中断优先程序。

4）增加了软件断点（BKPT）指令。

5）为协处理器设计提供了更多的可选择的指令。

6）对由乘法指令如何设置条件码标志位进行了严密的定义。

（6）版本 v6

ARM 体系结构版本 v6 是 2001 年发布的。新架构版本 v6 在降低耗电量的同时，强化了图形处理性能。通过追加能够有效进行多媒体处理的 SIMD 功能，将其对语音及图像的处理功能提高到了原机型的 4 倍。版本 v6 首先在 2002 年春季发布的 ARM11 处理器中使用。除此之外，版本 v6 还支持多种微处理器内核。

表 10-3 总结了每个核使用的 ARM 体系结构的版本。

表 10-3 ARM 体系结构的版本

核	体系结构
ARM1	v1
ARM2	V2
ARM2aS、ARM3	V2a

（续）

核	体系结构
ARM6、ARM600、ARM610	v3
ARM7、ARM700、ARM710	v3
ARM7 TDMI、ARM710T、ARM710T、ARM740T	v4T
StrongARM、ARM8、ARM810	v4
ARM9TDMI、ARM920T、ARM940T	v4T
ARM9E-S	v5TE
ARM10TDMI、ARM1020E	v5TE
ARM11、ARM1156T2-S、ARM1156T2F-2、ARM1176J2-S、ARM11JZF-S	v6

2. ARM 体系结构的演变

通常将具有某些特殊功能的 ARM 体系结构称为它的某种变种（Variant），如将支持 Thumb 指令集的 ARM 体系称为其 T 变种。迄今为止，ARM 定义了以下一些变种：

（1）Thumb 指令集（T 变种）

Thumb 指令集是 ARM 指令集的重编码子集。Thumb 指令（16 位）的长度是 ARM 指令（32 位）长度的一半，因此使用 Thumb 指令集可得到比 ARM 指令集更高的代码密度，这对于降低产品成本是非常有意义的。

对于支持 Thumb 指令的 ARM 体系版本，一般通过增加字符 T 来表示（如 v4T）。与 ARM 指令集相比，Thumb 指令集具有以下两个限制：第一，对同样的工作来说，Thumb 代码通常使用更多的指令，因此，为了充分发挥时间的效能，最好采用 ARM 代码；第二，Thumb 指令集不包括异常处理所需的指令，因此，至少顶级异常处理需要使用 ARM 代码。

基于上述第 2 个限制，Thumb 指令集总是与相应版本的 ARM 指令集配合使用。目前，Thumb 指令集有两个版本：Thumb 指令集版本 v1（此版本作为 ARM 体系版本 v4 的 T 变种）和 Thumb 指令集版本 v2（此版本作为 ARM 体系版本 v5 的 T 变种）。与 Thumb 版本 v1 相比，版本 v2 具有如下特点：

1）通过增加新的指令和对已有指令的修改，提高了 ARM 指令和 Thumb 指令混合使用时的效率。

2）增加了软件中断指令，更严格地定义了 Thumb 乘法指令对条件码标志位的影响。

这些改变与 ARM 体系版本 v4 到 v5 的扩展密切相关。在实际使用中，通常不使用 Thumb 的版本号，而使用相应的 ARM 版本号。

（2）长乘法指令（M 变种）

ARM 指令集的长乘法指令是一种生成 64 位相乘结果的乘法指令。与乘法指令相比，M 变种增加了以下两条指令：一条指令完成 32 位整数乘以 32 位整数，生成 64 位整数的长乘操作；另一条指令完成 32 位整数乘以 32 位整数，然后再加上一个 32 位整数，生成 64 位整数的长乘加操作。

需要这种长乘法的场合 M 变种非常适合。但是，M 变种包含的指令意味着乘法器需相当大，因此，在对芯片尺寸要求苛刻而乘法性能不太重要的系统实现中，就不适合添加这种相当耗费芯片面积的 M 变种。

M 变种首先在 ARM 体系版本 v3 中引入。如果没有上述设计方面的限制，在 ARM 体系版本 v4 及其以后的版本中，M 变种将是系统中的标准部分。对于支持长乘法 ARM 指令的 ARM 体系版本，使用字符 M 来表示。

（3）增强型 DSP 指令（E 变种）

ARM 指令集的 E 变种包括一些附加指令。在完成典型的 DSP 算法方面，这些附加指令可以增强 ARM 处理器的性能。它们包括：

1）几条新的完成 16 位数据乘法和乘加操作的指令。

2）实现饱和的带符号算术运算的加法和减法指令。饱和的带符号算术运算的加法和减法是整数算法的一种形式。这种算法在加减法操作溢出时，结果并不进行卷绕（Wrapping Around），而是使用最大的整数或最小的负数来表示。

3）进行双字数据操作的指令，包括加载寄存器指令 LDRD、存储寄存器指令 STRD 和协处理器寄存器传送指令 MCRR 与 MRRC。

4）Cache 预加载指令 PLD。

E 变种首先在 ARM 体系版本 v5T 中使用，用字符 E 表示。在版本 v5 以前的版本以及在非 M 变种和非 T 变种的版本中，E 变种是无效的。

对于一些早期 ARM 体系的 E 变种，其实现省略了 LDRD、STRD、MCRR、MRRC 和 PLD 指令。这种 E 变种记作 ExP，其中 x 表示缺少，P 代表上述的几种指令。

（4）Java 加速器 Jazelle（J 变种）

ARM 的 Jazelle 技术将 Java 语言的优势和先进的 32 位 RISC 芯片完美地结合在了一起。Jazelle 技术提供了 Java 加速功能，使得 Java 代码的运行速度比普通 Java 虚拟机提高了 8 倍，而功耗降低了 80%。

Jazelle 技术允许 Java 应用程序、已经建立好的操作系统和中间件以及其他应用程序在一个单独的处理器上同时运行。这样使得一些必须用到协处理器和双处理器的场合可以使用单处理器代替，在提供高性能的同时保证低功耗和低成本。

J 变种首先在 ARM 体系版本 vTEJ 中使用，用字符 J 表示 J 变种。

（5）ARM 媒体功能扩展（SIMD 变种）

ARM 媒体功能扩展 SIMD 技术为嵌入式应用系统提供了高性能的音频和视频处理能力，它可使微处理器的音频和视频处理性能提高 4 倍。

新一代的 Internet 应用系统、移动电话和 PDA 等设备需要提供高性能的流式媒体，包括音频和视频等，而且这些设备需要提供更加人性化的界面，包括语音识别和手写输入识别等。因此，要求处理器能够提供很强的数字信号处理能力，同时还必须保持低功耗以延长电池的使用时间。ARM 的 SIMD 媒体功能扩展为这些应用系统提供了解决方案，它为包括音频和视频处理在内的应用系统提供了优化功能。其主要特点包括：

1）将处理器的音频和视频处理性能提高了 2～4 倍。

2）可同时进行 2 个 16 位操作数或 4 个 8 位操作数的运算。

3）提供了小数算术运算。

4）用户可自定义饱和运算的模式。

5）可以进行 2 个 16 位操作数的乘加/乘减运算。

6）32 位乘以 32 位的小数乘加运算。

7）同时 8 位/16 位选择操作。

ARM 的 SIMD 变种主要应用在以下领域：

1）Internet 应用系统。

2）流式媒体应用系统。

3）MPEG4 编码/解码系统。

4）语音和手写输入识别。

5）FFT 处理。

6）复杂的算术运算。

7）Viterbi 处理。

3. ARM/Thumb 体系结构版本命名

为了精确命名版本和 ARM/Thumb 体系版本的变种，将下面的字符串连接起来使用：

1）基本字符串 ARMv。

2）ARM 指令集的版本号，目前是 1 ~ 6 的数字字符。

3）表示变种的字符（除了 M 变种）。在 ARM 体系版本 v4 及以后的版本中，M 变种是系统的标准配置，因而字符 M 通常不单独列出。

4）使用字符 x 表示排除某种功能。若在 v3 以后的版本中描述为标准的变种没有出现，则字符 x 后跟随所排除变种的字符。如在 ARMv5TExP 体系版本中，x 表示缺少，P 表示在 ARMv5TE 中排除某些指令（包括 LDRD、STRD、MCRR/MRRC 和 PLD）。

ARM/Thumb 体系版本名称及其含义是不断发展变化的，最新含义可查阅相关的 ARM 资料。表 10-4 列出了目前 ARM/Thumb 体系版本的标准名称，这些名称提供了描述由 ARM 处理器实现的精确指令集的最简短的方法。

表 10-4　目前有效的 ARM/Thumb 体系版本

名　称	ARM 指令集版本	Thumb 指令集版本	M 变种	E 变种	J 变种	SIMD 变种
ARMv3	3	无	否	否	否	否
ARMv3M	3	无	是	否	否	否
ARMv4xM	4	无	否	否	否	否
ARMv4	4	无	是	否	否	否
ARMv4TxM	4	1	否	否	否	否
ARMv4T	4	1	是	否	否	否
ARMv5xM	5	无	否	否	否	否
ARMv5	5	无	是	否	否	否
ARMv5TxM	5	2	否	否	否	否
ARMv5T	5	2	是	否	否	否
ARMv5TExP	5	2	是	除 LDRD、STRD、CMRP、MR-RC、PLD 外的所有指令	否	否
ARMv5TE	5	2	是	是	否	否
ARMv5TEJ	5	2	是	是	是	否
ARMv6	6	2	是	是	是	是

10.7.3 ARM 处理器应用选型

鉴于 ARM 微处理器的众多优点，随着国内外嵌入式应用领域的逐步发展，ARM 微处理器获得了广泛的重视和应用。但是，由于 ARM 微处理器有多达十几种的内核结构，几十个芯片生产厂家，以及千变万化的内部功能配置组合，这给开发人员在选择方案时带来一定的困难，所以，对 ARM 芯片做一些对比研究是十分必要的。

以下从应用的角度出发，对在选择 ARM 微处理器时所应考虑的主要问题做一些简要的探讨。

1. ARM 微处理器内核的选择

从前面所介绍的内容可知，ARM 微处理器包含一系列的内核结构，以适应不同的应用领域，用户如果希望使用 WinCE 或标准 Linux 等操作系统以减少软件开发时间，就需要选择 ARM720T 以上带有 MMU 功能的 ARM 芯片。ARM720T、ARM920T、ARM922T、ARM946T、StrongARM 都带有 MMU 功能，而 ARM7 TDMI 则没有 MMU，不支持 WindowsCE 和标准 Linux，但目前有 μC/OS 等不需要 MMU 支持的操作系统可运行于 ARM7 TDMI 硬件平台之上。事实上，μC/OS 已经成功移植到多种不带 MMU 的微处理器平台上，并在稳定性和其他方面都表现尚佳。

2. 系统的工作频率

系统的工作频率在很大程度上决定了 ARM 微处理器的处理能力。ARM7 系列微处理器的典型处理速度为 0.9MIPS/MHz，常见的 ARM7 芯片系统主时钟为 20～133MHz，ARM9 系列微处理器的典型处理速度为 1.1MIPS/MHz，常见的 ARM9 的系统主时钟频率为 100～233MHz，ARM10 最高可以达到 700MHz。不同芯片对时钟的处理不同，有的芯片只需要一个主时钟频率，有的芯片内部时钟控制器可以分别为 ARM 核和 USB、UART、DSP、音频等功能部件提供不同频率的时钟。

3. 芯片内存储器的容量

大多数的 ARM 微处理器片内存储器的容量都不太大，需要用户在设计系统时外扩存储器，但也有部分芯片具有相对较大的片内存储空间，如 ATMEL 的 AT91F40162 就具有高达 2MB 的片内程序存储空间，用户在设计时可考虑选用这种类型，以简化系统的设计。

4. 片内外围电路的选择

除 ARM 微处理器核以外，几乎所有的 ARM 芯片均根据各自不同的应用领域，扩展了相关的功能模块，并集成在芯片之中，我们称之为片内外围电路，如 USB 接口、IIS 接口、LCD 控制器、键盘接口、RTC、ADC 和 DAC、DSP 协处理器等，设计者应分析系统的需求，尽可能采用片内外围电路完成所需的功能，这样既可简化系统的设计，又可提高系统的可靠性。

10.8 ARM 处理器的工作状态和工作模式

10.8.1 ARM 处理器的工作状态

从编程的角度看，ARM 处理器的工作状态一般有两种，并可在两种状态之间切换。处理器工作状态的转变不影响处理器的工作模式和相应寄存器中的内容。

1）ARM 状态：处理器执行 32 位的字对齐的 ARM 指令。

当操作数寄存器的状态位（位 0）为 1 时，可以采用执行 BX 指令的方法，使微处理器从 ARM 状态切换到 Thumb 状态。此外，当处理器处于 Thumb 状态时发生异常（如 IRQ、FIQ、Undef、Abort、SWI 等），则异常处理返回时，自动切换到 Thumb 状态。

2）Thumb 状态：处理器执行 16 位的半字对齐的 Thumb 指令。

当操作数寄存器的状态位为 0 时，执行 BX 指令时可以使微处理器从 Thumb 状态切换到 ARM 状态。此外，在处理器进行异常处理时，把 PC 指针放入异常模式连接寄存器中，并从异常向量地址开始执行程序，也可以使处理器切换到 ARM 状态。

Thumb 指令集是 ARM 体系结构为了兼容数据总线宽度为 16 位的应用系统而特意保留的。Thumb 指令集是 ARM 指令集的一个子集，允许指令编码为 16 位的长度。与等价的 32 位代码相比，Thumb 指令集在保留 32 位代码优势的同时，大大节省了系统的存储中间。在一般的情况下，Thumb 指令与 ARM 指令的时间效率和空间效率关系为：Thumb 代码所需的存储空间为 ARM 代码的 60%～70%；Thumb 代码使用的指令数比 ARM 代码多 30%～40%；若使用 32 位的存储器，ARM 代码比 Thumb 代码快约 40%；若使用 16 位的存储器，Thumb 代码比 ARM 代码快 40%～50%；与 ARM 代码相比，使用 Thumb 代码，存储器的功耗会降低约 30%。

显然，ARM 指令集和 Thumb 指令集各有其优点。若对系统的性能有较高要求，则应使用 32 位的存储系统和 ARM 指令集；若对系统的成本及功耗有较高要求，则应使用 16 位的存储系统和 Thumb 指令集。当然，若两者结合使用，充分发挥各自的优点，会取得更好的效果。

Thumb 指令集为 16 位指令长度，但 Thumb 指令集中的数据处理指令的操作数和指令地址是 32 位的。ARM 指令都是有条件执行的，大多数 Thumb 指令是无条件执行。在指令编码中，Thumb 指令减少了 ARM 指令的条件域；由于大多数 Thumb 数据处理指令的目的寄存器与一个源寄存器相同，所以 Thumb 指令在指令编码时由三操作数改为二操作数。

10.8.2 ARM 处理器的工作模式

ARM 处理器有以下 7 种基本工作模式：

1）用户模式（User）：非特权模式，正常程序执行的模式，大部分任务执行在这种模式下。

2）快速中断模式（FIQ）：当一个高优先级（Fast）中断产生时将会进入这种模式，用于高速数据传输和通道处理。

3）外部中断模式（IRQ）：当一个低优先级（Normal）中断产生时将会进入这种模式，用于通常的中断处理。

4）管理模式（Supervisor）：当复位或软中断指令执行时将会进入这种模式，它是一种供操作系统使用的保护模式。

5）数据访问中止模式（Abort）：当数据或指令存取异常时将会进入这种模式，用于虚拟存储及存储保护。

6）未定义模式（Undef）：当执行未定义指令时会进入这种模式，可用于支持硬件协处理器的软件仿真。

7）系统模式（System）：使用和 User 模式相同寄存器集的特权模式，但是运行的是特权级的操作系统任务。

ARM 处理器的工作模式可以通过软件改变，也可以通过外部中断或异常处理改变。大多数的应用程序运行在用户模式下。当处理器运行在用户模式下时，某些被保护的系统资源是不能被访问的。

除用户模式以外，其余的 6 种模式称为非用户模式或特权模式（Privileged Modes）。其中，除去用户模式和系统模式以外的 5 种又称为异常模式（Exception Modes），常用于处理中断或异常，以及需要访问受保护的系统资源等情况。为确保从用户模式进入异常模式的可靠性，每种模式都有一些特定的附加寄存器。

FIQ 模式与 IRQ 模式之间具有很大区别，FIQ 模式是必须尽快处理的，并且处理结束后离开这个模式。IRQ 模式可以被 FIQ 模式所中断，但 IRQ 模式不能中断 FIQ 模式。为使 FIQ 模式响应得更快，FIQ 模式具有更多的影子（Shadow）寄存器。FIQ 模式必须禁用中断。如果一个中断例程必须重新启用中断，则应该使用 IRQ 模式而不是 FIQ 模式。

不能有任何异常进入系统模式，它与用户模式有完全相同的寄存器，但不受用户模式限制。系统模式需要访问系统资源的任务使用，而且不使用与异常模式相关的附加寄存器，从而保证了任何异常出现时任务的状态都是可靠的。

10.9 ARM 处理器的寄存器组织

ARM 微处理器共有 37 个 32 位寄存器，其中 31 个为通用寄存器，6 个为状态寄存器。但是这些寄存器不能被同时访问，具体哪些寄存器是可编程访问的，取决于微处理器的工作状态和具体的运行模式。但在任何时候，通用寄存器 R14 ~ R0、程序计数器 PC、一个或两个状态寄存器都是可访问的。

10.9.1 ARM 状态下的寄存器组织

1. 通用寄存器

通用寄存器包括 R0 ~ R15，可以分为三类：未分组寄存器 R0 ~ R7；分组寄存器 R8 ~ R14；程序计数器 PC（R15）。

（1）未分组寄存器 R0 ~ R7

在所有的运行模式下，未分组寄存器都指向同一个物理寄存器，它们未被系统用做特殊的用途。因此，在中断或异常处理进行运行模式转换时，由于不同的处理器运行模式均使用相同的物理寄存器，可能会造成寄存器中数据的破坏，这一点在进行程序设计时应引起注意。

（2）分组寄存器 R8 ~ R14

对于分组寄存器，它们每次所访问的物理寄存器与处理器当前的运行模式有关。

1）分组寄存器的表示法。

对于 R8 ~ R12，每个寄存器对应两个不同的物理寄存器，当使用 FIQ 模式时，访问寄存器 R8_fiq ~ R12_fiq；当使用除 FIQ 模式外的其他模式时，访问寄存器 R8_usr ~ R12_usr。

对于 R13、R14，每个寄存器对应 6 个不同的物理寄存器，其中的一个是用户模式与系统模式共用，另外 5 个物理寄存器对应于其他 5 种不同的运行模式。

采用以下的记号来区分不同的物理寄存器：

R13_ < mode >

R14_ < mode >

其中，mode 为以下几种模式之一：usr、fiq、irq、svc、abt 和 und。

2）寄存器 R13。

R13 在 ARM 指令中常用做堆栈指针 SP。但这只是一种习惯用法，用户也可使用其他的寄存器作为堆栈指针。而在 Thumb 指令集中，某些指令强制性地要求使用 R13 作为堆栈指针。

由于处理器的每种运行模式均有自己独立的物理寄存器 R13，所以在用户应用程序的初始化部分，一般都要初始化每种模式下的 R13，使其指向该运行模式的栈空间。这样，当程序的运行进入异常模式时，可以将需要保护的寄存器放入 R13 所指向的堆栈，而当程序从异常模式返回时，则从对应的堆栈中恢复，采用这种方式可以保证异常发生后程序的正常执行。

3）寄存器 R14。

R14 也称为子程序连接寄存器（Subroutine Link Register）或连接寄存器 LR。当执行 BL 子程序调用指令时，R14 中得到 R15（程序计数器 PC）的备份。在其他情况下，R14 用做通用寄存器。与之类似，当发生中断或异常时，对应的分组寄存器 R14_svc、R14_irq、R14_fiq、R14_abt 和 R14_und 用来保存 R15 的返回值。

在每一种运行模式下，都可用 R14 保存子程序的返回地址，当用 BL 或 BLX 指令调用子程序时，将 PC 的当前值复制给 R14，执行完子程序后，又将 R14 的值复制回 PC，即可完成子程序的调用返回。

（3）程序计数器 PC（R15）

寄存器 R15 用做程序计数器（PC）。在 ARM 状态下，位 [1：0] 为 0，位 [31：2] 用于保存 PC；在 Thumb 状态下，位 [0] 为 0，位 [31：1] 用于保存 PC。

R15 虽然也可用做通用寄存器，但一般不这样使用，因为对 R15 的使用有一些特殊的限制，当违反了这些限制时，程序的执行结果是未知的。

由于 ARM 体系结构采用了多级流水线技术，所以对于 ARM 指令集而言，PC 总是指向当前指令的下两条指令的地址，即 PC 的值为当前指令的地址值加 8 字节。

在 ARM 状态下，任一时刻可以访问以上所讨论的 16 个通用寄存器和 1～2 个状态寄存器。在非用户模式（特权模式）下，则可访问到特定模式分组寄存器。图 10-6 说明在每一种运行模式下，哪些寄存器是可以访问的。

2. 程序状态寄存器

程序状态寄存器 CPSR（Current Program Status Register，当前程序状态寄存器）可在任何运行模式下被访问，它包括条件标志位、中断禁止位、当前处理器模式标志位，以及其他一些相关的控制和状态位。

每一种运行模式下又都有一个专用的物理状态寄存器，称为 SPSR（Saved Program Status Register，备份的程序状态寄存器）。当异常发生时，SPSR 用于保存 CPSR 的当前值，从异常

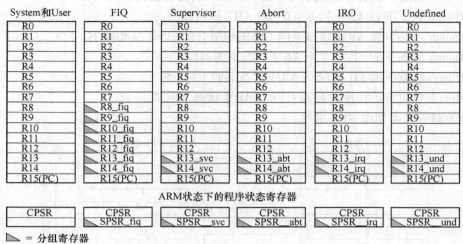

图 10-6　ARM 状态下的寄存器组织

退出时则可由 SPSR 来恢复 CPSR。

　　由于用户模式和系统模式不属于异常模式，所以它们没有 SPSR，当在这两种模式下访问 SPSR 时，结果是未知的。

10.9.2　Thumb 状态下的寄存器组织

　　Thumb 状态下的寄存器集是 ARM 状态下寄存器集的一个子集，程序可以直接访问 8 个通用寄存器（R7 ~ R0）、程序计数器（PC）、堆栈指针（SP）、连接寄存器（LR）和 CPSR。同时，在每一种特权模式下都有一组 SP、LR 和 SPSR。图 10-7 所示为 Thumb 状态下的寄存器组织。

System和User	FIQ	Supervisor	Abort	IRQ	Undefined
R0	R0	R0	R0	R0	R0
R1	R1	R1	R1	R1	R1
R2	R2	R2	R2	R2	R2
R3	R3	R3	R3	R3	R3
R4	R4	R4	R4	R4	R4
R5	R5	R5	R5	R5	R5
R6	R6	R6	R6	R6	R6
R7	R7	R7	R7	R7	R7
SP	SP_fiq	SP_svc	SP_abt	SP_irq	SP_und
LR	LR_fiq	LR_svc	LR_abt	LR_irq	LR_und
PC	PC	PC	PC	PC	PC

Thumb状态下的程序状态寄存器

CPSR	CPSR	CPSR	CPSR	CPSR	CPSR
	SPSR_fiq	SPSR_svc	SPSR_abt	SPSR_irq	SPSR_und

◣ = 分组寄存器

图 10-7　Thumb 状态下的寄存器组织

1. Thumb 状态下的寄存器组织与 ARM 状态下的寄存器组织的关系

1）Thumb 状态下和 ARM 状态下的 R0 ~ R7 是相同的。

2）Thumb 状态下和 ARM 状态下的 CPSR 和所有的 SPSR 是相同的。

3）Thumb 状态下的 SP 对应于 ARM 状态下的 R13。

4）Thumb 状态下的 LR 对应于 ARM 状态下的 R14。

5）Thumb 状态下的程序计数器对应于 ARM 状态下 R15。

以上的对应关系如图 10-8 所示。

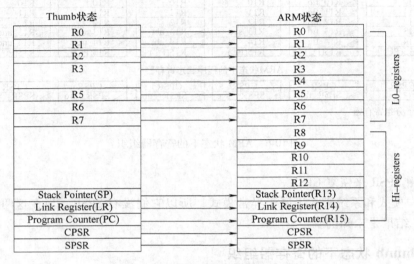

图 10-8 Thumb 状态下的寄存器组织
与 ARM 状态下的寄存器组织的关系

2. 访问 Thumb 状态下的高位寄存器（Hi-registers）

在 Thumb 状态下，高位寄存器 R8 ~ R15 并不是标准寄存器集的一部分，但可使用汇编语言程序受限制地访问这些寄存器，将其用做快速的暂存器。使用带特殊变量的 MOV 指令，数据可以在低位寄存器和高位寄存器之间进行传送；高位寄存器的值可以使用 CMP 和 ADD 指令进行比较或加上低位寄存器中的值。

10.9.3 程序状态寄存器

ARM 体系结构包含一个当前程序状态寄存器（CPSR）和 5 个备份的程序状态寄存器（SPSR）。备份的程序状态寄存器用来进行异常处理，其功能包括：

1）保存 ALU 中的当前操作信息。

2）控制允许和禁止中断。

3）设置处理器的运行模式。

程序状态寄存器的每一位的安排如图 10-9 所示。

1. 条件码标志

N、Z、C、V 均为条件码标志位。它们的内容可被算术或逻辑运算的结果改变，并且可以决定某条指令是否被执行。

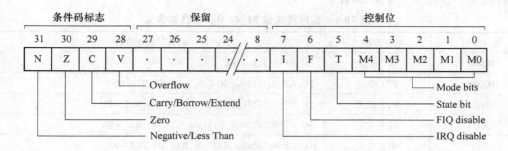

图 10-9 程序状态寄存器的格式

在 ARM 状态，绝大多数的指令都是有条件执行的。

在 Thumb 状态下，仅有分支指令是有条件执行的。

条件码标志各位的具体含义见表 10-5。

表 10-5 条件码标志位的具体含义

标志位	含　义
N	当用两个补码表示的带符号数进行运算时，N = 1 表示运算的结果为负数，N = 0 表示运算的结果为正数或零
Z	Z = 1 表示运算的结果为零，Z = 0 表示运算的结果为非零
C	可以有 4 种方法设置 C 的值： ①加法运算（包括比较指令 CMN），当运算结果产生了进位（无符号数溢出）时，C = 1，否则 C = 0 ②减法运算（包括比较指令 CMP），当运算时产生了借位（无符号数溢出）时，C = 0，否则 C = 1 ③对于包含移位操作的非加/减运算指令，C 为移出值的最后一位 ④对于其他的非加/减运算指令，C 的值通常不改变
V	可以有 2 种方法设置 V 的值： ①对于加/减法运算指令，当操作数和运算结果为二进制的补码表示的带符号数时，V = 1 表示符号位溢出 ②对于其他的非加/减运算指令，V 的值通常不改变
Q	在 ARM v5 及以上版本的 E 系列处理器中，用 Q 标志位指示增强的 DSP 运算指令是否发生了溢出；在其他版本的处理器中，Q 标志位无定义

2. 控制位

程序状态寄存器（PSR）的低 8 位（包括 I、F、T 和 M [4：0]）称为控制位，当发生异常时这些位可以被改变。如果处理器运行特权模式，则这些位也可以由程序修改。

1）中断禁止位 I、F：I = 1 禁止 IRQ 中断；F = 1 禁止 FIQ 中断。

2）标志位：该位反映处理器的运行状态。

对于 ARM 体系结构 v5 及以上版本的 T 系列处理器，当该位为 1 时，程序运行于 Thumb 状态，否则运行于 ARM 状态。对于 ARM 体系结构 v5 及以上版本的非 T 系列处理器，当该位为 1 时，执行下一条指令会引起未定义的指令异常；该位为 0 时，表示运行于 ARM 状态。

3）运行模式位 M [4：0]（M0、M1、M2、M3、M4）：模式位，这些位决定了处理器的运行模式。具体含义见表 10-6。

表 10-6　运行模式位 M[4：0] 的具体含义

M[4:0]	处理器模式	可访问的寄存器
l0000	用户模式	PC,CPSR,R0 ~ R14
100001	FIQ 模式	PC,CPSR,SPSRnq,R14_fiq ~ R8_fiq,R7 ~ R0
10010	IRQ 模式	PC,CPSR,SPSR_irq,R14_irq,R13_irq,R12 ~ R0
10011	管理模式	PC,CPSR,SPSRsvc,R11_svc,R13_svc,R12 ~ R0
10111	中止模式	PC,CPSR,SPSlabt,R11_abt,R13_abt,R12 ~ R0
11011	未定义模式	PC,CPSR,SPSlund,R14_und,R13_und,R12 ~ R0
11111	系统模式	PC,CPSR（ARMv4 及以上版本）,R4 ~ R0

由表 10-6 可知，并不是所有的运行模式位的组合都是有效的，其他的组合结果会导致处理器进入一个不可恢复的状态。

3. 保留位

PSR 中的其余位为保留位，当改变 PSR 中的条件码标志位或者控制位时，保留位不要改变，在程序中也不要使用保留位来存储数据。保留位将用于 ARM 版本的扩展。

10.10　ARM 处理器的存储器组织

ARM 体系结构将存储器看作从零地址开始的字节的线性组合。从零字节到三字节放置第一个存储的字数据，从第四个字节到第七个字节放置第二个存储的字数据，依次排列。作为 32 位的微处理器，ARM 体系结构支持的最大寻址空间为 4GB（2^{32} 字节）。

ARM7 TDMI 处理器采用冯·诺依曼结构，指令和数据共用一条 32 位数据总线。只有装载、保存和交换指令可访问存储器中的数据。地址计算通常通过普通的整数指令来实现。大多数指令通过指令所指定的偏移量与 PC 值相加并将结果写入 PC 来实现跳转。由于 ARM7 TDMI 使用三级流水线，当前指令之后会预取两条指令，所以目标地址一般为：当前指令的地址 + 8 + 偏移量。

ARM 体系结构存储器支持字（Word）、半字（Half Word）和字节（Byte）三种数据类型。处理器给出的是一个字节地址，表示可以是字、半字或字节，ARM 用 MAS [1：0] 描述访问存储器数据宽度。在 ARM 体系结构中，字的长度为 32 位，需要 4 字节对齐（地址的低两位为 00）；半字的长度为 16 位，需要 2 字节对齐（地址的最低位为 0）；字节的长度为 8 位。

ARM 体系结构可以用两种方法存储字数据，分别称为大端格式和小端格式。

1. 大端格式（Big Endian）

在这种格式中，字数据的高字节存储在低地址，而字数据的低字节则存放在高地址，如图 10-10 所示。

2. 小端格式（Little Endian）

与大端存储格式相反，在小端存储格式中，低地址中存放的是字数据的低字节，高地址中存放的是字数据的高字节。如图 10-11 所示。

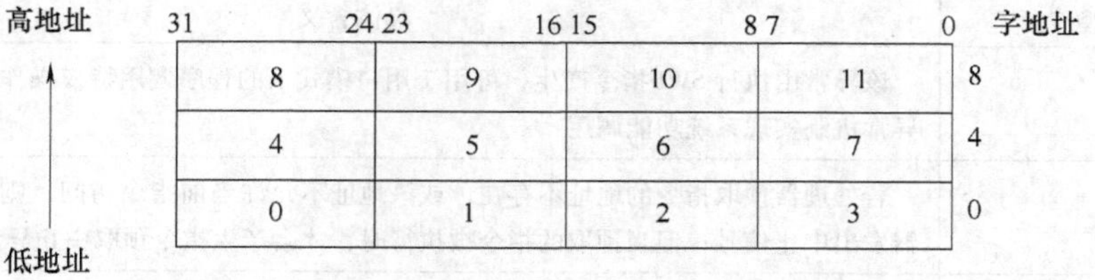

图 10-10   以大端格式存储字数据

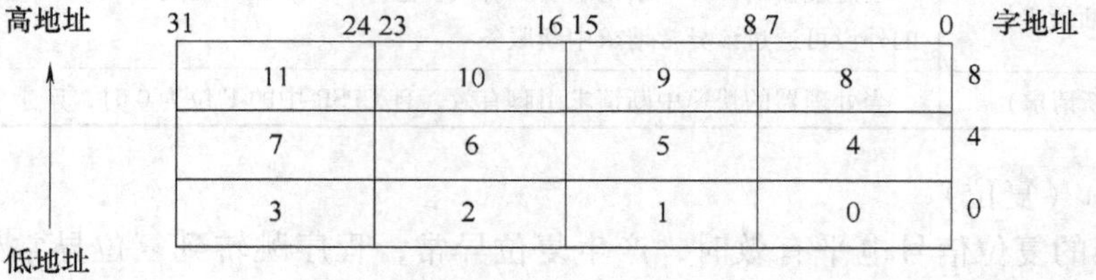

图 10-11   以小端格式存储字数据

多数芯片厂家配置了大端格式和小端格式两种存储格式，默认值为小端格式。

当处理器被配置成小端格式时，存储系统的 0 字节由 nCAS0 选通，与数据总线的 D [7：0] 连接。nCAS1 信号选通数据线 D [15：8]，nCAS2 信号选通数据线 D [23：16]，nCAS3 信号选通数据线 D [31：24)。当系统被配置成大端格式时，存储系统的 0 字节由 nCAS0 信号选通连接到数据线 D [31：24]。

10.11   ARM 体系结构所支持的异常

正常的程序执行流程发生暂时的停止，称为异常。例如，为处理一个外部中断请求，系统执行完当前执行的指令后可以转去执行异常处理程序。在处理异常之前，当前处理器的状态必须保留，这样当异常处理完成之后，当前程序可以继续执行。处理器允许多个异常同时发生，它们将会按固定的优先级进行处理。

ARM 体系结构中的异常与 8 位/16 位处理器体系结构的中断有很多的相似之处，但异常与中断的概念并不完全等同。

1. ARM 体系结构所支持的异常类型

ARM 体系结构一共支持 7 种异常，其具体含义见表 10-7。

表 10-7   ARM 体系结构所支持的异常

异常类型	具体含义
复位	当处理器的复位电平有效时，产生复位异常，程序跳转到复位异常处理程序处执行
未定义指令	当 ARM 处理器或协处理器遇到不能处理的指令时，产生未定义指令异常。可使用该异常机制进行软件仿真

（续）

异常类型	具体含义
软件中断	该异常由执行 SWI 指令产生，可用于用户模式下的程序调用特权操作指令，可使用该异常机制实现系统功能调用
指令预取中止	若处理器预取指令的地址不存在，或该地址不允许当前指令访问，则存储器会向处理器发出中止信号；但当预取的指令被执行时，才会产生指令预取中止异常
数据中止	若处理器数据访问指令的地址不存在，或该地址不允许当前指令访问时，产生数据中止异常
IRQ（外部中断请求）	当处理器的外部中断请求引脚有效，且 CPSR 中的 I 位为 0 时，产生 IRQ 异常，系统的外设可通过该异常请求中断服务
PIQ（快速中断请求）	当处理器的快速中断请求引脚有效，且 CPSR 中的 F 位为 0 时，产生 FIQ 异常

（1）Reset（复位）

当处理器的复位信号电平有效时，产生复位异常，程序跳转到复位异常处理程序处执行。

（2）Undefined Lnstruction（未定义指令）

当 ARM 处理器遇到不能处理的指令时，会产生未定义指令异常。采用这种机制，可以通过软件仿真扩展 ARM 或 Thumb 指令集。

在仿真未定义指令后，处理器执行以下程序返回，无论是在 ARM 状态还是 Thumb 状态：

MOVS　PC,R14_und

以上指令恢复 PC（从 R14_und）和 CPSR（从 SPSR_und）的值，并返回到未定义指令后的下一条指令。

（3）Software Interrupt（软件中断）

软件中断指令（SWl）用于进入管理模式，常用于请求执行特定的管理功能。软件中断处理程序执行以下指令从 SWI 模式返回，无论是在 ARM 状态还是 Thumb 状态：

MOV　PC,R14_svc

以上指令恢复 PC（从 R14_svc）和 CPSR（从 SPSR_svc）的值，并返回到 SWI 的下一条指令。

（4）Abort（中止）

产生中止异常意味着对存储器的访问失败。ARM 微处理器在存储器访问周期内检查是否发生中止异常。

中止异常包括两种类型：指令预取中止，发生在指令预取时；数据中止，发生在数据访问时。

当指令预取访问存储器失败时，存储器系统向 ARM 处理器发出存储器中止（Abort）信号，预取的指令被记为无效，但只有当处理器试图执行无效指令时，指令预取中止异常才会发生。如果指令未被执行，例如在指令流水线中发生了跳转，则预取指令中止异常不会发生。

若数据中止发生，则系统的响应与指令的类型有关。

当确定了中止的原因后，Abort 处理程序均会执行以下指令从中止模式返回，无论是在 ARM 状态还是 Thumb 状态：

```
SUBS   PC, R14_abt,#4        ;指令预取中止
SUBS   PC, R14_abt,#8        ;数据中止
```

以上指令恢复 PC（从 R14_ abt）和 CPSR（从 SPSR_abt）的值，并重新执行中止的指令。

（5）IRQ（Interrupt Request）

IRQ 异常属于正常的中断请求，可通过对处理器的 nIRQ 引脚输入低电平产生。IRQ 的优先级低于 FIQ，当程序执行进入 FIQ 异常时，IRQ 可能被屏蔽。

若将 CPSR 的 I 位置为 1，则会禁止 IRQ 中断，若将 CPSR 的 I 位清零，则处理器会在指令执行完之前检查 IRQ 的输入。注意，只有在特权模式下才能改变 I 位的状态。

不管是在 ARM 状态还是在 Thumb 状态下进入 IRQ 模式，IRQ 处理程序均会执行以下指令从 IRQ 模式返回：

```
SUBS   PC, R14_irq,  #4
```

该指令将寄存器 R14_irq 的值减去 4 后，复制到程序计数器 PC 中，从而实现从异常处理程序中返回，同时将 SPSR_mode 寄存器的内容复制到当前程序状态寄存器 CPSR 中。

（6）FIQ（Fast Interrupt Request）

FIQ 异常是为了支持数据传输或者通道处理而设计的。在 ARM 状态下，系统有足够的私有寄存器，从而可以避免对寄存器保存的需求，并减小了系统上下文切换的开销。

若将 CPSR 的 F 位置为 1，则会禁止 FIQ 中断，若将 CPSR 的 F 位清零，则处理器会在指令执行时检查 FIQ 的输入。注意，只有在特权模式下才能改变 F 位的状态。

可由外部通过对处理器的 nFIQ 引脚输入低电平产生 FIQ。不管是在 ARM 状态还是在 Thumb 状态下进入 FIQ 模式，FIQ 处理程序均会执行以下指令从 FIQ 模式返回：

```
SUBS   PC,R14_fiq,  #4
```

该指令将寄存器 R14_fiq 的值减去 4 后，复制到程序计数 PC 中，从而实现从异常处理程序中的返回，同时将 SPSR_mode 寄存器的内容复制到当前程序状态寄存器 CPSR 中。

2. 异常向量

表 10-8 所示为异常向量（Exception Vectors）地址。

表 10-8　异常向量表

地址	异常	进入模式
0x0000, 0000	复位	管理模式
0x0000, 0004	未定义指令	未定义模式
0x0000, 0008	软件中断	管理模式
0x0000, 000C	中止（预取指令）	中止模式
0x0000, 0010	中止（数据）	中止模式
0x0000, 0014	保留	保留
0x0000, 0018	IRQ	IRQ
0x0000, 001C	FIQ	FIQ

3. 异常优先级

当多个异常同时发生时，系统根据固定的优先级决定异常的处理次序。异常优先级（Exception Priorities）由高到低的排列次序见表10-9。

表 10-9 异常优先级

优先级	异常	优先级	异常
1（最高）	复位	4	IFQ
2	数据中止	5	预取指令中止
3	FIQ	6（最低）	未定义指令、SWI

4. 对异常的响应

当一个异常出现以后，ARM 微处理器会执行以下几步操作：

1）将下一条指令的地址存入相应的连接寄存器 LR，以便程序在处理异常返回时能从正确的位置重新开始执行。若异常是从 ARM 状态进入，则 LR 寄存器中保存的是下一条指令的地址（当前 PC + 4 或 PC + 8，与异常的类型有关）；若异常是从 Thumb 状态进入，则在 LR 寄存器中保存当前 PC 的偏移量，这样，异常处理程序就不需要确定异常是从何种状态进入的。例如，在软件中断异常 SWI，指令 MOVPC, R14_ svc 总是返回到下一条指令，不管 SWI 是在 ARM 状态执行还是在 Thumb 状态执行。

2）将 CPSR 复制到相应的 SPSR 中。

3）根据异常类型，强制设置 CPSR 的运行模式位。

4）强制 PC 从相关的异常向量地址取下一条指令执行，从而跳转到相应的异常处理程序处。

还可以设置中断禁止位，以禁止中断发生。

如果异常发生时，处理器处于 Thumb 状态，则当异常向量地址加载入 PC 时，处理器自动切换到 ARM 状态。

ARM 微处理器对异常的响应过程用伪码可以描述为：

R14_ < Exception_Mode > = Return Link

SPSR_ < Exception_Mode > = CPSR

cpsr[4:0] = Exception Mode Number

CPSR[5] = 0   ; 当运行于 ARM 工作状态时

If < Exception_Mode > == Reset or FIQ then

        ; 当响应 FIQ 异常时, 禁止新的 FIQ 异常

    CPSR[6] = 1

    CPSR[7] = 1

PC = Exception Vector Address

5. 从异常返回

异常处理完毕之后, ARM 微处理器会执行以下几步操作从异常返回：

1）将连接寄存器 LR 的值减去相应的偏移量后送到 PC 中。

2）将 SPSR 复制回 CPSR 中。

3）若在进入异常处理时设置了中断禁止位,则要在此清除。

可以认为应用程序总是从复位异常处理程序开始执行的,因此复位异常处理程序不需要

返回。

表 10-10 总结了进入异常处理时保存在相应 R14 中的 PC 值，以及在退出异常处理时推荐使用的指令。

表 10-10　异常进入/退出

异常	返回指令	以前的状态		注意
		ARM R14_x	Thumb R14_x	
BL	MOVS PC，R14	PC + 4	PC + 2	1
SWI	MOVS PC，R14_svc	PC + 4	PC + 2	1
UDEF	MOVS PC，R14_und	PC + 4	PC + 2	1
FIQ	SUBS PC，R14_abt，#4	PC + 4	PC + 4	2
IRQ	SUBS PC，R14_abt，#4	PC + 4	PC + 4	2
PABT	SUBS PC，R14_abt，#4	PC + 4	PC + 4	1
DABT	SUBS PC，R14_abt，#8	PC + 8	PC + 8	3
RESET	NA	–	–	4

注意：

1）在此 PC 应是具有预取中止的 BL/SWI/未定义指令所取的地址。

2）在此 PC 是从 FIQ 或 IRQ 取得不能执行的指令的地址。

3）在此 PC 是产生数据中止的加载或存储指令的地址。

4）系统复位时，保存在 R11_svc 中的值是不可预知的。

6. 应用程序中的异常处理

当系统运行时，异常可能会随时发生。为保证在 ARM 处理器发生异常时不至于处于未知状态，在应用程序的设计中，首先要进行异常处理。采用的方式是在异常向量表中的特定位置放置一条跳转指令，跳转到异常处理程序。当 ARM 处理器发生异常时，程序计数器 PC 会被强制设置为对应的异常向量，从而跳转到异常处理程序。当异常处理完成以后，返回到主程序继续执行。

10.12　习题

1. 嵌入式处理器的分类有哪几种？各有什么特点？

2. 嵌入式处理器的关键技术指标有哪些？如何选择嵌入式处理器？

3. ARM 处理器有哪些系列产品？各自的应用领域是哪些？

4. 熟悉 ARM 处理器的工作状态与模式，以及各自的寄存器组织情况。

5. 熟悉 ARM 处理器的异常种类和特点。

第 11 章 嵌入式操作系统及软件开发

11.1 嵌入式操作系统的概述

操作系统可以粗略地分为内核（Kernel）与外壳（Shell）两大部分。通俗地讲，内核是操作系统的核心模块，管理 CPU 的运行；而外壳是内核的外围模块，对用户发出的命令进行解释和处理。

在嵌入式技术领域，由于嵌入式操作系统内核之外的功能模块精简，人机交互相对通用机简单，因此术语"外壳"较少使用。与此相反，术语"内核"则得到非常广泛的使用。对于内核，不同职业背景的人有不同的理解，在不同场合也有不同的理解。下面对"内核"在本书中的含义和用法加以说明。

一般而言，内核有广义和狭义两种解释。广义解释是指装入到存储器的嵌入式软件中的操作系统部分。在这种情况下，除了操作系统内核之外，嵌入式软件还包括板级支持包、驱动程序和应用软件。因为嵌入式系统中软件的规模小，所以，往往把操作系统内核当作操作系统的代名词。狭义解释是指嵌入式操作系统中负责多任务管理及任务之间进行通信的多任务处理部分。它进行任务管理（进程管理）、时钟管理和内存管理等。

简言之，实时内核所完成的基本任务就是任务调度。在狭义解释下，实时内核不包含文件系统、图形显示系统和多字符集系统。

自操作系统诞生以来，人们一直在进行对实时内核的研究。20 世纪 80 年代起，国际上就有软件公司开始进行商用嵌入式操作系统的研发，涌现出若干个经过应用考验的 RTOS 产品，例如 QNX、PSOS、VxWorks 和 Nucleus Plus 等。目前，流行的嵌入式操作系统已经达到几十种，下面讲解它们的共同特点和基本分类。

11.1.1 嵌入式操作系统的特点

与微型计算机和大型计算机的通用操作系统相比，嵌入式操作系统具有可移植、强调实时性能、内核精简、抢占式内核、使用可重入函数、可配置、可裁减和高可靠性的基本特点。

1. 可移植

目前，嵌入式处理器的体系结构有十几种，包括 x86、8051、ARM、FR-V（富士通公司）、68K、MIPS、PowerPC、SPARC、SuperH（日立公司）等，嵌入式外围设备也有成百上千种。硬件平台的多样性以及提高代码可重用性的双重条件，使得嵌入式操作系统研发机构力求做到嵌入式操作系统具备良好的可移植（Portable）特征，以迎合市场的需要。

因此，嵌入式操作系统通常分为两个部分：硬件相关部分和硬件无关部分。板级支持包（BSP）和硬件抽象层（HAL）属于前者，内核、中间件和 API 属于后者。内核主要包括任务管理、进程调度、内存管理、时钟节拍管理和中断管理模块，一般与硬件平台无关。BSP

包括底层硬件的引导加载程序、I/O 初始化处理和管理程序，充当硬件与软件系统的桥梁，因此当嵌入式系统的硬件平台变化时，只需要改变 BSP/HAL 以及 Bootloader 部分的代码即可。

2. 强调实时性能

传统的观点认为，嵌入式操作系统应该具有强实时性能。但是近年来的大量应用现实正逐步地改变这种情况。由于手机和媒体播放器之类的软实时嵌入式产品日益普及，一些嵌入式操作系统降低了实时性能。尽管如此，实时性能仍然被认为是评价嵌入式操作系统的最重要技术指标。

3. 内核精简，所占空间小

内核是操作系统中靠近硬件并且享有最高特权的一层。为了适应嵌入式计算机存储空间小的限制，嵌入式操作系统的内核都尽量小型化。例如，VxWorks 操作系统内核最小可裁减到 8KB，此时需要的 ROM 存储空间为 8~488KB，需要的 RAM 存储空间为 30~620KB；Nucleus Plus 内核在典型的 CISC 体系结构上占据大约 20KB 空间，而在典型的 RISC 体系结构上占据空间为 40KB 左右，其内核数据结构占据 1.5KB 空间；QNX 的内核大约占 12KB，国产 Hopen 操作系统的内核大约占 10KB，WinCE 操作系统的内核大约占 25KB。

从上面给出的 5 个 RTOS 内核尺寸都在 50KB 以下，说明 RTOS 能够在很小内存空间的硬件平台上运行。

4. 抢占式内核

从内核调度的基本特点分类，可以把嵌入式操作系统内核分为抢占式内核（Preemptive Kernel）和不可抢占式内核（Non-preemptive Kernel）。抢占式内核也叫作占先式内核，或者可剥夺内核。抢占式内核的最大特点是优先级最高的任务能够立即执行，从而能够保证系统具有高度实时性能。为了理解抢占式内核，本章首先介绍不可抢占式内核的概念，然后再介绍抢占式内核的概念以及两者的区别。

5. 可配置

为了适应各种硬件运行环境，嵌入式操作系统必须具有良好的可配置功能（Configurable），这也是嵌入式操作系统区别于通用操作系统的一个重要方面。在嵌入式领域，具体的底层硬件和应用需求差别很大。例如，为了实现媒体播放，有的嵌入式系统需要内存管理单元（MMU）来实现虚拟存储器，以满足流媒体数据存储的需要，而有的系统为了提高实时性能则需要把 MMU 关掉；有的嵌入式系统希望实时时钟的节拍周期为 50ms，有的希望是 lotus；有的嵌入式系统要求响应底层硬件的多级中断，有的只要求响应单级中断。

上述这些客户需求使得嵌入式操作系统的可配置性成为非常重要的技术指标。只有能够灵活地满足各方面应用需求的嵌入式操作系统才具有最佳的运行效率，进而得到客户的认可。

最典型的可配置型嵌入式操作系统是 eCos，它在操作系统内部设计了大量可以调节操作系统特性和性能的参数，并为配置这些参数设计了专门的配置工具。该工具具有 Windows 和 Linux 等多种版本，可以在开发主机（Host）上方便地进行配置。除 eCos 操作系统外，其他嵌入式操作系统（如 Windows CE、嵌入式 Linux、VxWorks、Symbian 等）也具有良好的可配置功能。

6. 可裁剪

除了内核之外，许多嵌入式操作系统还拥有几十个乃至上百个功能部件（控制模块），以适应不同的硬件平台和具体应用的设计要求。设计人员在研发过程中可以根据产品的资源、功能和性能需求对嵌入式操作系统的功能部件进行增删，去除所有不必要的部件，同时添加增强功能和提高性能的部件，最终编译成一个满足特定设计要求的具有最小尺寸的操作系统目标程序。由上所述，可裁剪（Tailorable）就是指编译之前对嵌入式操作系统功能部件进行增加和删除，可定制是可裁剪的另外一种表达方式，两者含义大致相同。

7. 高可靠性

嵌入式系统往往在无人操作和值守的环境下运行，有的嵌入式系统运行时间很长甚至是常年运行，因此对可靠性的要求就成为嵌入式操作系统的一个重要特点。现在有一些嵌入式操作系统，如 VxWorks、μC/OS-Ⅱ等，已经经过了多年应用的考验，也有无数的工程师对它们的代码进行了检查，一般来说这些操作系统都是稳定和安全的，具有公认的高可靠性。

11. 1. 2　嵌入式操作系统的分类

嵌入式操作系统的分类方法较多，可以按照源代码是否开放、实时性能和内核结构来分类。

1. 按照源代码分类，可分为商用型和开源型

商用型实时操作系统功能稳定、可靠，有完善的技术支持和售后服务，但往往价格昂贵。开源型实时操作系统在开发成本方面具有优势。CLinux、RTLinux、Nucleus PLUS、eCos 和 μC/OS-Ⅱ是主要的开源型嵌入式操作系统。

2. 按照实时性能分类，可分为强实时型和普通实时型

强实时嵌入式操作系统有 VxWorks、pSOS 和 μC/OS – Ⅱ等。普通实时嵌入式操作系统有 Windows Embedded、μCLinux 和 Symbian 等。

3. 按照内核结构分类，可分为单内核型和微内核型

单内核（Monolithic Kernel）是传统型操作系统内核，有时也称为宏内核（Macro Kernel）。单内核内部包含 I/O 管理和设备管理、进程管理、调度器、内存管理、文件管理和时间管理等模块，各功能模块之间的耦合度很紧，模块之间的通信通过直接函数调用实现，而不是通过消息传递实现，如图 11-1a 所示。内部模块有机地结合成一个整体，作为一个大的进程运行，既为用户程序提供服务功能，同时又作为管理者管理着整个系统。但其缺点是占用的内存空间大，缺乏可扩展性，维护困难，排除故障和增加新功能需要重编译；其优点是系统在内核功能切换上的开销非常小，对外来事件反应速度快。单内核的典型嵌入式操作系统有嵌入式 Linux、UNIX、Mac OS 和 DOS 等。

为了克服单内核的缺点，20 世纪 80 年代中期出现了微内核（Micro Kernel）。微内核的基本思想是在内核模式中执行基本的核心操作系统功能，非基本的服务和应用构筑在微内核之上，如图 11-1b 所示。微内核用水平架构代替了传统的垂直分层架构。传统上是操作系统一部分的服务出现在内核模式的外部，包括设备驱动程序、文件系统、虚拟内存管理程序和窗口系统，它们以服务器进程方式工作。它们之间的相互作用变成通过微内核传递消息。

Mach 是公认的具有代表性的微内核操作系统，它由美国卡内基-梅隆大学计算机系于

1985～1994 年研发完成。Mach OS 的内核或者组件已经应用在多种操作系统上，包括 NeXT OS、MachTen for the Macintoshes、OSF/1（DEC Alpha）和 IBMʼs OS/2。

Mach 操作系统的特点是：

1）具有微内核结构，但对微内核功能进行了限制，能使多用户级服务器支持各种应用和编程接口。

2）在内核中提供了进程间通信功能，并且把它当作构建系统其他模块的组件。

3）内核和用户级服务器提供了虚拟存储器。

4）内核支持轻量级线程。

5）至少维持一种 UNIX 风格的 API，以保证 Mach 系统支持研发人员的日常上机。

6）Math 3.0 与 Unix BSD 完全兼容，但采用一个很小的内核。

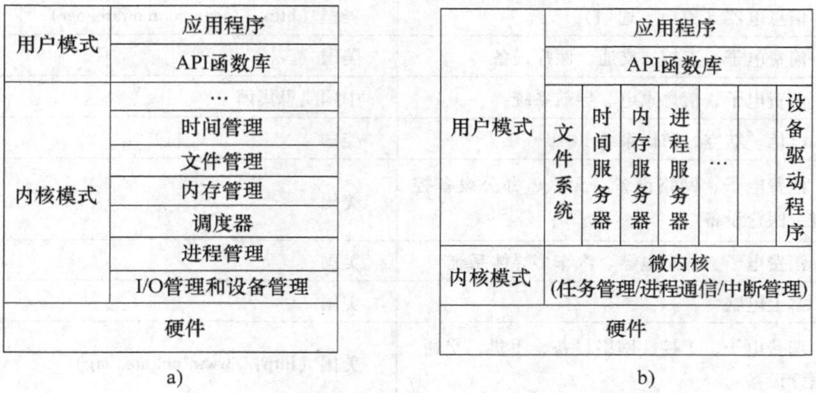

图 11-1　单内核与微内核的操作系统模块架构

a）单内核操作系统的模块架构　b）微内核操作系统的模块架构

基于微内核结构的操作系统和传统操作系统相比，具有 5 个突出的特点：①内核小巧。通常微内核只有任务管理、虚存管理和进程间通信 3 个部分，而传统操作系统内核中的许多部分都被移出内核，采取服务器方式实现。②接口一致。所有进程请求使用统一接口，进程不需要区分内核模式和用户模式服务，因为这些服务全部都通过消息传递提供。③各个功能模块之间松散耦合，只完成服务功能，系统管理功能交给一个或多个特权服务程序。④基于客户/服务器体系结构。在微内核结构的操作系统中，任务间通信机制——消息机制是系统的基础，操作系统的各种功能都以服务器方式实现，向用户提供服务。用户对服务器的请求是以消息传递的方式传给服务器的。⑤微内核功能扩充方便，但是各个功能之间的切换而引起的开销非常大。

属于微内核的典型嵌入式操作系统有 VxWorks、QNX、Hopen、μC/OS-Ⅱ和 Symbian 等。表 11-1 列出了部分嵌入式操作系统的应用领域、生产商和内核结构。

表 11-1　部分嵌入式操作系统列表

操作系统	应用领域	公司/发源地	微内核
VxWorks	消费电子、工控、网络设备、航空、防御系统、汽车、交通、医疗设备	美国风河公司	是

（续）

操作系统	应用领域	公司/发源地	微内核
Delta OS	通信、航空、工控	中国科银京成公司（http://www.corete.com.cn）	是
Tiny OS	无线传感器网络	美国（http://www.tinyos.net）	是
Windows CE	消费电子、掌上电脑、通信等	微软公司	
XPe	工控、通信、航空、信息电器、医疗设备等	微软公司	
Symbian	智能手机、PDA、消费电子等	英国 Symbian 公司（http://ecos.sourceware.org）	是
eCos	信息电器（家电、通信）	美国（http://ecos.sourceware.ogr）	
μC/OS-Ⅱ	消费电子、工控、交通、医疗设备	美国	是
Hopen	消费电子、信息家电、导航系统	中国凯思集团	是
Lynx OS	电信、航空、防御系统	美国	
Nucleus Plus	消费电子、网络设备、无线、办公设备控制、医疗设备	美国	
OS-9	消费电子、信息电器、汽车多寻体系统	美国	
Palm OS	掌上电脑	美国	
μCLinux	消费电子、工控、网络设备、手机、交通、医疗设备	美国（http://www.uclinux.org）	
pSOS	消费电子、工控、网络设备、航空、防御系统、汽车、交通、医疗设备	美国	
QNX	消费电子、电信、汽车、医疗设备	加拿大 QNX 公司	是

11.1.3　使用嵌入式操作系统的必要性

嵌入式实时操作系统在目前的嵌入式应用中用得越来越广泛，尤其在功能复杂、系统庞大的应用中显得越来越重要。

首先，嵌入式实时操作系统提高了系统的可靠性。在控制系统中，出于安全方面的考虑，起码要求系统不能崩溃，而且还要有自愈能力。这不仅要求在硬件设计方面提高系统的可靠性和抗干扰性，而且也应在软件设计方面提高系统的抗干扰性，尽可能地减少安全漏洞和不可靠的隐患。长期以来，前后台系统软件设计在遇到强干扰时，使运行的程序产生异常、出错、跑飞甚至死循环，造成了系统的崩溃。而实时操作系统管理的系统，这种干扰可能只是引起若干进程中的一个被破坏，可以通过系统运行的系统监控进程对其进行修复。通常情况下，这个系统监视进程用来监视各进程运行状况，遇到异常情况时采取一些利于系统稳定可靠的措施，例如把有问题的任务清除掉。

其次，提高了开发效率，缩短了开发周期。在嵌入式实时操作系统环境下，开发一个复杂的应用程序，通常可以按照软件工程中的解耦原则将整个程序分解为多个任务模块。每个任务模块的调试、修改几乎不影响其他模块。商业软件一般都提供了良好的多任务调试环境。

再次，嵌入式实时操作系统充分发挥了 32 位 CPU 的多任务潜力。32 位 CPU 比 8、16 位 CPU 快，另外它本来是为运行多用户、多任务操作系统而设计的，特别适于运行多任务实时系统。32 位 CPU 采用利于提高系统可靠性和稳定性的设计，使其更容易做到不崩溃。例如，CPU 运行状态分为系统态和用户态。将系统堆栈和用户堆栈分开，以及实时地给出 CPU 的运行状态等，允许用户在系统设计中从硬件和软件两方面对实时内核的运行实施保护。如果还是采用以前的前后台方式，则无法发挥 32 位 CPU 的优势。

从某种意义上说，没有操作系统的计算机（裸机）是没有用的。在嵌入式应用中，只有把 CPU 嵌入到系统中，同时又把操作系统嵌入进去，才是真正的计算机嵌入式应用。

在嵌入式实时操作系统环境下开发实时应用程序使程序的设计和扩展变得容易，不需要大的改动就可以增加新的功能。通过将应用程序分割成若干独立的任务模块，使应用程序的设计过程大为简化；而且对实时性要求苛刻的事件都得到了快速、可靠的处理。通过有效的系统服务，嵌入式实时操作系统使得系统资源得到更好的利用。

但是，使用嵌入式实时操作系统还需要额外的 ROM/RAM 开销、2%～5% 的 CPU 额外负荷以及内核的费用。

11.1.4 常见的嵌入式操作系统

1. 嵌入式 Linux

μCLinux 是一个完全符合 GNU/GPL 公约的操作系统，完全开放代码，现在由 Lineo 公司支持维护。μCLinux 的发音是 "you-see-linux"，它的名字来自于希腊字母 "μ" 和英文大写字母 "C" 的结合。"μ" 代表 "微小" 之意，字母 "C" 代表 "控制器"，所以从字面上就可以看出其含义，即 "微控制领域中的 Linux 系统"。

为了降低硬件成本及运行功耗，很多嵌入式 CPU 没有设计 MMU 功能模块。最初，运行于这类没有 MMU 的 CPU 之上的都是一些很简单的单任务操作系统，或者更简单的控制程序，甚至根本就没有操作系统而直接运行应用程序。在这种情况下，系统无法运行复杂的应用程序，或者效率很低，而且所有的应用程序需要重写，并要求程序员十分了解硬件特性。这些都阻碍了应用于这类 CPU 之上的嵌入式产品开发的速度。

μCLinux 从 Linux 2.0/2.4 内核派生而来，沿袭了主流 Linux 的绝大部分特性。它是专门针对没有 MMU 的 CPU，并且为嵌入式系统做了许多小型化的工作。适用于没有虚拟内存或内存管理单元的处理器，例如 ARM7 TDMI，它通常用于具有很少内存或 Flash 的嵌入式系统。μCLinux 是为了支持没有 MMU 的处理器而对标准 Linux 作出的修正。它保留了操作系统的所有特性，为硬件平台更好地运行各种程序提供了保证。在 GNU 通用公共许可证（GNUGPL）的保证下，运行 μCLinux 操作系统的用户可以使用几乎所有的 Linux API 函数，不会因为没有 MMU 而受到影响。由于 μCLinux 在标准的 Linux 基础上进行了适当的裁剪和优化，形成了一个高度优化的、代码紧凑的嵌入式 Linux，虽然它的体积很小，μCLinux 仍然保留了 Linux 的大多数的优点：稳定、良好的移植性，优秀的网络功能，对各种文件系统完备的支持，以及标准丰富的 APL 等。

2. Windows CE

Windows CE 是微软公司开发的一个开放、可升级的 32 位嵌入式操作系统，是基于掌上型电脑类的电子设备操作系统，是精简的 Windows 95。Windows CE 的图形用户界面相当出色。其中 CE 中的 C 代表袖珍（Compact）、消费（Consumer）、通信能力（Connectivity）和伴侣（Companion），E 代表电子产品（Electronics）。与 Windows 95/98、Windows NT 不同的是，Windows，CE 是所有源代码全部由微软自行开发的嵌入式新型操作系统，其操作界面虽来源于 Windows 95/98，但 Windows CE 是基于 Win32 API 重新开发的、新型的信息设备平台。Windows CE 具有模块化、结构化和基于 Win32 应用程序接口以及与处理器无关等特点。Windows CE 不仅继承了传统的 Windows 图形界面，并且该平台上可以使用 Windows 95/98 上的编程工具（如 VisualBasic、Visual C + + 等），使用同样的函数和界面网格，使绝大多数的应用软件只需简单的修改和移植就可以在 Windows CE 平台上继续使用。

3. VxWorks

VxWorks 操作系统是美国 WindRiver 公司于 1983 年设计开发的一种嵌入式实时操作系统（RTOS），是嵌入式开发环境的关键组成部分。以其良好的持续发展能力、高性能的内核以及友好的用户开发环境，在嵌入式实时操作系统领域占据一席之地。并以其良好的可靠性和卓越的实时性被广泛地应用在通信、军事、航空航天等高精尖技术及实时性要求极高的领域中，如卫星通信、军事演习、弹道制导及飞机导航等。在美国的 F-16、FA-18 战斗机，B-2 隐形轰炸机和爱国者导弹上，甚至连 1997 年 4 月在火星表面登陆的火星探测器上也使用了 VxWorks。

VxWorks 具有以下特点：

1）可靠性：操作系统的用户希望在一个工作稳定，可以信赖的环境中工作，所以操作系统的可靠性是用户首先要考虑的问题。而稳定、可靠一直是 VxWorks 的一个突出优点。自从对中国的销售解禁以来，VxWorks 以其良好的可靠性在中国赢得了越来越多的用户。

2）实时性：实时性是指能够在限定时间内执行完规定的功能并对外部的异步事件作出响应的能力。实时性的强弱是以完成规定功能和作出响应时间的长短来衡量的。

VxWorks 的实时性做得非常好，其系统本身的开销很小，进程调度、进程间通信及中断处理等系统公用程序精练而有效，它们造成的延迟很短。VxWorks 提供的多任务机制中对任务的控制采用了优先级抢占（Preemptive Priority Scheduling）和轮询调度（Round-robin Scheduling）机制，也充分保证了可靠的实时性，使同样的硬件配置能满足更强的实时性要求，为应用的开发留下更大的余地。

3）可裁减性：用户在使用操作系统时，并不是操作系统中的每一个部件都要用到。例如图形显示、文件系统以及一些设备驱动在某些嵌入式系统中往往并不使用。

VxWorks 由一个体积很小的内核及一些可以根据需要进行定制的系统模块组成。Vx-Works 内核最小为 8KB，即使加上其他必要模块，所占用的空间也很小，且不失其实时、多任务的系统特征。由于它的高度灵活性，用户可以很容易地对这一操作系统进行定制或作适当开发，来满足自己的实际应用需要。

4. OSE

OSE 主要是由 ENEA Data AB 下属的 ENEA OSE Systems AB 负责开发和技术服务的，一直以来都充当着实时操作系统以及分布式和容错性应用的先锋。公司成立于 1968 年，有大约 600 名雇员专门从事实时应用的技术支持工作。ENEA OSE Systems AB 是现今市场上一个飞速发展的 RTOS 供应商。

该公司开发的 OSE 支持容错，适用于可从硬件和软件错误中恢复的应用，其独特的消息传输方式使其能方便地支持多处理机之间的通信。它的客户深入到电信、数据、工控及航空等领域，尤其在电信方面，该公司已经有了十余年的开发经验。ENEA Data AB 现在已经成为日趋成熟、功能强大、经营灵活的 RTOS 供应商，也同诸如爱立信、诺基亚、西门子等知名公司确定了良好的关系。

OSE 操作系统有如下特点：

1）高处理能力：内核中实时性严格的部分都由优化的汇编来实现，特别是使用信号量指针，使数据处理非常快。

2）真正适合开发复杂（包括多 CPU 和多 DSP）的分布式系统：OSE 为解决不间断运行和多 CPU 的分布式系统的需求而进行了专门设计，为开发商开发不同种处理器组成的分布式系统提供了最快捷的方式。对于复杂的并行系统来说，OSE 提供了一种简单的通信方式，简化了多 CPU 的处理。

3）广泛的应用：已经在电信、无线通信、数据通信、工业、航空、汽车工业、石油化工、医疗和消费类电子等领域获得广泛应用。

4）认证：OSE 获得了 IEC 61508、SIL3、DO-178B（Levels A～D）和 EN60601-4 等认证。

5）第三方：ENEA 有强大的第三方，可以为嵌入式系统的用户提供完整和有效的解决方案，包括 ARM、Green Hill Software、Harris al Jeffries、Lucent Technologies、Motorola、Rational Software、Sun Microsystems、Telelogic、Texas Instruments 和 Trillium Digital System 等。

5. Nucleus

Nucleus PLUS 是为实时嵌入式应用而设计的一个抢占式多任务操作系统内核，其95%的代码是用 ANSI C 写成的，因此，非常便于移植并能够支持大多数类型的处理器。从实现角度来看，Nucleus PLUS 是一组 C 函数库，应用程序代码与核心函数库连接在一起，生成一个目标代码，下载到目标板的 RAM 中或直接烧录到目标板的 ROM 中执行。在典型的目标环境中，Nucleus PLUS 核心代码区一般不超过 20KB。

Nucleus PLUS 采用了软件组件的方法。每个组件具有单一而明确的目的，通常由几个 C 及汇编语言模块构成，提供清晰的外部接口，对组件的引用就是通过这些接口完成的。除了少数特殊情况外，不允许从外部对组件内的全局进行访问。由于采用了软件组件的方法，Nucleus PLUS 的各个组件非常易于替换和复用。

Nucleus PLUS 的组件包括任务控制、内存管理、任务间通信、任务的同步与互斥、中断管理、定时器及 I/O 驱动等。

Nucleus 具有如下特点：

1）提供源代码：Nucleus PLUS 提供注释严格的 C 源级代码给每一个用户。这样，用户能够深入地了解底层内核的运作方式，并可根据自己的特殊要求删减或改动系统软件，这对软件的规范化管理及系统软件的测试都有极大的帮助。另外，由于提供了 RTOS 的源级代码，用户不但可以进行 RTOS 的学习和研究，而且产品在量产时也不必支付 License，可以省去大量的费用。对于军方来说，由于提供了源代码，用户完全可以控制内核而不必担心操作系统中可能会存在异常任务导致系统崩溃。

2）性价比高：Nucleus PLUS 由于采用了先进的微内核（Micro-kernel）技术，因而在优先级安排、任务调度及任务切换等各个方面都有相当大的优势。另外，对 C++ 语言的全面支持又使得 Nucleus PLUS 的 Kernel 成为名副其实的面向对象的实时操作系统内核。然而，其价格却比较合理。因此，容易被广大的研发单位接受。

3）易学易用：Nucleus PLUS 能够结合 Paradigm、SDS 以及 ATI 自己的多任务调试器组成功能强大的集成开发环境，配合相应的编译器和动态链接库以及各类底层驱动软件，用户可以轻松地进行 RTOS 的开发和调试。另外，由于这些集成开发环境（IDE）为所有的开发工程师所熟悉，因此容易学习和使用。

4）功能模块丰富：Nucleus PLUS 除提供功能强大的内核操作系统外，还提供种类丰富的功能模块。例如用于通信系统的局域和广域网络模块、支持图形应用的实时化 Windows 模块、支持 Internet 网的 WEB 产品模块、工控机实时 BIOS 模块、图形化用户接口以及应用软件性能分析模块等。用户可以根据自己的应用来选择不同的应用模块。

Nucleus PLUS 支持的 CPU 类型：

Nucleus PLUS 的 RTOS 内核可支持如下类型的 CPU：x86、68xxx、68HCxx、NEC V25、ColdFire、29K、i960、MIPS、SPARClite、TI DSP、ARM6/7、StrongARM、H8/300H、SHl/2/3、PowerPC、V8xx、Tricore、Mcore、Panasonic MN10200 等。可以说 Nucleus 是支持 CPU 类型最丰富的实时多任务操作系统。

针对各种嵌入式应用，Nucleus PLUS 还提供相应的网络协议（如 TCP/IP、SNMP 等），以满足用户对通信系统的开发要求。另外，可重入的文件系统、可重入的 C 函数库以及图形化界面等也给开发者提供了方便。

值得一提的是，ATI 公司最近还发表了基于 Microsoft Developers Studio 的嵌入式集成开发环境——Nucleus EDE，从而率先将嵌入式开发工具与 Microsoft 的强大开发环境结合起来，提供给工程师们强大的开发手段。

6. eCos

eCos 是 RedHat 公司开发的源代码开放的嵌入式 RTOS 产品，是一个可配置、可移植的嵌入式实时操作系统，设计的运行环境为 RedHat 的 GNUPro 和 GNU 开发环境。eCos 的所有部分都开放源代码，可以按照需要自由修改和添加。eCos 的关键技术是操作系统可配置性，允许用户组合自己的实时组件和函数及其实现方式，特别允许 eCos 的开发者定制自己的面向应用的操作系统，使 eCos 能有更广泛的应用范围。eCos 本身可以运行在 16/32/64 位的体系结构、微处理器（MPU）、微控制器（MCU）以及 DSP 上，其内核、库运行时是建立在硬件抽象层 HAL（Hardware Abstraction Layer）上的，只要将 HAL 移植到目标硬件上，整个 eCos 就可以运行在目标系统之上了。目前 eCos 支持的系统包括 ARM、Hitachi SH3、Intel x86、MIPS、PowerPC 和 SPARC 等。eCos 提供了应用程序所需的实时要求，包括可抢占性、短的中断延时、必要的同步机制、调度规则及中断机制等。eCos 还提供了必要的一般嵌入式应用程序所需的驱动程序、内存管理、异常管理、C 语言库和数学库等。

7. μC/OS-Ⅱ

一个源码公开、可移植、可固化、可裁剪及抢占式的实时多任务操作系统，其绝大部分源码是用 ANSI C 写的，世界著名嵌入式专家 Jean J. Labrosse（μC/OS-Ⅱ 的作者）出版了详细分析该内核的几个版本的图书。μC/OS-Ⅱ 通过了联邦航空局（FAA）商用航行器认证，符合 RTCA（航空无线电技术委员会）DO-178B 标准，该标准是为航空电子设备所使用软件的性能要求而制定的。自 1992 年问世以来，μC/OS-Ⅱ 已经被应用到数以百计的产品中。μC/OS-Ⅱ 在高校教学使用是不需要申请许可证的，但若将 μC/OS-Ⅱ 的目标代码嵌入到产品中去，应当购买目标代码销售许可证。

μC/OS-Ⅱ 的特点如下：

1）提供源代码：购买《嵌入式实时操作系统 μC/OS-Ⅱ（第 2 版）》可以获得 μC/OS-Ⅱ V2. 52 版本的所有源代码，购买此书的其他版本可以获得相应版本的全部源代码。

2）可移植性：μC/OS-Ⅱ 的源代码绝大部分是使用移植性很强的 ANSI C 编写，与微处理器硬件相关的部分是使用汇编语言编写。汇编语言写的部分已经压缩到最低的限度，以使 μC/OS-Ⅱ 便于移植到其他微处理器上。目前，μC/OS-Ⅱ 已经被移植到多种不同架构的微处理器上。

3）可固化性：只要具备合适的软硬件工具，就可以将 μC/OS-Ⅱ 嵌入到产品中成为产品的一部分。

4）可剪裁性：μC/OS-Ⅱ 使用条件编译实现可剪裁，用户程序可以只编译自己需要的 μC/OS-Ⅱ 功能，而不编译不需要的功能，以减少 μC/OS-Ⅱ 对代码空间和数据空间的占用。

5）可剥夺性：μC/OS-Ⅱ 是完全可剥夺型的实时内核，μC/OS-Ⅱ 总是运行就绪条件下优先级最高的任务。

6）多任务性：μC/OS-Ⅱ 可以管理 64 个任务，然而，μC/OS-Ⅱ 的作者建议用户保留 8 个给 μC/OS-Ⅱ。这样，留给用户的应用程序最多可有 56 个任务。

7）可确定性：绝大多数 μC/OS-Ⅱ 的函数调用和服务的执行时间具有确定性，也就是说，用户总是能知道 μC/OS-Ⅱ 的函数调用与服务执行了多长时间。

8）任务栈：μC/OS-Ⅱ 的每个任务都有自己单独的栈，使用 μC/OS-Ⅱ 的栈空间校验函数，可确定每个任务到底需要多少栈空间。

9）系统服务：μC/OS-Ⅱ 提供很多系统服务，例如信号量、互斥信号量、时间标志、消息邮箱、消息队列、块大小固定的内存的申请与释放及时间管理函数等。

10）中断管理：中断可以使正在执行的任务暂时挂起，如果优先级更高的任务被中断唤醒，则高优先级的任务在中断嵌套全部退出后立即执行，中断嵌套层数可达 255 层。

11）稳定性与可靠性：μC/OS-Ⅱ 基于 μC/OS，自 1992 年以来，已经有数百个商业应用 μC/OS。μC/OS-Ⅱ 与 μC/OS 的内核是一样的，只是提供了更多的功能。另外，2000 年 7 月，μC/OS-Ⅱ 在一个航空项目中得到了美国联邦航空管理局对商用飞机的、符合 RTCA DO-178B 标准的认证。这一结论表明，该操作系统的质量得到了认证，可以在任何应用中使用。

11. 2　嵌入式操作系统内核基础

实时操作系统根据实际应用环境的要求能够对内核进行剪裁和重新配置，会根据实际应用的不同而有所不同。但是，一个实时操作系统中最关键的部分是实时多任务内核，它主要实现多任务管理和调度、任务间通信和同步等功能。如何根据需求实现一个效率高、体积小、移植功能强大、易于定制的实时操作系统内核是嵌入式开发中非常关键的问题。

11.2.1　多进程和多线程

许多嵌入式系统并不是单纯地完成一种功能。例如，在一个电话应答机系统中，需要把记录通话信息和操作用户控制面板定义为不同的任务，因为它们不仅在逻辑上进行的是不同的操作，而且完成的速度也不同。这些不同的任务构成了应答机系统功能的各个部分，为了完成多个任务而组织程序结构的需要，引入了进程的概念。

一个进程可以简单地认为是一个程序的唯一执行。进程是顺序执行的，而且 CPU 一次只能执行一个进程。但是，当确定了一个进程的完整状态后，就可以强制 CPU 停止执行当前进程而执行另一个进程。通过改变 CPU 中的程序计数器，使其指向新进程的代码，同时将新进程的数据移入寄存器和主存中，就可以实现进程的切换。这样，就能够使多个进程同时存在于 CPU 中。

在嵌入式系统中，一个进程的常用形式是线程。线程在 CPU 的寄存器中有各自不同的值集合，但是共存于一个主存储空间中。线程普遍应用于嵌入式系统（即任务）中，这样可以避免存储管理单元的复杂，节约存储管理单元的消耗。

11.2.2　任务

在嵌入式系统中，一个任务也称作一个线程，即一个程序，该程序在运行时可以认为 CPU 完全只属于该程序自己。在实时应用程序的设计过程中，要考虑如何将应用功能合理地划分为多个任务，让每个任务完成一定的功能，成为整个应用的一部分。每个任务都被赋予一定的优先级，有自己的一套 CPU 寄存器和栈空间，如图 11-2 所示。

每一个任务都有其优先级，任务越重要，赋予的优先级越高。就大多数内核而言，任务的优先级由用户决定。

一般地，每一个任务都是一个无限的循环，可以处在以下 5 种状态之一：

1）休眠态（Dormant）：是指任务驻留在内存的程序空间中，并未被多任务内核所调度。

2）就绪态（Ready）：是指任务已经准备好，可以运行，但是由于该任务的优先级比正在运行的任务的优先级低，还暂时不能运行。

3）运行态（Running）：是指任务获得了 CPU 的控制权，正在运行中。基于优先级调度的实时内核总是让处于就绪态的优先级最高的任务运行。

4）挂起态（Pending）：也叫作等待事件态（Waiting），是指任务在等待某一事件的发生（如等待某外设的 I/O 操作、等待定时脉冲的到来、等待超时信号的到来以结束目前的等待等）。正在运行的任务由于调用了延时函数或等待某事件发生而将自身挂起，就处于挂起态。

5）被中断态（Interrupt）：是指发生中断时，CPU 提供相应的中断服务，原来正在运行的任务暂不能运行，而进入了被中断状态。

11.2.3　任务切换

任务切换（Context Switch）是指 CPU 寄存器内容切换。当多任务内核决定运行其他任务时，它保存正在运行的任务的当前状态，即当前 CPU 寄存器中的全部内容；内核将这些

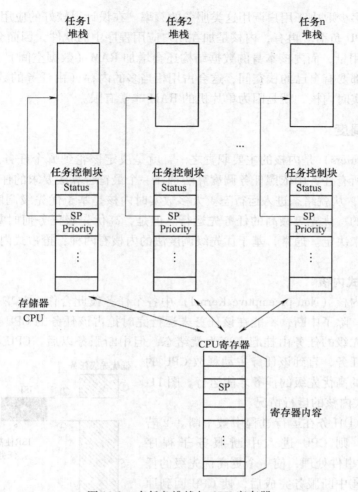

图 11-2　多任务堆栈与 CPU 寄存器

内容保存在该任务的当前状态保存区，也就是该任务自己的栈区中（这个过程称为"入栈"）。入栈工作完成后，把将要运行的任务的当前状态从该任务的栈中装入 CPU 寄存器（这个过程称为"出栈"），并开始这个任务的运行。这样，就完成了一次任务切换。

任务切换过程增加了应用程序的额外负荷，CPU 的内部寄存器越多，额外负荷就越重。任务切换所需要的时间取决于 CPU 有多少寄存器要入栈。

11. 2. 4　内核

多任务系统中，内核负责管理各个任务，为每个任务分配 CPU 的使用时间，并且负责任务间的通信。内核提供的基本服务是任务切换，通过提供必不可少的系统服务，诸如信号量管理、邮箱、消息队列及时间延时等，使得 CPU 的利用更为有效。此外，实时内核允许将应用程序划分成若干个任务并对它们进行管理（如任务切换、调度、任务间的同步和通信等），因而使用实时内核可以大大简化应用系统的设计。

但是，内核本身也增加了应用程序的额外负荷，因为内核提供的服务需要一定的执行时间。额外负荷的多少取决于用户调用这类服务的频率。在设计得较好的应用系统中，内核占用 2% ~ 5% 的 CPU 负荷。再有，内核是加在用户应用程序中的软件，因而会增加 ROM（程序代码空间）的用量，而内核本身的数据结构还会增加 RAM（数据空间）的用量。更主要的是，每个任务都要有自己的栈空间，这会占用相当多的内存（由任务的数量决定）。单片机一般不能运行实时内核，就是因为单片机的 RAM 非常有限。

11.2.5　任务调度

调度（Schedulers）是内核的主要职责之一，就是决定该轮到哪个任务运行。任务调度器从当前就绪的所有任务中依照任务调度算法选择一个最符合算法要求的任务，使该任务获得 CPU 的使用权，从就绪态进入运行态。大多数实时内核是基于优先级调度法，即 CPU 总是让处于就绪态的、优先级最高的任务先运行。但是，高优先级任务何时掌握 CPU 的使用权由使用的内核来决定。通常，基于优先级调度法的内核有两种：抢占式内核和不可抢占式内核。

1. 不可抢占式内核

不可抢占式内核（Non-preemptive Kernel）中各个任务彼此合作，共享 CPU。在一个任务的运行过程中，除了中断，不能在该任务未运行完时抢占该任务的 CPU 控制权。中断服务可使一个高优先级的任务由挂起态变为就绪态，但中断服务以后，CPU 的使用权交回给原来被中断了的任务，直到该任务主动释放 CPU 的控制权，一个新的高优先级的任务才能运行。图 11-3 表示不可抢占式内核的运行情况。

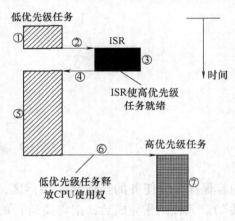

图 11-3 中，①任务在运行过程中被中断。②若此时中断开着，则 CPU 进入中断服务子程序（ISR）。③ISR 做事件处理，使一个更高优先级的任务进入就绪态。④中断服务完成后，使 CPU 回到原来被中断的任务。⑤继续执行该任务。⑥直到该任务完成，释放 CPU 的使用权给其他任务。⑦看到有高优先级的任务处于就绪态，内核做任务切换，高优先级的任务才开始处理 ISR 标志的事件。

图 11-3　不可抢占式内核

不可抢占式内核的优点包括：

1）响应中断快。

2）可以使用不可重入函数。由于任务运行过程中不会被其他任务抢占，该任务使用的子函数不会被重入，因此不必担心其他任务正在使用该函数而造成数据破坏。

3）共享数据方便。因为在一个任务运行过程中，CPU 的使用权不会被其他任务抢占，所以内存中的共享数据在被一个任务使用时，不会出现被另一个任务同时使用的情况，从而使得任务在使用共享数据时不需要保护机制。但是，由于中断服务子程序可以中断任务的执行，因此任务与中断服务子程序的共享数据保护问题仍然是设计系统时必须考虑的问题。

不可抢占式内核最大的缺陷在于任务响应时间是不确定的。高优先级的任务虽然进入就绪态，但还不能运行，直到当前运行着的任务释放 CPU。因此，不可抢占式内核的任务级响应时间是不确定的，即无法确定最高优先级的任务（往往是最重要的任务）何时能够获得 CPU 的使用权。这个明显的缺点限制了该内核在实时系统中的应用，商用软件几乎没有不可抢占式内核。

2. 抢占式内核

当系统响应时间很重要时，须使用抢占式内核。在抢占式内核中，最高优先级的任务一旦就绪，便能得到 CPU 的使用权。当一个运行着的任务使一个比它优先级高的任务进入就绪态时，当前任务被挂起，那个高优先级的任务立刻得到 CPU 的使用权开始运行。如果是中断服务子程序使一个高优先级的任务进入就绪态，则当中断完成时，被中断的任务被挂起，优先级高的任务开始运行。抢占式内核的执行过程如图 11-4 所示。

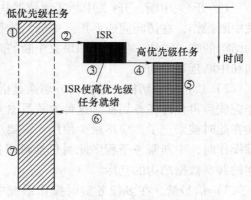

图 11-4　抢占式内核

图 11-4 中，①任务在运行过程中被中断。②若此时中断开着，则 CPU 进入中断服务子程序（ISR）。③ISR 做事件处理，使一个更高优先级的任务进入就绪态。当 ISR 完成时，进入内核提供的一种服务（内核提供的一个函数被调用）。④这个函数识别出有一个高优先级的任务（更重要的任务）进入就绪态，内核做任务切换。⑤执行高优先级的任务直到该任务完成，而不再运行原来被中断了的任务。⑥内核看到原来的低优先级的任务要运行，进行另一次任务切换。⑦被中断了的任务继续运行，直到该任务完成。

使用抢占式内核的特点是任务级响应时间得到最优化而且是确定的，中断响应较快。但是，由于任务在运行过程中可能被其他任务抢占，所以应用程序不应直接使用不可重入函数。只有对不可重入函数进行加锁保护后才能使用。同样的，对共享数据的使用也需要采用互斥、信号量（Semaphore）等保护机制。

抢占式内核总是让就绪态的高优先级的任务先运行，使得任务级系统响应时间得到了最优化。因此，绝大多数商业软件的实时内核都是抢占式内核，本书介绍的 μC/OS-Ⅱ 即属于抢占式内核。

11.2.6　任务间的通信与同步

在多任务的实时系统中，一项工作可能需要多个任务或多个任务与多个中断处理程序共同完成。那么，它们之间必须协调工作、互相配合，必要时还要交换信息。实时内核提供了任务间的通信与同步机制以解决这个问题。

1. 任务间的通信

多任务实时系统中，任务间或中断服务与任务间常常需要交换信息，这种信息传递称为任务间的通信（Inter Task Communication）。任务间的通信有两个途径：共享数据结构和消息机制。

（1）共享数据结构

实现任务间通信的最简单方法是使用共享数据结构，尤其是多个任务在同一地址空间下的情形。共享数据结构的类型可以是全局变量、指针或缓冲区等。在使用共享数据结构时，必须保证共享数据结构使用的排他性，即保证每个任务或中断服务子程序独享该数据结构；否则，会导致竞争或对数据时效的破坏。因此，在使用共享数据结构时，必须实现存取的互斥机制。实现对共享数据结构操作的互斥常常采用以下方法：开/关中断、禁止任务切换以及信号量机制等。

1）开/关中断。开/关中断实现数据共享保护是指在进行共享数据结构的访问时先进行关中断操作，在访问完成后再开中断。这种方法简单、易实现，是中断服务子程序中共享数据结构的唯一方法。但是，如果关中断的时间太长，则可能影响整个实时系统的中断响应时间和中断延迟时间。

2）禁止任务切换。禁止任务切换是指在进行共享数据的操作前，先禁止任务切换，操作完成后再允许任务切换。这种方式虽然实现了共享数据的互斥，但是实时系统的多任务切换在此时被禁止了，应尽量少使用。需要注意的是，尽管禁止任务切换，但任务进行共享数据操作时，中断服务子程序此时仍然可以抢占 CPU 的使用权。因此，这种方式只适合任务间的共享数据结构的互斥。

3）信号量。在多任务实时操作系统中，信号量也被广泛用来进行任务间的通信和同步。但是，信号量的使用应该有所节制，不能让所有的互斥处理都使用信号量机制实现，因为信号量机制是有一定系统开销的。对于简单的数据共享，如果处理时间很短，使用开/关中断实现而不需要使用信号量。只有涉及系统消耗比较大的共享数据操作时，才考虑使用信号量，因为如果此时使用开/关中断，就可能会影响系统的中断响应时间。

（2）消息机制

任务间另一种通信方式是使用消息机制。任务可以通过内核提供的系统服务向另一个任务发送消息。消息机制包括消息邮箱和消息队列。

1）消息邮箱。消息通常是内存空间的一个数据结构，通常是一个指针型变量。一个任务或一个中断服务子程序通过内核服务，可以把一则消息放到邮箱中；同样的，一个或多个任务通过内核服务可以接收这则消息。每个邮箱都有相应的正在等待的任务列表。通过以下方式得到消息的任务：如果发现邮箱是空的，就被挂起，并被放入到该邮箱的等待消息的任务列表中，直到接收到消息。通常，内核允许设定等待超时，如果等待时间已到仍没有收到消息，任务就进入就绪态并返回等待超时的出错信息。如果消息放入邮箱中，则内核或者把消息传递给等待消息的任务列表中优先级最高的任务（基于优先级），或者把消息传给最先开始等待消息的任务（基于先进先出）。μC/OS-Ⅱ只支持基于优先级的分配算法，内核一般提供以下邮箱服务：

①邮箱内消息内容的初始化。

②将消息放入邮箱（POST）。

③等待消息进入邮箱（PEND）。

④从邮箱中得到消息。

2）消息队列。消息队列实际上是邮箱阵列，在消息队列中允许存放多个消息。对消息队列的操作和对消息邮箱的操作基本相同。通常，内核中提供的消息队列服务包括：

①消息队列初始化。

②放一则消息到队列中（POST）。

③等待一则消息的到来（PEND）。

④从队列中得到消息。

2. 任务间同步

任务间的同步是指异步环境下的一组并发执行任务因各自的执行结果互为对方的执行条件，因而任务之间需要互发信号，以使各任务按一定的速度执行。任务同步也常常使用信号量。与任务间的通信不同，信号量的使用不再作为一种互斥机制，而是代表某个特定的事件是否发生。任务的同步分为单向同步和多向同步。

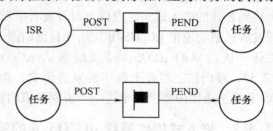

图 11-5　用信号量使任务与中断服务（或任务）单向同步

（1）单向同步

如图 11-5 所示，图中用一面旗帜或称作一个标志来表示信号量。这个标志表示某一事件的发生（不再是保证互斥条件），用来实现同步机制的信号量初始化为 0。这种类型的同步称作单向同步（Unilateral Rendezvous）。图中，一个任务在等待（PEND）某个事件发生时，查看该事件的信号量是否非 0；另一个任务或中断服务子程序在进行操作时，当该事件发生后，将该信号量设置为 1；等待该事件的任务查询到信号量的变化，代表该事件已发生，任务得以继续自身的运行。

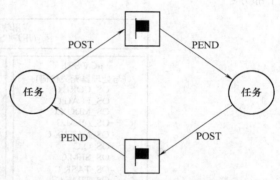

图 11-6　两个任务用两个信号量双向同步

（2）双向同步

两个任务可以用两个信号量同步它们的行为，如图 11-6 所示。这种同步称为双向同步（Bilateral Rendezvous）。双向同步与单向同步类似，但是双向同步不可能在任务与 ISR 之间实施，因为 ISR 运行时不可能等待一个信号量。

11.3　嵌入式操作系统 μC/OS-Ⅱ简介

11.3.1　嵌入式操作系统 μC/OS-Ⅱ概述

μC/OS-Ⅱ读作"micro COS2"，即"微控制器操作系统版本 2"。μC/OS-Ⅱ是一个免费的、源代码公开的嵌入式实时多任务内核，是专门为嵌入式应用设计的 RTOS，提供了实时系统所需的基本功能。μC/OS-Ⅱ的全部功能的核心部分代码只占用 8.3KB，用户还可以针对自己的实际系统对 μC/OS-Ⅱ进行裁剪（最少可达 2.7KB）。μC/OS-Ⅱ只提供了诸如任务调度、任务管理、时间管理、内存管理、中断管理和任务间的同步与通信等实时内核的基本功能，没有提供输入/输出管理、文件系统、图形用户接口及网络组件之类的额外服务。但是，由于 μC/OS-Ⅱ的可移植性和开源性，用户可以根据实际应用添加所需要的服务。目前已经出现了专门为 μC/OS-Ⅱ开发的文件系统、TCP/IP 协议栈和图形用户接口等第三方厂商。

  μC/OS-Ⅱ是在 PC 上开发的，C 编译器使用的是 Borland C/C++3.1 版，而 PC 是大家最熟悉的开发环境，因此在 PC 上学习和使用 μC/OS-Ⅱ非常方便。此外，μC/OS-Ⅱ作为一个源代码公开的嵌入式实时内核，对开发者学习和使用实时操作系统提供了极大的帮助。许多开发者已成功地把 μC/OS-Ⅱ应用于自己的嵌入式系统中，从而使得 μC/OS-Ⅱ获得了快速的发展。从最早的 μCOS，以及后来的 μC/OS 和 μC/OS-Ⅱ V2.00，到现在的 μC/OS-Ⅱ V2.52，该内核已经有十余年的发展历史，在诸多领域得到了广泛应用。许多行业中 μC/OS-Ⅱ成功应用的实例，也进一步说明了该内核的实用性和可靠性。

11.3.2　嵌入式操作系统 μC/OS-Ⅱ的软件体系结构

  μC/OS-Ⅱ的软件体系结构以及与硬件的关系如图 11-7 所示，其软件体系主要包括以下 4 个部分：

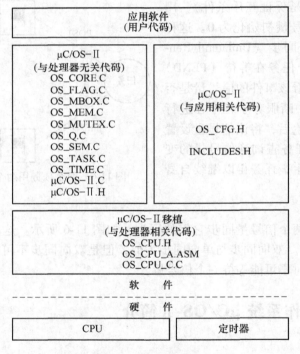

图 11-7　μC/OS-Ⅱ软件体系结构

  1）应用软件层：在应用程序中使用 μC/OS-Ⅱ时，用户开发设计的应用代码。

  2）与应用相关的配置代码：与应用软件相关的、μC/OS-Ⅱ的配置代码。包括两个头文件，这两个头文件分别定义了与应用相关的控制参数和所有相关的头文件。

  3）与处理器无关的核心代码：包括与处理器无关的 10 个源代码文件和 1 个头文件。其中，10 个源代码文件分别实现了 μC/OS-Ⅱ内核结构，即内核管理、事件管理、消息邮箱管理、内存管理、互斥型信号量管理、消息队列管理、信号量管理、任务管理、定时管理和内核管理。

4）与处理器相关的设置代码：与处理器相关的源代码，包括 1 个头文件、1 个汇编文件和 1 个 C 文件。在不同处理器上移植 μC/OS-Ⅱ 时，需要根据处理器的类型对这部分代码重新编写。可以在 μC/OS-Ⅱ 的网站 www. μC/OS-Ⅱ. com 中查找移植范例，也可以阅读处理器的移植代码进行编译。

11.4 嵌入式操作系统 μC/OS-Ⅱ 在 ARM 上的移植

本节将介绍如何将 μC/OS-Ⅱ 移植到 ARM 处理器上。所谓移植，就是使一个实时内核能够在其他的微处理器或微控制器上运行。虽然为了方便移植，μC/OS-Ⅱ 的大部分代码是用 C 语言编写的，但是仍需要使用 C 语言和汇编语言共同完成一些与处理器相关的代码。例如 μC/OS-Ⅱ 在读/写寄存器时只能通过汇编语言来实现。由于 μC/OS-Ⅱ 在最初设计时就已经充分考虑了可移植问题，所以 μC/OS-Ⅱ 的移植还是比较容易的。

11.4.1 移植条件

要使 μC/OS-Ⅱ 能够正常运行，处理器必须满足以下条件：

1）处理器的 C 编译器能够产生可重入代码。μC/OS-Ⅱ 是一个多任务实时内核，一段代码（如一个函数）可能被多个任务调用，代码的可重入性是保证多任务正确执行的基础。可重入代码是指可以被多个任务调用而数据不会被破坏的一段代码。也就是说，可重入代码在执行过程中如果被中断，能够在中断结束后继续正确运行，不会因为在代码中断时被其他任务重新调用而破坏代码中的数据。可重入代码或者只使用局部变量，即变量保存在 CPU 寄存器或堆栈中；或者使用全局变量，则要对全局变量予以保护。下面两个例子可以说明可重入代码和不可重入代码的区别。

```
void temp(int * x,int * y)          int temp
{                                   void temp(int * x,int * y)
int temp;                           {
temp = * x;                         temp = * x;
* x = * y;                          * x = * y;
* y = temp;                         * y = temp;
}                                   }
```

两个程序的区别在于变量 temp 的不同。左边的函数中变量 temp 是局部变量，通常 C 编译器把局部变量保存在寄存器或堆栈中，因此多次调用函数后可以保证每次 temp 的数值互不影响；右边的函数中变量 temp 是全局变量，多次调用函数时，变量值必然被改变。因此，左边的是可重入函数，右边的是不可重入函数。

除了在 C 程序中使用局部变量外，还需要 C 编译器的支持。使用 ARMADS 的集成开发环境，能够生成可重入代码。

2）处理器支持中断并能产生定时中断（通常在 10 ~ 100Hz 之间）。μC/OS-Ⅱ 通过处理器产生的定时器中断来实现多任务之间的调度，而在 ARM7 TDMI 处理器上可以产生定时器中断。

3）用 C 语言可以在程序中开/关中断。在第 2 章介绍过，ARM 处理器中包含一个 CPSR

寄存器，该寄存器包括一个全局的中断禁止位，控制它就可以打开或关闭中断。在 μC/OS-Ⅱ中，可以通过 OS_ENTER_CRITICAL( ) 和 OS_EXIT_CRITICAL( ) 两个宏来控制处理器的相应位进行开/关中断的操作。

4）处理器支持能够容纳一定量（几千字节）数据的存储硬件堆栈。对于一些只有 10 根地址线的 8 位控制器，芯片最多可访问 1KB 的存储单元，在这样的条件下，移植 μC/OS-Ⅱ是比较困难的。

5）处理器有将堆栈指针和其他 CPU 寄存器的内容读出并存储到堆栈或内存中的指令。μC/OS-Ⅱ进行任务调度时，首先将当前任务的 CPU 寄存器存放到该任务的堆栈中，然后再从另一个新任务的堆栈中恢复其原来的寄存器的值，使之继续运行。所以，寄存器的入栈/出栈操作是 μC/OS-Ⅱ多任务调度的基础。在 ARM 处理器中，汇编指令 stmfd 可将所有寄存器压栈，指令 ldmfd 可将所有的寄存器出栈。

11.4.2 移植步骤

移植 μC/OS-Ⅱ主要完成以下两部分工作。

1. 设置与处理器和编译器相关的代码

OS_CPU. H 包括了用#define 语句定义的、与处理器相关的常数、宏以及类型。因此，所有需要完成的基本配置和定义全部集中在此头文件中。OS_CPU. H 的大体结构如下列程序所示：

```
/ ********************** 数据类型(与编译器有关) **********************/
typedef unsigned char BOOLEAN;
typedef unsigned char INT8U;          / * 无符号 8 位整数           * /
typedef signed char INT8S;            / * 有符号 8 位整数           * /
typedef unsigned int INT16U;          / * 无符号 16 位整数          * /
typedef signed int INT16S;            / * 有符号 16 位整数          * /
typedef unsigned long INT32U;         / * 无符号 32 位整数          * /
typedef signed long INT32S;           / * 有符号 32 位整数          * /
typedef float FP32;                   / * 单精度浮点数             * /
typedef double FP64;                  / * 双精度浮点数             * /
typedef unsigned int OS_STK;          / * 堆栈入口宽度为 16 位       * /
typedef unsigned short OS_CPU_SR;     / * 定义 CPU 状态寄存器宽度为 16 位 * /
/ ********************** 与处理器有关的代码 **********************/
#define OS_ENTER_CRITICAL( ) {cpu_sr = INTS_OFF0;}
#define OS_EXIT_CRITICAL0 {iffcpu_sr = = 0) INTS_ONO;}
#define OS_STK_GROWH 1        / * 定义堆栈方向:1 = 向下递减,0 = 向上递增 * /
#define OS_TASK_SW( ) ???     / * 定义任务切换宏 * /
```

1）与编译器相关的数据类型。为了确保 μC/OS-Ⅱ的可移植性，其程序代码不使用 C 语言中的 short、int 及 long 等数据类型，因为它们是与编译器相关的。不同的微处理器有不同的字长，因此 μC/OS-Ⅱ的移植包括了一系列的数据类型定义，这样定义的数据结构既是可移植的，又很直观。例如 INT16U 表示 16 位无符号整型数。对于像 ARM 这样的 32 位处理器，INT16U 表示 unsigned short 型；而对于 16 位处理器，则表示 unsigned int 型。

此外，用户必须将任务堆栈的数据类型告诉 μC/OS-Ⅱ。这是通过 OS_ STK 声明恰当的数据类型来实现的。我们使用的处理器上的堆栈是 16 位的，所以将 OS_ STK 声明为无符号整型数据类型。当建立任务时，所有的任务堆栈都必须用 OS_ STK 作为堆栈的数据类型。

2）定义 OS_ENTER_RITICAL( ) 和 OS_EXIT_CRITICAL( )。与所有的实时内核一样，μC/OS-Ⅱ在访问代码的临界段时首先要关中断，并在访问完毕后重新允许中断。这使得 μC/OS-Ⅱ能够保护临界段代码免受多任务或中断服务子程序的破坏。

通常每个处理器都会提供一定的汇编指令来开/关中断，因此用户使用的 C 编译器必须有一定的机制支持直接从 C 语言中执行这些操作。但是，有些编译器允许在 C 源代码中插入行汇编语句，很容易实现开/关中断的操作；而有些编译器提供语言扩展功能，可以直接从 C 语言中进行关中断。为了隐藏编译器厂商提供的不同实现方法以增加可移植性，μC/OS-Ⅱ定义了两个宏来开/关中断，即 OS_ENTER_CRITICAL( ) 和 OS_EXIT_CRITICAL( )。

在 ARM 处理器中，开/关中断是通过改变当前程序状态寄存器 CPSR 中的相应控制位来实现的。由于使用了软中断，将 CPSR 保存到 SPSR 中，因此软中断退出时会将 SPSR 恢复到 CPSR 中。因此，程序只要改变 SPSR 中相应的控制位就可以实现开/关中断的操作。在 S3C44BOX 上改变这些位是通过嵌入汇编实现的，具体代码如下：

```
INTS_OFF
mrs r0,cpsr             ;当前 CPSR
mov r1, 10              ;复制屏蔽
orr r1, r1, #0xC0       ;屏蔽中断位
mst cpsr, r1            ;关中断
and r0, r0, #0x80       ;从初始 CPSR 返回到中断位
mov pc, 1r              ;返回
INTS_ON
mrs 10,cpsr             ;当前 CPSR
bic r0, r0, #0C0        ;屏蔽中断
mst cpsr, r0            ;开中断
mov pc, 1r              ;返回
```

3）定义堆栈增长方向 OS_STK_GROWTH。μC/OS-Ⅱ在结构常量 OS_STK_GROWTH 中指定堆栈的增长方向。绝大多数微处理器和微控制器的堆栈是从上向下递减的，但是有些处理器使用的是相反的方式。μC/OS-Ⅱ被设计成对两种情况都可以处理：

①置 OS_STK_GROWTH 为 0，表示堆栈从下（低地址）向上（高地址）递增。

②置 OS_STK_GROWTH 为 1，表示堆栈从上（高地址）向下（低地址）递减。

4）定义 OS_TASK_SW( ) 宏。在 μC/OS-Ⅱ中，处于就绪态任务的堆栈结构看起来就像刚刚发生过中断一样，所有的寄存器都保存在堆栈中。也就是说，μC/OS-Ⅱ要运行处于就绪态的任务就必须要从任务堆栈中恢复处理器所有的寄存器，并且执行中断返回指令。为了实现任务调度，可以通过执行 OS_TASK_SW( ) 模仿中断的产生。OS_TASK_SW( ) 是 μC/OS-Ⅱ从低优先级任务切换到高优先级任务时被调用的。任务切换只是简单地将处理器的寄存器保存到将被挂起的任务的堆栈中，并从堆栈中恢复要运行的更高优先级的任务。可以采用以下两种方式定义 OS_TASK_SW( )：如果处理器支持软中断，则中断服务子程序或指令陷阱使 OS_TASK_SW( ) 的中断向量地址指向汇编语言函数 OSCtxSw( )；否则直接在 OS_TASK_

SW( )中调用 OSCtxSw( ) 函数。

2. 用 C 语言编写 10 个与操作系统相关的函数（OS_CPU_C. C）

这 10 个函数包括 OSTaskStkInit( )、OSTaskCreatHook( )、OSTaskDelHook( )、OSTask-SwHook( )、OSTaskIdleHook( )、OSTaskStatHook( )、OSTaskTickHook( )、OSTaskHookBegin( )、OSTaskHookEnd ( ) 和 OSTask InitHook ( )。

在这些函数中，唯一必须移植的函数是 OSTaskStkInit ( )，其他 9 个 Hook 函数必须声明，但不一定要包含代码。

1) OSTaskStkInit ( )。函数 OSTaskSt-kInit ( ) 在任务创建时（OSTaskCreat ( )或 OSTaskCreatExt ( )）被调用，作用是初始化任务的堆栈结构。这样，堆栈看起来就像中断刚发生过一样，所有寄存器都保存在堆栈中。在 ARM 微处理器上，任务堆栈空间由高至低依次保存着 PC、LR、R12 ~ R0、CPSR 及 SPSR。OSTaskStkInit ( )初始化后的堆栈内容如图 11-8 所示。堆栈初始化结束后，返回新的堆栈栈顶指针。

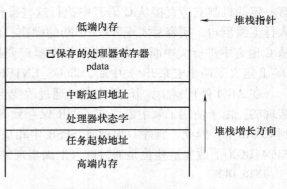

图 11-8　堆栈初始化后的内容

2) Hook 函数。其余的 9 个 Hook 函数又称为钩子函数，主要用来扩展 μC/OS-Ⅱ 的功能。这些 Hook 函数可以不包含任何代码，但必须被声明。在 Hook 函数内部，允许用户添加相应的代码来实现一些特定的功能，从而进一步扩展 μC/OS-Ⅱ的功能。关于 9 个 Hook 函数具体实现的功能就不一一介绍了，读者可以参考 μC/OS-Ⅱ的相关手册。

3. 用汇编语言编写 4 个与处理器相关的函数（OS_CPU_A. ASM）

μC/OS-Ⅱ在移植过程中要求用户编写 4 个简单的汇编语言函数，包括 OSStartHighRdy( )、OSCtxSw( )、OSIntCtxSw( )和 OSTickISR( )。如果 C 编译器支持插入行汇编代码，就可以将所有与处理器相关的代码放到 OS_CPU_C. C 文件中，而不必再建立单独的汇编语言文件。

1) OSStartHighRdy( )：运行就绪态的、优先级最高的任务。μC/OS-Ⅱ的多任务启动函数 OSStart( )通过调用函数 OSStartHighRdy( )使得处于就绪态的、优先级最高的任务开始运行。函数 OSStartHighRdy( )负责从最高优先级任务的 TCB 控制块中获得该任务的堆栈指针 SP，并通过 SP 依次将 CPU 现场恢复。这时，系统将控制权交给用户创建的任务进程，直到该任务被阻塞或被其他更高优先级的任务抢占 CPU。该函数仅仅在多任务启动时被执行一次，用来启动最高优先级的任务。函数 OSStartHighRdy( )的示意性代码如下列程序所示（用户应将它转换成汇编语言代码，因为它涉及将处理器寄存器保存到堆栈的操作）：

```
void OSStartHighRdy( void)
{
调用用户定义的 OSTaskSwHook0;
OSRunning = TRUE;
得到将要恢复运行任务的堆栈指针;
Stackpointer = OSTCBHighRdy- > OSTCBStkPtr;
```

从新任务堆栈中恢复处理器的所有寄存器；

执行中断返回指令；

}

2）OSCtxSw( )：任务级的任务切换。任务级的任务切换时通过执行软中断指令；或者依据处理器的不同，执行 TRAP（陷阱）指令来实现。而中断服务子程序、陷阱或异常处理的向量地址必须指向 OSCtxSw( )。

函数 OSCtxSw( )由 OS_TASK_SW( )宏调用，而 OS_TASK_SW( )由函数 OSSched( )调用，函数 OSSched( )负责任务之间的调度。函数 OSCtxSw( )被调用后，先将当前任务的 CPU 现场保存到该任务的堆栈中；然后获得最高优先级任务的堆栈指针，并从该堆栈中恢复此任务的 CPU 现场，使之继续执行。这样函数 OSCtxSw( )就完成了一次任务级的任务切换。其示意性代码如下列程序所示（这些代码必须用汇编语言编写，因为用户不能直接在 C 语言中访问 CPU 寄存器）：

```
void OSCtxSw( void)
{
保存处理器的寄存器；
在当前任务的任务控制块中保存当前任务的堆栈指针；
OSTCBCur- > OSTCBStkPtr；Stackpointer；
OSTaskSwHook0；
OSTCBCur = OSTCBHighRdy；
OSPrioCur = OSPrioHighRdy；
得到将要重新开始运行的任务的堆栈指针；
Stackpointer = OSTCBHighRdy- > OSTCBStkPtr；
从新任务的任务堆栈中恢复处理器所有寄存器的值；
执行中断返回指令；
}
```

3）OSIntCtxSw( )：中断级的任务切换。OSIntExit( )通过调用函数 OSIntCtxSw( )，在 ISR 中执行任务切换功能。因为中断可能会使更高优先级的任务进入就绪态，所以为了让更高优先级的任务能够立即运行，在中断服务子程序退出前，函数 OSIntExit( )会调用 OSIntCtxSw( )做任务切换，从而保证系统的实时性。

函数 OSIntCtxSw( )和 OSCtxSw( )都是用来实现任务切换功能的，其区别在于不需要在函数 OSIntCtxSw( )中保存 CPU 的寄存器，因为在调用 OSIntCtxSw( )之前已经发生了中断，在中断服务子程序中已经将 CPU 的寄存器保存到被中断的任务的堆栈中。函数 OSIntCtxSw( )的示意性代码如下列程序所示（因为在 C 语言中不能直接访问 CPU 寄存器，所以这些代码必须用汇编语言编写）：

```
void OSIntCtxSw( void)
{
调用用户定义的 OSTaskSwHook( )；
OSTCBCur = OSTCBHighRdy；
OSPrioCur = OSPrioHighRdy；
得到将要重新执行的任务的堆栈指针；
Stackpointer = OSTCBHighRdy- > OSTCBStkPtr；
```

318

从新任务的任务堆栈中恢复处理器所有寄存器的值；

执行中断返回指令；

}

4）OSTickISR（）：时钟节拍中断服务。μC/OS-Ⅱ要求用户提供一个周期性的时钟源，从而实现时间的延迟和超时功能。为了完成该任务，必须在开始多任务后，即调用OSStart（）后，启动时钟节拍中断。但是，由于OSStart（）不会返回，因此用户无法实现这一操作。为了解决这个问题，可以在OSStart（）运行后，μC/OS-Ⅱ启动运行的第一个任务中初始化节拍中断服务函数OSTickISR（）。

函数OSTickISR（）首先将CPU寄存器的值保存在被中断任务的堆栈中，之后调用OSIntEnter（）；然后，OSTickISR（）调用OSTimeTick（），检查所有处于延时等待状态的任务，判断是否有延时结束就绪的任务；最后，OSTickISR（）调用OSIntExit（），如果中断使其他更高优先级的任务就绪且当前中断为中断嵌套的最后一层，那么OSIntExit（）将进行任务切换。函数OSTickISR（）的示意性代码如下列程序所示（因为在C语言中不能直接访问CPU寄存器，所以这些代码必须用汇编语言编写）：

```
void OSTicklSR( void)
{
保存处理器的寄存器；
调用 OSIntEnter( )或者 OSIntNesting + + ;
if( OSIntNesting = =1){
OSTCBCur- > OSTCBStkPtr = Stackpointer;
}
给产生中断的设备清中断；
重新允许中断(可选)；
OSTimeTick( );
OSIntExit( );
恢复处理器寄存器；
执行中断返回指令；
}
```

11.4.3 测试移植代码

当为处理器做完μC/OS-Ⅱ的移植后，还需要测试移植的μC/OS-Ⅱ是否正常工作。应该首先不加任何应用代码来测试移植好的μC/OS-Ⅱ，即应该首先测试内核自身的运行状况。接着可以在μC/OS-Ⅱ操作系统中建立应用程序，通过观察程序执行的结果来检测移植是否成功。通常采用以下4个步骤测试移植代码：

1）确保C编译器、汇编编译器及链接器正常工作。

2）测试函数OSTaskStkInit（）和OSStartHighRdy（）。

3）测试函数OSCtxSw（）。

4）测试函数OSIntCtxSw（）和OSTickISR（）。

11.5 嵌入式系统软件开发

计算机软件开发有两种情况：通用计算机的软件开发和嵌入式系统的软件开发。

通用计算机的软件开发，其开发平台和运行平台通常是一个平台，例如计算机上的软件开发、小型机上的软件开发、大型机上的软件开发等，在计算机上安装了开发工具软件，如 C 语言、数据库等开发工具，开发完成后，直接在计算机上运行开发的软件产品，当然，软件产品作为商品出售，用户把软件安装在同一类型的兼容计算机上运行。

嵌入式系统的软件开发则不同，通常，大部分的嵌入式系统的开发平台和运行平台位于不同的计算机平台上。开发平台无法运行嵌入式目标软件，同样，嵌入式目标系统无法进行开发。当然有的嵌入式系统的开发工具商提供了嵌入式系统的软件模拟器，可以运行部分嵌入式系统软件，但这不是嵌入式系统软件运行的最终形式。

开发嵌入式系统的软件通常有下面的几种开发形式：

1）基于裸机的开发形式：开发的嵌入式系统的软件无须任何操作系统的支持，软件的每一个代码都需要软件程序员进行开发，需要考虑众多的开发问题、系统的设计问题等。早期的嵌入式系统的开发通常采用这种方式，因为当时嵌入式处理器的资源有限，开发语言大多使用汇编语言。

另外，目前嵌入式系统的开发采用裸机开发方式的大多是简单系统，如家用电器的简单控制等，一般使用嵌入式微控制器，代码存储器空间有限。

2）基于操作系统内核的开发方式：一般应用于复杂多功能的嵌入式系统的开发。根据使用的操作系统的种类和功能的不同，又分为只使用操作系统的内核和使用完整的操作系统两种情况。

对于小型的嵌入式系统应用，如不需要复杂的文件系统，人机接口也比较简单，可以基于嵌入式操作系统内核进行开发。

如果嵌入式系统属于复杂的应用，包含文件系统、图形化的人机界面和设备驱动程序，通常使用完整的嵌入式操作系统进行开发。即使完整的嵌入式操作系统，它们的各个组成部分也是模块化的，可以裁减。

11.5.1 嵌入式软件结构和组成

讲述 C 语言的课程，通常第一个程序的例子是：

```
#include < stdio. h >
main( )
{
printf("hello, world \ n");
}
```

这个程序是 C 语言的一个完整的程序段，在屏幕上输出 "hello, world" 字符串。这个程序段有一个出口（隐式出口），程序运行到出口处，便退出。

这个程序的另一个特点是，用户编程并运行程序的时候，无须考虑程序是如何运行的，也无须考虑操作系统的作用。嵌入式系统则不然，开发嵌入式系统的软件必须考虑如下问题：

1）嵌入式操作系统。

2）操作系统与应用软件的集成。

3）软件的结构。嵌入式系统的软件是没有出口的，程序不能 "退出"，整个程序的结构应该是无限循环。

4）嵌入式系统的软件设计需要考虑硬件的支持、操作系统的支持、程序的初始化和引导等诸多方面。

5）嵌入式系统的软件可能没有操作系统，在裸机上直接开发。

嵌入式系统的软件通常包括以下部分：

1）初始化引导代码。

2）板级支持包。

3）嵌入式操作系统。

4）网络协议栈。

5）图形用户界面。

6）应用软件。

基于嵌入式操作系统的嵌入式系统软件结构如图 11-9 所示。

（1）初始化引导代码

初始化引导代码是任何嵌入式系统上电复位后第一个执行的代码。

任何嵌入式处理器（包括通用处理器）复位时首先进入复位向量，如 80x86 系列处理器的复位向量是 FFFF0H ~ FFFFFH，ARM7 TDMI 的复位向量是 0H。执行复位向量处的第一条指令，系统的其他代码必须在复位后执行。不同的系统复位引导代码功能有所差异：如个人计算机，初始化引导代码进行计算机的自检，引导操作系统等。对于嵌

用户应用软件高层				
用户应用软件低层				
GUI	协议	设备驱动	文件系统	
操作系统层				
板级支持包				

图 11-9　嵌入式系统总体软件结构

入式系统而言，初始化引导代码也可以参照普通的计算机的功能进行设计，但是需要考虑初始化代码的执行时间是否满足要求。例如个人计算机的自检时间比较长，对于一些响应时间要求比较高的实时应用可能满足不了要求。

（2）板级支持包

计算机的操作系统如 Windows 系列、Linux 系列等，它们的运行平台是标准的、兼容的。但是嵌入式系统则不然，嵌入式处理器多种多样，目前不下几百种，甚至更多；即使使用同一种体系的嵌入式处理器设计的嵌入式系统，它们的配置参数仍各有不同。而操作系统的提供商为了解决硬件平台的差异性，通常把操作系统的共性部分利用标准的 C 语言实现，把依赖于硬件的部分（使用的存储器的种类和参数、外部设备的配置、地址分配等）提供给用户进行编写代码，操作系统规定了一个标准的规范。用户编写的这些代码为用户的定制硬件和操作系统之间提供一个接口和支持平台，这一部分代码称为板级支持包。

一般地，板级支持包进行硬件系统初始化，如硬件寄存器配置、存储器配置、操作系统需要的 I/O 参数配置，提供给分时调度功能的操作系统一个硬件定时器，然后进入操作系统代码区。

（3）嵌入式操作系统

操作系统是嵌入式系统的一个重要的组成部分，特别是对于复杂的嵌入式系统开发，如手机、PDA 等，如果没有操作系统的支持，开发这样的系统简直不可想象。嵌入式系统单

件结构中，操作系统处于板级支持包和应用软件之间，应用软件的开发调用操作系统的功能，操作系统的功能以应用程序接口（API）的形式提供。

嵌入式操作系统通常是可裁减结构，基于嵌入式操作系统的开发通常有两种模式：

1）基于嵌入式操作系统的内核：对于小的嵌入式系统开发可以采用这种方式，通常采用实时多任务操作系统内核，包括处理器管理、存储器管理功能。

2）基于完整的嵌入式操作系统：大的嵌入式系统通常采用完整的嵌入式操作系统，如PDA、智能手机等，这样的嵌入式系统包括操作系统内核、嵌入式文件系统和嵌入式人机界面等。

（4）网络协议栈

协议栈对于具有网络功能的嵌入式系统产品是必要的，目前嵌入式协议栈的提供有两种方式，一种是独立的第三方协议栈产品，一种是嵌入式操作系统的提供商提供协议栈产品。

协议栈的运行必须基于嵌入式操作系统的平台支持，但是并不意味着协议栈必须依赖于嵌入式操作系统的 API。事实上，许多的嵌入式协议栈，如 InterNiche 的嵌入式 TCP/IP 协议栈做到了与操作系统的最大独立性，可以与大多数嵌入式操作系统集成运行。

（5）图形用户界面 GUI

对于大多数嵌入式系统，图形用户界面是必要的，特别是随身设备如 PDA、手机等。GUI 运行在嵌入式操作系统之上，用户开发与用户交互的应用软件通过 GUI 的功能调用来实现。

（6）应用软件

嵌入式系统的应用软件一般需要自主开发，不同的嵌入式系统的应用软件各具特色和功能。例如常用的应用软件用于 PDA、记事本、通讯录、计算器等，应用于工业现场总线领域的应用软件如控制软件等。应用软件的开发基于操作系统、网络通信协议栈、图形用户接口和文件系统等一系列低层 API。

11.5.2 嵌入式操作系统运行的必要条件

嵌入式系统的应用软件和嵌入式操作系统编译在一起，形成一个运行文件，最后写到只读存储器中运行。开发嵌入式系统时，嵌入式操作系统来源于第三方的软件提供商，最终应运行在用户的定制板上，不同的用户定制板的规范和参数有所差异，因此设计嵌入式操作系统时，需要保证大部分代码与硬件的无关性，操作系统只对硬件的某一部分参数进行规定。只有满足这一基本的条件，嵌入式操作系统才可以在硬件板上运行。

通常嵌入式操作系统的运行需要下面几个条件：

1. ROM 空间

ROM 空间只有在系统最终运行时才需要，调试阶段 ROM 不是必要的，但是为了调试程序的实时运行情况，在调试阶段配置 ROM 空间是必要的，利用 ROM 可以分阶段地调试嵌入式系统的实时运行情况。

目前嵌入式系统通常使用 Flash 作为 ROM 存储器，操作系统的供应商通常会给出所需存储器的大小。

2. RAM 空间

无论在调试期间还是在运行期间，都需要 RAM 空间。RAM 空间的作用如下：运行期间存放中间变量，堆栈也建立在 RAM 空间中；调试阶段程序的下装也在 RAM 空间中，在 RAM 空间中进行调试。可以说，调试阶段 RAM 的空间大于等于运行阶段 ROM 和 RAM 的总和。

另外有的嵌入式系统出于运行速度的考虑，运行时把代码从 ROM 空间搬移到 RAM 空间，这样的嵌入式系统的 ROM 空间只用于存放程序，不运行程序，需要的 RAM 空间比较大。

3. 定时器

嵌入式实时多任务操作系统的调度采用基于优先级的调度算法，不同任务的优先级不同。在处理优先级上，有的嵌入式操作系统不允许多个任务有相同的优先级，如一些小的嵌入式操作系统内核；功能比较强的系统允许多个任务有相同的优先级，这样操作系统在调度任务时，对于相同的优先级通常采用时间片的方法，因此需要嵌入式处理器提供一个定时器用于产生时间片。例如，对于 NucleusPlus、VRTX 嵌入式操作系统需要定时器产生时间片来调度同一优先级的任务。

如果一个嵌入式操作系统没有时间片的服务策略，那么定时器是不需要的。

4. 中断

关于中断的处理，在嵌入式系统中有两种方法：一种方法是由用户编写中断服务程序，中断服务程序通过操作系统提供的 API 与任务进行通信和同步。这样的系统在编写 BSP 时一般不需要对中断进行处理。

另外一种方式，如 Intel 的 iRMX51 实时多任务内核，把中断和任务进行了关联，用户在创建任务时，指出哪个中断与此任务关联，如果一个中断发生了，那么与此中断关联的任务就会激活。

5. 堆栈

嵌入式操作系统和应用软件运行时，堆栈是必不可少的，必须进行初始化。

11.5.3　嵌入式系统软件运行流程

嵌入式系统的软件运行通常从引导程序入口开始，然后经过下面的一系列过程：

1）复位向量入口，此时中断是禁止的。

2）设置处理器的工作模式，通常使用复位时的默认模式。

3）设置 RAM 和 ROM 的工作参数，包括 DRAM 的刷新参数、地址空间分配等，至此嵌入式系统的处理器和存储器子系统达到运行状态。

4）设置操作系统运行所需要的数据段、堆栈空间等。

5）设置中断向量，中断向量的设置根据需要进行，也可以在其他的时间设置，但是一定要在中断允许之前完成。

6）操作系统的初始化。

7）进入用户的应用。到这里开始执行用户的应用程序代码。

11.5.4　无操作系统的嵌入式系统软件设计

1. 前/后台系统

不复杂的小系统可以设计成前/后台系统，如图 11-10 所示。

应用程序是一个无限循环，巡回地执行多个事件，完成相应的操作。这一部分软件称为后台，通常在主程序 main( ) 中被调用。中断服务程序处理异步事件，这一部分可以看成是前台。后台可以称为任务级，前台可以称为中断级。强实时性的关键操作一定要用中断来实现。

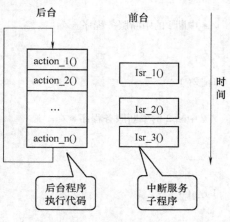

这种系统的实时性有一定的问题，中断服务程序提供的数据直到后台程序运行到该处理这个数据时，才能得到处理。最坏情况下的任务级响应时间取决于整个循环的执行时间。因为循环的执行时间不是常数，所以程序经过某一特定部分的准确时间是不能确定的。另外，如果程序修改了，循环的时序和时间都会受到影响。

这种系统的程序设计通常包括两大部分：主程序循环和中断服务程序。程序框架如下：

图 11-10 嵌入式系统的前/后台系统

```
main( )
{
/*硬件初始化*/
while(1) /*后台程序*/
{
action1( );
action2( );
…
actionn( );
}
}
action_1( )
{
/*执行动作 1*/
…
}
action_2( )
{
/*执行动作 2*/
…
}
…
actlon_n( )
{
/*执行动作 n*/
…
}
```

```
Isr_1( )
{
/ * 中断 l 的中断服务程序 * /
...
}
Isr_2( )
{
/ * 中断 2 的中断服务程序 * /
...
}
...
Isr_n( )
{
/ * 中断 n 的中断服务程序 * /
...
}
```

很多低端的基于嵌入式微控制器的嵌入式产品采用前/后台系统设计，例如微波炉、电话机及玩具等。

2. 中断（事件）驱动系统

对于省电系统的设计，可以采用中断驱动的程序设计方法。整个软件系统完全由中断服务程序实现。

大多数嵌入式微控制器/微处理器具有低功耗方式，通过执行相应的指令可以使处理器进入低功耗方式，低功耗方式可以通过中断的发生退出。由于事件的发生是异步的，只有在出现事件的时候，处理器进入运行，一旦处理时间结束，立刻进入低功耗状态，而没有主程序的循环执行。

这种嵌入式软件的设计包括主程序和中断服务程序两部分：主程序只完成系统的初始化，例如硬件的初始化，初始化完成后，执行低功耗指令进入低功耗方式。

每当外部事件发生，相应的中断服务程序激活，执行相关的处理，处理完成后，进入低功耗状态。

如果没有外部事件的发生，系统一直处于低功耗状态。

下面给出这种设计方法的一种程序框架：

```
main( ) / * 完成系统的硬件初始化和数据结构的初始化(如果有必要) * /
{
/ * to do:系统的初始化 * /
while (1)
enter_low power( );
Isr_1( ) / * 其中的一个中断服务程序 * /
{
/ * to do:处理中断事件 * /
}
```

上面的代码中，主程序除了系统开始运行时的初始化代码外，没有事件处理代码。

3. 巡回服务系统

如果嵌入式微处理器/嵌入式微控制器的中断源不多，那么采用中断驱动的程序设计方法有一定的局限性，因为无法把所有的外部事件与中断源相关联。这时采用的解决方案有两种，一种是使用中断控制器之类的扩展中断源的芯片，进行中断扩展。这种方法一般不推荐使用，因为扩展硬件带来的问题很多：系统复杂、成本高、浪费处理器的其他资源如 I/O 引脚等。另一种方法是采用软件的方法，软件设计成巡回服务系统。把对外部事件的处理由主循环完成。这样的设计即使嵌入式微处理器没有中断源也可以完成软件的设计。

下面给出软件的接口框架：

```
main ( )
{
/ * to do:系统初始化 * /
while (1)
{
action_1( );/ * 巡回检测事件 1 并处理事件 * /
action_2( );/ * 巡回检测事件 2 并处理事件 * /
…
action_n( );/ * 巡回检测事件 n 并处理事件 * /
}
}
```

4. 基于定时器的巡回服务方式

巡回服务系统解决了中断源的数量小于外部事件数量的问题，但是处理器总是处于全速运行状态，处理器的开销比较大，带来的问题是能耗较高，对电池供电系统需特别考虑。如果系统的外部事件发生得不是很频繁，那么可以降低处理器服务事件的频率，这样不会降低响应时间，节省了处理器的资源消耗。这时可以采用基于定时器驱动的巡回服务方法。

嵌入式处理器中一定有一个定时器，根据外部事件发生的频度，设置合适的定时器中断的频率。

在定时器的中断服务程序中检测外部事件是否发生，如果发生就进行处理。下面是程序的框架：

```
main( )
{/ * to do:系统初始化 * /
…
/ * to do:设置定时器 * /
while (1)
{
enter_low_power( );
}
}
Isr_timer( ) / * 定时器的中断服务程序 * /
{
action_1( );/ * 执行事件 1 的处理 * /
action_2( );/ * 执行事件 2 的处理 * /
```

```
...
action_n( );/*执行事件 n 的处理*/
    }
```

注意：上面的程序设计方法需要考虑在每次定时器溢出中断发生的期间，必须完成一遍事件的巡回处理。

11.5.5　有操作系统的嵌入式系统软件设计

基于嵌入式操作系统的软件设计方法，根据使用的操作系统的不同，可以分为分时系统、实时系统；其中实时系统又可以分为抢占式实时系统和不可抢占式实时系统，下面简要给出这几种系统的工作特征。

在操作系统的概念中，通常使用进程这一术语，对于实时系统，往往使用任务这一术语，实际上，虽然名称不同，但是它们的行为是相同的，这里不再区分，而统称为任务。

1. 分时系统

分时系统由分时操作系统、多个任务组成的应用软件构成。分时操作系统使用定时器来调度任务的执行。总的来说，系统主要由一个定时器、任务调度管理器和多个任务组成。从宏观上看，系统中的多个任务并行执行；从微观上看，由于系统只有一个处理器，任务是串行执行的，只是任务的调度和执行的速度很快，用户感觉不到分时服务和任务的切换。操作系统根据定时器的运行，把时间片均匀地分配给每个任务（如每个任务的服务时间为 10ms）。每个任务不可能获得整个处理器的全部处理资源。一般地，每一个任务的代码不需要显式地占用处理器和放弃处理器。

如图 11-11 所示是基于分时系统的嵌入式系统软件结构。

这种系统的应用如 Linux 操作系统。

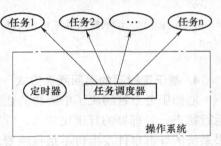

图 11-11　基于分时操作系统
的嵌入式系统软件结构

2. 实时系统

分时系统的缺点是无法体现任务的重要性即优先级。实际上，嵌入式系统处理的事务大多是有优先级的。例如，对于具有网络功能的嵌入式系统，通信需要有比较高的优先级，如果接收功能的优先级低，那么会发生超越错误（以前接收到的数据没有处理，又收到了后续的数据，造成后面的数据覆盖了以前接收的数据）。这时可引入实时系统。

与分时系统不同，实时系统把系统处理的事件根据轻重缓急进行分类，并赋予不同的优先级。优先级高的任务优先得到处理器的处理，只有优先级高的任务处理完了以后，才轮到优先级低的任务进行处理，如图 11-12 所示。

图 11-12 中，整个系统软件包括任务

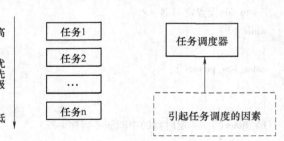

图 11-12　基于实时操作系统
的嵌入式系统软件结构

（用户任务和系统任务）、操作系统的任务调度器、引起任务调度的因素等。操作系统的任务调度器根据任务的优先级进行任务的调度。引起任务的调度的因素主要有硬件中断、定时器溢出、任务之间的通信和同步等。

根据任务的调度策略的不同，实时系统的设计方法有两种：抢占式和不可抢占式。

（1）不可抢占式

一般地，实时系统在调度任务并执行任务的时候，操作系统总是从最高优先级的任务开始执行，直到放弃处理器（放弃处理器的原因可能是等待一个事件或一段时间等），然后低优先级的任务才开始得到执行权。

如果低优先级的任务得到了执行，在执行低优先级的任务过程中，高优先级的任务即使就绪，也不能中断低优先级的任务的执行，必须等待低优先级的任务放弃处理器，操作系统重新进行调度，就绪的高优先级的任务才能得到执行。这样的系统属于不可抢占式系统。

不可抢占式系统的优点是操作系统的设计比较简单，简单的操作系统设计带来较低的操作系统总开销，均分到每个任务上的开销也比较低。它的缺点也是显而易见的，如果低优先级的任务不放弃处理器，就不会引起系统的重新调度，高优先级的任务得不到及时的响应，违背了实时系统设计的初衷。

（2）抢占式

与不可抢占式系统相比，抢占式系统时刻保证最高优先级的任务得到运行。在运行低优先级的任务过程中，如果高优先级的任务就绪，即使低优先级的任务不主动放弃处理器的使用，也会引起系统的重新调度。实际上，抢占式系统的原理是只要有事件（中断、定时器、任务之间的通信和同步等）发生，操作系统的调度部分就会检查任务的就绪表，找到优先级最高的任务，投入运行。

从上面的讨论可以看出，抢占式系统的开销比较大，这种系统的开销要均分到每个任务上，使得系统的整体效率下降。但是从实时性来看，这种调度方式带来的开销是可以忍受的，毕竟可以通过提高处理器的性能来补偿这些开销。

11.6 习题

1. 嵌入式操作系统的特点和分类有哪些？
2. 常见的嵌入式操作系统有哪些？为什么要采用嵌入式操作系统？
3. 嵌入式操作系统的内核是什么？不可抢占式内核与抢占式内核各有哪些特点？
4. 嵌入式操作系统为什么要移植？移植需要哪些步骤？
5. 嵌入式操作系统运行需要哪些条件？
6. 嵌入式系统软件的组成有哪些？以及其运行流程怎样？
7. 无操作系统的嵌入式软件设计方式有哪些？
8. 有操作系统的嵌入式软件如何设计？

第 12 章　基于 ARM 内核的 STM32 系列嵌入式微控制器及应用

12.1　Cortex-M3 简介

毫无疑问，微控制器的发展方向是更高的性能、更低的功耗、更便宜的价格和更方便的开发。在微控制器的性能提升方面，除了处理器内核运算能力不断提升，一个重要的趋势就是集成更加丰富的外设接口，以满足更多的应用和电子产品融合化的需求。

Cortex-M3（CM3）处理器内核是嵌入式微控制器的中央处理单元。完整的基于 CM3 的微控制器还需要很多其他组件，如图 12-1 所示。在芯片制造商得到 CM3 处理器内核的使用授权后，它们就可以把 CM3 内核用在自己的硅片设计中，添加存储器、外设、I/O 及其他功能块。不同厂家设计出的单片机会有不同的配置，包括存储器容量、类型、外设等都各具特色。

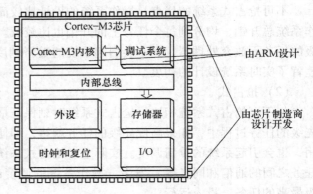

图 12-1　Cortex-M3 内核基本结构

ARM 公司在 2004 年推出了 CM3 内核，经过 5 年市场的积累，目前包括意法半导体、NXP、东芝、Atmel 和 Luminary（已被 TI 收购）等半导体公司已经推出了基于 CM3 内核的微控制器产品。随着 CM3 的流行，产品价格也得到了很好的控制，ARM 公司强调 CM3 能以 8 位微控制器的成本提供 32 位微控制器的性能。目前市场上基于 CM3 的微控制器产品已达到近 250 款，涉及各种应用领域。

CM3 微处理器为 ARM Cortex 系列处理器的第一款产品，并强调 ARM 不断提供目标市场应用及效能所需技术的市场策略。该处理器具有多重技术，能够降低成本，同时透过极小的核芯提供业界领先的效能，对 32 位高效能运算是一项极为理想的解决方案。此款处理器特别针对价格敏感但又具备高系统效能需求的嵌入式应用设计，包括微控制器、汽车车体系统、网络装置等应用。

CM3 与 ARM7 系列微控制器相比，具有下列优势：

1）位绑定操作：可以把它看成 51 单片机位寻址机制的加强版。

2）支持非对齐数据访问：它可以访问存储在一个 32 位单元中的字节/半字类型数据，这样 4 个字节类型或 2 个半字类型数据可以被分配在一个 32 位单元中，提高了存储器的利用率。对于一般的应用程序而言，这种技术可以节省约 25% 的 SRAM 使用量，从而可以选择 SRAM 较小、更廉价的微控制器。

3）内核支持低功耗模式：CM3 加入了类似于 8 位单片机的内核低功耗模式，支持 3 种功耗管理模式，即立即睡眠、异常/中断退出时睡眠和深度睡眠。这使整个芯片的功耗控制更为有效。

4）高效的 Thumb-2 指令集：CM3 使用的 Thumb-2 指令集是一种 16/32 位混合编码指令，兼容 Thumb 指令。对于一个应用程序编译生成的 Thumb-2 代码，以接近 Thumb 编码尺寸，达到了接近 ARM 编码的运行性能。

5）32 位硬件除法和单周期乘法：CM3 加入了 32 位除法指令，弥补了以往的 ARM 处理器没有除法指令的缺陷。还改进了乘法运算部件，32 位的乘法操作只要 1 个时钟周期。这一性能使得 CM3 进行乘加运算时，逼近 DSP 的性能。

6）定义了统一的存储器映射：各厂家生产的基于 CM3 内核的微控制器具有一致的存储器映射，对用户使用各种基于 CM3 的微控制器及代码在不同微控制器上的移植带来很大便利。

7）引入分组堆栈指针机制：把系统程序使用的堆栈和用户程序使用的堆栈分开。如果再配上可选的存储器保护单元（MPU），处理器就能满足对软件健壮性和可靠性有严格要求的应用。

8）三级流水线和转移预测：现代处理器大多采用指令预取和流水线技术，以提高处理器的指令执行速度。高性能流水线处理器中加入的转移预测部件，就是在处理器从存储器预取指令时如遇到转移指令，能自动预测转移是否会发生，再从预测的方向进行取指，从而提供给流水线连续的指令流，流水线就可以不断地执行有效指令，保证了其性能的发挥。

9）哈佛结构：哈佛结构的处理器采用独立的指令总线和数据总线，可以同时进行取指令和数据读/写操作，从而提高了处理器的运行性能。

10）内置嵌套向量中断控制器：CM3 首次在内核上集成了嵌套向量中断控制器（NVIC）。CM3 中断延迟只有 12 个时钟周期，还使用尾链技术，使得背靠背（Back-to-Back）中断的响应只要 6 个时钟周期，而 ARM7 需要 24～42 个时钟周期。ARM7 TDMI 内核不带中断控制器，具体微控制器的中断控制器由各芯片厂家自己加入，这使各用户使用及程序移植带来了很大麻烦。基于 CM3 的微控制器具有统一的中断控制器，给中断编程带来了便利。

11）拥有先进的故障处理机制：支持多种类型的异常和故障，使故障诊断容易。

12）支持串行调试：CM3 在保持 ARM7 的 JTAG 调试接口的基础上，还支持串行调试 SWD（Serial Wire Debug）。使用 SWD 时只占用两个引脚，就可以进行所有的仿真和调试，节省了调试用引脚。

13）极高性价比：基于 CM3 的微控制器相比于 ARM7 TDMI 的微控制器，在相同的工作频率下平均性能要高约 30%；代码尺寸要比 ARM 编码小约 30%；价格更低。

高性能＋高代码密度＋小硅片面积，三璧合一，使得 CM3 成为理想的处理平台。

12.2　STM32 的发展

按照应用的不同，微控制器产品有专用产品和通用产品之分。专用产品通常是为特定的应用而专门设计的产品，在指定的应用中达到了最大的集成度，并且没有或只有很少的冗余部件，如应用于电视机顶盒、玩具、USB 存储（U 盘）等；专用产品的特点是它所适用的产品面较小，但单一应用方向的用量巨大，并且对成本和性能的要求较高。通用微控制器产品不是为特定应用而设计的，通常可以适用于多个应用领域和多种应用场合；通用产品的特点是它所适用的产品品种众多，同时每一种产品的产量并不是很大；因为这一特点，通用微控制器产品集成了大量常用的部件，种类繁多配置各异，可以满足多种应用领域的需要。

STM32 是一个通用微控制器产品系列，如图 12-2 所示。为了适应众多的应用需求和低成本的要求，在产品的规划和设计上遵循了灵活多样、配置丰富和合理提供多种选项的原则，如齐全的闪存容量配置，提供 16 ~ 1024KB 的宽范围选择；每一个外设都拥有多种配置选项，使用者可以按照具体需要做出合适的选择，如 US-ART 模块可以实现普通的异步 UART 通信，还可以实现 LIN 通信协议、智能卡 ISO7816-3 协议、IrDA 编解码、同步的 SPI 通信，以及进行简单的多机通信等。考虑到用户应用的多样性和大跨度的需

图 12-2　STM32 芯片

要，STM32 在整个系列保持了引脚的兼容性及外设配置的兼容性。

STM32 系列微控制器基于突破性的 CM3 内核，这是一款专为嵌入式应用而开发的内核。STM32 系列产品得益于 CM3 在架构上进行的多项改进，包括提升性能的同时又提高了代码密度的 Thumb-2 指令集，大幅度提高中断响应，而且所有新功能都同时具有业界最优的功耗水平。目前，ST 是第一个推出基于这个内核的主要微控制器厂商。STM32 系列产品的目的是为微控制器用户提供新的自由度。它提供了一个完整的 32 位产品系列，在结合了高性能、低功耗和低电压特性的同时，保持了高度的集成性能和简易的开发特性。

STM32 采用 2.0 ~ 3.6V 电源，当复位电路工作时，在待机模式下最低功耗 2μA，因此是最适合电池供电的应用设备。其他省电功能包括一个集成的实时时钟、一个专用的 32kHz 振荡器和 4 种功率模式，其中实时时钟含有一个备用电池专用引脚。

在性能方面，STM32 系列的处理速度比同级别的基于 ARM7 TDMI 的产品快 30%，如果处理性能相同，STM32 产品功耗比同级别产品低 75%。使用新内核的 Thumb-2 指令集，设计人员可以把代码容量降低 45%，几乎把应用软件所需内存容量降低了 1/2。此外，根据 Dhrystones 和其他性能测试结果，STM32 的性能比最好的 16 位架构至少高出一倍。

新产品提供多达 128KB 的嵌入式闪存、20KB 的 RAM 和丰富的外设接口，包括 2 个 12 位 D-A 转换器（1μs 的转换时间）、3 个 USART、2 个 SPI（18MHz 主/从控制器）、2 个 I^2C、3 个 16 位定时器（每个定时器有 4 个输入捕获模块、4 个输出比较器和 4 个 PWM 控制器），以及 1 个专门为电机控制向量驱动应用设计的内嵌死区时间控制器的 6-PWM 定时器、USB、CAN 和 7 个 DMA 通道。内置复位电路包括上电复位、掉电复位和电压监测器，以及一个可用作主时钟的高精度工厂校准的 8MHz 阻容振荡器、一个使用外部晶振的 4 ~ 16MHz 振荡器和两个看门狗，因此集成度很高。

除工业可编程逻辑控制器（PLC）、家电、工业及家用安全设备、消防和暖气通风空调系统等传统应用，以及智能卡和生物测定等新兴消费电子应用外，新的 STM32 系列还特别适合侧重低功耗的设备，如血糖和血脂监测设备。

目前，STM32 产品有完整的开发支持产业环境，包括意法半导体免费提供的标准软件

库、意法半导体的评估板和第三方开发的入门开发工具套件。客户还可以获得意法半导体或第三方开发的 USB Device/Host/OTG 解决方案，以及第三方开发的 TCP/IP 协议栈，包括意法半导体免费提供的 Interniche NicheLite 协议栈。此外，现在还有很多软件开发工具链支持 STM32 产品。Hitex、IAR、Keil 和 Raisonance 不久将在经过验证的基于 ARM 内核的工具解决方案的基础上推出入门级开发工具。目前，Hitex、IAR、Keil、Raisonance 和 Rowley 的工具链支持 STM32。

STM32 主要应用场合包括：替代绝大部分 10 元以上的 8 位或 16 位单片机的应用；替代目前常用的嵌入 Flash 的 ARM7 微控制器的应用；与简单图形及语音相关的应用；与小型操作系统相关的应用；与较高速度要求相关的应用；与低功耗相关的应用。

STM32 于 2007 年 6 月被意法半导体（STMicroelectronies）公司发布，经过 3 年的发展，STM32 已经成为基于 ARM CM3 内核的业界最宽广的微控制器系列，目前共有 135 个型号，6 大产品系列，分别为超值型系列 STM32F100、基本型系列 STM32F101、USB 基本型系列 STM32F102、增强型系列 STM32F103、互联型系列 STM32F105/107 和超低功耗系列 STM32L，如图 12-3 所示。它们带有丰富多样和功能灵活齐全的外设，并保持全产品系列上的引脚兼容，为用户提供了非常丰富的选型空间，为释放广大工程设计人员的创造力提供了更大的自由度。

增强型系列 STM32F103 时钟频率达到 72MHz，是同类产品中性能最高的产品；基本型时钟频率为 36MHz。两个系列都内置 32 ～ 128KB 的闪存，不同的是 SRAM 的最大容量和外设接口的组合。时钟频率 72MHz 时，从闪存执行代码，STM32 功耗仅 36mA 是 32 位市场上功耗最低的产品，相当于 0.5mA/MHz。

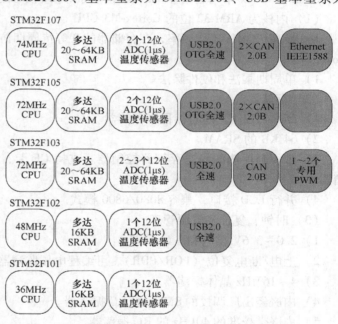

图 12-3　ST 公司 STM32 产品线

2009 年发布的互联产品线是 STM32 产品线中的新成员，主要特征是新增了以太网、USB OTG、双 CAN 接口和音频级 I^2S 功能。该互联系列下设两个产品系列：内置 64KB、128KB 或 256KB 闪存的 STM32F105 和内置 128KB 或 256KB 闪存的 STM32F107。STM32F105 系列集成一个全速 USB 2.0 Host/Device/OTG 接口和两个具有先进过滤功能的 CAN2.0B 控制器；STM32F107 系列则在 STM32F105 系列基础上增加一个 10/100M 以太网媒体访问控制器（MAC）虽然没有集成 PHY，但该以太网 MAC 支持 MII 和 RMII，提高了设计人员选择最佳的 PHY 芯片的灵活性，此外该 MAC 以完整的硬件支持 IEEE 1588 精确时间协议，使设计人员能够为实时应用开发以太网连接功能。内置专用缓存使 USB OTG、两个 CAN 控制器和以太网接口实现了同时工作，以满足通信网关应用的需求，以及各种需要灵活的工业标准连接功能的挑战性需求。

STM32 中小容量产品是指闪存存储器容量在 16 ~ 32KB 之间的 STM32F101xx、STM32F102xx 和 STM32F103xx 微控制器；中容量产品是指闪存存储器容量在 64 ~ 128KB 之间的 STM32F101xx、STM32F102xx 和 STM32F103xx 微控制器；大容量产品是指闪存存储器容量在 256 ~ 512KB 之间的 STM32F101xx 和 STM32F103xx 微控制器；互联型产品是指 STM32F105xx 和 STM32F107xx 微控制器。

12.3　STM32F103xx 系列微控制器简介

12.3.1　STM32F103xx 系列微控制器的主要特性

STM32F103xx 系列是增强型的 32 位基于 ARM 核心的微控制器，具有如下特性：

（1）内核为 ARM 32 位的 Cortex-M3 CPU

1）最高 72MHz 工作频率，在存储器的 0 等待周期访问时可达 1.25 DMIPS/MHz（Dhrystone2.1）。

1）单周期乘法和硬件除法。

（2）存储器

1）256 ~ 512 KB 的闪存程序存储器。

2）64 KB 的 SRAM。

3）带 4 个片选的静态存储器控制器。支持 CF 卡、SRAM、PSRAM、NOR 和 NAND 存储器。

4）并行 LCD 接口，兼容 8080/6800 模式。

（3）时钟、复位和电源管理

1）2.0 ~ 3.6V 供电和 I/O 引脚。

2）上电/断电复位（POR/PDR）、可编程电压监测器（PVD）。

3）4 ~ 16MHz 晶体振荡器。

4）内嵌经出厂调校的 8MHz 的 RC 振荡器。

5）内嵌带校准的 40kHz 的 RC 振荡器。

6）带校准功能的 32kHz 的 RTC 振荡器。

（4）低功耗

1）睡眠、停机和待机模式。

2）VBAT 为 RTC 和后备寄存器供电。

（5）3 个 12 位模-数转换器，1μs 转换时间（多达 21 个输入通道）

1）转换范围为 0 ~ 3.6 V。

2）3 倍采样和保持功能。

3）温度传感器。

（6）2 通道 12 位 D-A 转换器

（7）12 通道 DMA 控制器

支持的外设：定时器、ADC、DAC、SDIO、I^2S、SPI、I^2C 和 USART。

（8）调试模式

1）串行单线调试（SWD）和 JTAG 接口。

2）Cortex-M3 内嵌跟踪模块（ETM）。

（9）112 个快速 I/O 端口

5l/80/112 个多功能双向的 I/O 口，所有 I/O 口可以映射到 16 个外部中断；几乎所有端口均可容忍 5V 信号。

（10）11 个定时器

1）4 个 16 位定时器，每个定时器有多达 4 个用于输入捕获/输出比较/PWM 或脉冲计数的通道和增量编码器输入。

2）2 个 16 位带死区控制和紧急刹车，用于电机控制的 PWM 高级控制定时器。

3）2 个看门狗定时器（独立的和窗口型的）。

4）系统时间定时器为 24 位自减型计数器。

5）2 个 16 位基本定时器用于驱动 DAC。

（11）13 个通信接口

1）2 个 I^2C 接口（支持 SMBus/PMBus）。

2）5 个 USART 接口（支持 ISO7816、LIN、IrDA 接口和调制解调控制）。

3）3 个 SPI 接口（18Mbit/s），2 个可复用为 I^2S 接口。

4）CAN 接口（2.0B 主动）。

5）USB 2.0 全速接口。

6）SDIO 接口。

（12）CRC 计算单元，96 位的芯片唯一代码

（13）ECOPACK 封装

1）LFBGA144 为 10mm×10mm，0.8mm 间距，144 引脚窄间距球阵列封装。

2）LFBGA100 为 100 引脚窄间距球阵列封装。

3）WLCSP 为 64 球，4.466mm×4.395mm，0.500mm 间距，晶圆级芯片封装。

4）LQFP144 为 20mm×20mm，144 引脚方形扁平封装。

5）LQFP100 为 100 引脚方形扁平封装。

6）LQFP64 为 64 引脚方形扁平封装。

（14）器件型号

STM32F103xC、STM32F103xD、STM32F103xE。器件型号（订货）代码信息请登录 www.st.com 参考"STM32F103xx 系列数据手册"。

12.3.2　STM32F103xx 系列微控制器的内部结构

STM32F103xx 系列微控制器内部结构框图如图 12-4 所示。

有关 STM32F 系列 32 位微控制器内部结构的更多内容请登录 www.st.com 查询资料："ST Microelectronics. RM0008 Reference Manual STM32F101xx，STM32F102xx，STM32F103xx，STM32F105xx and STM32F107xx advanced ARM-based 32-bit MCUS. www.st.com"或者"ST Microelectronics，STM32F101xx，STM32F102xx，STM32F103xx，STM32F105xx 和 STM32F107xx，ARM 内核 32 位高性能微控制器参考手册 www.st.com"（以下简称：STM32F 参考手册）。

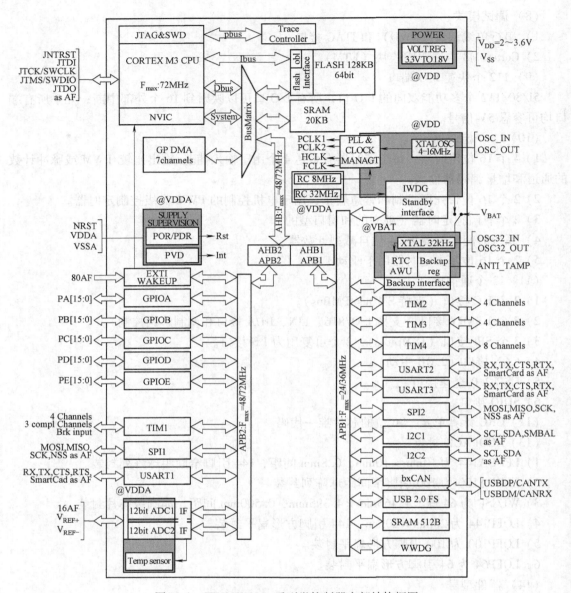

图 12-4　STM32F103xx 系列微控制器内部结构框图

12.4　STM32 的 A-D 转换器及应用

STM32F10xx 微控制器产品系列，内置最多 3 个先进的 12 位 A-D 转换模块（ADC），转换时间最快为 1μs，这个 ADC 模块还具有自校验功能，能够在环境条件变化时提高转换精度。

12.4.1　ADC 硬件结构及功能

1. 硬件结构

STM32 的 ADC 硬件结构如图 12-5 所示。它主要由如下 4 个部分组成：

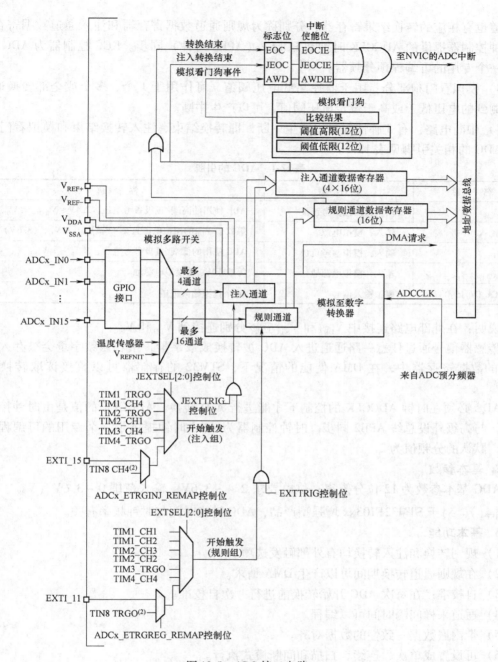

图 12-5　ADC 接口电路

1）模拟信号通道：共 18 个通道，可测 16 个外部和 2 个内部信号源，其中 16 个外部通道对应 ADCx_IN0 ~ ADCx_IN15；2 个内部通道连接到温度传感器和内部参考电压（V_{REFNIT} = 1.2V）。

2）A-D 转换器：转换原理为逐次逼近型 A-D 转换，分为注入通道和规则通道，每个通道都有相应的触发电路，注入通道的触发电路为注入组，规则通道的触发电路为规则组；每个通道也有相应的转换结果寄存器，分别称为规则通道数据寄存器和注入通道数据寄存器。由时钟控制器提供的 ADCCLK 时钟和 PCLK2（APB2 时钟）同步。RCC 控制器为 ADC 时钟提供一个专用的可编程预分频器。

3）模拟看门狗部分：用于监控高低电压阈值，可作用于 1 个、多个或全部转换通道，当检测到的电压低于或高于设定电压阈值，可以产生中断。

4）中断电路：有 3 种情况可以产生中断，即转换结束、注入转换结束和模拟看门狗事件。ADC 的相关引脚见表 12-1。

表 12-1　ADC 的引脚

名　称	信号类型	注　解
V_{REF+}	输入，模拟参考正极	ADC 使用的高端/正极参考电压，$2.4V \leqslant V_{REF+} \leqslant V_{DDA}$
$V_{DDA(1)}$	输入，模拟电源	等效于 V_{DD} 的模拟电源且 $2.4V \leqslant V_{DDA} \leqslant V_{DD}$（3.6V）
V_{REF-}	输入，模拟参考负极	ADC 使用的低端/负极参考电压，$V_{REF-} = V_{SSA}$
$V_{SSA(1)}$	输入，模拟电源地	等效于 V_{SS} 的模拟电源地
ADCx_IN[15:0]	模拟输入信号	16 个模拟输入通道

说明：在外部电路连接中 V_{DDA} 和 V_{SSA} 应该分别连接到 V_{DD} 和 V_{SS}。

传感器信号通过任意一路通道进入 ADC 被转换成数字量，接着该数字量会被存入一个 16 位的数据寄存器中，在 DMA 使能的情况下，STM32 的存储器可以直接读取转换后的数据。

ADC 必须在时钟 ADCCLK 的控制下才能进行 A-D 转换。ADCCLK 的值是由时钟控制器控制，与高级外设总线 APB2 同步。时钟控制器为 ADC 时钟提供了一个专用的可编程预分频器，默认的分频值为 2。

2. 基本参数

ADC 基本参数为 12 位分辨率；供电要求 $2.4 \sim 3.6V$；输入范围 $0 \sim 3.6V$（$V_{REF-} \leqslant V_{IN} \leqslant V_{REF+}$）。对于 STM32F103xx 增强型产品，ADC 转换时间与时钟频率有关。

3. 基本功能

1）规则转换和注入转换均有外部触发选项。

2）在规则通道转换期间可以产生 DMA 请求。

3）自校准；在每次 ADC 开始转换前进行一次自校准。

4）通道采样间隔时间可以编程。

5）带内嵌数据一致性的数据对齐。

6）可设置成单次、连续、扫描和间断模式执行。

7）双 ADC 模式，带两个 ADC 设备 ADC1 和 ADC2，有 8 种转换方式。

8）转换结束、注入转换结束和发生模拟看门狗事件时产生中断。

12.4.2　ADC 工作模式

STM32 的每个 ADC 模块通过内部的模拟多路开关，可以切换到不同的输入通道并进行转换。在任意多个通道上以任意顺序进行的一系列转换构成成组转换。例如，可以以如下顺序完成转换：通道 3、通道 8、通道 2、通道 2、通道 0、通道 2、通道 2、通道 15。

按照工作模式划分，ADC 主要有 4 种转换模式，即单次转换模式、连续转换模式、扫描模式和间断模式。

1. 单次转换模式

单个通道单次转换模式如图 12-6 所示。

2. 连续转换模式

单个通道连续转换模式如图 12-7 所示。

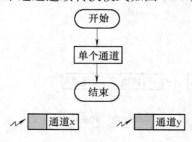

图 12-6　单次转换模式

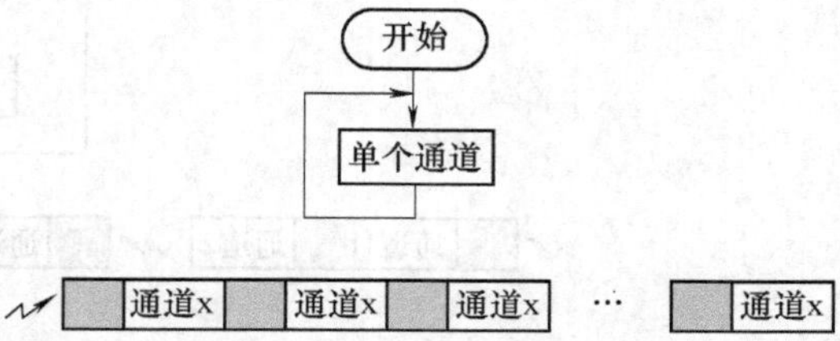

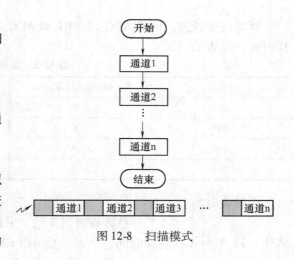

图 12-7　连续转换模式

3. 扫描模式

多个通道单次转换模式。此模式用于扫描一组模拟通道，如图 12-8 所示。

4. 间断模式

多个通道连续转换模式如图 12-9 所示。

间断模式可分成规则通道组和注入通道组。

（1）规则通道组

STM32 的每个 ADC 模块通过内部的模拟多路开关，可以切换到不同的输入通道并进行转换。STM32 加入了多种成组转换的模式，可以由程序设置好后，对多个模拟通道自动地进行逐个通道采样转换。

图 12-8　扫描模式

规则通道组可编程设定规则通道数量 n，最多可设定 n = 16 个通道，规则通道和它们的转换顺序在 ADC_SQRx 寄存器中选择。规则组中转换的总数写入 . ADC_SQR1 寄存器的 L [3：0] 位中；可编程设定采样时间及采样通道的顺序；转换可由以下两种方式启动：

1）由软件控制，使能启动位。

2）由以下外部触发源来产生：TIM1 CC1；TIM1 CC2；TIMl CC3；TIM2 CC2；TIM3TRG0；TIM4 CC4；EXT1 Line11。

例如，n = 3，被转换的通道 = 0、1、2、3、6、7、9、10。第 1 次触发：转换的序列为 0、1、2；第 2 次触发：转换的序列为 3、6、7；第 3 次触发：转换的序列为 9、10，并产生 EOC 事件；第 4 次触发：转换的序列为 0、1、2。

每个通道转换完成后将覆盖以前的数据，所以应及时将以前的转换数据读出；每个通道转换完成后会产生一个 DMA 中断请求，所以在规则通道组中，一般会使能 DMA 传输；每个序列通道转换完后会将 EOC 标志置位，如果该中断开启，则会触发中断。

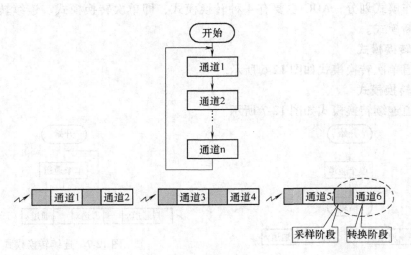

图 12-9　间断模式

针对每个通道，可对 ADC_SMPR1 和 ADC_SMPR2 中的相应 3 位寄存器进行编程设定采样时间，见表 12-2。

表 12-2　采样时间设定

3 位置	采样时间（cycles）	3 位置	采样时间（cycles）
000	1.5	100	41.5
001	7.5	101	55.5
010	13.5	110	71.5
011	28.5	111	2310.5

总转换时间公式为

$$总转换时间 T_{conv} = 采样时间 + 12.5cycles$$

式中，12.5 为 A-D 转换时间。例如，当 ADCCLK 为 14MHz，采样时间为 1.5 cycles 时：

$$T_{conv} = 1.5 + 12.5 = 14 个周期 = 1\mu s$$

ADC 驱动频率最高为 14MHz，因此时钟频率是 14 的整数倍时，才能得到最高的频率，此时为 ADCCLK 提供时钟的 APB2 时钟为 56MHz，当 APB2 为 72MHz 时，$T_{conv} = 1.17\mu s$。

说明：采样时间越长，转换结果越稳定。

（2）注入通道组

注入通道组有 4 个数据寄存器，最多允许 4 个通道转换，可随时读取相应寄存器的值，没有 DMA 请求。

例如，n = 1，被转换的通道 = 1、2、3。第 1 次触发：通道 1 被转换；第 2 次触发：通道 2 被转换；第 3 次触发：通道 3 被转换，并且产生 EOC 和 JEOC 事件；第 4 次触发：通道 1 被转换。

规则通道组的转换好比是程序的正常执行，而注入通道组的转换则好比是程序正常执行之外的一个中断处理程序，如图 12-10 所示。规则序列即为正常状态下的转换序列，通常作为长期的采集序列使用；而注入序列通常是作为规则序列的临时追加序列存在的，仅作为数据采集的补充。

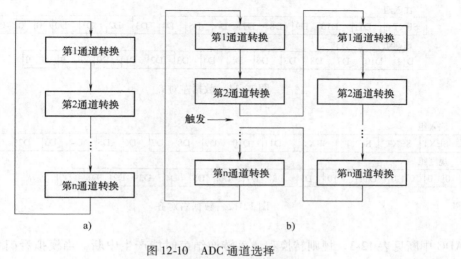

图 12-10 ADC 通道选择
a）规则通道组 b）注入通道组

再举一个例子：假如在家里的院子内放了 5 个温度探头，室内放了 3 个温度探头，需要时刻监视室外温度，但偶尔想知道室内的温度；因此可以使用规则通道组循环扫描室外的 5 个探头并显示 A-D 转换结果。当想看室内温度时，通过一个按钮启动注入转换组（3 个室内探头）并暂时显示室内温度，当放开这个按钮后，系统又会回到规则通道组继续检测室外温度。

从系统设计上，测量并显示室内温度的过程中断了测量并显示室外温度的过程，但程序设计上可以在初始化阶段分别设置好不同的转换组，系统运行中不必再变更循环转换的配置，从而达到两个任务互不干扰和快速切换的结果。可以设想一下，如果没有规则组和注入组的划分，当按下按钮后，需要重新配置 A-D 循环扫描的通道，然后在释放按钮后需再次配置 A-D 循环扫描的通道。

上面的例子因为速度较慢，不能完全体现这样区分（规则通道组和注入通道组）的好处，但在工业应用领域中有很多检测和监视探头需要较快地处理，这样对 A-D 转换的分组将简化事件处理的程序并提高事件处理的速度。

规则转换和注入转换均有外部触发选项，规则通道转换期间有 DMA 请求产生，而注入转换则无 DMA 请求，需要用查询或中断的方式保存转换的数据。

如果规则转换已经在运行，为了在注入转换后确保同步，所有的 ADC（主和从）的规则转换被停止，并在注入转换结束时同步恢复。

12.4.3 ADC 数据对齐和中断

ADC_CR2 寄存器中的 ALIGN 位选择转换后数据存储的对齐方式。数据可以左对齐或右对齐，如图 12-11 和图 12-12 所示。注入组通道转换的数据值已经减去了在 ADC_JOFRx 寄存器中定义的偏移量，因此结果可以是一个负值。SEXT 位是扩展的符号值。对于规则组通道，不需减去偏移值，因此只有 12 个位有效。

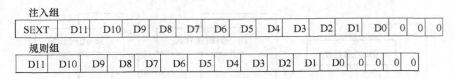

注入组

| SEXT | D11 | D10 | D9 | D8 | D7 | D6 | D5 | D4 | D3 | D2 | D1 | D0 | 0 | 0 | 0 |

规则组

| D11 | D10 | D9 | D8 | D7 | D6 | D5 | D4 | D3 | D2 | D1 | D0 | 0 | 0 | 0 | 0 |

图 12-11　数据左对齐

注入组

| SEXT | SEXT | SEXT | SEXT | D11 | D10 | D9 | D8 | D7 | D6 | D5 | D4 | D3 | D2 | D1 | D0 |

规则组

| 0 | 0 | 0 | 0 | D11 | D10 | D9 | D8 | D7 | D6 | D5 | D4 | D3 | D2 | D1 | D0 |

图 12-12　数据右对齐

ADC 中断见表 12-3。规则转换和注入转换结束时能产生中断，当模拟看门狗状态位被设置时也能产生中断。它们都有独立的中断使能位。

表 12-3　ADC 中断

中断事件	事件标志	使能控制位
规则组转换结束	EOC	EOCIE
注入组转换结束	JEOC	JEOCIE
设置了模拟看门狗状态位	AWD	AWDIE

12.4.4　ADC 控制寄存器

ADC 控制寄存器见表 12-4，ADC 寄存器映像和复位值见表 12-5。

表 12-4　ADC 相关寄存器功能

寄存器	功　能
ADC 状态寄存器（ADC_SR）	用于反映 ADC 的状态
ADC 控制寄存器 1（ADC_CR1）	用于控制 ADC
ADC 控制寄存器 2（ADC_CR2）	用于控制 ADC
ADC 采样时间寄存器 1（ADC_SMPR1）	用于独立地选择每个通道（通道 10～18）的采样时间
ADC 注入通道数据偏移寄存器 x（ADC_JOFRx）（x = 1…4）	用于定义注入通道的数据偏移量，转换所得原始数据会自动减去相应偏移量
ADC 规则序列寄存器 1（ADC_SQR1）	用于定义规则转换的序列，包括长度及次序（第 13～16 个转换）
ADC 注入序列寄存器（ADC_JSQR）	用于定义注入转换的序列，包括长度及次序
ADC 注入数据寄存器 x（ADC_JDRx）（x = 1…4）	用于保存注入转换所得到的结果
ADC 规则数据寄存器（ADC_DR）	用于保存规则转换所得到的结果

表 12-5　ADC 寄存器映像和复位值

偏移	寄存器	31	30	29	28	27	26	25	24	23	22	21	20	19	18	17	16	15	14	13	12	11	10	9	8	7	6	5	4	3	2	1	0
00H	ADC_SR	保留																											STRT	JSTRT	JEOC	EOC	AWD
	复位值																												0	0	0	0	0
04H	ADC_CR1	保留								AWDEN	JAWDEN	保留		DUALMOD[3:0]				DISCNUM[2:0]			JDISCEN	DISCEN	JAUTO	AWDSGL	SCAN	JEOCIE	AWDIE	EOCIF	AWDCH[4:0]				
	复位值									0	0			0	0	0	0	0	0	0	0	0	0	0	0	0	0	0	0	0	0	0	0
08H	ADC_CR2	保留								TSVREFE	SWSTART	JSWSTART	EXTTRIG	EXTSEL[2:0]			保留	JEXTTRIG	JEXTSEL[2:0]			ALIGN	保留		DMA	保留				RSTCAL	CAL	CONT	ADON
	复位值									0	0	0	0	0	0	0		0	0	0	0	0			0					0	0	0	0
0CH	ADC_SMPR1	采样时间位 SMPx_x																															
	复位值	0	0	0	0	0	0	0	0	0	0	0	0	0	0	0	0	0	0	0	0	0	0	0	0	0	0	0	0	0	0	0	0
10H	ADC_SMPR2	采样时间位 SMPx_x																															
	复位值	0	0	0	0	0	0	0	0	0	0	0	0	0	0	0	0	0	0	0	0	0	0	0	0	0	0	0	0	0	0	0	0
14H	ADC_JOFR1	保留																				JOFFSET1[11:0]											
	复位值																					0	0	0	0	0	0	0	0	0	0	0	0
18H	ADC_JOFR2	保留																				JOFFSET2[11:0]											
	复位值																					0	0	0	0	0	0	0	0	0	0	0	0
1CH	ADC_JOFR3	保留																				JOFFSET3[11:0]											
	复位值																					0	0	0	0	0	0	0	0	0	0	0	0
20H	ADC_JOFR4	保留																				JOFFSET4[11:0]											
	复位值																					0	0	0	0	0	0	0	0	0	0	0	0
1CH	ADC_HTR	保留																				HT[11:0]											
	复位值																					0	0	0	0	0	0	0	0	0	0	0	0
20H	ADC_LTR	保留																				LT[11:0]											
	复位值																					0	0	0	0	0	0	0	0	0	0	0	0
2CH	ADC_SQR1	保留								L[3:0]				规则通道序列 SQx_x 位																			
	复位值									0	0	0	0	0	0	0	0	0	0	0	0	0	0	0	0	0	0	0	0	0	0	0	0
30H	ADC_SQR2	保留	规则通道序列 SQx_x 位																														
	复位值		0	0	0	0	0	0	0	0	0	0	0	0	0	0	0	0	0	0	0	0	0	0	0	0	0	0	0	0	0	0
34H	ADC_SQR3	保留	规则通道序列 SQx_x 位																														
	复位值		0	0	0	0	0	0	0	0	0	0	0	0	0	0	0	0	0	0	0	0	0	0	0	0	0	0	0	0	0	0
38H	ADC_JSQR	保留										JL[1:0]		注入通道序列 JSQx_x 位																			
	复位值											0	0	0	0	0	0	0	0	0	0	0	0	0	0	0	0	0	0	0	0	0	0
3CH	ADC_JDR1	保留																JDATA[15:0]															
	复位值																	0	0	0	0	0	0	0	0	0	0	0	0	0	0	0	0
40H	ADC_JDR2	保留																JDATA[15:0]															
	复位值																	0	0	0	0	0	0	0	0	0	0	0	0	0	0	0	0
44H	ADC_JDR3	保留																JDATA[15:0]															
	复位值																	0	0	0	0	0	0	0	0	0	0	0	0	0	0	0	0
48H	ADC_JDR4	保留																JDATA[15:0]															
	复位值																	0	0	0	0	0	0	0	0	0	0	0	0	0	0	0	0
4CH	ADC_DR	ADC2DATA[15:0]																规则 DATA[15:0]															
	复位值	0	0	0	0	0	0	0	0	0	0	0	0	0	0	0	0	0	0	0	0	0	0	0	0	0	0	0	0	0	0	0	0

定义 ADC 寄存器组的结构体 ADC_TypeDef 在库文件 stm32f10x_map. h 中：

```
/ * ---------------------------------Analog to Digital Converter-------------------------------- */
typedef struct
{
vu32 SR;
vu32 CR1;
vu32 CR2;
vu32 SMPR1;
vu32 SMPR2;
  vu32 JOFR1;
  vu32 JOFR2;
  vu32 JOFR3;
  vu32 JOFR4;
  vu32 HTR;
  vu32 LTR;
  vu32 SQR1;
  vu32 SQR2;
  vu32 SQR3;
  vu32 JSQR;
  vu32 JDR1;
  vu32 JDR2;
  vu32 JDR3;
  vu32 JDR4;
  vu32 DR;
} ADC_TypeDef;
/ * Peripheral and SRAM base address in the bit-band region */
#define PERIPH_BASE        ((u32)0x40000000)
...

/ * {Peripheral memory map */
#define  APB2PERIPH_BASE    (PERIPH_BASE +0xl0000)
...

#define  ADC1_BASE     (APB2PERIPH_BASE +0x2400)
...

    #ifdef_ADC1
      #define ADC1      ((ADC_TypeDef * )ADC1_BASE)
    #endif/ * _ADC1 */
```

从上面的宏定义可以看出，EXTI 寄存器的存储映射首地址是 0x40012400。

ADC 初始化定义结构体 ADC_ InitTypeDef 在文件"stm32f10x_ adc. h"中：

```
typedef struct
{
u32 ADC_ Mode;
FunctionalState ADC_ ScanConvMode;
```

```
    FunctionalState ADC_ ContinuousConvMode；
    u32 ADC_ ExternalTrigConv；
    u32 ADC_ DataAlign；
    u8 ADC_ NbrOfChannel；
｝ADC_ InitTypeDef；
```

1）ADC_Mode 设置 ADC 工作在独立或双 ADC 模式，见表 12-6。

2）ADC_ScanConvMode 规定了 A-D 转换工作在扫描模式（多通道）或单次（单通道）模式。可以设置这个参数为 ENABLE 或 DISABLE。

表 12-6 ADC_ Mode 函数定义表

ADC Mode	描述
ADC_Mode_Independent	ADC1 和 ADC2 工作在独立模式
ADC_Mode_RegInjecSimult	ADC1 和 ADC2 工作在同步规则和同步注入模式
ADC_Mode_RegSimult_AlterTrig	ADC1 和 ADC2 工作在同步规则模式和交替触发模式
ADC_Mode_InjecSimult_FastInterl	ADC1 和 ADC2 工作在同步规则模式和快速交替模式
ADC_Mode_InjecSimult_SlowInterl	ADC1 和 ADC2 工作在同步注入模式和慢速交替模式
ADC_Mode_InjecSimult	ADC1 和 ADC2 工作在同步注入模式
ADC_Mode_ Regsimult	ADC1 和 ADC2 工作在同步规则模式
ADC_Mode_FastInterl	ADC1 和 ADC2 工作在快速交替模式
ADC_Mode_SlowInterl	ADC1 和 ADC2 工作在慢速交替模式
ADC_Mode_AlterTrig	ADC1 和 ADC2 工作在交替触发模式

3）ADC_ContinuousConvMode 规定了 A-D 转换工作在连续或单次模式。可以设置这个参数为 ENABLE 或 DISABLE。

4）ADC_ ExternalTrigConv 定义了使用外部触发来启动规则通道的 A-D 转换，见表 12-7。

表 12-7 ADC_ExternalTrigConv 定义表

ADC_ExternalTrigConv	描述
ADC_ExternalTrigConv_T1_CCl	选择定时器 1 的捕获比较 1 作为转换外部触发
ADC_ExternalTrigConv_T1_CC2	选择定时器 1 的捕获比较 2 作为转换外部触发
ADC_ExternalTrigConv_T1_CC3	选择定时器 1 的捕获比较 3 作为转换外部触发
ADC_ExternalTrigConv_T2_CC2	选择定时器 2 的捕获比较 2 作为转换外部触发
ADC_ExternalTrigConv_T3_TRGO	选择定时器 3 的 TRGO 作为转换外部触发
ADC_ExternalTrigConv_T4_CC4	选择定时器 4 的捕获比较 4 作为转换外部触发
ADC_ExternalTrigConv_Ext_IT11	选择外部中断线 11 事件作为转换外部触发
ADC_ExternalTrigConv_None	转换由软件而不是外部触发启动

5）ADC_DataAlign 规定了 ADC 数据向左边对齐还是向右边对齐，见表 12-8。

表 12-8 ADC_DataAlign 定义表

ADC_DataAlign	描述
ADC_DataAlign_Right	ADC 数据右对齐
ADC_DataAligtn_Left	ADC 数据左对齐

12. 5　ADC 程序设计

【任务功能】将 PA1 上所接滑动变阻器上的电压以 DMA 方式读入内存，进行平均值滤波，每 10 个数据一组，去掉一个最大值，去掉一个最小值，剩下的数据取平均数,然后在数码管上显示出来。如图 12-13 所示。

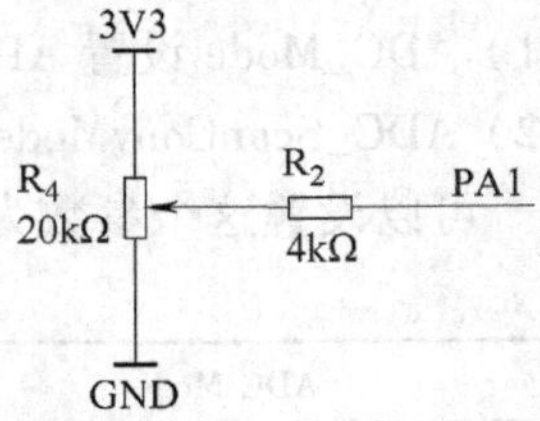

图 12-13　ADC 硬件图

【程序分析】

（1）配置时钟

```
void RCC_Configuration(void)
{
...
/* Enable peripheral clocks--------------------------------------------------- */
/* Enable DMA clock */
RCC_AHBPeriphClockCmd(RCC_AHBPeriph_DMA1,ENABLE);
/* Enable ADCl and GPIOC clock */
RCC_APB2PeriphClockCmd(RCC_APB2Periph-ADC1,ENABLE);
```

（2）GPIO 配置

```
void GPI0_Configuration(void)
{
GPIO_InitTypeDef GPIO_InitStructure;
/* Configure PA. .01（ADC Channel1）as analog input······················ */
GPIO_InitStructure. GPIO_Pin = GPIO_Pin_1;
GPIO_InitStructure. GPIO_Mode = GPIO_Mode _AIN;
GPIO_Init(GPIOA,&GPIO_InitStructure);
GPIO_InitStructure. GPIO_Pin = GPIO_Pin_All;
GPIO_InitStructure. GPIO_Speed = GPI0_Speed_50MHz;
GPIO_InitStructure. GPIO_Mode = GPIO_Mode_Out_PP;
GPIO_Init(GPIOB,&GIPO_InitStructure);
GPIO_InitStructure. GPIO_Pin = GPIO_Pin_8;
GPIO_InitStructure. GPIO_Speed = GPIO_Speed_50MHz;
GPIO_InitStructure. GPIO_Mode = GPIO_Mode_Out_PP;
GPIO_Init(GPIOC,&GPIO_InitStructure);
}
```

（3）DMA 初始化程序

```
void DMA_Config(void)
{
/* DMA channel1 configuration---------------------------------------------- */
//恢复默认值
DMA_Delnit(DMA1_Channel1);//将 DMA 的通道 x 寄存器重设为默认值
DMA_InitStructure. DMA_PeripheralBaseAddr = ADCl_DR_Address;//该参数用以定义 DMA 外设基
地址
```

DMA_InitStructure. DMA_MemoryBaseAddr = (u32)&ADC_ConvertedValue;//该参数用以定义 DMA 内存基地址

//DMA_DIR 规定了外设是作为数据传输的目的地还是来源

DMA_InitStucture. DMA_DIR = DMA_DIR_PeripheralSRC;

//DMA_BufferSize 用于定义指定 DMA 通道的 DMA 缓存的大小,单位为数据单位。根据传输方向,数据单位等于结构中参数 DMA_PefipheralDataSize 或参数 DMA_MemoryDataSize 的值

DMA_InitStructure. DMA_BufferSize = 16;   //一次传输的数据量

//DMA_PeripheralInc 用于设定外设地址寄存器递增与否

DMA_InitStructure. DMA_PeripheralInc = DMA_PefipheralInc_DisabIe;

//DMA_MemoryInc 用于设定内存地址寄存器递增与否

DMA_InitStructure. DMA_MemoryInc = DMA_MemoryInc_Disable;

//DMA_PeripheralDataSize 设定了外设数据宽度

DMA_InitStructure. DMA_PeripheralDataSize = DMA_PedpheralDataSize_HalfWord;

//DMA_MemoryDataSize 设定了外设数据宽度

DMA_InitStmcture. DMA_lMemoryDataSize = DMA_MemoryDataSize_HalfWord;

//DMA_Mode 设置了 CAN 的工作模式

DMA_InitStructure. DMA_Mode = DMA_Mode_Circular;

//DMA _Priority 设定 DMA 通道 x 的软件优先级

DMA_InitStructure. DMA_Priority = DMA_Priority High;

//DMA_M2M 使能 DMA 通道的内存到内存传输

DMA_InitStructure. DMA_M2M = DMA_M2M_Disable;

DMA_Init(DMAl_Chamlel1,&DMA_InitStructure);

/ * Enable DMA channel1 */

DMA_Cmd(DMA1_Channel1,ENABLE);

}

(4) ADC 初始化程序

```
void    AD_Config(void)
    {
/ * ADCI configuration-------------------------------------------------------------- */
```

//ADC_Mode 设置 ADC 工作在独立或双 ADC 模式

ADC_InitStructure. ADC_Mode = ADC_Mode_Independent;

//ADC ScanConvMode 规定了模数转换工作在扫描模式(多通道)或单次(单通道)模式。可以设置这个参数为 ENABLE 或 DISABLE

ADC_InitStructure. ADC_ScanConvMode = ENABLE;

//ADQContinuousConvMode 规定了模数转换工作在连续或单次模式

ADC_InitStructure. ADC_ContinuousConvMode = ENABLE;

//ADC_ExternalTrigConv 定义了使用外部触发来启动规则通道的模数转换

ADC_InitStructure. ADC_ExternalTrigConv = ADC_ExternalTrigConv_None;

//ADC_DataAlign 规定了 ADC 数据向左对齐还是向右对齐

ADC_InitStructure. ADC_DataAlign = ADC_DataAlign_Right;

//ADC_NbreOfChannel 规定了顺序进行规则转换的 ADC 通道的数目

ADC_InitStructure. ADC_NbrOfChannel = 1;

ADC_Init(ADC1,&ADC_InitStructure);

```
/ * ADC1 regular channel13 configuration * /
```
//设置指定 ADC 的规则组通道,设置它们的转化顺序和采样时间
```
ADC_RegularChannelConfig(ADC1,ADC_Channel_1,1,ADC_SampleTime_55Cycles5);
/ * Enable   ADC1   DMA * /
ADC_DMACmd(ADC1,ENABLE);
/ * Enable   ADC1 * /
ADC Cmd(ADC1,ENABLE);
/ * Enable ADC1 reset calibaration register * /
ADC_ResetCalibration(ADC1);//重置指定的 ADC 的校准寄存器
/ * Check the end of ADC1 reset calibration register * /
while(ADC_GetResetCalibrationStatus(ADC1));
/ * Start ADC1 calibration * /
ADC_StartCalibration(ADC1);//开始指定 ADC 的校准状态
/ * Check the end of ADC1 cablibration * /
while(ADC_GetCalibrationStatus(ADC1));
/ * Start ADC1 Software Conversion * /
ADC_SoftwareStartConvCmd(ADC1,ENABLE);
}
```

(5) 平均值滤波程序

```
void filter(void)
{
    ad_data = ADC_GetConversionValue(ADC1);
    if(ad_sample_cnt == o)                  //判断是不是第 1,若是则设置最大值和最小值
    {
        ad_value_min = ad_data;
        ad_value_max = ad_data;
    }
    else if(ad_data < ad_value_min){        //找最小值
        ad_value_min = ad_data;
    }
    else if(ad_data > ad_value_max){        //找最大值
        ad_value_max = ad_data;
    }
    ad_value_sum + = ad_data;               //所有的数据累加起来
    ad_sample_cnt ++ ;
    if(ad_sample_cnt = =9)                  //采样 10 个数据
    {
        //sub max and min
        ad_value_sum − = ad_value_min;      //去掉最大值和最小值
        ad_value_sum − = ad_value_max;
        ad_value_sum >> =3;                 //ad _value_sum/8 剩下的 8 个数据的和,然后除以 8,右移
                                            //   3 位就是除以 8,避免做除法
        Clockls =1;
```

```
        //init
        ad_sample_cnt = 0;
        ad_value_min = 0;
        ad_value_max = 0;
    }
```

（6）主程序

```
    int main(void)
    {
#ifdef   DEBUG
        debug();
#endif
    /＊System clocks configuration＊/
    RCC_Configuration();
    /＊NVIC configuration-------------------------------------------------------------------------＊/
    NVIC_Configuration();
    /＊GPIO configuration-----------------------------------------------------------------------＊/
    GPIO_Configuration();
    ///＊Configure the USART1＊/
    //USART_Configurationl();
    //SystemInit();
//printf("\r\n USART1 print AD_value----------------------------------\r\n");
    DMA_Config();
    AD_config();
    GPIO_SetBits(GPIOC,GPIO_Pin_8);
    GPIO_SetBits(GPIOB,GPI0_Pin_0);
    GPIO_SetBits(GPIOB,GPIO_Pin_1);
    GPIO_SetBits(GPIOB,GPIO_Pin_2);
    while(1)
    }
                filter();
        }
    }
```

12.6 习题

1. STM32F10x 系列嵌入式处理器具有丰富的片内外设，除 ADC 片内外设外，请了解其他片内外设。

2. ST 公司为其硬件提供了良好的技术支持，特别是提供了丰富的软件固件库，为不同外设提供了软件应用函数，以便快速开发嵌入式系统，请在相应网站了解固件库。

3. STM32F10x 系列 ADC 有哪几个工作模式？各模式的工作特点是什么？

4. STM32F10x 系列 ADC 有哪些工作寄存器？各有什么作用？

5. 请课后认真研读 ADC 程序的设计与编程方式。

附 录

附录 A 单片机应用资料的网上查询

1 51 单片机世界：http：//www. mcu51. com
2 周立功单片机世界：http：//www. zlgmcu. com
3 中国单片机公共实验室：http：//www. bol-system. com
4 中国单片机综合服务网：http：//www. emcic. com
5 中国电子网：http：//www. 21ic. com
6 单片机联盟：http：//zxgmcu. myrice. com
7 单片机技术开发网：http：//www. mcu-tech. com
8 平凡的单片机：http：//www. 21icsearch. com
9 单片机之家：http：//homemcu. 51. net
10 武汉力源电子：http：//www. p8s. com
11 单片机技术网：http：//mcutime. 51. net
12 我爱单片机：http：//will009. myrice. com
13 广州单片机网：http：//gzmcu. myrice. com
14 世界单片机论坛大全：http：//www. etown168. com
15 单片机爱好者：http：//www. mcufan. com
16 我要 51 单片机：http：//mcu51. hothome. net
17 单片机产品开发中心：http：//www. syhbgs. com
18 电子工程师：http：//www. eebyte. com
19 老古开发网：http：//www. laogu. com
20 世界电子元器件：http：//www. gecmag. com

附录 B MCS-51 单片机的指令表

MCS-51 系列单片机的指令系统，按功能可分为数据传送、算术操作、逻辑操作、控制转移和布尔变量操作 5 种。具体指令见下列表格：

1. 数据传送类指令

助　记　符	功　能　说　明	字节数	机器周期	操作码
MOV A，Rn	寄存器内容送入累加器	1	1	E8 ~ EFH
MOV A，direct	直接地址单元中的数据送入累加器	2	1	E5H
MOV A，@Ri	间接 RAM 中的数据送入累加器	1	1	E6H，E7H

（续）

助 记 符	功 能 说 明	字节数	机器周期	操作码
MOV A, #data8	8 位立即数送入累加器	2	1	74H
MOV Rn, A	累加器内容送入寄存器	1	1	F8 ~ FFH
MOV Rn, direct	直接地址单元中的数据送入寄存器	2	2	A8 ~ AFH
MOV Rn, #data8	8 位立即数送入寄存器	2	1	78H ~ 7FH
MOV direct, A	累加器内容送入直接地址单元	2	1	F5H
MOV direct, Rn	寄存器内容送入直接地址单元	2	2	88H ~ 8FH
MOV direct, direct	直接地址单元中的数据送入直接地址单元	3	2	85H
MOV direct, @ Ri	间接 RAM 中的数据送入直接地址单元	2	2	86H, 87H
MOV direct, #data8	8 位立即数送入直接地址单元	3	2	75H
MOV @ Ri, A	累加器内容送入间接 RAM 单元	1	1	F6H, F7H
MOV @ Ri, direct	直接地址单元中的数据送入间接 RAM 单元	2	2	A6H, A7H
MOV @ Ri, #data8	8 位立即数送入间接 RAM 单元	2	1	76H, 77H
MOV DPTR, #data16	16 位立即数地址送入地址寄存器	3	2	90H
MOVC A, @ A + DPTR	以 DPTR 为基地址变址寻址单元中的数据送入累加器	1	2	93H
MOVC A, @ A + PC	以 PC 为基地址变址寻址单元中的数据送入累加器	1	2	83H
MOVX A, @ Ri	外部 RAM（8 位地址）送入累加器	1	2	E2H, E3H
MOVX A, @ DPTR	外部 RAM（16 位地址）送入累加器	1	2	E0H
MOVX @ Ri, A	累加器送入外部 RAM（8 位地址）	1	2	F2H, F3H
MOVX @ DPTR, A	累加器送入外部 RAM（16 位地址）	1	2	F0H
PUSH direct	直接地址单元中的数据压入堆栈	2	2	C0H
POP direct	堆栈中的数据弹出到直接地址单元	2	2	D0H
XCH A, Rn	寄存器与累加器交换	1	1	C8H ~ CFH
XCH A, direct	直接地址单元与累加器交换	2	1	C5H
XCH A, @ Ri	间接 RAM 与累加器交换	1	1	C6H, C7H
XCHD A, @ Ri	间接 RAM 与累加器进行低半字节交换	1	1	D6H, D7H

2. 算术操作类指令

助 记 符	功 能 说 明	字节数	机器周期	机器码
ADD A, Rn	寄存器内容加到累加器	1	1	28H ~ 2FH
ADD A, direct	直接地址单元加到累加器	2	1	25H
ADD A, @ Ri	间接 RAM 内容加到累加器	1	1	26H, 27H
ADD A, #data8	8 位立即数加到累加器	2	1	24H
ADDC A, Rn	寄存器内容带进位加到累加器	1	1	38H ~ 3FH
ADDC A, direct	直接地址单元带进位加到累加器	2	1	35H
ADDC A, @ Ri	间接 RAM 内容带进位加到累加器	1	1	36H, 37H

（续）

助 记 符	功 能 说 明	字节数	机器周期	机器码
ADDC A, #data8	8 位立即数带进位加到累加器	2	1	34H
SUBB A, Rn	累加器带借位减寄存器内容	1	1	98H ~ 9FH
SUBB A, direct	累加器带借位减直接地址单元	2	1	95H
SUBB A, @ Ri	累加器带借位减间接 RAM 内容	1	1	96H, 97H
SUBB A, #data8	累加器带借位减 8 位立即数	2	1	94H
INC A	累加器加 1	1	1	04H
INC Rn	寄存器加 1	1	1	08H ~ 0FH
INC direct	直接地址单元内容加 1	2	1	05H
INC @ Ri	间接 RAM 内容加 1	1	1	06H, 07H
INC DPTR	DPTR 加 1	1	2	A3H
DEC A	累加器减 1	1	1	14H
DEC Rn	寄存器减 1	1	1	18H ~ 1FH
DEC direct	直接地址单元内容减 1	2	1	15H
DEC @ Ri	间接 RAM 内容减 1	1	1	16H, 17H
MUL A, B	A 乘以 B	1	4	A4H
DIV A, B	A 除以 B	1	4	84H
DA A	累加器进行十进制转换	1	1	D4H

3. 逻辑操作类指令

助 记 符	功 能 说 明	字节数	机器周期	机器码
ANL A, Rn	累加器与寄存器相"与"	1	1	58H ~ 5FH
ANL A, direct	累加器与直接地址单元相"与"	2	1	55H
ANL A, @ Ri	累加器与间接 RAM 内容相"与"	1	1	56H, 57H
ANL A, #data8	累加器与 8 位立即数相"与"	2	1	54H
ANL direct, A	直接地址单元与累加器相"与"	2	1	52H
ANL direct, #data8	直接地址单元与 8 位立即数相"与"	3	2	53H
ORL A, Rn	累加器与寄存器相"或"	1	1	48H ~ 4FH
ORL A, direct	累加器与直接地址单元相"或"	2	1	45H
ORL A, @ Ri	累加器与间接 RAM 内容相"或"	1	1	46H, 47H
ORL A, #data8	累加器与 8 位立即数相"或"	2	1	44H
ORL direct, A	直接地址单元与累加器相"或"	2	1	42H
ORL direct, #data8	直接地址单元与 8 位立即数相"或"	3	2	43H
XRL A, Rn	累加器与寄存器相"异或"	1	1	68H ~ 6FH
XRL A, direct	累加器与直接地址单元相"异或"	2	1	65H
XRL A, @ Ri	累加器与间接 RAM 内容相"异或"	1	1	66H, 67H
XRL A, #data8	累加器与 8 位立即数相"异或"	2	1	64H

（续）

助 记 符	功 能 说 明	字节数	机器周期	机器码
XRL direct，A	直接地址单元与累加器相"异或"	2	1	62H
XRL direct，#data8	直接地址单元与 8 位立即数相"异或"	3	2	63H
CLR A	累加器清零	1	1	E4H
CPL A	累加器求反	1	1	F4H
RL A	累加器循环左移	1	1	23H
RLC A	累加器带进位循环左移	1	1	03H
RR A	累加器循环右移	1	1	33H
RRC A	累加器带进位循环右移	1	1	13H
SWAP A	累加器半字节交换	1	1	C4H

4. 控制转移类指令

助 记 符	功 能 说 明	字节数	机器周期	机器码
ACALL addr11	绝对短调用子程序	2	2	&1
LACLL addr16	长调用子程序	3	2	12H
RET	子程序返回	1	2	22H
RETI	中断返回	1	2	32H
AJMP addr11	绝对短转移	2	2	&0
LJMP addr16	长转移	3	2	02H
SJMP rel	相对转移	2	2	80H
JMP @ A + DPTR	相对于 DPTR 的间接转移	1	2	73H
JZ rel	累加器为零转移	2	2	60H
JNZ rel	累加器非零转移	2	2	70H
CJNE A，direct，rel	累加器与直接地址单元比较，不等则转移	3	2	B5H
CJNE A，#data8，rel	累加器与 8 位立即数比较，不等则转移	3	2	B4H
CJNE Rn，#data8，rel	寄存器与 8 位立即数比较，不等则转移	3	2	B8H ~ BFH
CJNE @ Ri，#data8，rel	间接 RAM 单元，不等则转移	3	2	B6H，B7H
DJNZ Rn，rel	寄存器减 1，非零转移	3	2	D8H ~ DFH
DJNZ direct，rel	直接地址单元减 1，非零转移	3	2	D5H
NOP	空操作	1	1	00H

注：$\&0 = a_{10}a_9a_80001B$。

$\quad \&1 = a_{10}a_9a_81001B$。

5. 布尔变量操作类指令

助 记 符	功 能 说 明	字节数	机器周期	机器码
CLR C	清进位位	1	1	C3H
CLR bit	清直接地址位	2	1	C2H

（续）

助 记 符	功 能 说 明	字节数	机器周期	机器码
SETB C	置进位位	1	1	D3H
SETB bit	置直接地址位	2	1	D2H
CPL C	进位位求反	1	1	B3H
CPL bit	直接地址位求反	2	1	B2H
ANL C，bit	进位位和直接地址位相"与"	2	2	82H
ANL C，/bit	进位位和直接地址位的反码相"与"	2	2	B0H
ORL C，bit	进位位和直接地址位相"或"	2	2	72H
ORL C，/bit	进位位和直接地址位的反码相"或"	2	2	A0H
MOV C，bit	直接地址位送入进位位	2	1	A2H
MOV bit，C	进位位送入直接地址位	2	2	92H
JC rel	进位位为 1 则转移	2	2	40H
JNC rel	进位位为 0 则转移	2	2	50H
JB bit，rel	直接地址位为 1 则转移	3	2	20H
JNB bit，rel	直接地址位为 0 则转移	3	2	30H
JBC bit，rel	直接地址位为 1 则转移，该位清零	3	2	10H

参 考 文 献

[1] 张友德，等. 单片微型机原理、应用与实验[M]. 上海：复旦大学出版社，2000.

[2] 何立民. MCS-51 系列单片机应用系统设计[M]. 北京：北京航空航天大学出版社，1990.

[3] 胡汉才. 单片机原理及其接口技术[M]. 北京：清华大学出版社，1996.

[4] 徐安，等. 单片机原理与应用[M]. 北京：北京希望电子出版社，2003.

[5] 马家辰，等. MCS-51 单片机原理及接口技术[M]. 哈尔滨：哈尔滨工业大学出版社，1997.

[6] 苏伟斌. 8051 系列单片机应用手册[M]. 北京：科学出版社，1997.

[7] 吕能元，等. MCS-51 单片微型计算机原理接口技术应用实例[M]. 北京：科学出版社，1993.

[8] Intel 公司. MCS-51 Family of Single chip Microcomputers User's Manual. 1990.

[9] PHILIPS 公司. 80C51-Based 8-bit Microcontrollers. 1998.

[10] Cygnal Interated Products Inc. C8051F 单片机应用解析[M]. 潘琢金，等译. 北京：北京航空航天大学出版社，2002.

[11] 潘琢金，等. C8051FXXX 高速 SOC 单片机原理及应用 [M]. 北京：北京航空航天大学出版社，2002.

[12] 李刚，等. 与 8051 兼容的高性能、高速单片机——C8051FXXX[M]. 北京：北京航空航天大学出版社，2002.

[13] 深圳市睿新华龙电子有限公司. http://www.xhl.com.cn/

[14] 杨振江，等. 智能仪器与数据采集系统中的新器件及应用[M]. 西安：西安电子科技大学出版社，2001.

[15] Intel 公司. 8-Bit Embedded Controller Handboo. 1989.

[16] MOTOROLA 公司. Microcotroller and Peripherial Data. 1990.

[17] Microchip 公司. PIC16/17 Microcontroller Data Book. 1995.

[18] Labcenter. PROTEUS ISIS Data Book. 2007.

[19] 周润景，张丽娜. 基于 PROTEUS 的电路及单片机系统设计与仿真 [M]. 北京：北京航空航天大学出版社，2006.

[20] 薛园园. 21 天学通 ARM 嵌入式开发 [M]. 北京：电子工业出版社，2011.

[21] 尹锡训. ARM Linux 内核源码剖析 [M]. 崔范松译. 北京：人民邮电出版社，2014.

[22] 李宁. ARM CORTEX-A8 处理器原理与应用 [M]. 北京：北京航空航天大学出版社，2012.

[23] 范书瑞. ARM 处理器与 C 语言开发应用 [M]. 2 版. 北京：北京航空航天大学出版社，2014.

[24] 刘洪涛，等. ARM 处理器开发详解：基于 ARM Cortex-A8 处理器的开发设计书 [M]. 北京：电子工业出版社，2012.

[25] 侯殿有. 嵌入式系统开发基础：基于 ARM9 微处理器 C 语言程序设计 [M]. 北京：清华大学出版社，2011.

[26] 肖广兵，等. ARM 嵌入式开发实例——基于 STM32 的系统设计 [M]. 北京：电子工业出版社，2013.

[27] 严海蓉，等. 嵌入式微处理器原理与应用——基于 ARM Cortex-M3 微控制器 [M]. 北京：清华大学出版社，2014.